普通物理教程

（下册）第3版

苏欣纺　王俊平　编著

清华大学出版社
北　京

内容简介

《普通物理教程》(上、下册)第3版是根据教育部最新修订的"高等学校理工科非物理类专业大学物理课程基本要求"和国内工科物理教材改革动态,并结合编者多年从事工科物理教学的经验编写而成。其中：上册为力学篇、热学篇、振动与波动篇,下册为波动光学篇、电磁学篇、量子物理基础篇及专题选读篇,全书共计7篇15章内容。每章由教学基本内容、例题、章节要点、习题四部分组成,每章附有二维码,扫描二维码,可见本章相关科学家介绍、自测题和能力提高题以及答案。书后附有习题答案。

本书可作为高等学校非物理专业学生物理课程的基础教材,也可作为高校物理教师、学生和相关技术人员的参考书。

图书在版编目(CIP)数据

普通物理教程.下册/苏欣纺,王俊平编著.—3版.—北京：清华大学出版社,2020.1(2022.8重印)
ISBN 978-7-302-54702-0

Ⅰ.①普…　Ⅱ.①苏…②王…　Ⅲ.①普通物理学-高等学校-教材　Ⅳ.①O4

中国版本图书馆CIP数据核字(2019)第296763号

责任编辑：鲁永芳
封面设计：常雪影
责任校对：赵丽敏
责任印制：刘海龙

出版发行：清华大学出版社
网　　址：http://www.tup.com.cn,http://www.wqbook.com
地　　址：北京清华大学学研大厦A座　　**邮　　编**：100084
社 总 机：010-83470000　　**邮　　购**：010-62786544
投稿与读者服务：010-62776969,c-service@tup.tsinghua.edu.cn
质量反馈：010-62772015,zhiliang@tup.tsinghua.edu.cn
印 装 者：三河市君旺印务有限公司
经　　销：全国新华书店
开　　本：185mm×260mm　　**印　　张**：19.75　　**字　　数**：477千字
版　　次：2012年9月第1版　2020年2月第3版　　**印　　次**：2022年8月第3次印刷
定　　价：45.00元

产品编号：083098-01

前言

FOREWORD

物理学是研究物质的基本结构、基本运动形式及其相互作用和转化规律的科学。它的基本理论渗透在自然科学的各个领域，广泛应用于生产技术，是自然科学和工程技术的基础。大学物理课程是高等学校理工科各专业学生一门重要的必修基础课，是为提高学生的现代科学素质服务的，在培养学生科学的自然观、宇宙观和辩证唯物主义世界观、探索创新精神、科学思维能力、掌握科学方法等方面，都具有其他课程不可替代的重要作用。

本书在内容上遵循教育部最新修订的"高等学校理工科非物理类专业大学物理课程基本要求"，在编写中力求使读者掌握物理学的基本概念和规律，建立较完整的物理思想，同时渗透人文社会科学知识，让读者活用所学知识，加强应用能力，实现知识、能力与素质协调发展。全书共分7篇：力学、热学、振动与波动、波动光学、电磁学、量子物理基础及专题选读，分上、下两册出版。为了帮助学生掌握各篇内容的体系结构与脉络，每章均编有章节要点并附有部分习题。书后附有物理学常用数据及常用数学公式以及习题答案，以方便学生查阅和使用。书中还选有少量的阅读材料以开阔学生视野，拓展知识面，激发学生的学习兴趣，并启迪学生的创造性。全书讲授约需120学时。

本书由王俊平、苏欣纺、黄伟、余丽芳、聂传辉、宫瑞婷、陈蕾、马黎君、孙立平、崔慧娟、黎芳等11位教师参加编写。上册包含1～8章。其中王俊平编写第1章和第2章，马黎君编写第3章，黄伟编写第4章，孙立平编写第5章，崔慧娟编写第6章，黎芳编写第7章，余丽芳编写第8章。下册包含9～15章，及专题选读。其中余丽芳编写第9章，苏欣纺编写第10～11章，聂传辉编写第12章，黎芳编写第13章，陈蕾编写第14～15章，宫瑞婷编写专题选读。上册由王俊平、苏欣纺负责统稿，下册由苏欣纺、王俊平负责统稿，黄伟教授负责全书主审。本教材第2版于2015年8月出版，经过北京建筑大学和部分院校使用4年多，基本体现了编者的初衷：难度适中、深入浅出、篇幅不大、易教易学。根据使用者反映的情况和编者在这几年使用本书授课的经验，我们出版了第3版。第3版保留了原有教材的框架，对上、下册的章节顺序进行了调整，对原书的部分内容进行了增补和修订，调整了部分习题，同时每章增加了二维码，二维码内含本章相关科学家介绍、自测题和能力提高题及答案等新内容，这些内容将会不断更新。

本书在编写过程中参考了近年来出版的部分优秀大学物理教材（见参考文献），同时得到北京市优秀教学团队——北京建筑大学大学物理教学团队全体教师的支持和帮助，尤其得到了魏京花教授的大力支持，在此一并表示衷心的感谢。

由于编者水平有限，修订后书中仍不免存在错误和疏漏，恳请使用本教材的读者批评指正。

编　者

2019年10月

第4篇 波动光学

第5篇 电磁学

第6篇 量子物理基础

第7篇　专题选读

第4篇

波动光学

第9章

波动光学

光学是物理学的一个重要组成部分。人类对光的研究至少已有2000多年的历史，世界上最早的关于光学知识的文学记载，见于我国的《墨经》(公元前400多年)。最早研究的内容是几何光学，它以光的直线传播性质和折射、反射定律为基础，研究光在透明介质中的传播规律。在几何光学中，我们以光线为基础，揭示了光的传播和成像原理。但在那里引入的光线、光束、物点、像点和光学系统等概念还仅是一些关于光的表观抽象，采用的研究方法也仅是几何方法，并没有涉及光的内在属性。19世纪初，人们发现光有干涉、衍射、偏振等现象，由此产生了以光是波动为基础的光学理论，这就是波动光学。19世纪60年代，麦克斯韦建立了光的电磁理论，光的干涉、衍射和偏振现象得到了全面说明。光的干涉、衍射和偏振现象，在现代科学技术中的应用十分广泛，例如，长度的精密测量、光谱学的测量与分析、光测弹性研究、晶体结构分析等。随着激光技术的发展，全息照相技术、集成光学、光通信等新技术也先后建立起来，开拓了光学研究和应用的新领域。其中，对波动光学也有了再认识和新内容，如傅里叶光学、相干光学和信息处理以及在强激光下的非线性光学效应等。本章将从认识光是电磁波开始，通过光的干涉、衍射、偏振现象讨论光的波动性及其应用。

9.1 光的干涉

9.1.1 光波、光的相干性

理论和实践均已证明，光是一种电磁波。能够引起视觉作用的电磁波称为可见光，它的波长范围在400～760nm之间。波长在760nm以上到400μm左右的电磁波称为“红外线”，波长在400nm以下到5nm左右的电磁波称为“紫外线”。红外线和紫外线统称为不可见光，本章所讨论的光学现象都是在可见光范围内的。

在光波中，产生感光作用和生理作用的是电场强度 $\boldsymbol{E}$，通常把 $\boldsymbol{E}$ 称为光矢量，$\boldsymbol{E}$ 的振动称为光振动。

具有单一频率或波长的光称为单色光。实际上频率范围较窄的光，就可以近似地认为是单色光。光的频率范围越窄，其单色性越好。通常单个原子发的光可以认为是频率为一定值的单色光。普通发光体则包含着大量分子或原子。以白炽灯为例,大量的分子和原子在热能的激励下辐射出电磁波,各个分子或原子的辐射是彼此独立的,各自的情况不尽相同,所以白炽灯发出的光具有各种频率。把具有各种频率的光称为复色光。

发光的物体称为光源。实验室里常用的钠光灯是一种单色性较好的光源,其波长分别为589nm和589.6nm。

在学习机械波时我们已经知道,只有由相干波源发出的波,即频率相同、振动方向相同、相位相同或相位差保持恒定的两列波相遇时,才能产生干涉现象。由于机械波的波源可以连续振动,辐射出不中断的波,只要两个波源的频率相同,相干波源的其他两个条件,即振动方向相同和相位差恒定的条件就较容易满足。因此,观察机械波的干涉现象比较容易。但是对于光波,即使形状、大小、频率均相同的两个普通独立光源,它们发出的光波在相遇区域也不会产生干涉现象,其原因与光源的发光机理有关。

对于普通发光体,光是由光源中原子或分子的运动状态发生变化时辐射出来的电磁波。一方面大量分子或原子各自独立地发出一个个波列,它们的发射是无规律的,彼此间没有联系,因此在同一时刻,各原子或分子所发出的光,即使频率相同,但相位和振动方向却是各不相同的。另一方面,原子或分子的发光是断续的,当它们发出一个波列之后,大约经过10^{-8}s的间歇,再发出第二个波列。所以同一原子所发出的前后两个波列的频率即使相同,但其振动方向和相位却不一定相同。由此可知,对于两个独立光源所发出的光波,不可能满足产生相干的三个条件。不但如此,即使是同一个光源上不同部分发出的光,由于它们是由不同的原子或分子所发出的,也不会产生干涉现象。

普通光源获得相干光的方法,其原理是将光源上同一原子同一次发的光分成两部分,再将它们叠加。如图9-1所示将点光源的波阵面分割为两部分,使之分别通过两个光具组,经反射、折射或衍射后交叠起来,在一定区域形成干涉。由于波阵面上任一部分都可看作新光源,而且同一波阵面的各个部分有相同的位相,所以这些被分离出来的部分波阵面可作为初相位相同的光源。不论点光源的位相改变得如何快,这些光源的初相位差都是恒定的,满足相干条件。这种方法称为分波阵面法。杨氏双缝、菲涅耳双面镜和洛埃镜等都是这类分波阵面干涉装置。如图9-2所示当一束光投射到两种透明媒质的分界面上,光能一部分反射,另一部分折射。这方法称为分振幅法。最简单的分振幅干涉装置是薄膜,它利用透明薄膜的上下表面对入射光依次反射,这些反射光波在空间相遇而形成干涉现象。由于薄膜的上下表面的反射光来自同一入射光的两部分,只是经历不同的路径而有恒定的相位差,因此它们是相干光。另一种重要的分振幅干涉装置是迈克耳孙干涉仪。

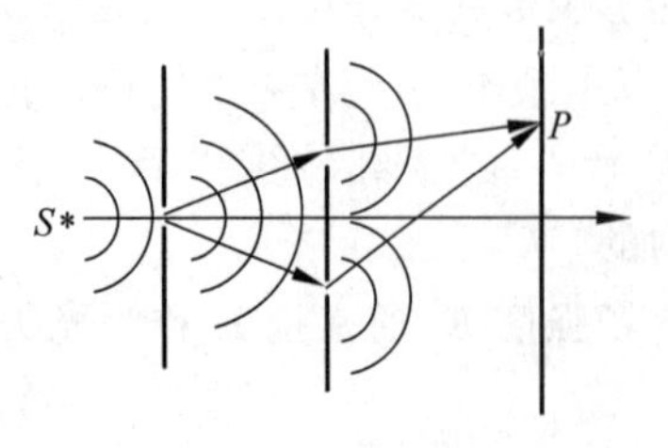

图9-1　分波阵面法

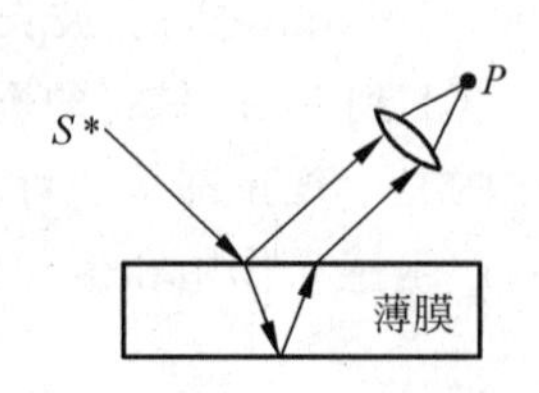

图9-2　分振幅法

9.1.2　双缝干涉

科学家简介：托马斯·杨

1802年，英国科学家托马斯·杨(Thomas Young，1773—1829年)用实验方法使一束太阳光通过相邻两小孔分成两束，发现了光的干涉图样。这是历史上证实光具有波动性的最早实验。

双缝实验装置如图9-3所示，由光源L发出的波长为λ的单色平行光照射在狭缝S上，S相当于一个新的光源。在S的前方又放有两条平行狭缝S_1和S_2，均与S平行且等距，这样S_1和S_2恰好处在由光源S发出的光的同一波阵面上。这时S_1和S_2构成一对相干光源，从S_1和S_2散发出的光，在空间叠加，产生干涉现象。S_1和S_2发出的两束相干光是从同一波阵面上分出来的，这种获得相干光的方法称为波阵面分割法。若在双缝前面放一屏幕E，则屏幕上将出现稳定的明暗相间的干涉条纹。这些条纹与狭缝平行，条纹之间的距离相等。

下面分析屏幕上出现明、暗条纹应满足的条件。如图9-4所示，设相干光源S_1和S_2的中心相距d，其中点为M，双缝到屏幕的距离为D。在屏幕上任取一点P，它到S_1和S_2的距离分别为r_1和r_2，则由S_1和S_2发出的光到达P点的波程差为$\Delta r=r_2-r_1$。在波动理论中我们已明确，波程差为一个波长λ时，相应的相差为2π，所以到达P点的两列相干波振动的相差$\Delta\varphi$与波程差Δr之间的关系为

$$\Delta\varphi=2\pi\frac{\Delta r}{\lambda} \tag{9-1}$$

根据相干波的干涉条件，若$\Delta\varphi=\pm 2k\pi$，即

$$\Delta r=\pm k\lambda,\quad k=0,1,2,\cdots \tag{9-2}$$

则P点干涉加强，出现亮条纹；若$\Delta\varphi=\pm(2k+1)\pi$，即

$$\Delta r=\pm(2k+1)\frac{\lambda}{2},\quad k=0,1,2,\cdots \tag{9-3}$$

则P点干涉减弱，出现暗条纹。下面计算波程差Δr。

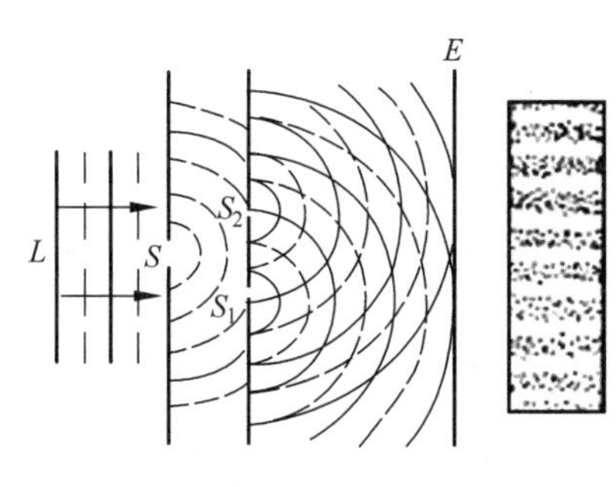

图9-3　杨氏双缝干涉实验

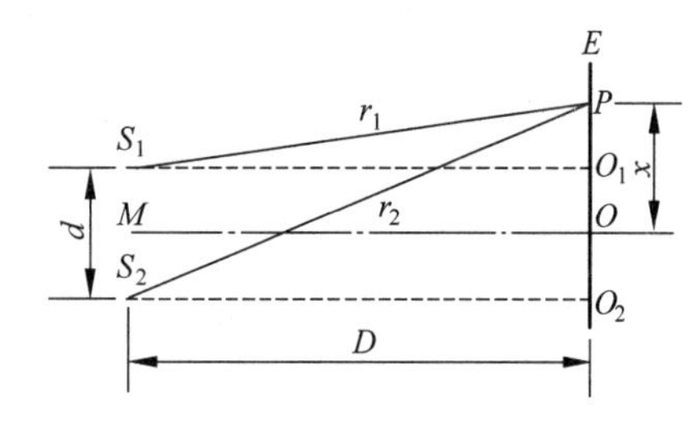

图9-4　双缝干涉条纹的计算

设M、S_1和S_2在屏幕上的投影分别为O、O_1和O_2，$OP=x$(图9-4)，由直角三角形S_1O_1P和S_2O_2P，得

$$r_1^2=D^2+\left(x-\frac{d}{2}\right)^2$$

$$r_2^2=D^2+\left(x+\frac{d}{2}\right)^2$$

将两式相减,得

$$\begin{aligned}r_2^2-r_1^2&=(r_2+r_1)(r_2-r_1)\\&=(r_2+r_1)\cdot\Delta r=2xd\end{aligned}$$

实际的干涉装置中 $D\sim1\text{m}$,$d\sim1\times10^{-3}\text{m}$,即满足 $D\gg d$,同时 $D\gg x$,所以 $r_2+r_1\approx2D$,则由上式得

$$\Delta r=\frac{xd}{D}\tag{9-4}$$

将式(9-4)代入式(9-2)中,得屏幕上出现明条纹中心的位置为

$$x_k=\pm k\frac{D\lambda}{d},\quad k=0,1,2,\cdots\tag{9-5}$$

式中 x_k 取正负号表示干涉条纹对称地分布在 O 点的两侧,k 称为干涉级。对于 O 点,$x=0$,$\Delta r=0$,$k=0$,称为中央明条纹;其余与 $k=1,2,\cdots$ 对应的明条纹分别称为第一级、第二级、…明条纹。相邻两明条纹中心间的距离称为条纹间距,用 Δx 表示,由式(9-5)可得

$$\Delta x=x_{k+1}-x_k=\frac{D}{d}\lambda\tag{9-6}$$

此结果与 k 无关,表明条纹是均匀分布的。

将式(9-4)代入式(9-3)中,得屏幕上出现暗条纹中心的位置为

$$x_k=\pm(2k+1)\frac{D\lambda}{2d},\quad k=0,1,2,\cdots\tag{9-7}$$

此式说明暗条纹也是对称分布在中央明条纹的两侧,相邻两暗条纹中心间的距离可得出与式(9-6)相同的结果。

总结上述讨论,对杨氏双缝干涉实验可得下列结论:

(1) 由式(9-6)可知,干涉明暗条纹是等距离分布的。要使 Δx 能够用人眼分辨,必须使 D 足够大,d 足够小,否则干涉条纹密集,以致无法分辨。

(2) 当单色光入射时,若已知 d 和 D 值,可通过实验测出条纹间距 Δx,再根据式(9-6)得 $\lambda=\dfrac{\Delta x\cdot d}{D}$,可计算出单色光的波长 λ。

(3) d、D 值给定,则 Δx 正比于 λ,波长越长,条纹间距越大,因此红光的条纹间距比紫光的大。所以,当白光入射时,则只有中央明条纹是白色的,其他各级明条纹因各色光错开而形成由紫到红的彩色条纹。

例 9-1 在双缝干涉实验中,入射光的波长 $\lambda=546\text{nm}$,两狭缝的间距 $d=1\text{mm}$,屏与狭缝的距离 $D=40\text{cm}$。求:

(1) 第 10 级明条纹的位置 x_{10};

(2) 相邻两明条纹的距离 Δx;

(3) 中央明条纹上方第 10 级明条纹与下方第 3 条暗条纹的距离。

解 将已知条件的单位统一

$$\lambda=5.460\times10^{-4}\text{mm},\quad d=1\text{mm},\quad D=400\text{mm}$$

(1) 第 10 级明条纹在屏上的位置

由式(9-5),得 $x_k=\pm k\dfrac{D}{d}\lambda$,

$$x_{10}=\pm 10\times\frac{400}{1}\times 5.460\times 10^{-4}\,\text{mm}=\pm 2.184\text{mm}$$

式中的正、负号表示第 10 级明条纹分别在中央明条纹的两侧。

(2) 相邻两明条纹的距离

由式(9-16),得

$$\Delta x=\frac{D}{d}\lambda=\frac{400\times 5.460\times 10^{-4}}{1}\text{mm}=0.218\text{mm}$$

(3) 中央明条纹上方第 10 级明条纹与下方第 3 条暗条纹的距离

由式(9-5)、式(9-7)可得

$$\begin{aligned}x_{明(+10)}-x_{暗(-2)}&=k_{10}\frac{D}{d}\lambda-\left[-(2k_2+1)\frac{D}{2d}\lambda\right]\\&=\frac{D}{d}\lambda\left[10+\frac{5}{2}\right]=0.2184\times 12.5\text{mm}\\&=2.730\text{mm}\end{aligned}$$

9.1.3　光程和光程差

在上面所讨论的双缝实验中,两束相干光都在同一介质(空气)中传播,光的波长不发生变化。所以只要计算两相干光到达某一点的几何路程差 Δr,再根据相差与波程差之间的关系式(9-1),就可确定两相干光在该点是相互加强还是相互减弱。但是当光通过不同介质时,光的波长要随介质的不同而变化,这时就不能只根据几何路程差来计算相差了。为此,需要引入光程这一概念。

设一频率为 ν 的单色光在真空中的波长为 λ,传播速度为 c。当它在折射率为 n 的介质中传播时频率不变,而传播速度变为 $u=c/n$,所以其波长为 $\lambda_n=u/\nu=c/n\nu=\lambda/n$。这说明,一定频率的光在折射率为 n 的介质中传播时,其波长为真空中波长的 $1/n$。

由于波传播一个波长的距离,相位变化 2π,若光在介质中传播的几何路程为 r,则相应的相位变化为

$$\Delta\varphi=2\pi\frac{r}{\lambda_n}=2\pi\frac{nr}{\lambda}$$

上式说明,光在介质中传播时,其相位的变化不但与几何路程及光在真空中的波长有关,而且与介质的折射率有关。如果光在任意介质中都采用真空中的波长 λ 来计算相位的变化,那么就必须把几何路程 r 乘以折射率 n。我们把 nr 定义为光程。

光程的意义就在于把单色光在不同介质中的传播都折算为该单色光在真空中的传播。

设从初相相同的相干光源 S_1 和 S_2 发出频率为 ν 的光波,分别经过光程 n_1r_1 和 n_2r_2 到达 P 点(图 9-5)则相位差为

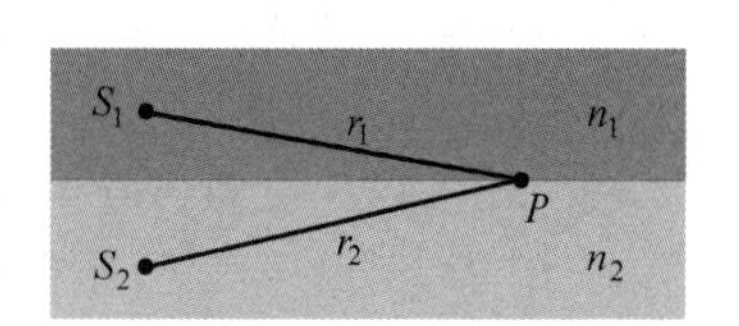

图 9-5　光程和光程差

$$\Delta\varphi=\left(2\pi\nu t-2\pi\frac{n_2r_2}{\lambda}\right)-\left(2\pi\nu t-2\pi\frac{n_1r_1}{\lambda}\right)=2\pi\frac{n_1r_1-n_2r_2}{\lambda}$$

用δ表示光程差$n_1r_1-n_2r_2$,故上式可得相位差与光程差的普遍关系式

$$\Delta\varphi=2\pi\frac{\delta}{\lambda} \tag{9-8}$$

两束相干光干涉加强、减弱的条件为

$$\Delta\varphi=2\pi\frac{\delta}{\lambda}=\begin{cases}\pm 2k\pi, & k=0,1,2,\cdots \quad 明条纹\\ \pm(2k+1)\pi, & k=0,1,2,\cdots \quad 暗条纹\end{cases}$$

若直接用光程差表示,则为

$$\delta=\pm k\lambda,\quad k=0,1,2,\cdots \quad 明条纹 \tag{9-9}$$

$$\delta=\pm(2k+1)\frac{\lambda}{2},\quad k=0,1,2,\cdots \quad 暗条纹 \tag{9-10}$$

光程差决定明、暗条纹的位置和形状,因此在一个具体的干涉装置中,分析计算两束相干光在相遇点的光程差,是我们讨论光波干涉问题的基本出发点。

例 9-2 在双缝装置实验中,入射光的波长为λ,用玻璃纸遮住双缝中的一条缝,如图 9-6 所示。若玻璃纸中光程比相同厚度的空气的光程大 2.5λ。则屏上原来的明条纹处将有何种变化?( )

A. 仍为明条纹　　B. 变为暗条纹

C. 既非明条纹也非暗条纹　　D. 无法确定是明条纹还是暗条纹

解 如图 9-6 所示,考察O处的明条纹怎样变化。

(1) 玻璃纸未遮住时,

光程差$\delta=r_1-r_2=0$, O处为零级明条纹。

(2) 玻璃纸遮住后,光程差

$$\delta'=\frac{5}{2}\lambda$$

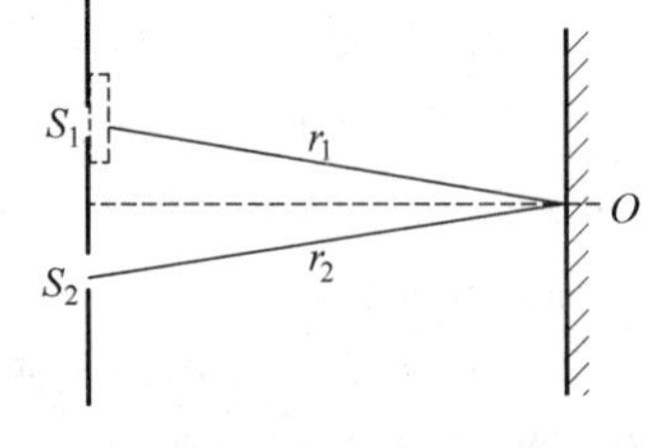

图 9-6 例 9-2 图

根据干涉条件知

$$\delta'=\frac{5}{2}\lambda=(2\times2+1)\frac{\lambda}{2}$$

O处变为暗条纹,故正确答案是 B。

我们在观察干涉、衍射等现象时,常借助于透镜。平行光通过透镜后,将会聚在焦点F上,形成亮点(图 9-7(a))。平行光同一波面上各点A、B、C的相相同,到达F点后相互加强成亮点,说明各光线到达点F后的相仍相同。可见从A、B、C各点到F点的光程相等。这一事实可理解为:光线AaF和CcF在空气中经过的几何路程长,但是光线BbF在透镜中经过的路程比光线AaF和CcF在透镜中经过的路程长,由于透镜的折射率大于空气的折射率,因此折算成光程,各光线的光程相等。对于斜入射的平行光(图 9-7(b)),将会聚于点F'。由类似的讨论可知AaF'、CcF'、BbF'的光程均相等。可见使用透镜可改变光线的传播方向,但不会引起附加的光程差。

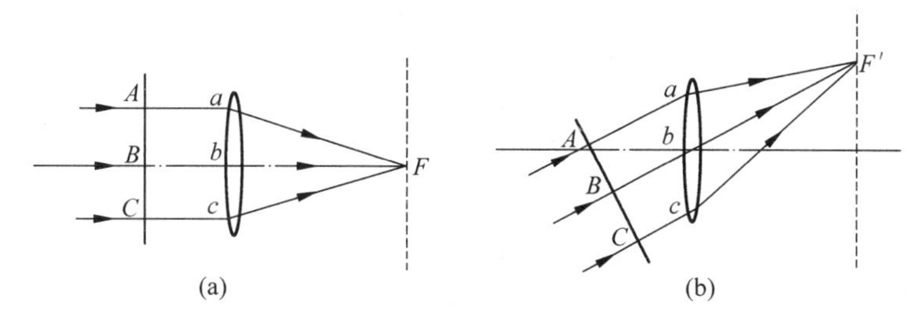

图 9-7　平行光入射通过透镜

9.1.4　薄膜干涉

当白光照射到油膜或肥皂膜上时，如图 9-8 所示薄膜表面常出现美丽的彩色条纹，这是由光的干涉引起的，这类干涉称为薄膜干涉。

实验表明，当光波从折射率小的光疏介质入射到折射率大的光密介质时，在两种介质的分界上，被反射的光的相位要发生 π 弧度的跃变。由式(9-8)可知，反射光的相位跃变 π，就相当于在光程上多走(或少走)了半个波长，这种现象称为半波损失。

1. 等倾干涉

对于厚度均匀的薄膜干涉(等倾干涉)：有一定宽度的光源，称为扩展光源。扩展光源照射到肥皂膜、油膜上，薄膜表面呈现美丽的色彩。这就是扩展光源(如阳光)所产生的干涉现象。

图 9-9 为厚度均匀，折射率为 n_2 的薄膜，置于折射率为 n_1 的介质中，一单色光经薄膜上下表面反射后得到 1 和 2 两条光线，两束相干光 1 和 2 是从同一振幅上分割出来的，这种获得相干光的方法称为振幅分割法。此时可得到两光束的光程差为

$$\delta = n_2(AB + BC) - n_1 AD + \frac{\lambda}{2}$$

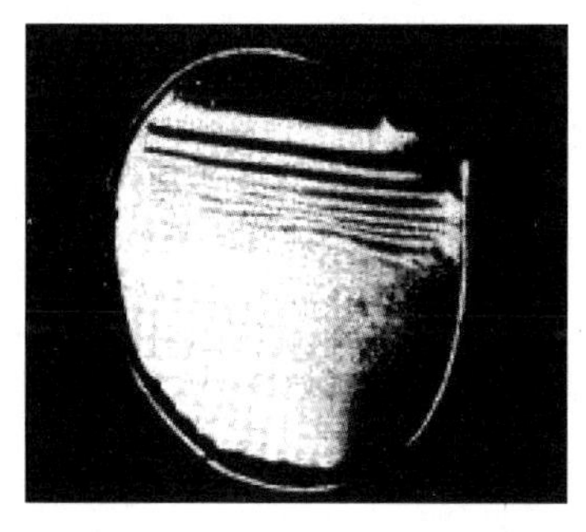

图 9-8　竖直肥皂膜上的干涉条纹

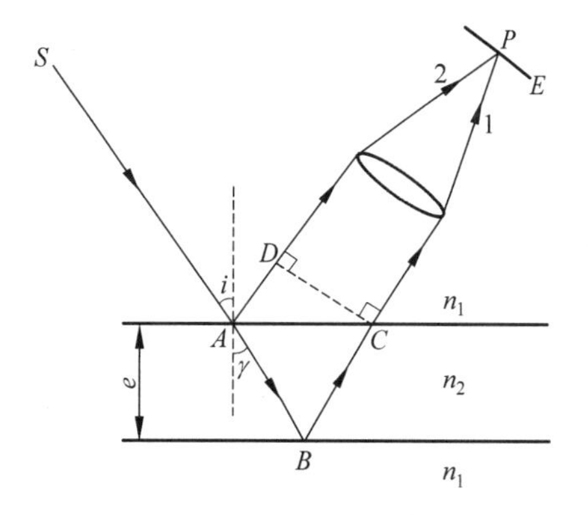

图 9-9　薄膜干涉示意图

由图 9-9 可得

$$AB = BC = \frac{e}{\cos r}$$

$$AD = AC\sin i = 2e\tan r\sin i$$

根据折射定律 $n_1\sin i = n_2\sin r$，光程差可写成

$$\delta = 2n_2 e\cos\gamma + \frac{\lambda}{2}$$

$$\delta = 2e\sqrt{n_2^2 - n_1^2\sin^2 i} + \frac{\lambda}{2} \tag{9-11}$$

当光垂直入射时，$i=0$，$\gamma=0$，有

$$\delta = 2n_2 e + \frac{\lambda}{2} = \begin{cases} 2k\dfrac{\lambda}{2}, & k=1,2,3,\cdots \quad \text{干涉相长(明条纹)} \\ (2k+1)\dfrac{\lambda}{2}, & k=0,1,2,3,\cdots \quad \text{干涉相消(暗条纹)} \end{cases} \tag{9-12}$$

式中的 $\lambda/2$ 为半波损失，因为不论 $n_1 < n_2$，还是 $n_1 > n_2$，1 与 2 两条光线之一总有半波损失出现，这样在计算光程差时必须计及这个半波损失。

透射光也有干涉现象，当光垂直入射时，与式(9-12)相对应的透射光的光程差为

$$\delta = 2n_2 e = \begin{cases} 2k\dfrac{\lambda}{2}, & k=1,2,3,\cdots \quad \text{干涉相长(明条纹)} \\ (2k+1)\dfrac{\lambda}{2}, & k=0,1,2,3,\cdots \quad \text{干涉相消(暗条纹)} \end{cases}$$

可得到，当反射光的干涉相互加强时，透射光的干涉相互减弱。结论符合能量守恒的结果。

例 9-3 用 $\lambda=500\text{nm}$ 的绿光照射肥皂泡膜，若沿着与肥皂泡膜平面法线成 $30°$ 的方向观察，看到膜最亮。假设此时干涉级次最低，并已知肥皂水的折射率为 1.33，当垂直观察时，用多大波长的光照射才能看到膜最亮？

解 在观察膜最亮时，应满足干涉加强的条件：

$$\Delta = 2e\sqrt{n^2 - n_0^2\sin^2\theta_1} + \frac{\lambda}{2} = k\lambda, \quad k=1,2,3,\cdots$$

按题意，$k=1$，$\theta_1=30°$，所以肥皂膜厚度为

$$h = \frac{\left(k-\frac{1}{2}\right)\lambda}{2\sqrt{n^2 - n_0^2\sin^2\theta_1}} \approx 1.24\times10^{-7}\,\text{m}$$

若垂直观察时看到膜最亮，设 $k=1$，应有 $2ne = \frac{\lambda}{2}$，所以

$$\lambda = 4ne \approx 660\text{nm}$$

2. 增透膜和增反膜

在现代光学仪器中，如照相机、显微镜等都由多个透镜组成。入射光经每个透镜的两个表面反射后，透过仪器的光能很少。为了解决这一问题，可在透镜表面镀一层厚度均匀的低折射率的透明薄膜。当膜的厚度适当时，可使所使用的入射单色光在膜的两个表面上反射

的两束光因干涉而互相抵消，这样就可以减少光的反射，让尽量多的光透射过去。这种使透射光增强的薄膜称为增透膜。常用的镀膜材料是氟化镁(MgF_2)，它的折射率为1.38(图9-10)。

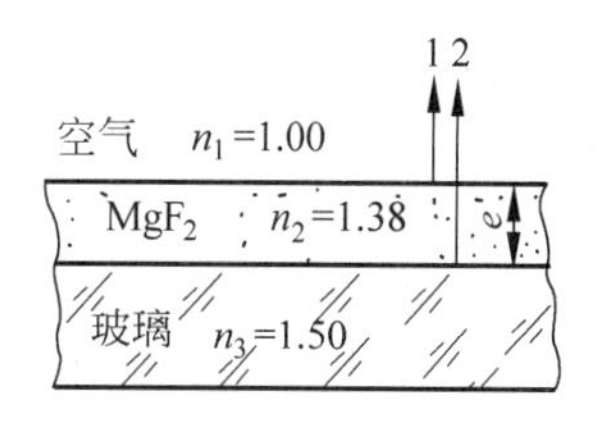

图9-10　增透膜

当单色光正入射时，从镀膜层的上、下表面反射的光1和2都有半波损失，所以光线1、2之间的光程差为$\delta=2n_2e$，式中e为氟化镁薄膜的厚度。要使两反射光干涉减弱，应有

$$2n_2e=(2k+1)\frac{\lambda}{2},\quad k=0,1,2,3,\cdots$$

取$k=0$，可得薄膜的最小厚度

$$e=\frac{\lambda}{4n_2}$$

例如要使对人眼最敏感的黄绿光($\lambda=550$nm)反射减弱，则镀膜层的最小厚度为

$$e=\frac{550}{4\times1.38}\text{nm}\approx100\text{nm}=0.1\mu\text{m}$$

与增透膜相反，若镀膜层的厚度，恰好使所使用的单色光在膜的上、下表面上的反射光因干涉而加强，则这种使反射光加强的膜称为增反膜。利用增反膜可制成反射率高达99%的反射式滤色片。

3. 等厚干涉

对于厚度不均匀的薄膜干涉称为等厚干涉。获得等厚干涉的典型装置是劈形膜和牛顿环。

(1) 劈形膜的干涉

观察劈形膜干涉的实验装置，如图9-11所示。两块平面玻璃片，一端互相叠合，另一端夹入薄纸(图中纸片厚度已大大放大)，这时，在两玻璃片之间形成空气薄膜，称为空气劈形膜。两玻璃片的交线称为棱边，在平行于棱边的直线上的各点，所对应的劈的厚度是相等的。单色光源S位于薄透镜L的焦点，M为半反射半透射的玻璃片，T为移测显微镜，在其中观察经空气膜的上下表面反射的光形成的等厚干涉条纹。

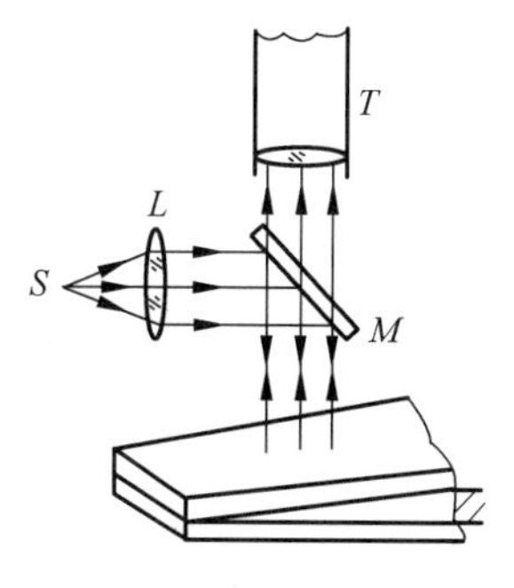

图9-11　劈形膜实验

实验时将平行单色光正入射到劈面上。为说明干涉的形成，我们分析入射到劈形膜的上表面A点的光线(图9-12)。此光线一部分在A点反射，形成反射光线1，另一部分则折射进入空气，在空气膜的下表面被反射回来形成光线2。由于光线1和2是从同一条入射光线分割出来的，所以它们是相干光，当它们在空气膜上表面附近相遇时就产生干涉，在劈形膜表面形成干涉条纹。

我们假设在入射点A处空气薄膜的厚度为e，则两束相干光1和2在相遇点的光程差为

$$\delta=2ne+\frac{\lambda}{2}$$

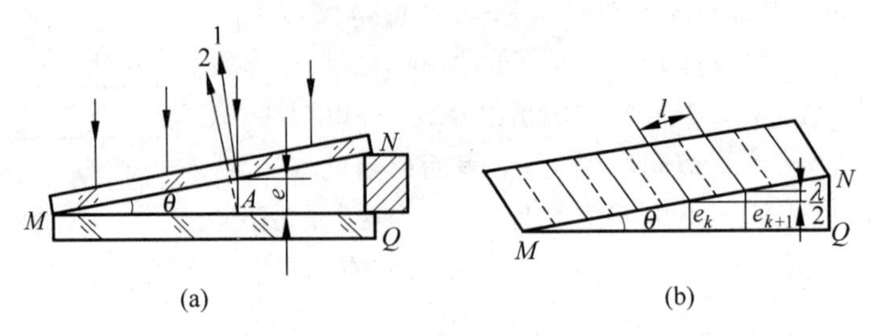

图 9-12 劈形膜干涉条纹的形成

式中,n 为空气的折射率①,右边第一项是由于光线 2 比光线 1 相遇时多走了 $2e$ 的几何路程引起的;第二项$\frac{\lambda}{2}$是由于光波在空气劈形膜的上表面反射时没有半波损失,而在下表面(空气-玻璃分界面)反射时有半波损失引起的。

由于劈形薄膜各处的厚度 e 不同,所以光程差也就不同,因而将产生干涉加强或减弱的现象。由式(9-12),干涉加强产生明条纹的条件是

$$2ne+\frac{\lambda}{2}=k\lambda,\quad k=1,2,3,\cdots$$

由式(9-12),干涉减弱产生暗条纹的条件是

$$\delta=2ne+\frac{\lambda}{2}=(2k+1)\frac{\lambda}{2},\quad k=0,1,2,\cdots$$

上两式表明,各级明条纹或暗条纹都与一定的膜厚 e 相对应。因此在薄膜上表面的一条等厚线上,就形成同一级的干涉条纹。这些干涉条纹称为等厚干涉条纹,它们是一些与棱边平行的明暗相间的直条纹(图 9-12(b))。在棱边处,$e=0$,两反射相干光的光程差为$\frac{\lambda}{2}$,因而形成暗条纹。

设 Δe 为相邻两条明条纹或暗条纹对应的劈形膜厚度的差,由式(9-12)有

$$2ne_{k+1}+\frac{\lambda}{2}=(k+1)\lambda$$

$$2ne_k+\frac{\lambda}{2}=k\lambda$$

两式相减,得

$$\Delta e=e_{k+1}-e_k=\frac{\lambda}{2n} \tag{9-13}$$

设 l 为相邻两条明条纹或暗条纹之间的距离,由图 9-12(b)可得

$$l=\frac{\Delta e}{\sin\theta}$$

将式(9-13)代入,得

$$l=\frac{\lambda}{2n\sin\theta} \tag{9-14}$$

---

① 空气的折射率近似等于 1,但为了导出的公式对任意介质劈形膜都适用,故空气的折射率仍然用 n 表示。

由于 θ 很小，$\sin\theta \approx \theta$，上式可改写为

$$l = \frac{\lambda}{2n\theta} \tag{9-15}$$

此式表明，劈形膜干涉条纹是等间距的，条纹间距 l 与劈形膜顶角 θ 有关，θ 越大，l 越小，即条纹越密，当 θ 角大到一定程度时，条纹将密不可分。所以劈形膜干涉条纹只在 θ 角很小时才能观察到。

劈形膜的干涉在生产实践中有很多的应用，下面举两个例子。

干涉膨胀仪：图 9-13 是干涉膨胀仪的结构示意图。$C'C$ 为一个由热膨胀系数很小的材料如石英制成的套框，AB 与 $A'B'$ 为平板玻璃，套框内放置待测样品 W，其上表面磨成倾斜状，致使 AB 板下表面与样品 W 的上表面之间形成一空气劈形膜，当以单色光正入射 AB 板时，将产生等厚干涉条纹。由于套框的热膨胀系数很小，可以认为空气劈形膜的上表面不会因温度变化而改变。当样品受热膨胀时，劈形膜下表面将升高，空气层厚度发生变化，使干涉条纹随之移动。由式(9-13)可知，空气层的厚度改变 $\frac{\lambda}{2n}$，将有一条纹的移动。因此，测出条纹移动的数目，就可测出劈形膜下表面的升高量(即样品尺寸的改变量)，由此可算出样品的热膨胀系数。

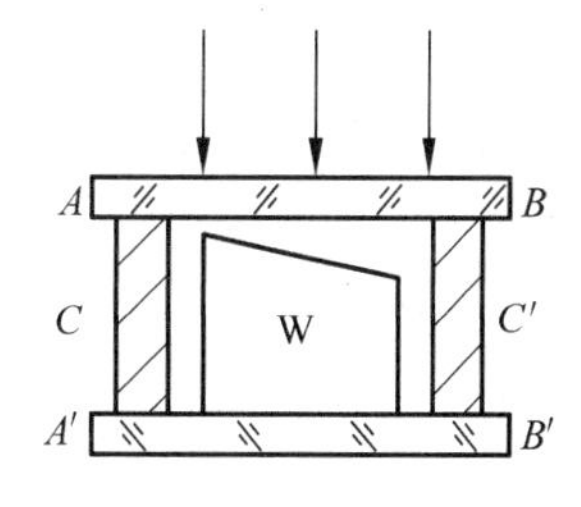

图 9-13　干涉膨胀仪结构示意图

测量微小角度：设一个由折射率为 n 的透明物质所构成的劈状材料，劈底的两个边界面 AB 和 CD 形成一微小角度 θ(图 9-14)。当单色平行光正入射到劈的上表面时，形成等厚干涉直条纹。若测得相邻两条明条纹间的距离为 l，由式(9-15)可得

$$\theta = \frac{\lambda}{2nl}$$

利用此式可测得微小的角度。

例 9-4　把金属细丝夹在两块平玻璃之间，形成空气劈尖，如图 9-15 所示。金属丝和棱边间距离为 $D = 28.880\text{mm}$。用波长 $\lambda = 589.3\text{nm}$ 的钠黄光垂直照射，测得 30 条明条纹之间的总距离为 4.295mm，求金属丝的直径 d。

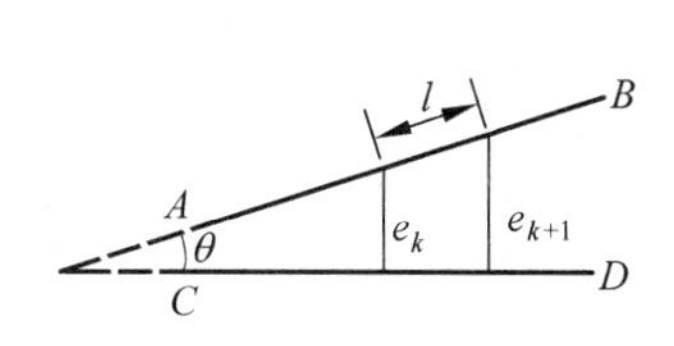

图 9-14　测量微小角度原理图

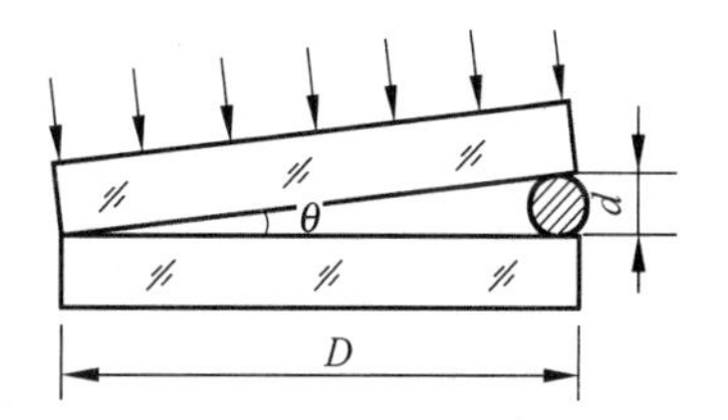

图 9-15　金属丝直径测定

解　由图 9-15 所示的几何关系可得

$$d = D\tan\theta$$

式中 θ 为劈尖角。相邻两明条纹间距和劈尖角的关系为 $l = \frac{\lambda}{2\sin\theta}$，因为 θ 很小，$\tan\theta \approx \sin\theta = \frac{\lambda}{2l}$，于是有

$$d = D\frac{\lambda}{2l} = 28.880 \times \frac{589.3 \times 10^{-6}}{2 \times \frac{4.295}{29}}\text{mm}$$

$$= 5.746 \times 10^{-2}\text{mm} = 5.746 \times 10^{-5}\text{m}$$

例 9-5 如图 9-16 所示，沉积在玻璃衬底上的氧化钽薄层从 A 到 B 厚度递减到零，从而形成一劈尖，为测定氧化钽薄层的厚度 t，用波长为 632.8nm 的 He-Ne 激光垂直照射到薄层上，观察到楔形部分共出现 11 条暗条纹，且 A 处恰好为一暗条纹位置。已知氧化钽的折射率为 2.21，玻璃折射率为 1.5，则氧化钽薄层的厚度 t 为多少？

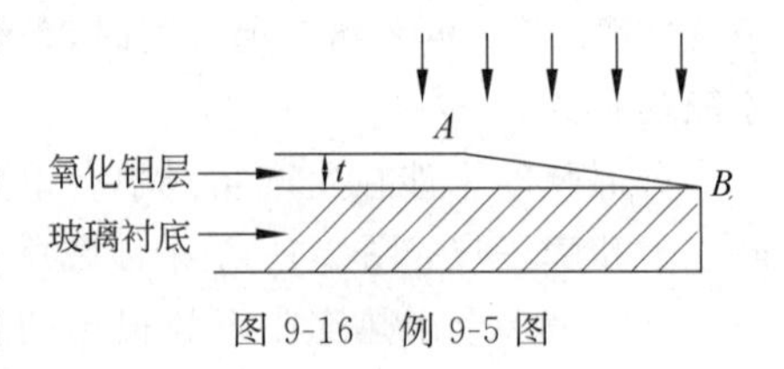

图 9-16 例 9-5 图

解 题中给出为暗条纹，由暗条纹条件：$2nt + \frac{\lambda}{2} = \left(k + \frac{1}{2}\right)\lambda$，得 $2nt = k\lambda$。

题中第 11 条暗条纹相应于 $k=10$，此时的 t 即楔形膜的厚度，所以膜厚

$$t = \frac{k}{2n}\lambda = \frac{10\lambda}{2n} = \frac{10 \times 0.6328}{2 \times 2.21}\mu\text{m}$$

$$\approx 1.43\mu\text{m}$$

(2) 牛顿环的干涉

观察牛顿环的实验装置，如图 9-17(a)所示。在一块平玻璃 B 上放一曲率半径 R 很大的平凸透镜 A，在 A、B 之间便形成环状的空气劈形膜。当单色平行光正入射时，在空气劈形膜的上、下表面发生反射形成两束相干光，它们在平凸透镜下表面处相遇而发生干涉。在显微镜下观察，可以看到一组干涉条纹，这些条纹是以接触点 O 点为中心的同心圆环，称为牛顿环(图 9-17(b))。

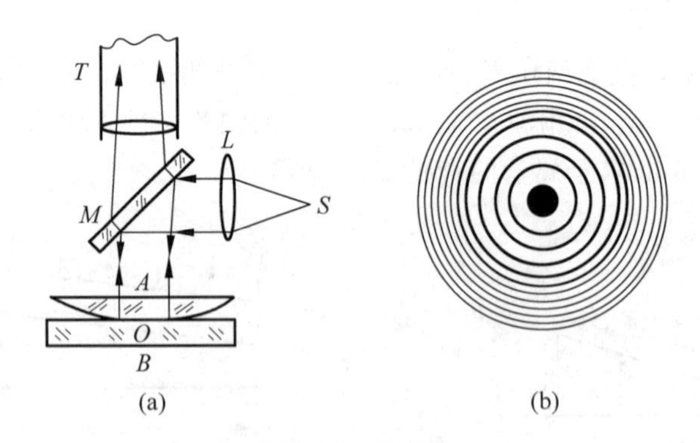

图 9-17 牛顿环

在空气层上、下表面反射的两束相干光，它们之间的光程差为

$$\delta = 2e + \frac{\lambda}{2}$$

式中，e 为空气薄层的厚度，$\frac{\lambda}{2}$ 是光在空气层的下表面(空气-平玻璃分界面)反射时产生的半波损失。这一光程差由空气薄层的厚度决定，而空气薄层的等厚线是以 O 为中心的同心圆，所以牛顿环的干涉条纹为明暗相间的圆环。同时由于空气劈形膜的上表面是弯曲的，越

往外劈形膜的厚度的变化越快，光程差的变化也越快，故越往外条纹越密。

牛顿环形成明环的条件为

$$2e+\frac{\lambda}{2}=k\lambda,\quad k=1,2,3,\cdots$$

形成暗环的条件为

$$2e+\frac{\lambda}{2}=(2k+1)\frac{\lambda}{2},\quad k=0,1,2,\cdots$$

在中心 O 处，$e=0$，两反射光的光程差为$\frac{\lambda}{2}$，所以形成暗斑。

由图 9-18 可以看出

$$r^2=R^2-(R-e)^2=2Re-e^2$$

由于 $R\gg e$，e^2 可略去，所以

$$r^2\approx 2Re$$

由形成明环及暗环的条件公式解出 e，分别代入上式，可得明环半径为

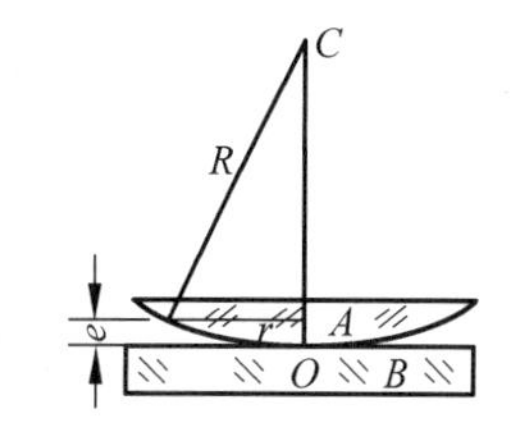

图 9-18 牛顿环干涉规律计算

$$r=\sqrt{\frac{(2k-1)R\lambda}{2}},\quad k=1,2,3,\cdots \tag{9-16}$$

暗环半径为

$$r=\sqrt{rR\lambda},\quad k=0,1,2,\cdots \tag{9-17}$$

在实验室里，常用牛顿环测定光波的波长或平凸透镜的曲率半径，在工业生产中则常利用牛顿环来检验透镜的质量。

例 9-6 用钠光灯的黄光($\lambda=589.3\text{nm}$)做牛顿环实验，测得第 k 级暗环的半径 $r_k=3.65\text{mm}$，第$(k+5)$级暗环的半径 $r_{k+5}=5.95\text{mm}$，求所用平凸透镜的曲率半径 R 和暗环的级数 k。

解 由暗环半径公式 $r=\sqrt{kR\lambda}$，有

$$r_k=\sqrt{kR\lambda}$$

$$r_{k+5}=\sqrt{(k+5)R\lambda}$$

将上面两式平方后相减可得

$$R=\frac{r_{k+5}^2-r_k^2}{5\lambda}=\frac{(5.95^2-3.65)^2\times(10^{-3})^2}{5\times5893\times10^{-10}}\text{m}=7.50\text{m}$$

$$k=\frac{r_k^2}{R\lambda}=\frac{(3.65\times10^{-3})^2}{7.5\times5893\times10^{-10}}=3$$

9.1.5 迈克耳孙干涉仪

科学家简介：迈克耳孙

前面指出，劈形膜干涉条纹的位置取决于光程差，只要光程差有一微小的变化就会引起干涉条纹的明显移动。迈克耳孙(Michelson，1852—1931年)干涉仪就是利用这种原理制成的，其结构如图 9-19(a)所示。M_1 和 M_2

是两块精密磨光的平面反射镜,其中 M_1 是固定的,它的平面位置可以微调;M_2 用螺旋控制,可作微小移动。G_1 和 G_2 是两块材料相同、厚薄均匀而且相等的平行玻璃片。在 G_1 的一个表面上镀有半透明的薄银膜,使照射到 G_1 上的光线分成振幅近于相等的透射光和反射光,因此称为分光板,G_1、G_2 这两块平行玻璃片与 M_1 和 M_2 的倾角为 45°。

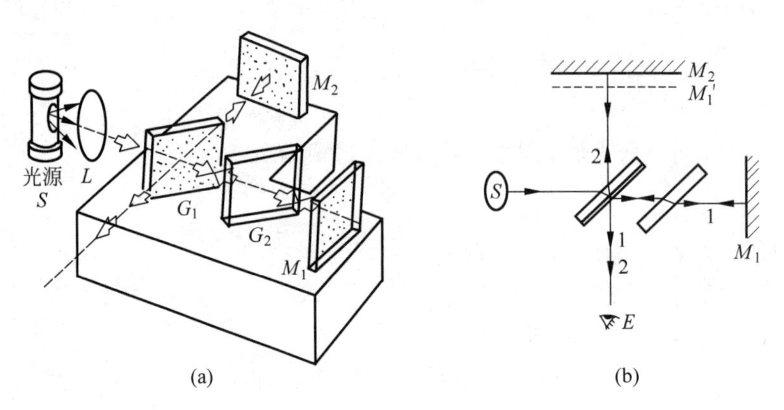

图 9-19　迈克耳孙干涉仪

(a) 迈克耳孙干涉仪结构简图;(b) 迈克耳孙干涉仪原理图

由光源 S 发出的光线,射到 G_1 后分成两束光线。光线 1 透过 G_1 及 G_2 到达 M_1,经 M_1 反射后,再穿过 G_2 经银膜反射到视场中。光线 2 从 G_1 的镀膜面反射到 M_2,经 M_2 反射后,再穿过 G_1 到达视场中。显然,光线 1 和光线 2 是两条相干光线,它们在视场中相遇时产生干涉。

由于分光板 G_1 的存在,使 M_1 相对于镀膜面形成一虚像 M_1',位于 M_2 附近,光线 1 可以看作是从 M_1' 处反射的。M_1' 和 M_2 之间形成一空气膜,光线 2 通过 G_1 三次,加上 G_2 后光线 1 也通过三次与 G_1 厚度相同的玻璃片(G_2 起光程补偿作用),这样 M_1' 和 M_2 之间空气膜厚度就是光线 1 和光线 2 的光程差。如果 M_1 与 M_2 并不严格垂直,那么,M_1' 与 M_2 也不严格平行,则在 M_1' 和 M_2 之间形成空气劈形膜,光线 1 和光线 2 形成等厚干涉,这时观察到的干涉条纹是明暗相间的条纹。若入射单色光波长为 λ,则每当 M_2 向前或向后移动 $\lambda/2$ 的距离时,就可看到干涉条纹平移过一条。所以通过计算视场中移过的条纹数目 m,就可以算出 M_2 移动的距离 x

$$x = m\frac{\lambda}{2} \tag{9-18}$$

因此,用已知波长的光波可以测定长度(即 M_2 移动的距离),测量精度可达十分之一波长的数量级。反之,也可以由已知长度来测定光波的波长。迈克耳孙曾用自己的干涉仪测定了红镉线的波长。

9.2　光的衍射

9.1 节我们讲述了光的干涉,这是光的波动性的一个重要特征。光作为电磁波,它的另一个重要特征就是在一定条件下能产生衍射现象。本节将讲述光的衍射现象,惠更斯-菲涅耳原理、夫琅禾费(Joseph von Fraunhofer,1787—1826 年)单缝衍射、圆孔衍射、光学仪器的分辨本领和衍射光栅等。

9.2.1　光的衍射现象　惠更斯-菲涅耳原理

科学家简介：奥古斯汀-让·菲涅耳

如图 9-20(a)所示，一束单色平行光通过一个宽度比波长大得多的狭缝 K 时，在屏幕 E 上呈现的光带是狭缝的几何投影，这时光是沿直线传播的。若缩小缝宽使其可与光波波长相比拟(10^{-4} m 数量级以下)，在屏幕 E 上出现的亮区将比狭缝宽许多，说明这时光绕过了狭缝的边缘传播。同时在亮区内将出现亮度逐渐减弱的明暗相间的直条纹，如图 9-20(b)所示，这就是光的衍射现象。

利用惠更斯原理，可以定性地解释衍射现象中光绕过狭缝边缘传播的方向问题，但它不能作光的衍射图样中的强度分析。为此，菲涅耳用子波可以叠加干涉的思想对惠更斯原理作了补充：从同一波面上各点发出的子波，在传播到空间某一点时，各个子波之间也可以相互叠加而产生干涉现象。这就是惠更斯-菲涅耳原理。光的衍射图样的形成，正是光波传到狭缝处时波面上各点发出的无数个子波在屏上叠加相干的结果。

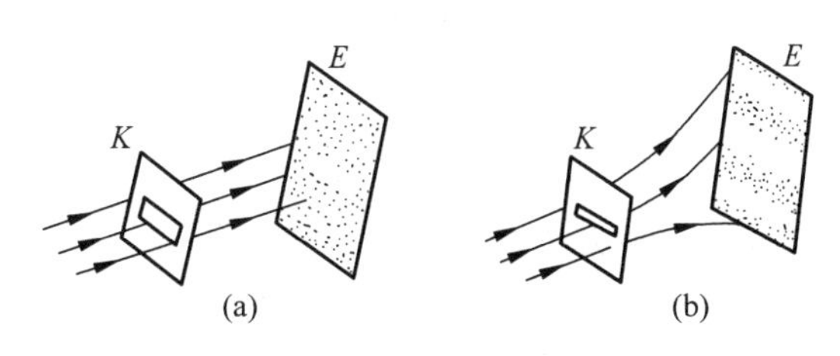

图 9-20　光通过狭缝

9.2.2　夫琅禾费单缝衍射

通常把衍射现象分为两类：一类是光源和屏幕(或两者之一)与衍射缝(或小孔)的距离是有限的，这类衍射称为菲涅耳衍射；另一类是光源和屏幕离衍射缝(或小孔)都无限远，这类衍射称为夫琅禾费衍射。在此，我们只讨论夫琅禾费单缝衍射，即入射在衍射缝上的是平行光，观察的衍射光也是平行光。图 9-21 就是夫琅禾费单缝衍射的实验简图，两个透镜 L_1 和 L_2 的应用，就相当于把光源和屏幕都推到无穷远处。

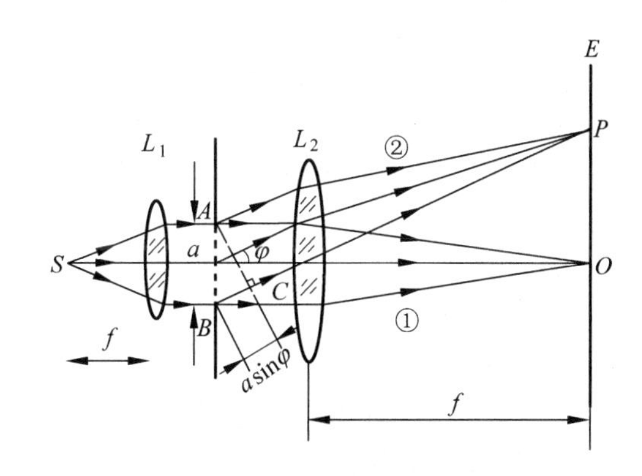

图 9-21　夫琅禾费衍射实验简图

在惠更斯-菲涅耳原理的基础上,菲涅耳利用波带法说明了单缝衍射图样的形成。如图 9-21 所示,由单色光源 S 发出的光,通过透镜 L_1 形成单色平行光正入射在单缝上,AB 为单缝的截面,其宽度为 a。按照惠更斯-菲涅耳原理,AB 上各点都可以看成是新的波源,它们将发出子波,向前传播。在这些子波到达空间某处时,会叠加产生干涉。

对沿入射方向传播的各子波射线,经透镜 L_2 会聚于焦点 O(图 9-21 中光束①)。由于在单缝处的波阵面 AB 是同相面,所以这些子波的相是相同的,它们经透镜后不会引起附加的光程差,在 O 点会聚时仍保持相等,因而互相干涉加强。这样,屏上正对狭缝中心的 O 处应出现平行于单缝的亮线,然而由于衍射,实际上在 O 处出现了有一定宽度的明条纹,称为中央明条纹。中央明条纹的光强最大。

在其他方向上,如与入射方向成 φ 角传播的子波射线(图 9-21 中光束②),经透镜 L_2 会聚于屏幕上的 P 点。φ 称为衍射角。这些光束中各子波射线到达 P 点的光程并不相等,所以它们在 P 点的相各不相同。如果过 A 作平面 AC,使 AC 垂直于 BC,则由平面 AC 上各点到 P 点的光程都相等。因此,从 AB 面发出的各射线到达 P 点的光程差就产生在 AB 面转向 AC 面的路程之间。由图 9-21 可知,从单缝的 A 和 B 两端点发出的子波到达 P 点的光程差为

$$BC = a\sin\varphi$$

显然是沿 φ 角方向的各子波光线最大光程差。

为了根据最大光程差决定屏上明暗条纹的分布情况,我们以单色光的波长的一半 $\lambda/2$ 来划分最大光程差 BC,并假设 BC 恰好等于单色光半波长的整数倍,即 $BC = a\sin\varphi = k\cdot\frac{\lambda}{2}, k=1,2,3,\cdots$。现在假定 $k=3$,如图 9-22(a)所示,则 $BC=a\sin\varphi=3\cdot\frac{\lambda}{2}$,这样我们可以将 BC 三等分。过这些等分点我们可以作彼此相距为$\frac{\lambda}{2}$的平行于 AC 的平面,这些平面把单缝处的波面 AB 截成 AA_1、A_1A_2 和 A_2B 三个面积相等的波带,这样的波带称为半波带。两个相邻的波带上,任何两个对应点(如 AA_1 的中点和 A_1A_2 的中点)所发出的子波光线到达 P 点的光程差都是$\frac{\lambda}{2}$,它们将彼此互相干涉而抵消。因此,从整个波带来说,AA_1 和 A_1A_2 这两对相邻的波带所发出的光,在 P 点将完全干涉抵消。而只剩下半波带 A_2B 上发出的子波没有被抵消,因此 P 点将出现明条纹。同理,当 $k=5$ 时,波面 AB 可分为五个半波带,对应的 P 点也将出现明条纹。但 $k=5$ 时,未被抵消的半波带的面积要小于 $k=3$ 时未被抵消的半波带的面积,所以明条纹的亮度不如 $k=3$ 时的亮。因此,衍射角 φ 越大,波带数就越多,未被抵消的半波带的面积越小,明条纹的亮度也就越小。

若 $k=4$,即 $BC=a\sin\varphi=4\cdot\frac{\lambda}{2}$,则波面 AB 可分成 AA_1、A_1A_2、A_2A_3、A_3B 四个半波带,如图 9-22(b)所示。此时 AA_1 和 A_1A_2 以及 A_2A_3 和 A_3B 这两对相邻的波带所发出的光,在 P 点将完全干涉抵消,因此 P 点处出现暗条纹。

对于任意其他 φ 角,AB 不能分成整数个半波带,则屏幕上的对应点将介于明暗之间。

综上所述,若对应衍射角 φ,BC 恰好等于半波长的偶数倍,即 AB 波面恰好能分成偶数

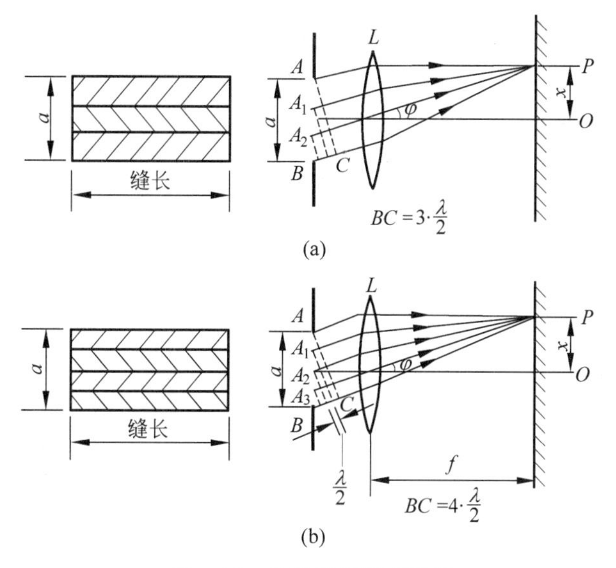

图 9-22 单缝菲涅耳半波带

(a) $k=3$ 波带；(b) $k=4$ 波带

个半波带，则在屏上对应处出现暗条纹。用数学式表示为

$$a\sin\varphi = \pm 2k\frac{\lambda}{2},\quad k=1,2,3,\cdots \quad \text{暗条纹} \tag{9-19}$$

对应 $k=1,2,3,\cdots$ 分别称为第一级暗条纹、第二级暗条纹、…。式中正负号表示各级暗条纹对称分布在中央明条纹的两侧。

若对应衍射角 φ，BC 恰好等于半波长的奇数倍，即 AB 波面恰好能分成奇数个半波带，则在屏上对应处出现明条纹。用数学式表示为

$$a\sin\varphi = \pm(2k+1)\frac{\lambda}{2},\quad k=1,2,3,\cdots \quad \text{明条纹} \tag{9-20}$$

对应 $k=1,2,3,\cdots$ 分别称为第一级明条纹、第二级明条纹、……，各级明条纹也对称地分布在中央明条纹的两侧。

单缝衍射的光强分布如图 9-23 所示。可以看出，中央明条纹的光强最大，这是因为整个 AB 波面发出的子波，在中央处都加强的缘故。对其他各级明条纹，其光强迅速减弱。

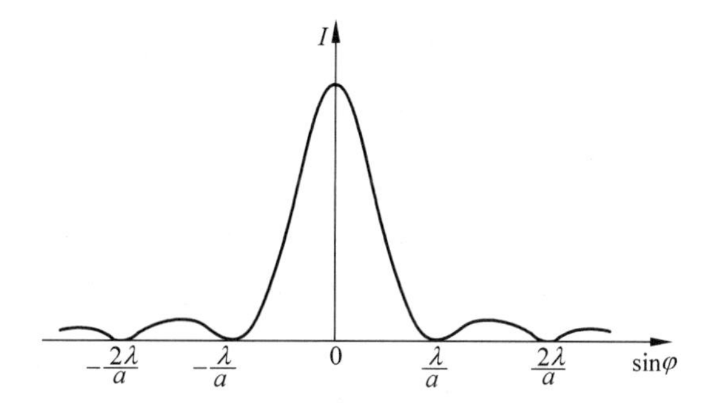

图 9-23 单缝衍射条纹的强度分布

由图 9-22 可知,在衍射角 φ 很小时,φ 和透镜焦距 f 以及条纹在屏上距中心 O 的距离 x 之间的关系为

$$x = f\tan\varphi \approx f\sin\varphi \approx f\varphi$$

中央明条纹的宽度为两个第一级暗条纹之间的距离,由式(9-19)可求出第一级暗条纹距中心的距离为

$$x_1 = \varphi_1 f = \frac{\lambda}{a} f$$

所以中央明条纹的宽度为

$$l_0 = 2x_1 = \frac{2\lambda}{a} f \tag{9-21}$$

其他各级明条纹的宽度为

$$l = \varphi_{k+1} f - \varphi_k f = \left[\frac{(k+1)\lambda}{a} - \frac{k\lambda}{a}\right] f = \frac{\lambda}{a} f \tag{9-22}$$

可见中央明条纹的宽度为其他明条纹宽度的两倍。上两式表明,明条纹宽度反比于缝宽 a。缝越窄,条纹分布越宽,衍射越显著;缝越宽,衍射越不明显。当缝宽 $a \gg \lambda$ 时,各级衍射条纹都密集于中央明条纹附近而无法分辨,只显出单一的亮纹,实际上它就是单缝的像。这时,可以认为光是沿直线传播的。

当缝宽 a 一定时,入射光波长 λ 越大,衍射角也越大。因此若用白光照射,因各色光对 $\varphi = 0$ 时都加强,中央明条纹仍是白色的,而其两侧将出现一系列由紫到红的彩色条纹。

例 9-7 已知单缝的宽度为 0.6mm,会聚透镜的焦距等于 40cm,让光线垂直入射单缝平面,在屏幕上 $x = 1.4$mm 处看到明条纹极大,如图 9-24 所示。试求:

(1) 入射光的波长及衍射级数;

(2) 单缝面所能分成的半波带数。

解 (1) 根据单缝衍射明条纹公式,有

$$a\sin\varphi = (2k+1)\frac{\lambda}{2}, \quad k = 1, 2, \cdots$$

依题意,由图 9-24,可得

$$\tan\varphi = \frac{x}{f} = \frac{0.14}{40} = 0.0350$$

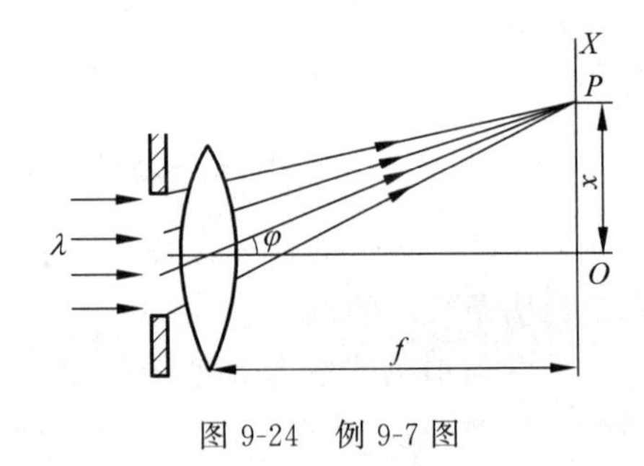

图 9-24 例 9-7 图

即

$$\varphi \ll 5^\circ$$

所以入射光线的波长为

$$\lambda = \frac{2a\sin\varphi}{2k+1} = \frac{2a\tan\varphi}{2k+1}$$

$$= \frac{2ax}{(2k+1)f} = \frac{2 \times 0.6 \times 1.4}{(2k+1) \times 400}\text{mm} = \frac{4.2 \times 10^{-3}}{2k+1}\text{mm}$$

在可见光范围内 400nm$<\lambda<$760nm,把一系列 k 的许可值代入上式,求出符合题意的解。

令 $k = 1$,求得 $\lambda = 1400$nm,为红外光,不符合题意;

令 $k = 2$,求得 $\lambda = 840$nm,仍为红外光,不符合题意;

令 $k=3$，求得 $\lambda=600\text{nm}$，符合题意；

令 $k=4$，求得 $\lambda=466.7\text{nm}$，符合题意；

令 $k=5$，求得 $\lambda=380\text{nm}$，为紫外光，不符合题意。

所以本题有两个解：波长为 $\lambda=600\text{nm}$ 的第三级衍射和波长为 $\lambda=466.7\text{nm}$ 的第四级衍射。

(2) 单缝波面在波长为 600nm 时，可以分割成 $2k+1=7$ 个半波带；在波长为 466.7nm 时，单缝波面可以分割成 $2k+1=9$ 个半波带。

9.2.3 光学仪器的分辨本领

1. 圆孔衍射

在图 9-25 中，如果我们用圆孔代替狭缝，就构成了圆孔的夫琅禾费衍射装置，在透镜 L_2 的焦平面上可得到圆孔的衍射图样(图 9-25(b))。衍射图样的中央为一明亮的圆斑，称为艾里斑，它集中了光强的绝大部分(约 84%)。圆孔衍射的光强分布如图 9-26 所示。

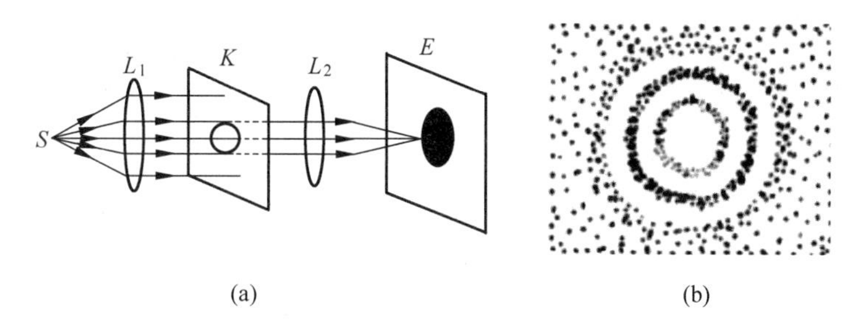

图 9-25 圆孔衍射

(a) 夫琅禾费圆孔衍射装置；(b) 衍射图样

由理论计算，艾里斑对透镜 L_2 的光心所张角度的一半(称之为半张角)为

$$\theta=1.22\frac{\lambda}{D} \tag{9-23}$$

式中，λ 为入射单色光的波长，D 为圆孔的直径。

若艾里斑的直径为 d，透镜 L_2 的焦距为 f，在 θ 角很小的情况下，则可以得到

$$\tan\theta=\sin\theta\approx\theta=\frac{d}{2f}$$

与式(9-23)比较，可见圆斑的直径与圆孔直径成反比，圆孔越小，衍射现象越显著。

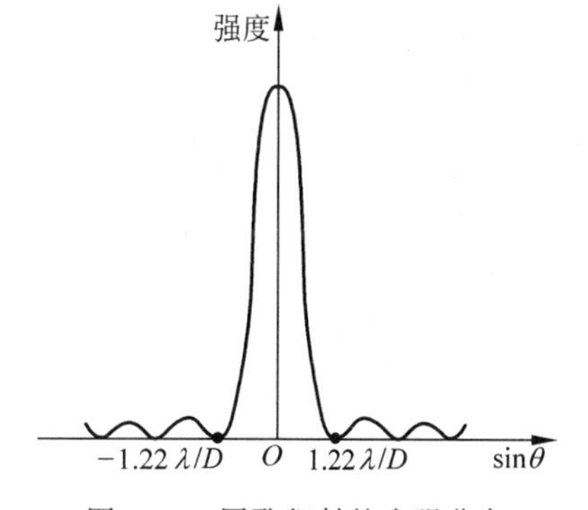

图 9-26 圆孔衍射的光强分布

2. 光学仪器的分辨本领

大多数光学仪器所使用的透镜的边缘都是圆形的，它就相当于一个透光的小圆孔。按几何光学，物体上一个发光点经透镜聚焦后将得到一个对应的像点。但是实际上，由于光的衍射，我们得到的是一个有一定大小的艾里斑。因此对相距很近的两个物点，经同一个透镜

成像后，其相应的两个艾里斑就会互相重叠。如果两个物点相距太近，以致相应的两个艾里斑互相重叠得很厉害，将完全无法分辨出这两个物点的像来。可见，由于光的衍射，使光学仪器的分辨能力受到了限制。

那么两个物点之间的最小距离为多少，才能被光学仪器所分辨呢？英国物理学家瑞利(John William Strutt，1842—1919年)提出了一个判据：如果一个物点的艾里斑中心，刚好和另一个物点的艾里斑边缘(即第一个暗环)相重合(图9-27(a))，则这两个物点恰好能被这一光学仪器所分辨，这个判据就称作瑞利判据。"恰能分辨"时两个物点S_1、S_2对透镜中心所张的角$\delta\varphi$称为最小分辨角(图9-27(b))。由图9-27(a)可以看出，最小分辨角$\delta\varphi$刚好等于艾里斑对透镜中心所张角度的一半，即半张角θ。因此由式(9-23)，得到

$$\delta\varphi = 1.22\frac{\lambda}{D} \tag{9-24}$$

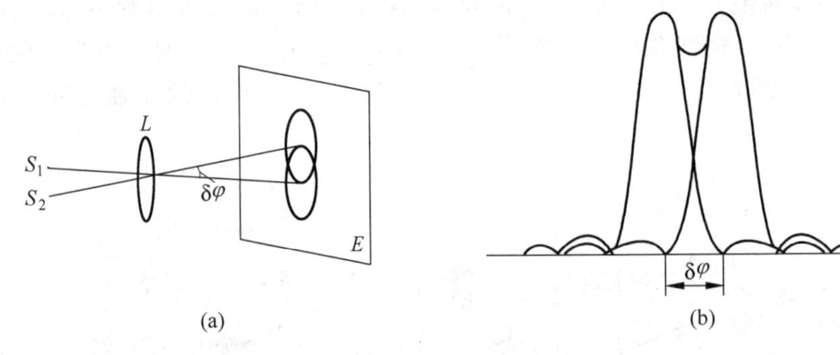

图9-27　瑞利判据
(a) 最小分辨角；(b) 恰能分辨

在光学仪器中，通常把最小分辨角的倒数

$$\frac{1}{\delta\varphi} = \frac{D}{1.22\lambda} \tag{9-25}$$

称为光学仪器的分辨本领。由式(9-25)可知，为提高光学仪器的分辨本领，可采用增大透镜的直径或减小入射光波长的方法。大型天文望远镜的物镜做得很大，显微镜使用波长较短的光照明，都是为了提高其分辨本领。电子显微镜用波长极短的电子束来代替普通光束，从而获得极高的分辨本领，它甚至可以观察到原子表层扩展后生成薄膜的样子。

例9-8　在正常照度下，设人眼瞳孔的直径约为3mm，而在可见光中，人眼最灵敏的波长为550nm，求：

(1) 人眼的最小分辨角有多大？

(2) 若物体放在明视距离25cm处，则两物点相距为多远时才能被分辨？

解　(1) 已知人眼瞳孔的直径$D=3\text{mm}$，光波的波长$\lambda=550\text{nm}=5.5\times10^{-5}\text{cm}$，则人眼的最小分辨角

$$\begin{aligned}\delta\varphi &= 1.22\frac{\lambda}{D} = 1.22\times5.5\times10^{-5}\times\frac{1}{0.3}\text{rad}\\ &= 2.3\times10^{-4}\text{rad} = 0.8'\end{aligned}$$

(2) 设两物点的距离为h，它们与人眼的距离$l=25\text{cm}$时，恰好能够被分辨；这时，人

眼最小分辨角 $\delta\varphi = h/l$，即

$$h = l \cdot \delta\varphi = 25 \times 2.3 \times 10^{-4}\,\text{cm} = 0.0058\,\text{cm} = 0.058\,\text{mm}$$

所以两物点的距离小于上述数值时，就不能被人眼所分辨。

9.2.4　衍射光栅

在单缝衍射实验中，原则上可以通过对明条纹宽度的测量来测定入射光的波长。但实际上，由于单缝衍射的光强大部分集中在中央明条纹上，其他明条纹光强很弱，条纹不够清晰明亮，以致无法进行精确的测量。为了得到亮度很大、分得很开的谱线，我们可以利用光栅这一光学元件。

1. 光栅

在一块玻璃片上用金刚石刀尖刻划出一系列等宽度、等距离的平行刻痕，刻痕处因漫反射而不透光，两刻痕间相当于透光的狭缝，这样就做成了平面衍射光栅。若刻痕的宽度为 b，两刻痕间的宽度为 a，则 $(a+b)=d$ 称为光栅常量。实际的光栅，每毫米内通常有几十甚至上千条刻痕。光栅常量的数量级为 $10^{-5}\sim10^{-6}\,\text{m}$。

光栅有许多缝，当单色光正入射到光栅上时，从各个缝发出的光都是相干光，它们之间叠加后将发生干涉，而从各个缝上无数个子波波源发出的光本身又会产生衍射。正是这各缝之间的干涉和每缝自身的衍射的总效果，形成了光栅的衍射条纹。

2. 光栅公式

下面简单讨论光栅衍射中出现明条纹应满足的条件。在图 9-28 中，波长为 λ 的单平行光正入射到光栅上，从相邻两缝发出的沿衍射角 φ 方向的平行光，经透镜会聚于 P 时，它们之间的光程差都等于 $d\sin\varphi$。我们选取任意相邻两缝发出的光，若它们之间的光程差 $d\sin\varphi$ 恰好等于入射光波长 λ 的整数倍，这两束光将在 P 点干涉加强。显然，其他任意相邻两缝沿 φ 方向发出的光的光程差也等于 λ 的整数倍，它们会聚于 P 点后也是相互加强，因此 P 点应形成明条纹。可见，光栅衍射在屏幕上形成明条纹的条件为

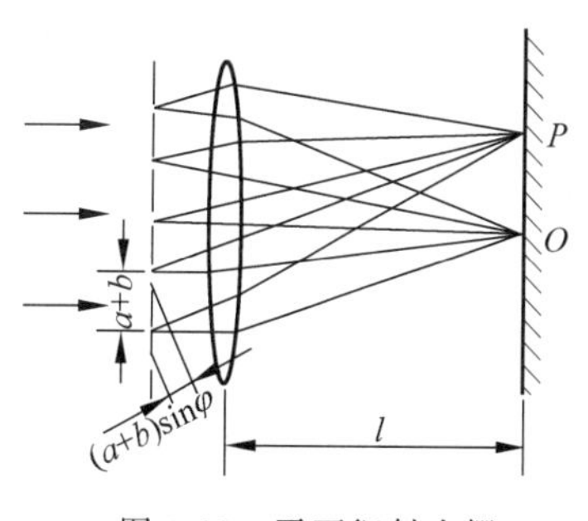

图 9-28　平面衍射光栅

$$d\sin\varphi = \pm k\lambda,\quad k=0,1,2,\cdots \tag{9-26}$$

这个公式称为光栅公式。k 称为衍射级数。$k=0$ 时，$\varphi=0$ 为中央极大；对应于 $k=1,2,\cdots$ 的明条纹分别称为第一级明条纹、第二级明条纹，……。正、负号表示各级明条纹对称分布在中央极大的两侧。

由式(9-26)可得，

$$\sin\varphi = \frac{k\lambda}{d}$$

可以看出，当以单色光正入射光栅时，光栅常量 d 越小，φ 就越大，明条纹之间的间隔也越大。详尽的讨论还可以证明，光栅的狭缝数目越多，明条纹就越亮，条纹的宽度将越窄。因

此,利用衍射光栅可以获得亮度大、分得很开、宽度很窄的条纹,这为精确地测量波长提供了有利条件。

3. 衍射光谱

由光栅公式(9-26)可知,如果用白光照射光栅,由于各成分单色光的波长 λ 不同,除中央零级条纹是由各色光混合而成,仍为白光外,各单色光的其他同级明条纹将在不同的衍射角出现,形成按远离中央明条纹方向由紫到红排列的彩色光带。这些光带的整体就称为衍射光谱(图 9-29)。对于较高级数的光谱,会出现不同颜色的不同级数光谱的重叠。

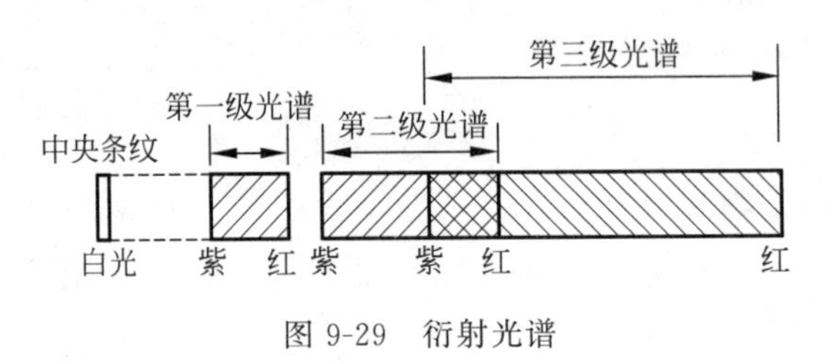

图 9-29　衍射光谱

各种光源发出的光,经过光栅衍射后所形成的光谱是不相同的。由于各种元素或化合物有各自特定的光谱,因此由物质光谱的结构,可以定性地分析出该物质所含的元素或化合物。在科学研究和工程技术上,衍射光谱已被广泛应用。

例 9-9　波长为 500nm 及 520nm 的光照射到光栅常数为 0.002cm 的衍射光栅上,在光栅后面用焦距为 2m 的透镜把光线会聚在屏幕上,求这两条光线的第一级光谱线间的距离。

解　根据光栅公式 $(a+b)\sin\varphi=k\lambda$,得

$$\sin\varphi_1=\frac{\lambda}{a+b}$$

设 x 为谱线与中央极大间的距离,D 为光栅与屏幕间的距离即透镜的焦距,则 $x=D\tan\varphi$,因此对第一级有

$$x_1=D\tan\varphi_1$$

由于 φ 角很小,所以 $\sin\varphi\approx\tan\varphi$。因此,波长为 520nm 与 500nm 的两种光线的第一级谱线间的距离为

$$\begin{aligned}x_1-x'_1&=D\tan\varphi_1-D\tan\varphi'_1=D\left(\frac{\lambda}{a+b}-\frac{\lambda'}{a+b}\right)\\&=200\times\left(\frac{5200\times10^{-8}}{0.002}\right)-\frac{5000\times10^{-8}}{0.002}\text{cm}\\&=0.2\text{cm}\end{aligned}$$

例 9-10　一衍射光栅每毫米刻线 300 条,入射光包含红光和紫光两种成分,垂直入射到光栅。发现在与光栅法线成 24.46°的方向上红光和紫光谱线重合。试问:

(1) 红光和紫光的波长各为多少?

(2) 在什么角度处还会出现这种复合谱线?

(3) 在什么角度处出现单一的红光谱线?

解　(1) 光栅常数 $d=\frac{1}{300}\mathrm{mm}=3.33\times10^{3}\mathrm{nm}$。由光栅方程 $d\sin\varphi=k\lambda$，可决定 $\varphi=24.46^{\circ}$方向上红、紫谱线的级次：

对红光，波长 $\lambda_{r}\sim700\mathrm{nm}$，$k_{r}=\frac{d\sin\varphi}{\lambda_{r}}=\frac{1380}{700}$，取整数 $k_{r}=2$。

对紫光，波长 $\lambda_{v}\sim400\mathrm{nm}$，$k_{v}=\frac{1380}{400}$，取整数 $k_{v}=3$。

将 $k_{r}=2$，$k_{v}=3$ 代入光栅方程，得

$$\lambda_{r}=\frac{d\sin\varphi}{2}=690\mathrm{nm}$$

$$\lambda_{v}=\frac{d\sin\varphi}{3}=460\mathrm{nm}$$

(2) 两种谱线重合的条件为

$$k_{r}\lambda_{r}=k_{v}\lambda_{v}$$

即

$$\frac{k_{v}}{k_{r}}=\frac{\lambda_{r}}{\lambda_{v}}=\frac{3}{2},\frac{6}{4},\cdots$$

能出现的最大级次由 $\sin\varphi\leqslant1$ 限定，即 $k\leqslant\frac{d}{\lambda}$。

对 λ_{r}，最大级次 $k\leqslant\frac{d}{\lambda_{r}}=4.8$，即 4 级；

对 λ_{v}，最大级次 $k\leqslant\frac{d}{\lambda_{v}}=7.2$，即 7 级。

故还能出现红光 4 级和紫光 6 级的复合谱线，其所在角度 φ'满足

$$d\sin\varphi'=4\times690\mathrm{nm}$$

$$\sin\varphi'=0.828,\quad \varphi'=55.9^{\circ}$$

(3) 红光谱线最大不超过 4 级，其中 2、4 级为复合谱线，只有 1、3 级为单一谱线，其方位角可由 $\theta_{k}=\arcsin\frac{k\lambda_{r}}{d}$求出：

$$k=1,\quad \varphi_{1}=\arcsin\frac{\lambda_{r}}{d}=11.9^{\circ}$$

$$k=3,\quad \varphi_{3}=\arcsin\frac{3\lambda_{r}}{d}=38.4^{\circ}$$

4. 缺级

由于单缝衍射的影响，在应该出现干涉极大(亮纹)的位置正好为单缝衍射极小，此位置不再出现干涉亮纹。

缺级在某一衍射角同时满足：

单缝衍射暗条纹条件　$a\sin\varphi=k'\lambda$；

光栅明条纹条件　$(a+b)\sin\varphi=k\lambda$。

得出：$k=(a+b)/a\cdot k'$，其中 k 为干涉所缺的级次，k'为单缝衍射极小的级次。

例 9-11 波长为 440mm 的单色光垂直入射到平面透射光栅上，第三级谱线的衍射角满足 $\sin\theta_3=0.3$，第四级缺级。求：

（1）此光栅的光栅常数 d 及光栅狭缝的最小可能宽度 a；

（2）列出屏幕上可能呈现的谱线的全部级数；

（3）此光栅上总共有 $N=250$ 条刻痕，要把波长为 589.00nm 和 589.59nm 两条谱线分辨开，最理想应选择在哪一级工作？

解 （1）由光栅方程 $d\sin\varphi=\pm k\lambda$，求得光栅常数

$$d=\frac{k\lambda}{\sin\varphi}=\frac{3\times 440\times 10^{-9}}{0.3}\mathrm{m}=4400\times 10^{-9}\,\mathrm{m}=4400\mathrm{nm}$$

第四级缺级，第二级不缺级才能使 a 有最小值

$$\frac{d}{a}=4\Rightarrow a=\frac{d}{4}=\frac{4400}{4}\times 10^{-9}\,\mathrm{m}=1100\times 10^{-9}\,\mathrm{m}=1100\mathrm{nm}$$

（2）光谱最外侧 $\theta\approx 90^\circ$，则 $\sin\theta\approx 1$，该处的级次

$$d\sin 90^\circ=k\lambda\Rightarrow k=\frac{d}{\lambda}=\frac{4400\times 10^{-9}}{440\times 10^{-9}}=10$$

即在最外侧处为第十级。

又由于 ± 4、± 8 为缺级，sin90°时第十级看不见，可呈现 0、± 1、± 2、± 3、± 5、± 6、± 7、± 9，共十五条谱线。

（3）光栅的分辨本领：

$$R=\frac{\bar{\lambda}}{\Delta\lambda}=\frac{589\times 10^{-9}}{0.59\times 10^{-9}}=1000$$

又因为

$$R=kN\Rightarrow k=\frac{R}{N}=\frac{1000}{250}=4$$

即从第四级开始均可分为这两条谱线。

即从第四级缺级，最理想应选第五级工作。

9.2.5 X 射线衍射

X 射线又叫伦琴射线，它是波长极短的电磁波，也具有干涉、衍射现象。

若一束平行单色 X 射线，以掠射角 φ 射向晶体，晶体中各原子都成为向各方向散射子波的波源，各层间的散射线相互叠加产生干涉现象。

如图 9-30 所示，设各原子层之间的距离为 d（称为晶格常数），则被相邻上、下两原子层散射的 X 射线的光程差满足

$$2d\sin\varphi=k\lambda,\quad k=0,1,2,3,\cdots \tag{9-27}$$

时，各原子层的反射线都相互加强，光强极大。式(9-27)即为布拉格公式。

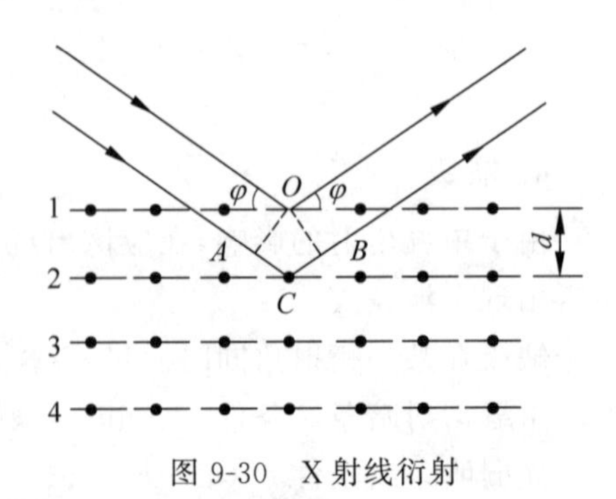

图 9-30 X 射线衍射

9.3　光的偏振

光的干涉和衍射现象是光的波动性的有力证明,但是却不能证明光波究竟是横波还是纵波。光有偏振现象,则证实光是横波。本节讲述光的偏振现象和几种获得偏振光的简单方法。

9.3.1　自然光　偏振光

我们在 9.1 节及 9.2 节已经提过,光是电磁波,而电磁波是横波。电磁波中起感光作用的主要是 $\boldsymbol{E}$ 矢量,所以 $\boldsymbol{E}$ 矢量又称为光矢量,$\boldsymbol{E}$ 的振动称为光振动。对普通光源,由于分子或原子发光的间歇性和光矢量振动方向的无规律性,使光矢量的振动方向分布在一切可能的方位。而且在垂直于光传播的方向的平面内的任一个方向上,光振动的振幅都相等,没有哪个方向的振动比其他方向占优势。因此普通光源发出的光是在所有振动方向上振幅都相等的光。这种光矢量具有各个方向的振动,且各个方向振动概率相等的光,称为自然光(天然光),如图 9-31(a)所示。在任一时刻,我们可以把每个光矢量分解成两个互相垂直的光矢量,常用图 9-31(b)所示的方法来表示自然光。但应注意,由于自然光中光振动的无规律性,所以这两个相互垂直的光矢量之间并没有恒定的相差。通常我们用和传播方向垂直的短线表示光矢量在纸面内的振动,用点子表示垂直于纸面的振动。对于自然光,点子和短线等距分布,数量相同,表示没有哪一个方向的光振动占优势,如图 9-31(c)所示。

自然光经过某些物质反射、折射或吸收后,可能只保留某一方向的光振动,这种光矢量只沿一个固定方向振动的光称为线偏振光,如图 9-32(a),(b)所示。光矢量的振动方向和光的传播方向组成的平面称为振动面。图 9-32(a)中的振动面平行于纸面,图 9-32(b)中的振动面垂直于纸面。若光波中,某一方向的光振动比与之相垂直的另一方向的光振动占优势,这种光称为部分偏振光,如图 9-32(c),(d)所示。

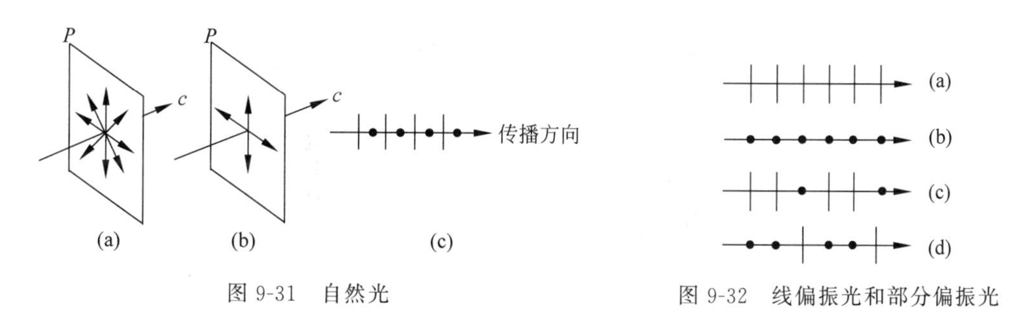

图 9-31　自然光

图 9-32　线偏振光和部分偏振光

9.3.2　偏振片　起偏和检偏

从自然光中获得偏振光的过程称为起偏,所用的相应的器件称为起偏器。偏振片就是最常用、最简单的起偏器。某些物质,例如硫酸金鸡纳碱晶体,能吸收某一方向的光振动,而只让与这个方向垂直的光振动通过。把这种晶体涂在透明薄片上,就成为偏振片。被允许通过的

光振动方向，称为偏振化方向，在表示偏振片的图上，用符号“|”表明它的偏振化方向（图9-33）。

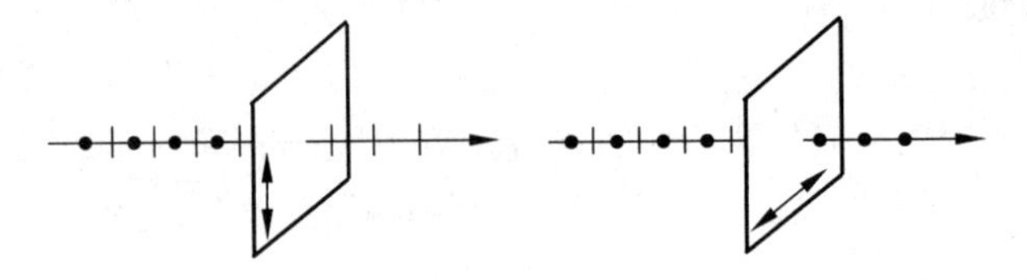

图9-33 起偏器

偏振片也可以作为检偏器用来检验某一束光是否是偏振光。如图9-34所示，让一束偏振光直射到偏振片上，当偏振片的偏振化方向与偏振光的光振动方向相同时，该偏振光可完全透过偏振片射出（图9-34(a)）。

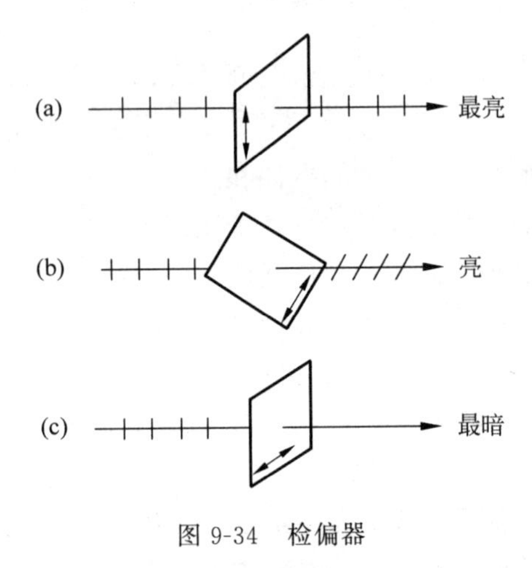

图9-34 检偏器

若把偏振片转过90°，即当偏振片的偏振化方向与偏振光的光振动方向垂直时，则该偏振光将不能透过偏振片（图9-34(c)）。当我们以偏振光的传播方向为轴，不停地旋转偏振片时，透射光将经历由最明到黑暗，再由黑暗变回最明的变化过程。如果直射到偏振片的光是自然光，上述现象就不会出现。因此这块偏振片就是一个检偏器。

上述光的偏振实验说明了光的横波特性。为说明这个问题，我们将偏振片对光波的作用与狭缝对机械波的直观作用，作一类比。在图9-35(a)中，机械横波完全可以通过与波的振动方向平行的狭缝AB。但是，当狭缝AB与横波的振动方向垂直时，波将受阻而不能穿过狭缝向前传播（图9-35(c)）。很显然，对于纵波就不存在这样的问题（图9-35(b)，(d)）。因此，从机械波能否通过不同取向的狭缝AB，可以判断它是横波还是纵波。将这一实验与光的偏振实验作一比较，图9-34中的检偏器就起了一个类似狭缝的作用。作为横波的光波。在通过检偏器时，就显示出了机械横波穿过狭缝时产生的类似效果。

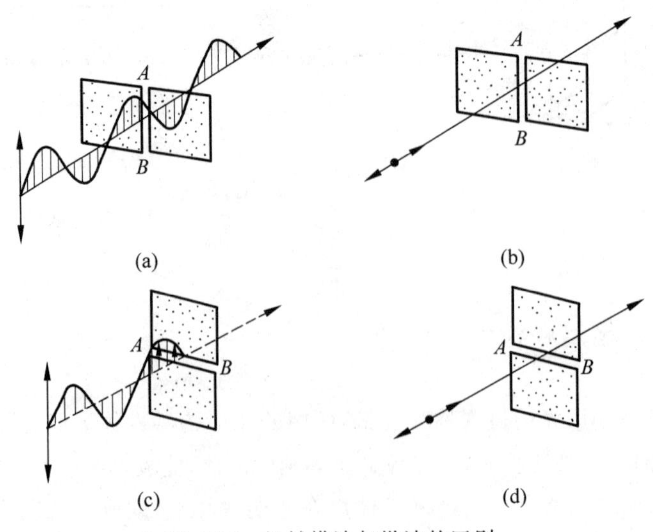

图9-35 机械横波与纵波的区别

9.3.3　马吕斯定律

科学家简介：
马吕斯

1809 年马吕斯(Etienne Louis Malus，1775—1812 年)由实验发现，强度为 I_0 的偏振光，通过检偏器后，透射光的强度为

$$I=I_0\cos^2\alpha \tag{9-28}$$

式中 α 是偏振光的光振动方向和检偏器偏振化方向之间的夹角。上式称为马吕斯定律。证明如下：在图 9-36 中，设 OM 为入射偏振光的光振动，ON 为检偏器的偏振化方向，它们之间的夹角为 α。以 A_0 表示入射偏振光的光矢量的振幅，通过检偏器的光矢量振幅 A 只是 A_0 在偏振化方向的分量，即 $A=A_0\cos\alpha$。因为光强与振幅的平方成正比，所以透射光的光强 I 与入射偏振光的光强 I_0 之比为

$$\frac{I}{I_0}=\frac{A^2}{A_0^2}=\frac{A_0^2\cos^2\alpha}{A_0^2}=\cos^2\alpha$$

即

$$I=I_0\cos^2\alpha$$

图 9-36　马吕斯定律

由上式可知，当 $\alpha=0^\circ$ 或 $\alpha=180^\circ$ 时，$I=I_0$，光强最大；当 90° 或 270° 时，$I=0$，没有光从检偏器射出；当 α 为其他值时，光强介于零与 I_0 之间。

例 9-12　(1) 让光强为 I_0 的自然光通过两个偏振化方向成 60° 的偏振片，求透射光强 I_1；

(2) 在这两个偏振片之间再插入另一个偏振片，它的偏振化方向与前两个偏振片的偏振方向均成 30°，求透射光的光强 I_2。

解　(1) 自然光通过第一个偏振片后光强变为 $\frac{I_0}{2}$，根据马吕斯定律，透射光强为

$$I_1=\frac{I_0}{2}\cos^2 60^\circ=\frac{I_0}{2}\left(\frac{1}{2}\right)^2=\frac{1}{8}I_0$$

(2) 入射的自然光透过前两个偏振片后的光强为 $\frac{I_0}{2}\cos^2 30^\circ$，以此作为入射光强射在最后一个偏振片上，根据马吕斯定律，透射光强为

$$I_2=\frac{I_0}{2}\cos^2 30^\circ\cos^2 30^\circ=\frac{I_0}{2}\left(\frac{\sqrt{3}}{2}\right)^4=\frac{9}{32}I_0$$

9.3.4　反射和折射时光的偏振

实验证明，自然光在折射率为 n_1 和 n_2 的不同介质的分界面反射和折射时，在一般情况下，反射光和折射光不再是自然光，而是部分偏振光，如图 9-37 所示反射光中垂直于入射面的光振动占优势，而在折射光中平行于入射面的光振动占优势。

实验还表明，反射光的偏振化程度与入射角有关。当入射角 i_0 满足

$$\tan i_0 = \frac{n_2}{n_1} \tag{9-29}$$

时，反射光成为光振动垂直于入射面的完全偏振光，而折射光仍为平行振动占优势的部分偏振光，如图 9-38 所示。式(9-29)称为布儒斯特定律。入射角 i_0 称为布儒斯特角或起偏振角。

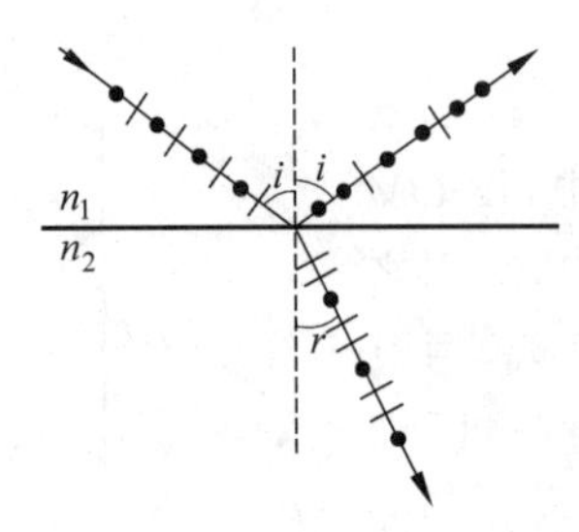

图 9-37 自然光经反射和折射后变成部分偏振光

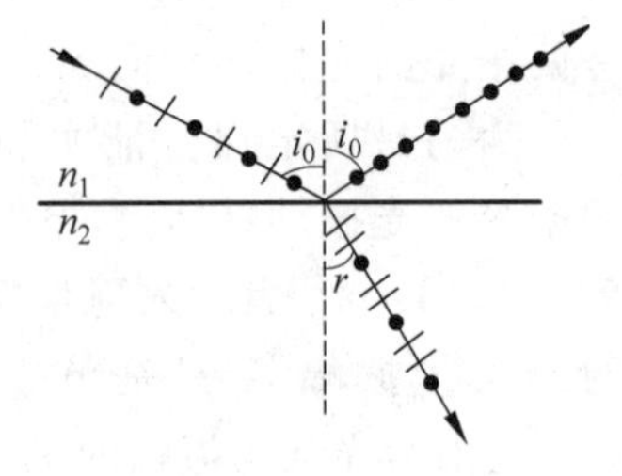

图 9-38 入射角为 i_0 时反射光为偏振光

可以推断，当入射角为布儒斯特角时，反射光与折射光互相垂直。根据折射定律，有

$$\frac{\sin i_0}{\sin r} = \frac{n_2}{n_1}$$

又

$$\tan i_0 = \frac{\sin i_0}{\cos i_0} = \frac{n_2}{n_1}$$

所以

$$\sin r = \cos i_0$$

即

$$i_0 + r = 90^\circ$$

当自然光以布儒斯特角 i_0 入射时，入射光中平行于入射面的光振动完全被折射，垂直于入射面的光振动也大部分被折射，被反射的只占一小部分。因此，反射光虽为偏振光，但光强很弱。例如，自然光从空气($n_1=1$)射向玻璃($n_2=1.50$)时，布儒斯特角 $i_0 \approx 56^\circ$，反射光的强度大约只占入射光强度的 8%。为了增强反射的强度和提高折射光的偏振化程度，可以把许多玻璃片重叠在一起构成玻璃片堆，如图 9-39 所示。自然光以布儒斯特角入射时，光经各层玻璃面的多次反射和折射，可使反射光的强度加强。同时折射光中的垂直分量也随之减小，使透射光接近于线偏振光。

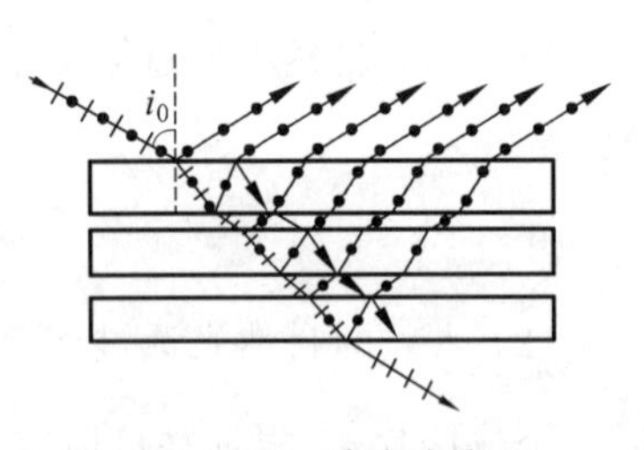

图 9-39 玻璃片堆

例 9-13 一束自然光以 60°的入射角照射到折射率未知的某透明介质时，反射光为线偏振光，则知( )。

(A) 折射光为线偏振光，折射角为 30°

(B) 折射光为部分偏振光，折射角为 30°

(C) 折射光为线偏振光，折射角不能确定

(D) 折射光为部分偏振光，折射角不能确定

解　根据“反射光为线偏振光”，知60°为布儒斯特角，又因

$$i_0+\gamma_0=\pi/2$$

故折射角为30°，正确答案为(A)。

9.3.5　双折射

通常，当一束光线在两种各向同性介质的分界面上发生折射时，在入射面内只有一束折射光。但是，当光线射入某些各向异性的介质晶体(如方解石、石英等)时，一束光将分解为两束折射光。这种现象称为双折射现象，如图9-40所示。能够产生双折射现象的晶体称为双折射晶体。当我们通过双折射晶体观察物体时，物体的像将是双重的。

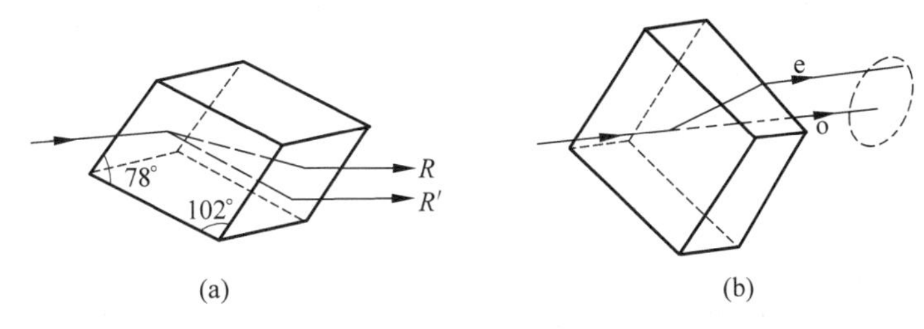

图9-40　双折射现象

1. 双折射的寻常光和非常光

当我们改变入射光线的入射角 i 时，两束折射光线中的一束始终遵守折射定律，这束光称为寻常光线，用o表示，简称o光；而另一束光不遵守折射定律，当入射角 i 改变时，其折射率也随之改变，即 $\frac{\sin i}{\sin r}$ 不是一个常数，这束光一般也不在入射面内，称为非常光线，用e表示，简称e光。当光线正入射，即当入射角 $i=0$ 时，o光仍沿原方向传播，而e光一般发生折射而偏离原方向传播(图9-40(b))。这时，如果将晶体绕光的入射方向旋转，o光将不动，而e光将随之绕轴旋转。

经检偏器检测，o光和e光都是线偏振光。

由 $n=\frac{c}{v}$ 可知，折射率决定光在介质中的传播速度 v，所以寻常光线在晶体中沿各个方向传播的速度都相同，而非常光线的传播速度却随传播方向的不同而改变。

实验发现，在晶体内部存在一个特殊的方向，沿这个方向寻常光线和非常光线的传播速度相同，即光沿这个方向传播时不发生双折射，此方向称为晶体的光轴。必须注意，晶体的光轴仅表示晶体内的一个方向，晶体内任何一条与光轴方向平行的直线都是光轴。只有一个光轴的晶体称为单轴晶体，如方解石、石英等。有两个光轴的晶体称为双轴晶体，如云母、硫磺等。

通过光轴并与任一个晶体的天然晶面相正交的面，即由光轴与该晶面的法线所组成的平面称为晶体的主截面。方解石的主截面为平行四边形(图9-41(a))。晶体内任一已知光线和光轴所组成的平面称为该光线的主平面。寻常光线的光振动方向垂直于其主平面，而

非常光线的光振动方向在其主平面内(图 9-41(b))。一般情况下，o 光和 e 光的主平面并不重合，只有当入射光线在主截面内，即入射面是晶体的主截面时，o 光和 e 光的主平面和主截面重合在一起。这时，o 光和 e 光的振动方向相互垂直。

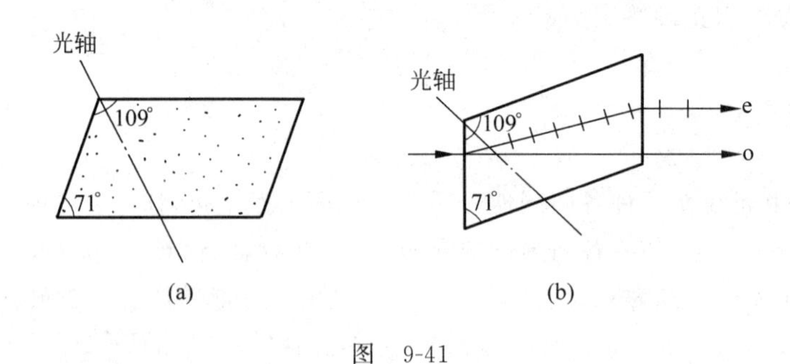

图 9-41

(a) 方解石的主截面；(b) o 光、e 光在方解石内的偏振情况(主平面与主截面重合)

2. 波片

波片，又称为相位延迟片，它使通过波片的两个互相正交的偏振分量产生相位偏移，可用来调整光束的偏振光状态。常见的波片由石英晶体制作而成，主要为二分之一波片和四分之一波片，主要用途介绍如下。

二分之一波片：线偏振光通过二分之一波片后，仍为线偏振光，但是，其合振动的振动面与入射线偏振光的振动面转过 2θ。若 $\theta=45°$，则出射光的振动面与原入射光的振动面垂直，也就是说，当 $\theta=45°$时，二分之一波片可以使偏振态旋转 90°。

四分之一波片：偏振光的入射振动面与波片光轴的夹角 θ 为 45°时，通过四分之一波片的光为圆偏振光；反之，当圆偏振光经过四分之一波片后，则变为线偏振光。当光两次通过四分之一波片时，作用相当于一个二分之一波片。

3. 偏振光的干涉

将各向异性的透明晶体置于两块偏振片中间则可看到偏振光干涉现象。如图 9-42 所示在两偏振片间插入一块厚度为 d 的晶片。

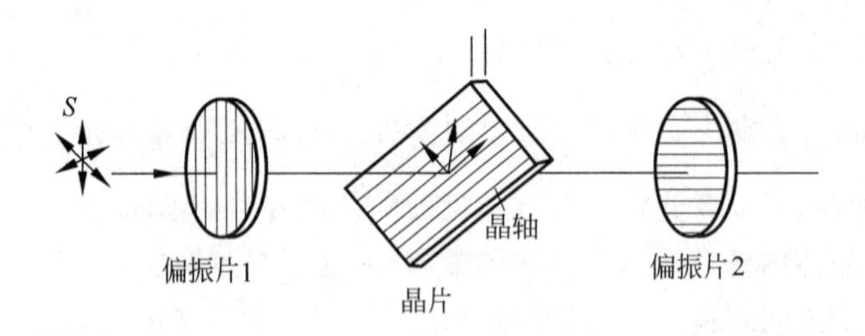

图 9-42　偏振光的干涉装置

此时白色自然光入射到偏振片 1 后变成线偏振光，线偏振光垂直通过一个晶片后，一般将成为椭圆偏振光，那么椭圆偏振光再穿过一个偏振片后，由于偏振片只有一个偏振化方向，所以通过偏振片 2 后，这两束互相垂直的同频率、位相差恒定的光，具有了同一个振动方向，因此这两束光成了相干的偏振光。

这时 o 光和 e 光经过晶体之后的相位差为

$$\delta=\frac{2\pi}{\lambda}(n_o-n_e)d$$

(1) 当两块偏振片的偏振化方向相互垂直放置时，如图 9-43 所示。

图 9-43 中，A_1 表示入射偏振光的光矢量，A_e 和 A_o 分别为 A_1 在平行和垂直于晶体主截面方向上的分量。A_{2o} 和 A_{2e} 分别表示 o 光和 e 光通过偏振片 2 时，在平行其偏振化方向的分振动，它们就是透过偏振片 2 的相干光。

显然，透过偏振片 2 的两分振动的振幅都为

$$A_{2o}=A_{2e}=A\sin\alpha\cos\alpha \tag{9-30}$$

二者的相位差除了与晶片厚度有关的相位差外，还有因振幅矢量方向相反而产生的附加相位差，所以

$$\delta=\frac{2\pi}{\lambda}(n_o-n_e)d+\pi$$

得到干涉公式：

$$(n_o-n_e)d=(2k+1)\lambda/2 \quad （极大）$$

$$(n_o-n_e)d=k\lambda \quad （极小）$$

由上式可看出，由于晶片厚度不同，相位差不同，将呈现不同的颜色。

当晶片光轴与偏振片 1 的偏振化方向的夹角为 $\alpha=45°$ 或 $\alpha=135°$，由式(9-30)得 $A_{2o}=A_{2e}=A_{Max}$，o 光和 e 光的光强相等，干涉效果最明显，干涉加强点最亮。

(2) 当两块偏振片的偏振化方向平行垂直放置时，如图 9-44 所示。

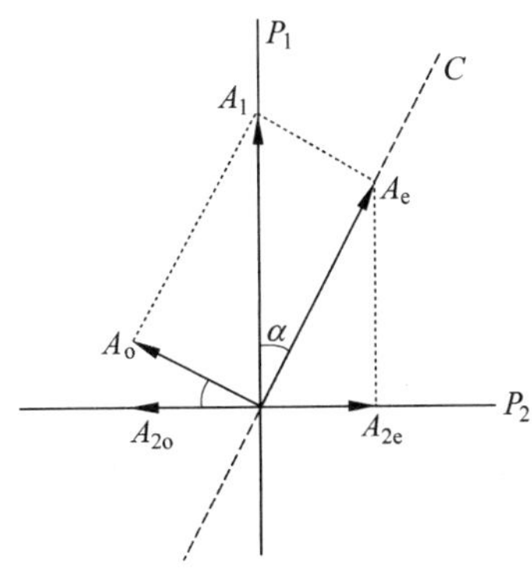

图 9-43　偏振光的干涉

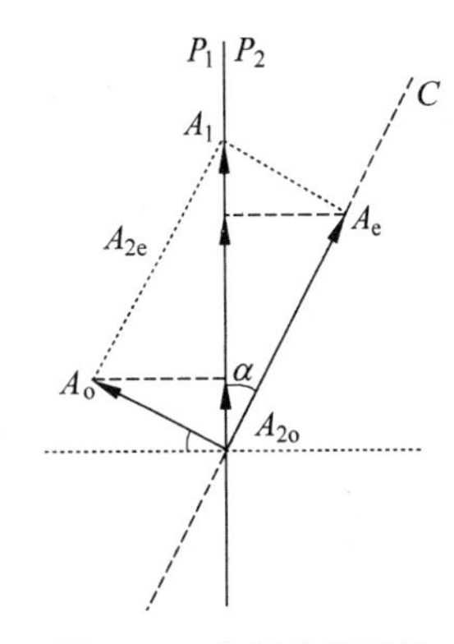

图 9-44　偏振光的干涉

则

$$A_{2o}=A\sin^2\alpha \quad 和 \quad A_{2e}=A\cos^2\alpha \tag{9-31}$$

o 光和 e 光经过晶体之后的相位差为

$$\delta=\frac{2\pi}{\lambda}(n_o-n_e)d$$

两束光的强度不一定相等，且没有附加的相位差 π。因此，所得干涉图像的清晰度可能降低，且干涉图像与两块偏振片的偏振化方向相互垂直放置时互补。

当两偏振片偏振化方向相互平行时,晶片光轴与偏振片1的偏振化方向的夹角为 $\alpha=45^\circ$ 或 $\alpha=135^\circ$,由式(9-31)得 $A_{2o}=A_{2e}$,o光和e光的光强相等,干涉效果最好,干涉加强点最亮。

当将白光(包含各种波长的光)投射于该系统,随着两偏振片夹角的变化和晶片厚度的不同。将会看到各晶体呈现明暗不同的颜色,不同的各种变化,符合某波长相干加强条件者显色,符合某波长相干消弱条件者变暗。

9.3.6 偏振理论在各方面的应用

我们知道,戴上偏振太阳镜能使从玻璃、水面或其他物体表面反射回来的耀眼的光显著减弱。偏振太阳镜是由两块夹着偏振片的玻璃片制成的,为了能吸收更多的光,经常把它作成黑色。当太阳光被空气分子、水蒸气或尘埃粒子散射后,一部分散射光将变成偏振光。特别当太阳光以90°散射时(图9-45),在向下散射的光线里,偏振光可达70%。这些偏振光的光矢量是沿水平方向偏振的,因此,如果我们设计成偏振化方向为竖直的偏振太阳镜,便可挡住大量的强烈反光。偏振眼镜对汽车驾驶员、划船运动员、渔民以及在雪地上行走的人,都是非常有用的。

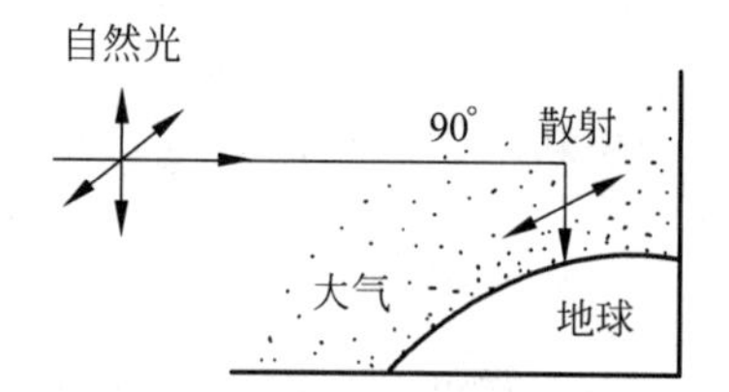

图9-45 太阳光散射后的偏振

各种透明的各向同性材料,如玻璃、塑料、环氧树脂等,无双折射现象,但在外界(包括力、电场、磁场等)作用下,它们能变成各向异性的双折射材料。这类在外界作用下产生的双折射现象称为人工双折射,如光弹性效应、电光效应等。

在工业上,可以制造各种零件的透明模型,然后在外力的作用下,观测和分析双折射光线的干涉色彩和条纹形状,从而判断模型内部的受力情况。

阅读材料8 3D电影

日常生活中人们是用两只眼睛来观察周围具有空间立体感的外界景物的。3D电影就是利用双眼立体视觉原理,使观众能从银幕上获得三维空间感视觉影像的电影。它不同于一般普通电影在放映时只有影像的平面感觉。

3D立体电影的制作有多种形式,其中较为广泛采用的是偏光眼镜法。它以人眼观察景物的方法,利用两台并列安置的电影摄像机,分别代表人的左、右眼,同步拍摄出两条略带水平视差的电影画面。放映时,将两条电影胶片分别装入左、右电影放映机,并在放映镜头前分别装置两个偏振轴互成90°的偏振镜。两台放映机需同步运转,同时将画面投放在金属银幕上,形成左像、右像双影。当观众戴上特制的偏光眼镜时,由于左、右两片偏光镜的偏振轴互相垂直,并与放映镜头前的偏振轴相一致;致使观众的左眼只能看到左像、右眼只能看到右像,通过双眼会聚功能将左、右像叠合在视网膜上,由大脑神经产生三维立体的视觉效果。展现出一幅幅连贯的立体画面,使观众感到景物扑面而来,或进入银幕深凹处,能产生强烈的"身临其境"感。

本章要点

1. **光的干涉**

(1) 光程 几何路程与介质折射率的乘积(nr)。

光程差 $\delta=n_2r_2-n_1r_1$。

(2) 相位差与光程差的关系 $\Delta\varphi=2\pi\delta/\lambda$。

(3) 相干光 能够产生干涉现象的光。相干光源的条件是频率相同,振动方向相同,相位差恒定。

(4) 干涉加强和减弱的条件

$$\Delta\varphi=\begin{cases}\pm 2k\pi, & k=0,1,2,\cdots \quad 加强\\ \pm(2k+1)\pi, & k=0,1,2,\cdots \quad 减弱\end{cases}$$

$$\delta=\begin{cases}\pm k\lambda, & k=0,1,2,\cdots \quad 加强\\ \pm(2k+1)\lambda/2, & k=0,1,2,\cdots \quad 减弱\end{cases}$$

(5) 半波损失 由光疏到光密介质的反射光,在反射点有相位 π 的突变,相当于有 $\lambda/2$ 的光程差。

(6) 获得相干光的方法:分波振面法,分振幅法。

(7) 杨氏双缝干涉(分波振面法)

明暗条纹公式

$$\delta=\frac{d}{D}x=\begin{cases}\pm k\lambda, & k=0,1,2,\cdots \quad 明条纹\\ \pm(2k+1)\lambda/2, & k=0,1,2,\cdots \quad 暗条纹\end{cases}$$

$$x_{明}=\pm k\frac{D}{d}\lambda,\quad k=0,1,2,\cdots$$

$$x_{暗}=\pm(2k+1)\frac{D}{d}\frac{\lambda}{2},\quad k=0,1,2,\cdots$$

条纹间距 $\Delta x=\dfrac{D}{d}\lambda$。

如果整个装置在介质中,上面公式中的 λ 用 λ/n 置换即可。

(8) 薄膜干涉

① 平行薄膜

a. 单色光以各种角度入射到薄膜上,产生等倾干涉,干涉花样是明暗相间的同心圆形条纹。

b. 单色光垂直入射时,反射光的光程差

$$\delta=2n_2e+\frac{\lambda}{2}$$

② 等厚干涉(非平行薄膜)

a. 劈尖(劈形膜)

反射光程差

$$\delta = 2ne\left(+\frac{\lambda}{2}\right) = \begin{cases} k\lambda, & k=(0),1,2,\cdots \quad 明条纹 \\ (2k+1)\dfrac{\lambda}{2}, & k=0,1,2,\cdots \quad 暗条纹 \end{cases}$$

相邻明(暗)条纹对应膜厚度差

$$\Delta e = e\sin\theta = e_{k+1} - e_k = \frac{\lambda}{2n}$$

相邻明(暗)条纹间距

$$l = \frac{\Delta e}{\theta} = \frac{\lambda}{2n\theta}$$

b. 牛顿环

反射光程差

$$\delta = 2ne\left(+\frac{\lambda}{2}\right) = \begin{cases} k\lambda, & k=(0),1,2,\cdots \quad 明条纹 \\ (2k+1)\dfrac{\lambda}{2}, & k=0,1,2,\cdots \quad 暗条纹 \end{cases}$$

环纹半径

$$r_{明} = \sqrt{\frac{(2k-1)R\lambda}{2n}}, \quad k=1,2,\cdots$$

$$r_{暗} = \sqrt{\frac{kR\lambda}{n}}, \quad k=0,1,2,\cdots$$

c. 迈克耳孙干涉仪平面镜移动距离与移过条纹数目的关系

$$x = m\frac{\lambda}{2}$$

2. 光的衍射

1) 单缝衍射

(1) 光程差

$$x = a\sin\varphi = \begin{cases} \pm k\lambda, & k=1,2,\cdots \quad 暗条纹中心 \\ \pm(2k+1)\dfrac{\lambda}{2}, & k=1,2,\cdots \quad 明条纹中心 \\ 0, & 中央明条纹中心 \end{cases}$$

(2) 中央明条纹角宽度

$$\Delta\varphi_0 = \varphi_{+1} - \varphi_{-1} = 2\frac{\lambda}{a}$$

(3) 中央明条纹线宽度

$$l = 2f\tan\left(\frac{\Delta\varphi_0}{2}\right) \approx 2f\frac{\lambda}{a}$$

(4) 其他各级明条纹宽度

$$l = f\frac{\lambda}{a}$$

2) 圆孔衍射

(1) 光学仪器分辨率

$$\delta\varphi = 1.22\frac{\lambda}{D} = 0.610\frac{\lambda}{R}$$

(2) 光学仪器分辨率

$$1/\delta\varphi = D/1.22\lambda$$

3) 衍射光栅

(1) 光栅公式(平行光正入射)

$$(a+b)\sin\varphi = \pm k\lambda,\quad k=0,1,2,\cdots$$

(2) 谱线位置

$$x_k = f\tan\varphi_k \approx f\sin\varphi_k$$

3. 光的偏振

1) 马吕斯定律

$$I = I_0\cos^2\alpha$$

2) 布儒斯特定律

$$\tan i_0 = \frac{n_2}{n_1}$$

习题 9

9-1 如图所示,在真空中波长为 λ 的单色光,在折射率为 n 的透明介质中从 A 沿某路径传播到 B,若 A、B 两点相位差为 3π,则此路径 AB 的光程为( )。

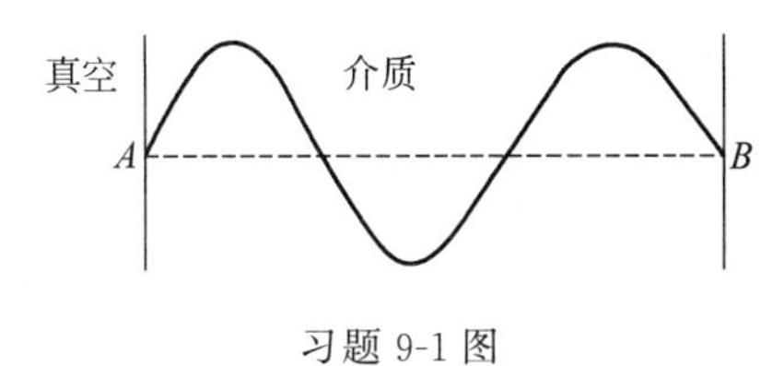

习题 9-1 图

A. 1.5λ　　B. $1.5n\lambda$

C. 3λ　　D. $1.5\lambda/n$

9-2 在真空中波长为 λ 的单色光,在折射率为 n 的均匀透明介质中,从 A 点沿某一路径传播到 B 点,设路径的长度为 l。A、B 两点光振动相位差记为 $\Delta\varphi$,则( )。

A. $l=3\lambda/2, \Delta\varphi=3\pi$　　B. $l=3\lambda/(2n), \Delta\varphi=3n\pi$

C. $l=3\lambda/(2n), \Delta\varphi=3\pi$　　D. $l=3n\lambda/2, \Delta\varphi=3n\pi$

9-3 用白光光源进行双缝实验,若用一个纯红色的滤光片遮盖一条缝,用一个纯蓝色的滤光片遮盖另一条缝,则( )。

A. 干涉条纹的宽度将发生改变　　B. 产生红光和蓝光的两套彩色干涉条纹

C. 干涉条纹的亮度将发生改变　　D. 不产生干涉条纹

9-4 在双缝干涉实验中,用透明的云母片遮住上面的一条缝,则( )。

A. 干涉图样不变　　B. 干涉图样下移

C. 干涉图样上移　　D. 不产生干涉条纹

9-5 在双缝干涉中,屏幕 E 上的 P 点处是明条纹,若将缝 S_2 盖住,并在 S_1、S_2 连线的垂直平分面处放一反射镜 M,如图所示,则此时( )。

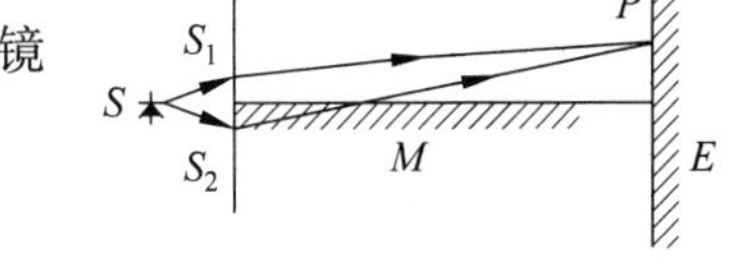

习题 9-5 图

A. P 点处仍为明条纹

B. P 点处为暗条纹

C. 不能确定 P 点处是明条纹还是暗条纹

D. 无干涉条纹

9-6 在双缝衍射实验中,若保持双缝 S_1 和 S_2 的中心之间的距离不变,而把两条缝的宽度 a 略微加宽,则(　　)。

A. 单缝衍射的中央明条纹区变宽,其中包含的干涉条纹的数目变少

B. 单缝衍射的中央明条纹区变窄,其中包含的干涉条纹的数目不变

C. 单缝衍射的中央明条纹区变窄,其中包含的干涉条纹的数目变多

D. 单缝衍射的中央明条纹区变窄,其中包含的干涉条纹的数目变少

9-7 一束波长为 λ 的单色光由空气垂直入射到折射率为 n 的透明薄膜上,透明薄膜放在空气中,要使反射光得到干涉加强,则薄膜最小的厚度为(　　)。

A. $\dfrac{\lambda}{4}$　　B. $\dfrac{\lambda}{4n}$　　C. $\dfrac{\lambda}{2}$　　D. $\dfrac{\lambda}{2n}$

9-8 一竖立的肥皂膜在单色光照射下,表面会形成明暗相间的条纹。下列说法中正确的是(　　)。

A. 干涉条纹基本上是竖直的

B. 干涉条纹基本上是水平的

C. 干涉条纹的产生是由于光线在肥皂膜前后表面上反射的两列波叠加的结果

D. 两列反射波的波谷与波谷叠加的地方出现暗条纹

9-9 用波长为 λ 的单色光垂直照射到空气劈尖上,从反射光中观察干涉条纹,距顶点为 L 处是暗条纹,使劈尖角 θ 连续变大,直到该点处再次出现暗条纹为止,劈尖角的改变量 $\Delta\theta$ 是(　　)。

A. $\dfrac{\lambda}{2L}$　　B. λ　　C. $\dfrac{2\lambda}{L}$　　D. $\dfrac{\lambda}{4L}$

9-10 两块平玻璃构成空气劈尖,左边为棱边,用单色平行光垂直入射,若上面的平玻璃慢慢地向上平移,则干涉条纹(　　)。

A. 向棱边方向平移,条纹间隔变小　　B. 向棱边方向平移,条纹间隔变大

C. 向棱边方向平移,条纹间隔不变　　D. 向远离棱边的方向平移,条纹间隔变小

9-11 两块平玻璃构成空气劈形膜,左边为棱边,用单色平行光垂直入射。若上面的平玻璃以棱边为轴,沿顺时针方向作微小转动,则干涉条纹的(　　)。

A. 间隔变小,并向棱边方向平移　　B. 间隔变大,并向远离棱边方向平移

C. 间隔不变,向棱边方向平移　　D. 间隔变小,并向远离棱边方向平移

9-12 用劈尖干涉法可检测工件表面缺陷,如图所示,当波长为 λ 的单色平行光垂直入射时,若观察到的干涉条纹如图所示,每一条纹弯曲部分的顶点恰好与其左边条纹的直线部分的连线相切,则工件表面与条纹弯曲处对应的部分应(　　)。

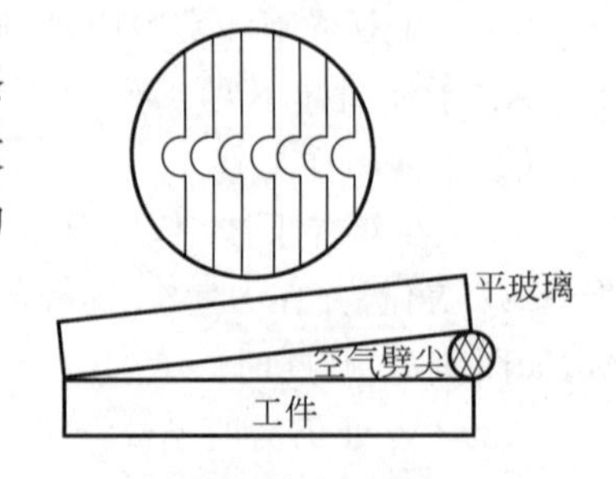

习题 9-12 图

A. 凸起,且高度为 $\lambda/4$

B. 凸起,且高度为 $\lambda/2$

C. 凹陷,且深度为 $\lambda/2$

D. 凹陷,且深度为 $\lambda/4$

9-13 在迈克耳孙干涉仪的一条光路中，放入一折射率为 n，厚度为 d 的透明薄片，放入后，这条光路的光程改变了（ ）。

A. $2(n-1)d$ B. $2nd$ C. $2(n-1)d+\frac{1}{2}\lambda$ D. nd

9-14 在单缝夫琅禾费衍射实验中，波长为 λ 的单色光垂直入射在宽度为 $a=6\lambda$ 的单缝上，对应于衍射角为 $30°$的方向，单缝处波阵面可分成的半波带数目为（ ）。

A. 2个 B. 4个 C. 6个 D. 8个

9-15 一束白光垂直照射在一光栅上，在形成的第一级光栅光谱中，最靠近中央明条纹的是（ ）。

A. 紫光 B. 绿光 C. 黄光 D. 红光

9-16 测量单色光的波长时，下列哪种方法最准确？（ ）

A. 双缝干涉 B. 牛顿环 C. 单缝衍射 D. 光栅衍射

9-17 自然光以布儒斯特角由空气入射到一玻璃表面上，反射光是（ ）。

A. 在入射面内振动的完全偏振光

B. 平行于入射面的振动占优势的部分偏振光

C. 垂直于入射面振动的完全偏振光

D. 垂直于入射面的振动占优势的部分偏振光

9-18 如图所示，一束自然光自空气射向一块平板玻璃，设入射角等于布儒斯特角 i_0，则在界面2的反射光为（ ）。

A. 是自然光

B. 是线偏振光且光矢量的振动方向垂直于入射面

C. 是线偏振光且光矢量的振动方向平行于入射面

D. 是部分偏振光

9-19 如图所示，$ABCD$ 为一块方解石的一个截面，AB 为垂直于纸面的晶体平面与纸面的交线，光轴方向在纸面内且与 AB 成一锐角 θ，一束平行的单色自然光垂直于 AB 端面入射，在方解石内折射光分解为o光和e光，o光和e光的（ ）。

A. 传播方向相同，电场强度的振动方向互相垂直

B. 传播方向相同，电场强度的振动方向不互相垂直

C. 传播方向不同，电场强度的振动方向互相垂直

D. 传播方向不同，电场强度的振动方向不互相垂直

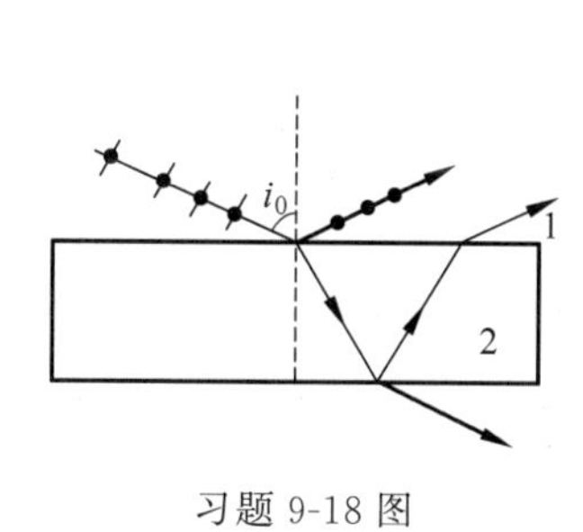

习题9-18图

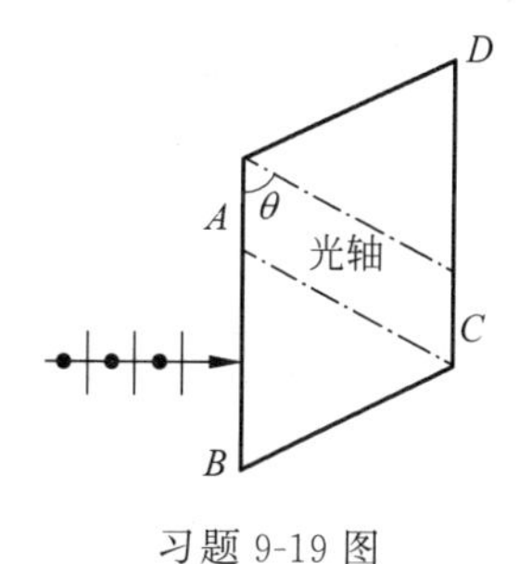

习题9-19图

9-20　如图所示,在双缝干涉实验中,若把一厚度为 e、折射率为 n 的薄云母片覆盖在 S_1 缝上,中央明条纹将向________移动;覆盖云母片后,两束相干光至原中央明条纹 O 处的光程差为________。

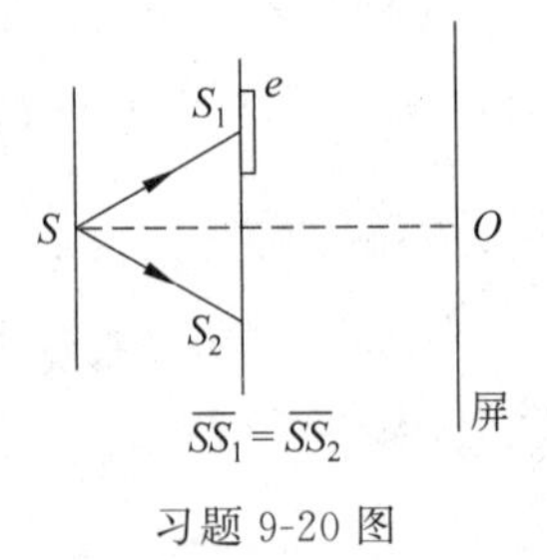

习题 9-20 图

9-21　借助于滤光片从白光中取得蓝绿色光作为杨氏干涉装置的光源,其波长范围 $\Delta\lambda=100\text{nm}$,平均波长 $\lambda=490\text{nm}$。其杨氏干涉条纹大约从第________级开始将变得模糊不清。

9-22　如图所示,用波长为 λ 的单色光垂直照射折射率为 n_2 的劈形膜($n_1>n_2$,$n_3>n_2$),观察反射光干涉,劈形膜棱尖是________条纹?从劈形膜棱尖开始,第 2 条明条纹对应的膜厚为________。

9-23　如图所示,用波长为 λ 的单色光垂直照射,若劈形膜折射率满足 $n_1>n_2>n_3$,观察反射光干涉。劈形膜棱尖是________条纹。从劈形膜棱尖开始,第 2 条明条纹对应的膜厚为________。

9-24　图中平行单色光垂直入射于单缝上,观察夫琅禾费衍射。若屏上 P 点处为第二级暗条纹,则单缝处波面相应地可划分为________个半波带。若将单缝宽度缩小一半,P 点将是第________级________条纹。

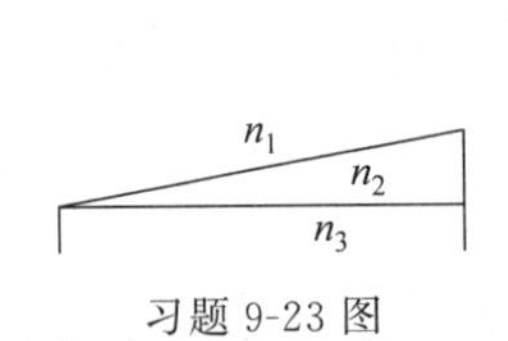

习题 9-23 图

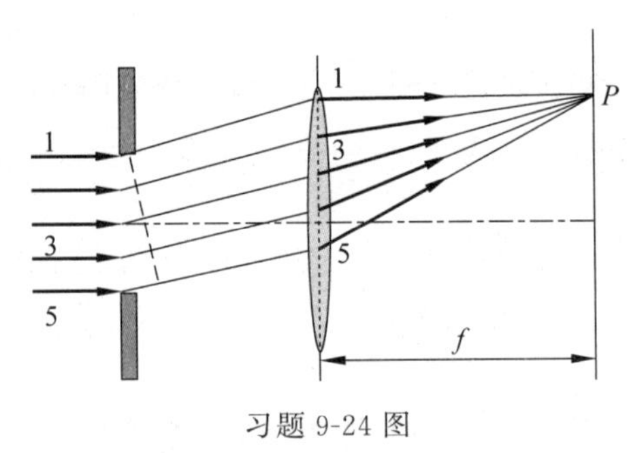

习题 9-24 图

9-25　用钠光(波长 $\lambda=5893\text{Å}$)垂直入射到 1mm 内有 500 条刻痕的平面透射光栅上时,最多能看到第________级光谱。

9-26　某光栅的光栅常数为 $5.0\times10^{-4}\text{cm}$,光栅周围的介质是空气。用波长为 500nm 的单色光正入射到此光栅上,可发现谱线中的第四级刚开始发生缺级现象。那么在用波长为 600nm 的单色光正入射到此光栅上时,最多可出现的光谱线共________条。

9-27　一束光由光强均为 I 的自然光和线偏振光混合而成,该光通过一偏振片,当以光的传播方向为轴转动偏振片时,从偏振片出射的最大光强为 I 的________倍。最小光强为 I 的________倍。当偏振片的偏振化方向与入射光中线偏振光的振动方向的夹角为________时,出射光强恰为 I。(不考虑偏振片对光的吸收)

9-28　在偏振化方向相互正交的两偏振片之间放一块 $\frac{1}{4}$ 波片,其光轴与两偏振片的偏振化方向均成 45°,强度为 I_0 的单色自然光在相继通过三者后,出射光的强度为________。

9-29　在双缝干涉实验中,波长 $\lambda=550\text{nm}$ 的单色平行光垂直入射到缝间距 $a=2\times10^{-4}\text{m}$ 的双缝上,屏到双缝的距离 $D=2\text{m}$。求:

(1) 中央明条纹两侧的两条第 10 级明条纹中心的间距；

(2) 用一厚度为 $e=6.6\times10^{-6}$m、折射率为 $n=1.58$ 的玻璃片覆盖上缝后，零级明条纹将移到原来的第几级明条纹处？($1\text{nm}=10^{-9}\text{m}$)

9-30 如图所示，在双缝干涉实验中，原来的零级明条纹在 O 处，若用薄玻璃片(折射率 $n_1=1.7$)覆盖缝 a，用同样厚度的玻璃片(折射率 $n_2=1.4$)覆盖缝 b，零级明条纹将向何处移动？若覆盖玻璃片后，屏上原来未放玻璃时的中央明条纹 O 处变为第三级明条纹。设入射光的波长 $\lambda=480$nm，求玻璃片的厚度？

9-31 用白光垂直照射位于空气中的厚度为 0.4μm 的透明薄膜，薄膜的折射率为 1.50，在可见光范围内(400～760nm)哪些波长的反射光有最大限度的增强？

9-32 利用玻璃表面上的 MgF_2($n_2=1.38$)透明薄膜层可以减少玻璃($n_3=1.6$)表面的反射，如图所示，当波长为 $\lambda=500$nm 的光垂直入射时，为了使反射光干涉相消，此透明薄膜层需要的最小厚度为多少？

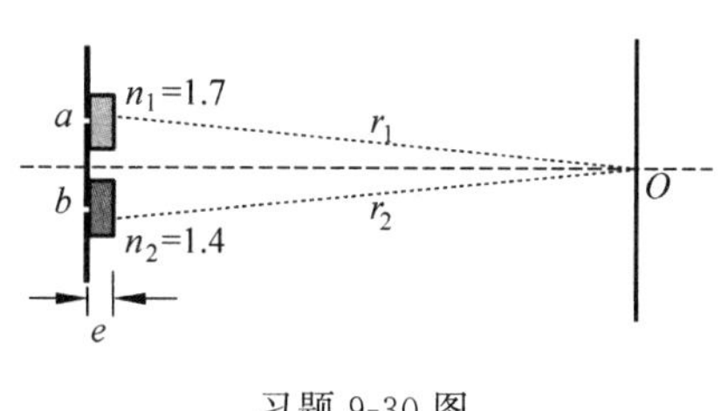

习题 9-30 图

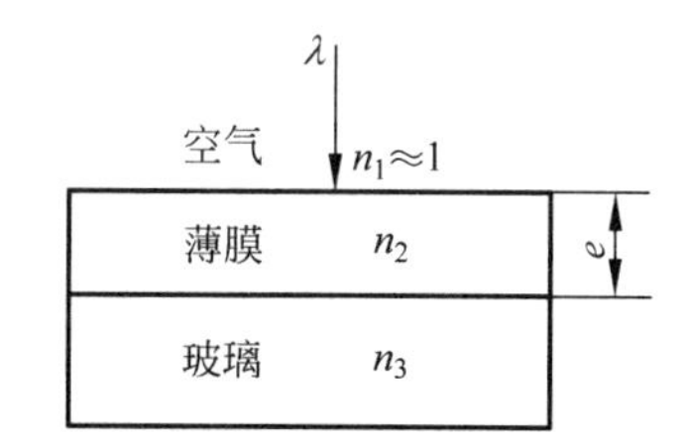

习题 9-32 图

9-33 用波长为 500nm($1\text{nm}=10^{-9}\text{m}$)的单色光垂直照射到由两块光学平玻璃构成的空气劈形膜上。在观察反射光的干涉现象中，距劈形膜棱边 $l=1.56$cm 的 A 处是从棱边算起的第四条暗条纹中心。

(1) 求此空气劈形膜的劈尖角；

(2) 改用 600nm 的单色光垂直照射到此劈尖上仍观察反射光的干涉条纹，A 处是明条纹还是暗条纹？

(3) 在第(2)问的情形，从棱边到 A 处的范围内共有几条明条纹？几条暗条纹？

9-34 在单缝夫琅禾费衍射实验中波长为 λ 的单色光垂直入射到单缝上，对应于衍射角 $\varphi=30°$方向上，若单缝处波阵面可划分为 4 个半波带，则单缝的宽度为多少？

9-35 在单缝的夫琅禾费衍射实验中，若将缝宽缩小一半，原来第三级暗条纹处将是第几级明或是暗条纹？

9-36 观察者通过缝宽为 5×10^{-4}m 的单缝观察位于正前方的相距 1km 远处发出波长为 5×10^{-7}m 单色光的两盏单丝灯，两灯丝皆与单缝平行，它们所在的平面与观察方向垂直，则人眼能分辨的两灯丝最短距离是多少？

9-37 三个偏振片 P_1、P_2 与 P_3 堆叠在一起，P_1 与 P_3 的偏振化方向相互垂直，P_2 与 P_1 的偏振化方向间的夹角为 30°。强度为 I_0 的自然光垂直入射于偏振片 P_1，并依次透过偏振片 P_1、P_2 与 P_3，则通过三个偏振片后的光强为多少？

9-38 一束光是自然光和线偏振光的混合光，让它垂直通过一偏振片，若以此入射光束为轴旋转偏振片，测得透射光强度最大值是最小值的 5 倍，那么入射光束中自然光与线偏振光的光强比值为多少?

9-39　一束自然光从空气投射到玻璃表面上(空气的折射率为 1),当折射角为 30°时,反射光为完全偏振光,则此玻璃板的折射率等于多少?

自测题和能力提高题

自测题和能力提高题答案

第5篇

电 磁 学

第10章

静　电　场

任何电荷周围都存在着电场，当电荷相对于观察者静止时，其在周围空间激发的电场称为静电场。本章我们研究真空中静电场的基本性质和规律。本章的主要内容有：静电场的基本定律——库仑定律；从处于电场中的电荷要受到电场力并且当电荷在电场中移动时电场力要对它做功两个方面，引出描述静电场的两个基本物理量——电场强度和电势；静电场的两条基本定理——高斯定理和环路定理。

10.1　电现象的基本概念

1. 电荷的量子化

根据原子理论，在每个原子里，电子环绕由中子和质子组成的原子核运动，这些电子的状况可视为电子云，原子核的线度比电子云的线度要小得多。一般来说，原子核的线度约为 5×10^{-15} m，电子云的线度（即原子的直径）约为 2×10^{-10} m，即原子的线度约为原子核线度的 10^5 倍。原子中的中子不带电，质子带正电，电子带负电，质子与电子所具有的电荷量（简称电荷）的绝对值是相等的。正常情况下，每个原子中的质子数与电子数相等，原子呈电中性，对外界不显电性。如果由于某种原因，使物体失去或得到电子，则物体分别带正电或负电。用摩擦的方法可使物体带电。规定用丝绸摩擦过的玻璃棒带正电荷，用毛皮摩擦过的橡胶棒带负电荷。物体所带电荷的多少称为电量，常用 Q 或 q 表示。在国际单位制（SI）中，电量的单位为库仑，符号为 C。正电荷的电量取正值，负电荷的电量取负值。实验证明，自然界中只存在正、负两种电荷，同种电荷相互排斥，异种电荷相互吸引。

实验表明，在自然界中，电荷总是以一个基本单元的整数倍出现，其他带电体的电量只能为基本单元电荷的整数倍。电荷的这种只能取离散的、不连续的量值性质叫做电荷的量子化。1913 年，美国物理学家密立根用油滴实验测定基本单元电荷的量值，即一个电子所带电量的绝对值，用符号 e 表示，$e=1.602\times10^{-19}$ C。1964 年，美国物理学家盖尔曼（M. Gell-Mann）首先提出，一些粒子是由夸克和反夸克这类的更小粒子组成，并预言夸克和反夸克的电量应取 $\pm e/3$ 或 $\pm 2e/3$，然而由于夸克禁闭而未能在实验中检测到单个自由夸克，即使得到实验验证，以 $e/3$ 为基本电荷，电荷仍然是量子化的。

2. 电荷守恒定律

摩擦起电、感应起电等事实表明，电荷是物体固有的属性，一切起电过程都是使物体上的正负电荷转移或分离的过程。在这个过程中,电荷既不会被消灭,也不会凭空产生,只能从一个物体转移到另一个物体,或从物体的一部分转移到另一部分。而系统中所有电荷的代数和在任何物理过程中始终保持不变,这就是电荷守恒定律。电荷守恒定律就像能量守恒定律、动量守恒定律和角动量守恒定律一样,也是自然界的基本守恒定律之一,在微观和宏观领域中普遍适用。

3. 点电荷

只带电荷而没有形状和大小的带电体称为点电荷。与力学中“质点”的概念相似,它是从实际带电体抽象出来的一种理想化模型,在实际问题中,当带电体本身的几何线度比起它到其他带电体的距离(或比所讨论的问题中涉及的距离)小得多时,其形状、大小和电荷在带电体中的分布已无关紧要,可以把它抽象成一个几何点,这样就可以准确地确定它在空间的位置,方便研究。

如果一个带电体不能被视为点电荷,可以把它分割成无穷多个可视为点电荷的电荷元来处理。

10.2 库仑定律 电场强度

10.2.1 库仑定律

库仑与扭秤实验

1785 年法国物理学家库仑通过扭秤实验,总结出真空中两个点电荷之间的相互作用力满足库仑定律,其表述如下:

在真空中,两个静止点电荷之间相互作用力的大小与它们电量的乘积成正比,与它们之间距离的平方成反比;作用力的方向沿着它们之间的连线,同号电荷相斥,异号电荷相吸。

其数学表达式为(以电荷 q_2 受到电荷 q_1 的作用力为例):

$$\boldsymbol{F}_{21}=k\frac{q_1q_2}{r_{12}^2}\boldsymbol{e}_{12} \tag{10-1a}$$

式中,q_1 和 q_2 分别表示两个点电荷的电量,$\boldsymbol{e}_{12}$ 表示从电荷 q_1 指向电荷 q_2 的矢量 $\boldsymbol{r}_{12}$ 的单位矢量(图 10-1),k 为比例系数,在国际单位制中

图 10-1 库仑定律

$$k=9.0\times10^9\,\mathrm{N\cdot m^2/C}$$

在有理化系方程中,通常引入另一常量 ε_0 来代替 k,使

$$k=\frac{1}{4\pi\varepsilon_0}$$

式中,ε_0 称为真空电容率,在国际单位制中

$$\varepsilon_0=\frac{1}{4\pi k}=8.85\times10^{-12}\,\mathrm{C^2\cdot N^{-1}\cdot m^{-2}}$$

从而,库仑定律可以写成

$$\boldsymbol{F}_{21}=\frac{1}{4\pi\varepsilon_0}\frac{q_1q_2}{r_{12}^2}\boldsymbol{e}_{12} \tag{10-1b}$$

为了准确、全面地表示库仑定律,表达式中点电荷的电量带有正负号,当两个点电荷 q_1 和

q_2 同号时，$q_1q_2>0$，$\boldsymbol{F}_{21}$ 与 $\boldsymbol{e}_{12}$ 同向，表示电荷 q_2 受到 q_1 的斥力；当 q_1 和 q_2 异号时，$q_1q_2<0$，$\boldsymbol{F}_{21}$ 与 $\boldsymbol{e}_{12}$ 方向相反，表示电荷 q_2 受到 q_1 的引力。q_2 受到 q_1 的作用力 $\boldsymbol{F}_{21}$ 与 q_1 同时受到 q_2 的作用力 $\boldsymbol{F}_{12}$ 大小相等，方向相反，且作用在同一直线上，遵循牛顿第三定律，即

$$\boldsymbol{F}_{21}=-\boldsymbol{F}_{12}$$

如果有两个以上的点电荷，则式(10-1)对其中每一对电荷都成立，其中任一电荷所受其他电荷的作用力可以用矢量合成的方法求得。

10.2.2 电场

任何电荷在其周围都将激发出电场，电场最基本的性质是对位于其中的电荷施以力的作用，称为电场力，电荷间的相互作用力是通过电场传递的。具体地说，点电荷 q_1 在其周围激发电场，而点电荷 q_2 处在 q_1 的电场中，受到这个电场的作用；同样，点电荷 q_1 处在 q_2 激发的电场中，q_1 也要受到点电荷 q_2 激发电场的作用，如图 10-2 所示。

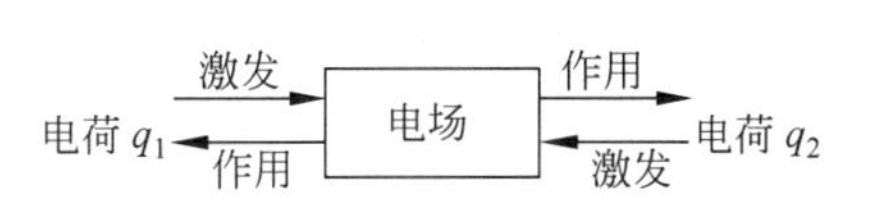

图 10-2 两个点电荷间的相互作用

这样引入的电场对电荷周围空间各点赋予一种局域性，即如果知道了某一小区域的电场，无需更多的条件，就可以知道任意电荷在此区域内的受力情况，从而可以进一步知道它的运动。这时，不需要知道是哪些电荷产生了这个电场。

近代物理学理论和实践证实场是一种特殊形态的物质，它与实物一样具有质量、能量和动量。本章只讨论相对于观察者静止的点电荷的电场，即静电场的性质及分布规律。

已知处于万有引力场中的物体受到万有引力的作用，并且当物体移动时，引力对它做功。同样，处于静电场中的电荷受到电场力的作用，并且当电荷在电场中移动时，电场力也要对它做功。第 10 章和第 11 章将从力和能量两个方面来研究静电场的性质，分别引出描述电场性质的两个重要物理量——电场强度和电势。我们首先从力的角度研究电场。

10.2.3 电场强度

为了表述电场对处于其中的电荷施以力的性质，我们把一个试验电荷放在电场中的各点，观测电场对它的作用力情况。试验电荷必须满足两个条件：①它的"几何线度"必须足够小，小到可以看作点电荷，这样才能用它来确定空间各点的电场性质；②它所带的电量必须足够小，使它的引入不至于改变原有的电场分布。实验结果表明，同一试验电荷所受的电场力的大小和方向随着它在电场中位置的变化而变化。就电场中某固定点而言，试验电荷 q_0 变化时，其所受作用力 $\boldsymbol{F}$ 也随之改变，但 $\boldsymbol{F}$ 与 q_0 之比为一个与试验电荷无关的恒矢量，显然，这个不变的矢量只与该点的电场有关。我们把该矢量称为电场强度，简称场强，用 $\boldsymbol{E}$ 表示，有

$$\boldsymbol{E}=\frac{\boldsymbol{F}}{q_0} \tag{10-2}$$

上式表明电场中某点处的电场强度等于单位正电荷在该点所受的电场力。电场强度是空间位置的矢量函数，其方向与正试验电荷所受力方向相同。需要指出的是，电场强度是电场的

属性,与试验电荷是否存在无关。

在国际单位制(SI)中,电场强度 $\boldsymbol{E}$ 的单位是牛顿每库仑($\mathrm{N\cdot C^{-1}}$)或伏特每米($\mathrm{V\cdot m^{-1}}$)。

表 10-1 给出了一些典型的电场强度的数值。

表 10-1 一些典型的电场强度的数值 ($\mathrm{N\cdot C^{-1}}$)

铀核表面	2×10^{21}
中子星表面	约 10^{14}
氢原子电子内轨道处	6×10^{11}
X 射线管内	5×10^{6}
空气的电击穿强度	3×10^{6}
范德格拉夫静电加速器内	2×10^{6}
电视机的电子枪内	10^{5}
电闪内	10^{4}
雷达发射器近旁	7×10^{3}
太阳光内(平均)	1×10^{3}
晴天大气中(地表面附近)	1×10^{2}
小型激光器发射的激光束内(平均)	1×10^{2}
日光灯内	10
无线电波内	约 10^{-1}
家用电路线内	约 3×10^{-2}
宇宙背景辐射内(平均)	3×10^{-6}

在已知电场强度分布的电场中,电荷 q 在电场中某点所受到的静电场力 $\boldsymbol{F}$,可由式(10-2)求出

$$\boldsymbol{F}=q\boldsymbol{E}$$

10.2.4 电场强度的计算

1. 点电荷的电场强度

由库仑定律和电场强度定义式,可求得真空中点电荷周围的电场强度。如图 10-3 所示,在真空中,点电荷 q 位于坐标系原点,P 点是电场中任一点,由原点指向 P 点的位矢为 $\boldsymbol{r}$。在 P 点引入一个试验电荷 q_0,根据库仑定律式(10-1b)和电场强度定义式(10-2),P 点的场强为

$$\boldsymbol{E}=\frac{\boldsymbol{F}}{q_0}=\frac{1}{4\pi\varepsilon_0}\frac{q}{r^2}\boldsymbol{e}_r \tag{10-3}$$

式中,$\boldsymbol{e}_r$ 是径矢 $\boldsymbol{r}$ 的单位矢量。

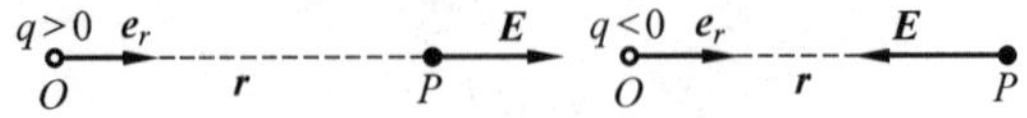

图 10-3 点电荷的电场强度

由于 P 点是任意选定的,所以式(10-3)是真空中在点电荷 q 激发电场中任一点的电场

强度。如果点电荷为正电荷(即 $q>0$)，场强 $\boldsymbol{E}$ 的方向与 $\boldsymbol{e}_r$ 的方向相同；如果点电荷为负电荷(即 $q<0$)，场强 $\boldsymbol{E}$ 的方向与 $\boldsymbol{e}_r$ 的方向相反，如图 10-3 所示。场强 $\boldsymbol{E}$ 的大小与点电荷所带电量 q 成正比，与距离 r 的平方成反比，也就是说在以 q 为中心的任一个球面上，场强 $\boldsymbol{E}$ 大小都相等，方向均沿着径矢 $\boldsymbol{r}$，所以真空中点电荷的电场是具有球对称性的非均匀场。

2. 点电荷系的电场强度

设真空中一个点电荷系由 $q_1, q_2, \cdots, q_n$ 组成，在场点 P 处放一试验电荷 q_0，由力的矢量叠加原理，q_0 所受的电场力等于各个电荷单独存在时 q_0 所受电场力的矢量和，即

$$\boldsymbol{F}=\boldsymbol{F}_1+\boldsymbol{F}_2+\cdots+\boldsymbol{F}_n$$

将上式等号两边同时除以 q_0，得

$$\frac{\boldsymbol{F}}{q_0}=\frac{\boldsymbol{F}_1}{q_0}+\frac{\boldsymbol{F}_2}{q_0}+\cdots+\frac{\boldsymbol{F}_n}{q_0}$$

由电场强度的定义，有

$$\boldsymbol{E}=\boldsymbol{E}_1+\boldsymbol{E}_2+\cdots+\boldsymbol{E}_n=\sum_{i=1}^{n}\boldsymbol{E}_i \tag{10-4}$$

上式表明，点电荷系中任一点处的总电场强度等于各个点电荷单独存在时在该点产生电场强度的矢量和，这就是电场强度的叠加原理。

3. 连续分布电荷的电场强度

当带电体的电荷是连续分布的，可以设想将带电体上的电荷分成无穷多个极小的电荷元 $\mathrm{d}q$，每一个电荷元可视为一个点电荷。其中任一电荷元 $\mathrm{d}q$ 在电场中某点 P 处产生的场强 $\mathrm{d}\boldsymbol{E}$ 为

$$\mathrm{d}\boldsymbol{E}=\frac{\mathrm{d}q}{4\pi\varepsilon_0 r^2}\boldsymbol{e}_r$$

式中，r 是 $\mathrm{d}q$ 所在点到场点 P 的距离，$\boldsymbol{e}_r$ 是该方向上的单位矢量，P 点的总电场强度是所有电荷元在该点电场强度的矢量和，即

$$\boldsymbol{E}=\int\mathrm{d}\boldsymbol{E}=\int\frac{1}{4\pi\varepsilon_0}\frac{\boldsymbol{e}_r}{r^2}\mathrm{d}q \tag{10-5}$$

下面介绍连续分布电荷产生电场的计算过程。

(1) 在连续分布带电体上取电荷元。

在实际应用中，$\mathrm{d}q$ 的选取通常根据电荷分布的特点而定。如果电荷分布在一条曲线或一个曲面或一定体积内，对应的就有电荷线密度 λ、电荷面密度 σ 和电荷体密度 ρ，分别取其线元 $\mathrm{d}l$、面元 $\mathrm{d}S$ 和体元 $\mathrm{d}V$，则电荷元 $\mathrm{d}q$ 分别为

$$\mathrm{d}q=\lambda\mathrm{d}l\quad(\text{电荷线分布})$$
$$\mathrm{d}q=\sigma\mathrm{d}S\quad(\text{电荷面分布})$$
$$\mathrm{d}q=\rho\mathrm{d}V\quad(\text{电荷体分布})$$

(2) 选取适当的坐标系，写出 $\mathrm{d}\boldsymbol{E}=\dfrac{\mathrm{d}q}{4\pi\varepsilon_0 r^2}\boldsymbol{e}_r$ 在三个坐标轴上的分量 $\mathrm{d}E_x$、$\mathrm{d}E_y$ 和 $\mathrm{d}E_z$，使矢量的积分转化成对标量的积分。

(3) 确定积分上、下限,进行积分计算。

在计算过程中要注意根据对称性简化计算过程。

例 10-1 两个相距为 l 的等量异号点电荷 $+q$ 和 $-q$ 组成的点电荷系,当讨论的场点到两点电荷连线中点的距远离大于 l 时,称这一带电系统为电偶极子。取负电荷到正电荷的径矢为 $\boldsymbol{l}$,则 $q\boldsymbol{l}$ 称为电偶极矩 $\boldsymbol{p}$,简称电矩。求电偶极子连线上一点 A 和中垂线上一点 B 的电场强度。

解 如图 10-4 所示,取电偶极子轴线的中点为坐标原点 O,沿 $\boldsymbol{l}$ 的方向为 x 轴,中垂线为 y 轴。轴线上任意点 A 距原点的距离为 r,中垂线上任一点 B 到原点的距离为 r'。

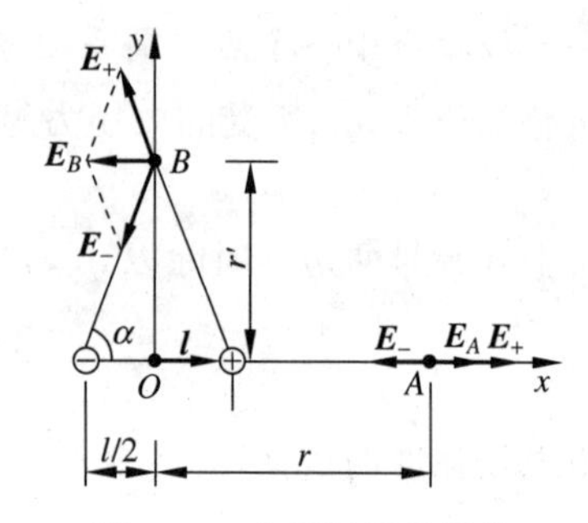

图 10-4 电偶极子的场强

(1) 求 $\boldsymbol{E}_A$。

$+q$ 和 $-q$ 在 A 点产生的电场强度分别为

$$\boldsymbol{E}_+=\frac{q}{4\pi\varepsilon_0\left(r-\frac{l}{2}\right)^2}\boldsymbol{i}$$

$$\boldsymbol{E}_-=\frac{-q}{4\pi\varepsilon_0\left(r+\frac{l}{2}\right)^2}\boldsymbol{i}$$

由电场强度叠加原理可得

$$\boldsymbol{E}_A=\boldsymbol{E}_++\boldsymbol{E}_-=\frac{q}{4\pi\varepsilon_0}\left[\frac{1}{\left(r-\frac{l}{2}\right)^2}-\frac{1}{\left(r+\frac{l}{2}\right)^2}\right]\boldsymbol{i}=\frac{q}{4\pi\varepsilon_0}\left[\frac{2rl}{\left(r^2-\frac{l^2}{4}\right)^2}\right]\boldsymbol{i}$$

对于电偶极子,有 $r\gg l$,则 $r^2-\frac{l^2}{4}\approx r^2$,并且考虑到电偶极矩 $\boldsymbol{p}=q\boldsymbol{l}=ql\boldsymbol{i}$,上式可写为

$$\boldsymbol{E}_A=\frac{1}{4\pi\varepsilon_0}\frac{2ql}{r^3}\boldsymbol{i}=\frac{1}{4\pi\varepsilon_0}\frac{2\boldsymbol{p}}{r^3}$$

(2) 求 $\boldsymbol{E}_B$。

$+q$ 和 $-q$ 在 B 点产生的电场强度的大小相等,均为

$$E_+=E_-=\frac{1}{4\pi\varepsilon_0}\frac{q}{r'^2+\left(\frac{l}{2}\right)^2}$$

将 E_+ 和 E_- 分别在 x 轴和 y 轴上分解,根据对称性,y 轴上的分量相互抵消,所以 B 点处总的电场强度为

$$\begin{aligned}\boldsymbol{E}_B&=-(E_+\cos\alpha+E_-\cos\alpha)\boldsymbol{i}\\&=-\frac{1}{4\pi\varepsilon_0}\frac{q}{r'^2+\left(\frac{l}{2}\right)^2}\frac{l}{\sqrt{r'^2+\left(\frac{l}{2}\right)^2}}\boldsymbol{i}=\frac{-ql}{4\pi\varepsilon_0\left(r'^2+\frac{l^2}{4}\right)^{\frac{3}{2}}}\boldsymbol{i}\end{aligned}$$

对于电偶极子,有 $r'\gg l$,则 $r'^2+\frac{l^2}{4}\approx r'^2$,且 $\boldsymbol{p}=ql\boldsymbol{i}$,所以上式可写为

$$\boldsymbol{E}_B=-\frac{1}{4\pi\varepsilon_0}\frac{ql}{r'^3}\boldsymbol{i}=-\frac{\boldsymbol{p}}{4\pi\varepsilon_0 r'^3}$$

以上结果表明，电偶极子的电场强度与距离的三次方 r^3 或 r'^3 成反比，它比点电荷的电场强度随 r 递减的速度要快得多。同时，$\boldsymbol{E}$ 的大小与电偶极矩 ql 有关，也就是说，若 q 增大一倍而 l 较小一半，其 E 值仍保持不变。

例 10-2 如图 10-5 所示，真空中一长为 L 的均匀带正电细棒，电荷线密度为 λ，求细棒中垂线上一点的场强。

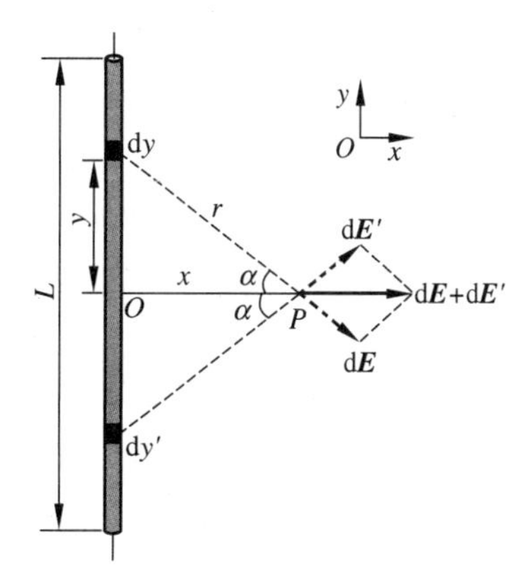

图 10-5 均匀带正电细棒中垂线上电场强度

解 以带电细棒中点 O 为坐标原点，取坐标轴 Ox、Oy，如图 10-5 所示。整个细棒可以分割成关于 O 点对称的一对对的线元，其中每对线元 $\mathrm{d}y$ 和 $\mathrm{d}y'$ 关于中垂线 OP 是对称的，其电量为 $\mathrm{d}q=\lambda\mathrm{d}y$，这一对线电荷元在 P 点产生的场强分别为 $\mathrm{d}\boldsymbol{E}$ 和 $\mathrm{d}\boldsymbol{E}'$，两者也关于中垂线对称，在 y 轴方向的分量相互抵消，因而，整个带电细棒在 P 点产生的总场强应沿 x 轴方向，并且

$$E=\int \mathrm{d}E_x$$

而

$$\mathrm{d}E_x=\mathrm{d}E\cos\alpha=\frac{\lambda\mathrm{d}y}{4\pi\varepsilon_0 r^2}\cos\alpha$$

考虑到 $r=\dfrac{x}{\cos\alpha}$，$y=x\tan\alpha$，从而 $\mathrm{d}y=\dfrac{x}{\cos^2\alpha}\mathrm{d}\alpha$。所以

$$\mathrm{d}E_x=\frac{\lambda\cos\alpha\,\mathrm{d}\alpha}{4\pi\varepsilon_0 x}$$

由于对整个带电细棒来说，α 的变化范围是从 $-\theta$ 到 θ，所以

$$E=\int_{-\theta}^{\theta}\frac{\lambda\cos\alpha\,\mathrm{d}\alpha}{4\pi\varepsilon_0 x}=\frac{\lambda\sin\theta}{2\pi\varepsilon_0 x}$$

将 $\sin\theta=\dfrac{L/2}{\sqrt{(L/2)^2+x^2}}$ 代入，可得

$$E=\frac{\lambda L}{4\pi\varepsilon_0 x(x^2+L^2/4)^{1/2}}$$

方向垂直于带电细直棒而指向远离细棒的一方。

【讨论】

(1) 当 $x\ll L$ 时，细棒可视为无限长，此时，任何垂直于它的平面都可看作是中垂面。所以，无限长带电细棒周围任何地方的电场强度都垂直于棒。在上面结果中取 $L\to\infty$，即得到相应的电场强度为

$$\boldsymbol{E}=\frac{\lambda}{2\pi\varepsilon_0 x}\boldsymbol{i}$$

这是一个经常使用的结果，它表明，E 与 x 成反比。这个结果对于有限长细棒来说，在靠近其中部附近的区域($x\ll L$)也近似成立。

(2) 当 $x \gg L$ 时,即在远离带电细棒的区域内有

$$\boldsymbol{E}=\frac{\lambda L}{4\pi\varepsilon_0 x^2}\boldsymbol{i}=\frac{q}{4\pi\varepsilon_0 x^2}\boldsymbol{i}$$

式中,$q=\lambda L$ 为带电细棒所带的总电量。此结果显示,离带电细棒很远处,该带电细棒的电场相当于一个点电荷 q 的电场。

(3) 由本例可以看出,矢量叠加实际上可归结为各分量的叠加,而在计算时,关于对称性的分析是很重要的,它往往能使我们立即看出合成矢量的某些分量等于零,判断出合矢量的方向,从而使计算大大简化。

读者可以试着计算此带电细棒延长线上任一点的场强。

例 10-3 电量 q 均匀地分布在半径为 R 的细圆环上,求圆环轴线上距环心为 x 处 P 点的场强。

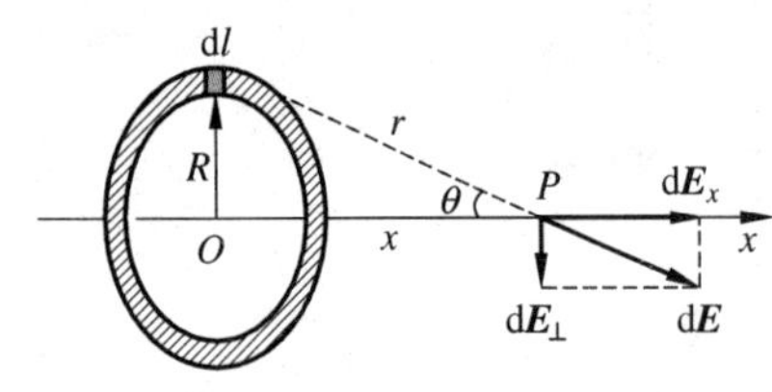

图 10-6 均匀带电细圆环轴线上的场强

解 如图 10-6 所示,以圆环中心 O 为坐标原点,过圆心垂直于环面的轴线为 x 轴,在圆环上任取一线元 $\mathrm{d}l$,带电量为 $\mathrm{d}q$。设 P 点与线元 $\mathrm{d}l$ 的距离为 r,电荷元 $\mathrm{d}q$ 在 P 点产生的场强为 $\mathrm{d}\boldsymbol{E}$,$\mathrm{d}\boldsymbol{E}$ 沿平行和垂直于轴线的两个方向的分量分别为 $\mathrm{d}\boldsymbol{E}_x$ 和 $\mathrm{d}\boldsymbol{E}_\perp$。由于圆环上电荷分布关于轴线对称,所以各电荷元电场强度的 $\mathrm{d}\boldsymbol{E}_\perp$ 分量相互抵消,对总场强有贡献的是 $\mathrm{d}\boldsymbol{E}_x$ 分量,

$$E=\int \mathrm{d}E_x=\int \mathrm{d}E\cos\theta=\int\frac{\mathrm{d}q}{4\pi\varepsilon_0 r^2}\cdot\frac{x}{r}=\frac{x}{4\pi\varepsilon_0 r^3}\oint \mathrm{d}q$$

因为 $\oint \mathrm{d}q=q, r=\sqrt{x^2+R^2}$,所以

$$E=\frac{qx}{4\pi\varepsilon_0 (x^2+R^2)^{3/2}}$$

场强的方向沿着 x 轴正方向。

当 $x\approx 0$ 时,则有 $E=0$,表明圆环中心处的场强为零。

当 $x \gg R$ 时,$(x^2+R^2)^{3/2}\approx x^3$,则有

$$E=\frac{q}{4\pi\varepsilon_0 x^2}$$

上式表明,在远离环心的地方,带电圆环的电场强度可看作电荷全部集中在环心处所产生的电场强度,相当于一个点电荷 q 产生的电场。

例 10-4 利用例 10-3 的结果,取细圆环为积分元,计算半径为 R 的均匀带电(电荷面密度为 σ)圆盘中轴线上的场强或无限大均匀带电平面外一点的场强。

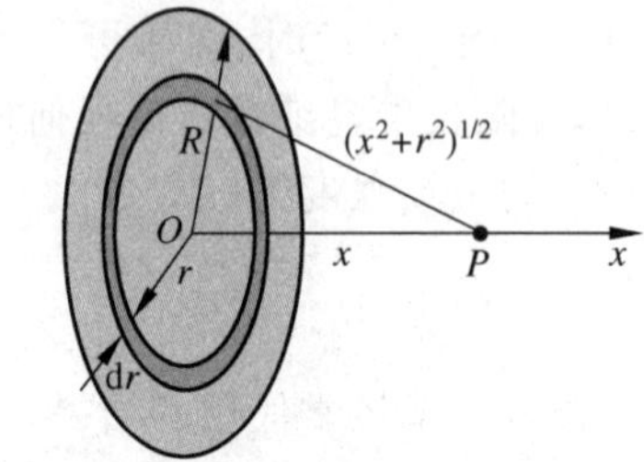

图 10-7 均匀带电圆盘中轴线上的场强

解 建立如图 10-7 所示的坐标轴,在带电圆盘的中轴线上任取一点 P,P 点到原点的距离为 x。以 O 为圆心,r 为半径,作一宽度为 $\mathrm{d}r$ 的微圆环,环的面积为 $\mathrm{d}S=2\pi r\mathrm{d}r$,带电量为 $\mathrm{d}q=\sigma 2\pi r\mathrm{d}r$。根据例 10-3 的结果,该

微圆环在 P 点产生的电场强度大小为

$$\mathrm{d}E=\frac{x\,\mathrm{d}q}{4\pi\varepsilon_0(x^2+r^2)^{3/2}}=\frac{\sigma}{2\varepsilon_0}\frac{xr\,\mathrm{d}r}{(x^2+r^2)^{3/2}}$$

方向沿 x 轴。

由于各微圆环在 P 点产生的场强方向都相同,所以整个带电圆盘在 P 点产生的场强大小为

$$\begin{aligned}E&=\int\mathrm{d}E=\frac{\sigma}{2\varepsilon_0}\int_0^R\frac{xr\,\mathrm{d}r}{(x^2+r^2)^{3/2}}\\&=\frac{\sigma x}{2\varepsilon_0}\left(\frac{1}{\sqrt{x^2}}-\frac{1}{\sqrt{x^2+R^2}}\right)\\&=\frac{\sigma}{2\varepsilon_0}\left(1-\frac{x}{\sqrt{x^2+R^2}}\right)\end{aligned}$$

方向沿 x 轴。

只要改变积分上下限,还可以计算出均匀带电有孔圆板、有圆孔无限大平板、无孔无限大平板在 x 轴任意一点的场强。读者可以自己试着计算一下。

如果 $x\ll R$,相对于 x,带电圆盘可看作是无限大均匀带电平板,这时有

$$E\approx\frac{\sigma}{2\varepsilon_0}$$

此结果表明,无限大带电平板外各点的电场强度与到平面的距离无关,是一个均匀场强,方向垂直于平面。当 $\sigma>0$ 时,方向背离平面,当 $\sigma<0$ 时,方向指向平面。

此外,若有两个相互平行、彼此相隔很近的平面,它们的电荷面密度各为 $\pm\sigma$,利用上述结论及电场强度的叠加原理,很容易求得两平行带电平面中部的电场强度为 $E=\sigma/\varepsilon_0$。这是获得均匀电场的一种常用方法,均匀电场又称为匀强电场,在这种电场中 $\boldsymbol{E}$ 处处相等。

如果 $x\gg R$,根据

$$(x^2+R^2)^{-1/2}=\frac{1}{x}\frac{1}{\sqrt{\dfrac{R^2}{x^2}+1}}=\frac{1}{x}\left(1-\frac{R^2}{2x^2}+\cdots\right)\approx\frac{1}{x}\left(1-\frac{R^2}{2x^2}\right)$$

于是有

$$E\approx\frac{\sigma}{2\varepsilon_0}\frac{R^2}{2x^2}=\frac{\pi R^2\sigma}{4\pi\varepsilon_0x^2}=\frac{q}{4\pi\varepsilon_0x^2}$$

式中,$q=\pi R^2\sigma$ 为圆面所带的总电量。这一结果表明,远离圆面处的电场也相当于点电荷的电场。

10.3 电场强度通量 高斯定理

10.2 节我们研究了描述电场性质的一个重要物理量——电场强度,并从叠加原理出发讨论了点电荷系和电荷连续分布带电体的电场强度。为了更加形象地描述电场,本节将在介绍电场线的基础上,引入电场强度通量的概念,并导出静电场的重要定理——高斯定理。

10.3.1 电场线

为了形象地描绘电场在空间的分布,可画电场线。图 10-8 是几种常见带电体系的电场线。电场线是按照下述规定在电场中画出的假想的线:电场线上每一点的切线方向与该点的电场强度方向平行,电场线的疏密程度表示该点场强的大小。电场线的数密度大,该点 $\boldsymbol{E}$ 较强;电场线的数密度小,该点的 $\boldsymbol{E}$ 较弱。定量地说,设想通过该点取一个垂直于电场方向的面积元 $\mathrm{d}S$,如图 10-9 所示,由于 $\mathrm{d}S$ 很小,所以 $\mathrm{d}S$ 面上各点的场强可认为是相同的,则通过此面积元的电场线数 $\mathrm{d}N$ 与该点场强 $\boldsymbol{E}$ 的大小有如下关系:

$$\frac{\mathrm{d}N}{\mathrm{d}S}=E \tag{10-6}$$

这就是说,电场中某点处电场强度的大小等于该点处垂直于电场方向单位面积上通过的电场线条数,即等于该点处的电场线数密度。

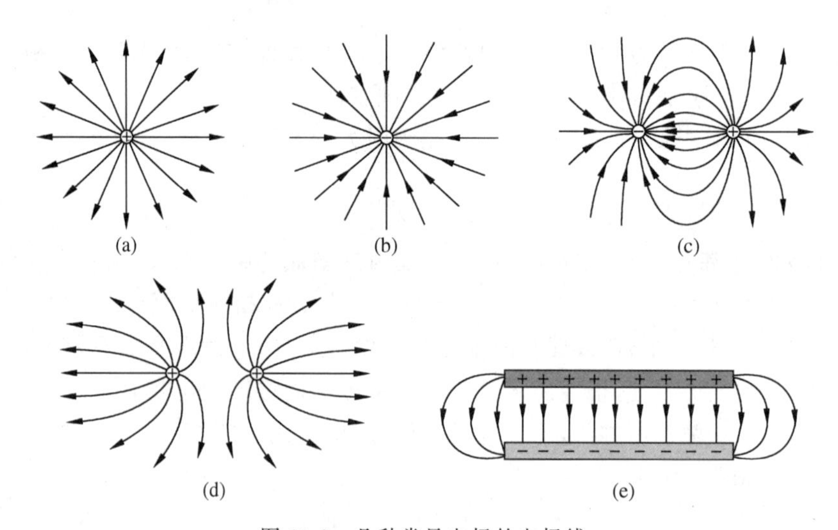

图 10-8 几种常见电场的电场线

(a) 正点电荷;(b) 负点电荷;(c) 等量异号电荷;(d) 等量同号电荷;(e) 均匀带电平行板

静电场的电场线有以下一些性质:

(1) 电场线总是起于正电荷(或来自无穷远处),止于负电荷(或伸向无穷远处),在无电荷处不中断;

(2) 在没有电荷的空间,任何两条电场线都不相交,因为电场中某点处的电场强度只能有一个方向;

(3) 静电场的电场线不形成闭合曲线。

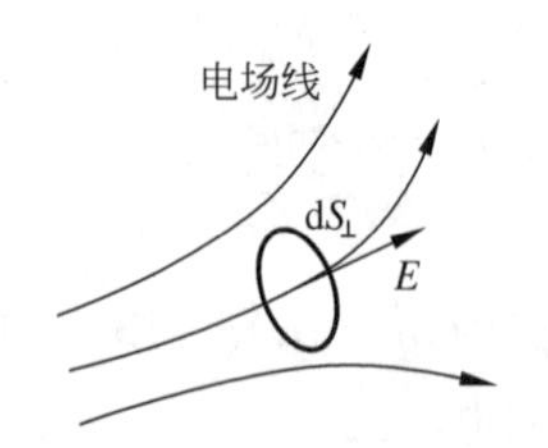

图 10-9 电场线数密度与场强的大小关系

10.3.2 电场强度通量

把通过电场中任意给定面积的电场线条数叫做通过该面积的电场强度通量,简称电通量,用符号 Φ_{e} 表示,在国际单位制中,电通量的单位为 $\mathrm{N}\cdot\mathrm{m}^2\cdot\mathrm{C}^{-1}$。

对于均匀电场情况，当平面 S 与场强 $\boldsymbol{E}$ 的方向垂直时(图 10-10(a))，由于场强 $\boldsymbol{E}$ 处处相等，即电场线均匀分布，所以通过 S 面的电场线数目即电通量，为

$$\Phi_{\mathrm{e}}=ES \tag{10-7}$$

如果平面 S 与场强 $\boldsymbol{E}$ 的方向不垂直，为了把面 S 在电场中的大小和方位同时表示出来，我们引入面积矢量 $\boldsymbol{S}$，规定其大小为 S，方向用它的法向单位矢量 $\boldsymbol{e}_{\mathrm{n}}$ 来表示，即 $\boldsymbol{S}=S\boldsymbol{e}_{\mathrm{n}}$，$\boldsymbol{e}_{\mathrm{n}}$ 与 $\boldsymbol{E}$ 不平行。在图 10-10(b)中，平面与场强 $\boldsymbol{E}$ 夹角为 θ，平面 S 在垂直于场强方向的投影为 $S_{\perp}$，显然，通过平面 S 与平面 $S_{\perp}$ 的电场线条数是一样的，为

$$\Phi_{\mathrm{e}}=ES_{\perp}=ES\cos\theta=\boldsymbol{E}\cdot S\boldsymbol{e}_{\mathrm{n}}=\boldsymbol{E}\cdot\boldsymbol{S} \tag{10-8}$$

式中，$\boldsymbol{S}=S\boldsymbol{e}_{\mathrm{n}}$。显然，电通量是一个标量，其正负取决于平面的法线方向与场强 $\boldsymbol{E}$ 之间的夹角。

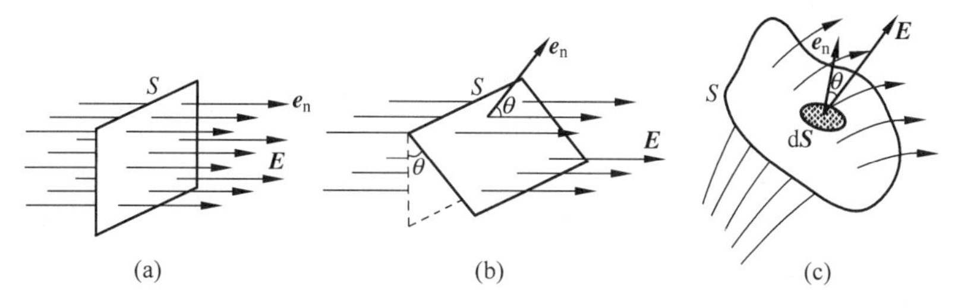

图 10-10 电场强度通量的计算

(a) $\Phi_{\mathrm{e}}=ES$；(b) $\Phi_{\mathrm{e}}=\boldsymbol{E}\cdot\boldsymbol{S}$；(c) $\Phi_{\mathrm{e}}=\int_S\boldsymbol{E}\cdot\mathrm{d}\boldsymbol{S}$

如果电场是非均匀电场，并且 S 也不是平面，而是任意的曲面(如图 10-10(c)所示)，这时可以把曲面 S 分割成无穷多个小面积元 $\mathrm{d}\boldsymbol{S}$，其中任一个小面积元 $\mathrm{d}\boldsymbol{S}$ 都可以认为是平面，而且在面积元上的电场强度可认为处处相等，于是，通过这个小面积元 $\mathrm{d}\boldsymbol{S}$ 的电通量为

$$\mathrm{d}\Phi_{\mathrm{e}}=E\cos\theta\mathrm{d}S=\boldsymbol{E}\cdot\mathrm{d}\boldsymbol{S}$$

通过整个曲面 $\boldsymbol{S}$ 的电通量为通过所有面积元 $\mathrm{d}\boldsymbol{S}$ 电通量的积分

$$\Phi_{\mathrm{e}}=\int\mathrm{d}\Phi_{\mathrm{e}}=\int_S\boldsymbol{E}\cdot\mathrm{d}\boldsymbol{S} \tag{10-9}$$

这样的积分在数学上称为面积分，积分号下标表示此积分遍及整个曲面。

如果曲面是一个闭合曲面，则通过它的电通量可用下式求得

$$\Phi_{\mathrm{e}}=\oint_S\boldsymbol{E}\cdot\mathrm{d}\boldsymbol{S} \tag{10-10}$$

式中 $\oint_S$ 表示对整个闭合曲面进行面积分。

对于非闭合曲面，面上各处法向单位矢量的正方向可以任意取一侧；对于闭合曲面，电场线有穿入和穿出之分，一般规定从闭合曲面内侧指向外侧为法向单位矢量 $\boldsymbol{e}_{\mathrm{n}}$ 的正方向。这样，当电场线穿出闭合曲面时，$0\leqslant\theta<\pi/2$，电场强度通量为正；当电场线穿入闭合曲面时，$\pi/2<\theta\leqslant\pi$，电场强度通量为负；如果穿出和穿入闭合曲面的电场线数目相等，则 $\Phi_{\mathrm{e}}=0$。穿过闭合曲面的电通量 Φ_{e} 正比于穿过该面的电场线的净条数。

10.3.3 真空中的高斯定理

既然静电场是由电荷所激发的,那么通过电场空间某一给定闭合曲面的电场强度通量与激发电场的场源电荷之间有没有确定的关系呢?德国物理学家、数学家高斯论证了通过任意闭合曲面的电通量与闭合曲面内部所包围电荷的关系,这就是真空中的高斯定理。

1. 真空中高斯定理的内容

真空中高斯定理内容表述如下:在真空静电场中,通过任意一个闭合曲面 S 的电通量 Φ_e 等于该曲面所包围的所有电荷电量的代数和除以 ε_0,与闭合曲面外的电荷无关,其数学表达式为

$$\Phi_e = \oint_S \boldsymbol{E} \cdot d\boldsymbol{S} = \frac{1}{\varepsilon_0}\sum_{i=1}^{n} q_i^{in} \tag{10-11}$$

一般把此闭合曲面称为高斯面,对高斯定理的理解应注意以下几点:

(1) 式(10-11)中的电场强度 $\boldsymbol{E}$ 是指曲面 S 上各点的电场强度,它是由全部电荷(既包括闭合曲面内又包括闭合曲面外的电荷)共同产生的合场强,并非只由闭合曲面内的电荷 $\sum_{i=1}^{n} q_i^{in}$ 所产生;

(2) 通过闭合曲面的总电通量只取决于它所包围的电荷,即只有闭合曲面内部的电荷才对总电通量有贡献,闭合曲面外部的电荷对总电通量无贡献。

2. 真空中高斯定理的推导

下面利用电通量的概念,根据库仑定律和场强叠加原理导出高斯定理。

(1) 通过包围点电荷 q 的任意闭合曲面 S 的电通量为 q/ε_0。

以点电荷 q 为中心,r 为半径作一球面 S,如图 10-11(a)所示。由点电荷的场强公式(10-3)可知,球面上各点的场强大小都是 $E=\dfrac{q}{4\pi\varepsilon_0 r^2}$,当 $q>0$ 时,电场强度的方向沿径矢 $\boldsymbol{r}$ 向外,处处与球面正交,因此通过整个闭合球面的电通量为

$$\Phi_e = \oint_S \boldsymbol{E} \cdot d\boldsymbol{S} = \frac{q}{4\pi\varepsilon_0 r^2}\oint_S dS = \frac{q}{\varepsilon_0}$$

此结果与高斯球面半径无关,只与高斯面所包围的电荷的电量有关。这说明,对以 q 为中心的任意大小的闭合球面来说,通过球面的电通量都是相等的,从而得到电场线是不间断的,是连续的。

如图 10-11(a)所示,如果作任意曲面 S' 包围点电荷 q,在球面 S 与曲面 S' 之间无其他电荷存在时,由于电场线不会在没有电荷的地方中断,所以通过曲面 S' 的电场线必定全部通过球面 S,即通过球面 S 的电通量与通过曲面 S' 的电通量相等。因此,通过包围点电荷 q 的任意闭合曲面 S' 的电通量也是 q/ε_0。

(2) 通过不包围点电荷 q 的任意闭合曲面 S 的电通量必为零。

如图 10-11(b)所示,点电荷 q 在闭合曲面 S 外时,由电场线的连续性可得,由一侧穿入曲面 S 的电场线数一定等于从另一侧穿出曲面 S 的电场线数。因此,通过整个闭合曲面的

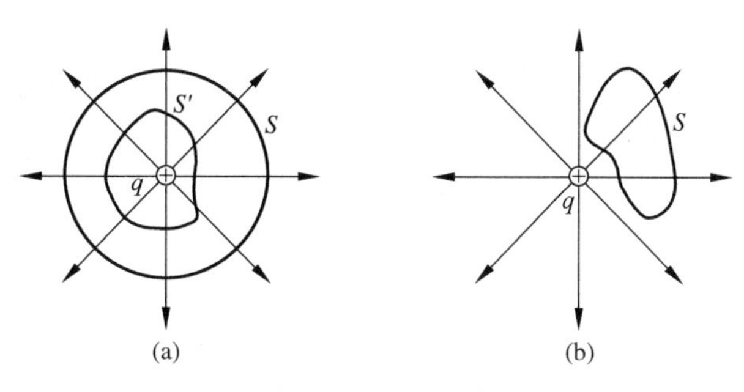

图 10-11　以点电荷为场源的高斯定理推导

电通量为零。由此不难推断，若在电场中所取的闭合曲面不含有电荷，或者所含电荷的代数和为零时，穿出此闭合曲面的电场强度通量必为零，即

$$\Phi_e=\oint_S \boldsymbol{E}\cdot d\boldsymbol{S}=0 \quad (\text{闭合曲面不含净电荷})$$

基于上述分析可得以下结论：在一个点电荷电场中，通过任意一个闭合曲面 S 的电通量为$\frac{q}{\varepsilon_0}$或为 0，即

$$\oint_S \boldsymbol{E}\cdot d\boldsymbol{S}=\begin{cases}\dfrac{q}{\varepsilon_0} & (\text{点电荷在曲面 } S \text{ 内})\\ 0 & (\text{点电荷在曲面 } S \text{ 外})\end{cases} \tag{10-12}$$

（3）任意带电体系的电场

对于一个由多个点电荷 $q_1,q_2,\cdots,q_n$ 组成的电荷系来说，根据场强叠加原理，可得穿过该闭合曲面的电通量为

$$\begin{aligned}\oint_S \boldsymbol{E}\cdot d\boldsymbol{S}&=\oint_S (\boldsymbol{E}_1+\boldsymbol{E}_2+\cdots+\boldsymbol{E}_n)\cdot d\boldsymbol{S}=\oint_S \boldsymbol{E}_1\cdot d\boldsymbol{S}+\oint_S \boldsymbol{E}_2\cdot d\boldsymbol{S}+\cdots+\oint_S \boldsymbol{E}_n\cdot d\boldsymbol{S}\\&=\Phi_{e1}+\Phi_{e2}+\cdots+\Phi_{en}\end{aligned}$$

式中 $\Phi_{e1},\Phi_{e2},\cdots,\Phi_{en}$ 是电荷 $q_1,q_2,\cdots,q_n$ 各自激发的电场 $\boldsymbol{E}_1,\boldsymbol{E}_2,\cdots,\boldsymbol{E}_n$ 穿过闭合曲面的电通量。由上述单个点电荷的结论(式(10-12))可得，穿过闭合曲面的电通量仅仅与此闭合曲面内的电荷有关，即

$$\Phi_e=\frac{1}{\varepsilon_0}\sum_{i=1}^{n}q_i^{\text{in}}$$

这就是高斯定理。

高斯定理反映了静电场最基本的性质之一：静电场是有源场，电场线起始于正电荷，终止于负电荷。

需要指出的是，虽然高斯定理是在库仑定律的基础上得出的，但库仑定律是从电荷间的作用反映静电场的性质，高斯定理是从场和场源电荷间的关系反映静电场的性质。从场的研究方面来看，高斯定理的应用范围比库仑定律更广泛。库仑定律只适用于静电场，对于静电学问题，库仑定律和高斯定理完全等效。高斯定理不但适用于静电场，对于变化电场也是适用的，它是电磁场理论的基本方程之一。关于这一点，我们将在后面电磁感应一章中论述。

3. 高斯定理的应用

高斯定理最重要的一个应用就是可以利用它来求解某些具有对称分布电荷的电场强度。如:

(1) 球对称性:如点电荷、均匀带电球面或球体;

(2) 轴对称性:如无限长均匀带电直线、无限长均匀带电圆柱体或圆柱面;

(3) 面对称性:如无限大均匀带电平板等。

此方法比应用电场强度叠加原理来计算电场强度更方便。

应用高斯定理求解电场强度的步骤如下:

(1) 根据电荷分布的对称性分析电场分布的对称性;

(2) 此步是求解的关键,过待求场强的点选取一个合适的闭合曲面,使这个闭合曲面上各点(或某一部分)的场强大小为一恒量,且场强的方向与高斯面处处垂直,即 $\boldsymbol{E}$ 与 $\mathrm{d}\boldsymbol{S}$ 的夹角为 $\theta=0$。这样积分 $\oint_S \boldsymbol{E}\cdot\mathrm{d}\boldsymbol{S}$ 中的 $\boldsymbol{E}$ 能以标量形式从积分号内提出来,计算简化为

$$\oint_S \boldsymbol{E}\cdot\mathrm{d}\boldsymbol{S}=E\oint_S \mathrm{d}S$$

对高斯面上不满足以上条件的其他地方,应使 $\theta=90°$,从而穿过这一部分曲面的电通量 $\int_S \boldsymbol{E}\cdot\mathrm{d}\boldsymbol{S}=\int_S E\cos\theta\,\mathrm{d}S=0$。

(3) 计算出高斯面内的电荷,由高斯定理求出电场强度。

下面举例来说明。

例 10-5 求均匀带电球壳内外的电场强度,设球壳带电量为 $Q(Q>0)$,半径为 R,如图 10-12(a)所示。

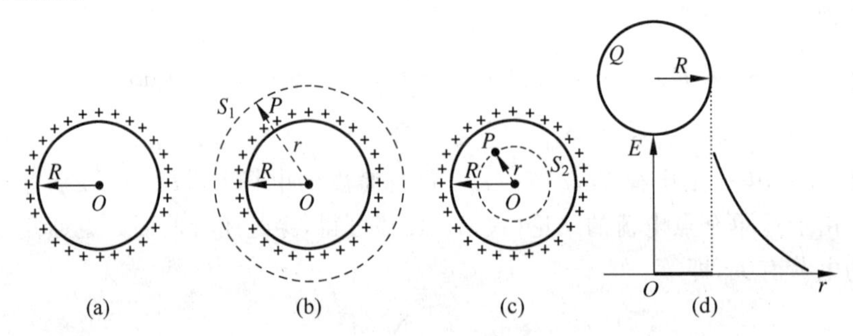

图 10-12 均匀带电球壳的场强分布

解 对称性分析。电荷分布是球对称的,不论 P 点是在球面内还是球面外,连接 OP,球面上的电荷可以看作是无数对关于 OP 对称的电荷元 $\mathrm{d}q$ 和 $\mathrm{d}q'$,每一对电荷元在 P 点处激发的垂直于 OP 的场强分量,因方向相反而相互抵消,所以 P 点的总场强 $\boldsymbol{E}$ 一定是沿着 OP 的连线(即沿半径的方向向外),并且在与带电球面同心的球面上,各点场强大小相等,即电场分布也具有球对称性。

根据上述分析,取高斯面为通过 P 点和球壳同心的球面。在此球面上的场强大小处处相等,方向与球面上的外法线方向相同,$\theta=0°$。设球心为 O,高斯面的半径为 r。由高斯定理可得

$$\oint_S \boldsymbol{E}\cdot\mathrm{d}\boldsymbol{S}=\oint_S E\,\mathrm{d}S=E\oint_S \mathrm{d}S=E4\pi r^2$$

当 P 点在球壳外时，即 $r>R$，这时高斯面包围均匀带电球壳，如图 10-12(b)所示。根据高斯定理有

$$\oint_{S_1} \boldsymbol{E} \cdot \mathrm{d}\boldsymbol{S} = E4\pi r^2 = \frac{Q}{\varepsilon_0}$$

由此得到 P 点的场强大小为

$$E = \frac{Q}{4\pi\varepsilon_0 r^2}$$

场强的方向沿着径矢 $\boldsymbol{r}$ 的方向。用矢量的形式表示 P 点的场强为

$$\boldsymbol{E} = \frac{Q}{4\pi\varepsilon_0 r^2}\boldsymbol{e}_r, \quad r > R$$

式中，$\boldsymbol{e}_r$ 为径矢 $\boldsymbol{r}$ 的单位矢量。上式表明，均匀带电球壳在外部空间产生的场强与把球壳上全部电荷集中于球心时所产生的场强相同。

当 P 点在球壳内部时，即 $0<r<R$，如图 10-12(c)所示，这时高斯面内不包含电荷，根据高斯定理有

$$\oint_{S_2} \boldsymbol{E} \cdot \mathrm{d}\boldsymbol{S} = E4\pi r^2 = 0$$

由此得到 P 点的场强

$$E = 0, \quad 0 < r < R$$

此式表明球壳内任一点的场强皆为零。根据上述结果，可画出场强大小随距离变化的曲线如图 10-12(d)所示，从 E-r 图可以看到，场强的值在球面处($r=R$)是不连续的。

当球壳上均匀分布的是负电荷时，场强大小的分布情况和上面分析的结果一样，只是球壳场强的方向和正电荷的方向相反，沿着半径方向指向球心。

例 10-6 求均匀带电球体的电场分布，设球的半径为 R，所带电量为 Q。

铀核可视为带有 $92e$ 的均匀带电球体，半径为 $7.4\times10^{-15}\,\mathrm{m}$，求其表面的电场强度。

解 解题思路同例 10-5，因为电荷分布具有球对称性，所以电场分布也具有球对称性，在与带电球同心、半径为 r 的球面上各点的电场强度大小相等，并垂直于球面沿径向。

(1) 球体内的电场强度

通过球内 P 点，作一半径为 $r(r<R)$的同心球面 S_1 为高斯面(图 10-13(a))，该高斯面所包围的电荷量为 $\sum q = \dfrac{Q}{\frac{4}{3}\pi R^3}\dfrac{4}{3}\pi r^3 = Q\dfrac{r^3}{R^3}$，设半径为 r 处的场强为 E_1，由高斯定理

$\oint_{S_1} \boldsymbol{E}_1 \cdot \mathrm{d}\boldsymbol{S} = E_1 4\pi r^2 = \dfrac{\sum q}{\varepsilon_0}$，得

$$E_1 = \frac{Qr}{4\pi\varepsilon_0 R^3}$$

(2) 球体外的电场强度

过球外 P 点作半径为 $r(r>R)$的球形高斯面 S_2(图 10-13(a))，所包围电荷量为 $\sum q = Q$，由高斯定理$\oint_{S_2} \boldsymbol{E}_2 \cdot \mathrm{d}\boldsymbol{S} = E_2 4\pi r^2 = \dfrac{\sum q}{\varepsilon_0} = \dfrac{Q}{\varepsilon_0}$，得

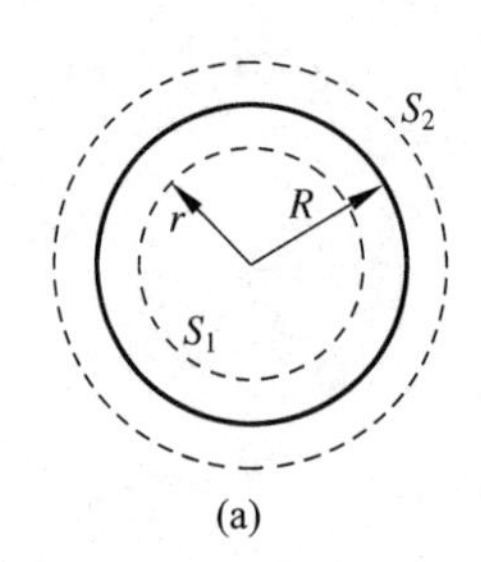

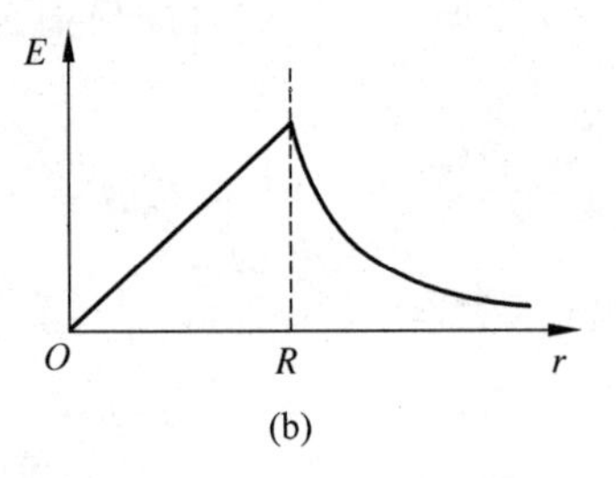

图 10-13　均匀带电球体的场强分布

$$E_2=\frac{Q}{4\pi\varepsilon_0 r^2}$$

表明均匀带电球体外任一点场强与全部电荷集中在球心的点电荷在该点产生的场相同。根据以上结果可作场强分布曲线,如图 10-13(b)所示。注意到在 $r=R$ 处场强是连续的。

由此可得轴核表面的电场强度为

$$E=\frac{92e}{4\pi\varepsilon_0 R^2}=\frac{92\times1.6\times10^{-19}}{4\pi\times8.85\times10^{-12}\times(7.4\times10^{-15})^2}\mathrm{N/C}=2.4\times10^{21}\mathrm{N/C}$$

例 10-7　求无限长均匀带正电直线外任意一点的场强,设直线上线电荷密度为 λ。

输电线上均匀带电,线电荷密度为 4.2 $\mathrm{nC\cdot m^{-1}}$,求距电线 0.50m 处的电场强度。

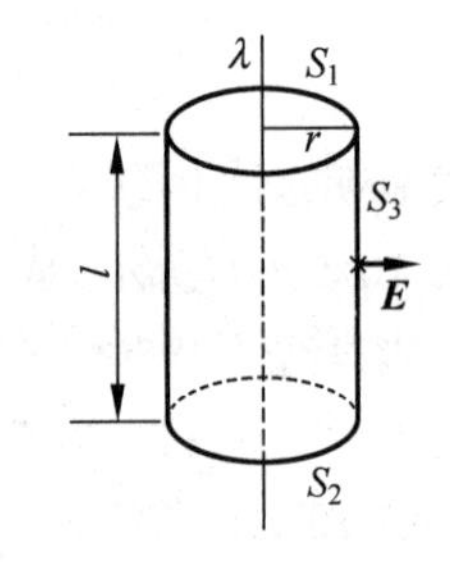

图 10-14　无限长均匀带正电直线的场强

解　经分析不难发现,与带电直线垂直距离相等的各点的电场强度大小相等,方向都垂直于细棒辐射向外。带电直线所产生的电场具有轴对称性。

因此,选取以直线为轴线的闭合圆柱面为高斯面,设其半径为 r,长度为 l,如图 10-14 所示,这样,就可以使圆柱面的上、下底面 S_1 和 S_2 的法线方向和场强的方向垂直,$\theta=90°$,侧面 S_3 的法线方向和场强的方向一致(或平行)$\theta=0°$。由高斯定理可得通过闭合圆柱高斯面的电通量为

$$\oint_S \boldsymbol{E}\cdot\mathrm{d}\boldsymbol{S}=\int_{S_1}\boldsymbol{E}\cdot\mathrm{d}\boldsymbol{S}+\int_{S_2}\boldsymbol{E}\cdot\mathrm{d}\boldsymbol{S}+\int_{S_3}\boldsymbol{E}\cdot\mathrm{d}\boldsymbol{S}=0+0+E\int_{S_3}\mathrm{d}S=E2\pi rl$$

由于该高斯面包围的电荷为 λl,故根据高斯定理有

$$E2\pi rl=\frac{\lambda l}{\varepsilon_0}$$

由此得场强的大小

$$E=\frac{\lambda}{2\pi\varepsilon_0 r}$$

场强的方向垂直于直线向外辐射。

考虑到方向,可得场强的矢量表达式为

$$\boldsymbol{E}=\frac{\lambda}{2\pi\varepsilon_0 r}\boldsymbol{e}_r$$

式中,$\boldsymbol{e}_r$ 为沿着以直线为轴的圆柱半径方向的单位矢量。

题中所求输电线周围 0.5m 处的电场强度为

$$E=\frac{\lambda}{2\pi\varepsilon_0 r}=\frac{4.2\times10^{-9}}{2\pi\times8.85\times10^{-12}\times0.5}\text{N}\cdot\text{C}^{-1}=1.5\times10^{2}\text{N}\cdot\text{C}^{-1}$$

例 10-8　求无限大均匀带正电平面的场强分布，已知带电平面上的电荷面密度为 σ。

解　如图 10-15 所示，由于均匀带电平面无限大，所以平面两侧附近的电场分布必然关于平面对称，平面两侧与平面等距离处场强大小相等，方向处处与平面垂直，并指向两侧。

根据上述分析，取一穿过平面且关于平面对称的圆柱面为高斯面，其轴线与平面正交，侧面的法线方向与场强方向垂直，$\theta=90°$，两底面的法线方向与场强的方向一致(或平行)，$\theta=0°$，且底面面积为 S。该圆柱面内所包围的电荷为

$$q^{\text{in}}=\sigma S$$

根据高斯定理

$$\oint_S \boldsymbol{E}\cdot\text{d}\boldsymbol{S}=\int_{S_{侧面}}\boldsymbol{E}\cdot\text{d}\boldsymbol{S}+\int_{S_{左底面}}\boldsymbol{E}\cdot\text{d}\boldsymbol{S}+\int_{S_{右底面}}\boldsymbol{E}\cdot\text{d}\boldsymbol{S}=2\int_{S_{底面}}E\text{d}S$$

$$=2E\int_{S_{底面}}\text{d}S=2ES=\frac{\sigma S}{\varepsilon_0}$$

由此得场强的大小

$$E=\frac{\sigma}{2\varepsilon_0} \tag{10-13}$$

此结果说明，无限大均匀带正电平面在空间激发的场强大小与距离无关，方向垂直于平面，这个电场是匀强电场。

利用上述结果，可求得两个带等量异号电荷的无限大平行平面的电场强度。如图 10-16 所示，设两无限大平面 1 和 2 的电荷面密度分别为 $+\sigma$ 和 $-\sigma$。两平面激发的场强大小相等，在Ⅰ、Ⅲ区域场强方向相反，Ⅱ区域场强方向一致。

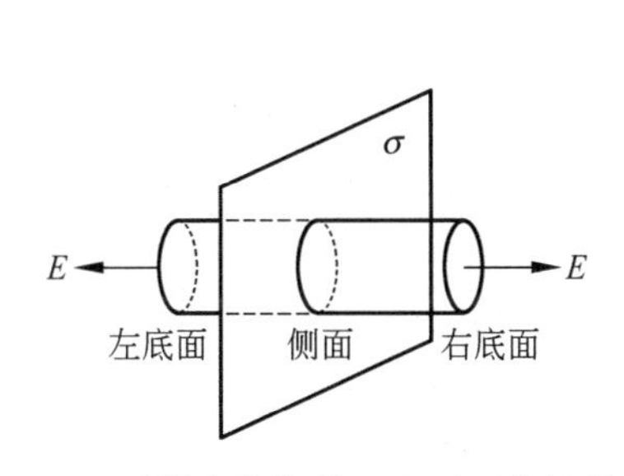

图 10-15　无限大均匀带正电平面的场强分布

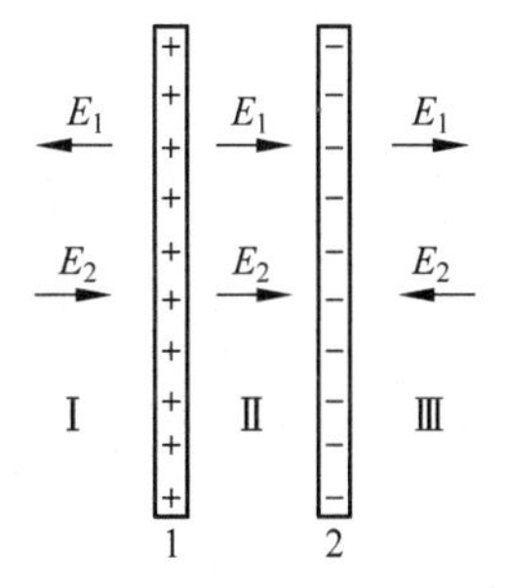

图 10-16　两无限大均匀带电平面的电场

根据场强叠加原理可得(取正方向向右)如下结果：

Ⅰ区域

$$E=E_2-E_1=0$$

Ⅱ 区域

$$E=E_1+E_2=\frac{\sigma}{\varepsilon_0}$$

Ⅲ 区域

$$E=E_1-E_2=0$$

上述结果可以看出,两个带等量异号电荷的无限大平行平面之间的电场是匀强电场。

10.4 静电场的环路定理 电势能

在牛顿力学中,我们曾论证了保守力——万有引力和弹性力对质点做的功只与起始和终了位置有关,而与路径无关这一重要特性,并由此引入相应的势能概念。那么静电场力——库仑力的情况怎样呢?是否也是保守力而能引入电势能的概念呢?本节我们将从静电场力做功的特点出发,研究静电场的另一个重要性质,并由此引入另一个描述电场性质的物理量——电势。

1. 静电场力是保守力

从库仑定律和场强叠加原理出发,可以证明静电场力所做的功与路径无关,即静电场力是保守力。证明过程分两个步骤,第一步先证明在单个点电荷产生的电场中,静电场力所做的功与路径无关;第二步再证明对任何带电体系产生的电场来说,也有相同的结论。

(1) 单个点电荷产生的电场

如图 10-17 所示,有一正点电荷 q 固定于原点,在其激发的电场中,把试验电荷 q_0 沿任意路径由 A 点运动到 B 点,其位矢分别为 $\boldsymbol{r}_A$ 和 $\boldsymbol{r}_B$,在路径上任取一位移元 $\mathrm{d}\boldsymbol{l}$,当试验电荷 q_0 在电场中移动 $\mathrm{d}\boldsymbol{l}$ 时,电场力 $\boldsymbol{F}$ 对 q_0 所做的元功为

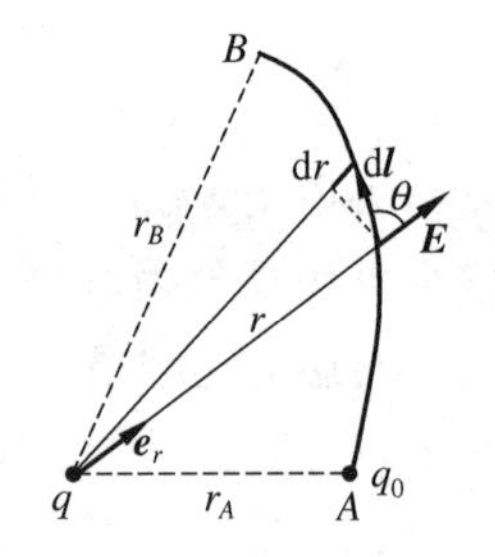

图 10-17 点电荷电场中电场力所做的功

$$\mathrm{d}W=\boldsymbol{F}\cdot\mathrm{d}\boldsymbol{l}=q_0\boldsymbol{E}\cdot\mathrm{d}\boldsymbol{l}=q_0E\mid\mathrm{d}\boldsymbol{l}\mid\cos\theta$$

因为 $|\mathrm{d}\boldsymbol{l}|\cos\theta=\mathrm{d}r$, $E=\dfrac{q}{4\pi\varepsilon_0 r^2}$,所以

$$\mathrm{d}W=\frac{qq_0}{4\pi\varepsilon_0 r^2}\mathrm{d}r$$

于是得到试验电荷 q_0 由 A 点运动到 B 点,电场力所做的功为

$$W=\int_A^B\mathrm{d}W=\frac{qq_0}{4\pi\varepsilon_0}\int_{r_A}^{r_B}\frac{\mathrm{d}r}{r^2}=\frac{qq_0}{4\pi\varepsilon_0}\left(\frac{1}{r_A}-\frac{1}{r_B}\right)\tag{10-14}$$

式(10-14)表明,在点电荷的电场中,电场力对试验电荷所做的功,只与试验电荷所带电量以及起点和终点位置有关,而与所经历的路径无关。

(2) 任意带电体系产生的电场

任意带电体都可以看作是由无穷多个点电荷组成的点电荷系。根据电场的叠加原理以及合力做功的计算方法,当试验电荷在电场中移动时,电场力做的功等于各个点电荷的电场力对该试验电荷所做功的代数和,即

$$W=\int_l\boldsymbol{F}\cdot\mathrm{d}\boldsymbol{l}=q_0\int_l\boldsymbol{E}\cdot\mathrm{d}\boldsymbol{l}=q_0\int_l\left(\sum_i\boldsymbol{E}_i\right)\cdot\mathrm{d}\boldsymbol{l}=\sum_i q_0\int_l\boldsymbol{E}_i\cdot\mathrm{d}\boldsymbol{l}\tag{10-15}$$

上式中每一个点电荷的电场力所做的功都与路径无关,所以合电场力做的功也必然与路径无关。由此得出结论:当试验电荷在任何静电场中移动时,电场力所做的功只与试验电荷的电量以及起点和终点的位置有关,而与路径无关。静电场的这一性质称为静电场的保守

性,即静电场是保守场,静电场力是保守力。

2. **静电场的环路定律**

静电场力所做的功与路径无关这一结论还可以表述成另一种等价的形式。如图 10-18 所示,当试验电荷 q_0 在静电场中从同一起点沿不同的路径 ABC 和 ADC 到达同一终点时,电场力所做的功相等,即

$$q_0\int_{ABC}\boldsymbol{E}\cdot \mathrm{d}\boldsymbol{l}=q_0\int_{ADC}\boldsymbol{E}\cdot \mathrm{d}\boldsymbol{l}$$

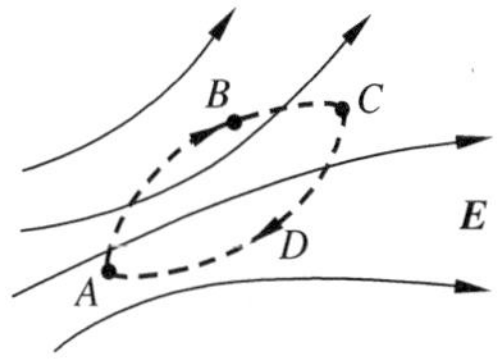

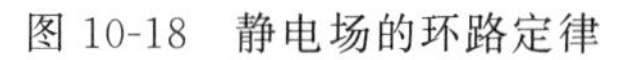

图 10-18 静电场的环路定律

上式可写为

$$q_0\left(\int_{ABC}\boldsymbol{E}\cdot \mathrm{d}\boldsymbol{l}+\int_{CDA}\boldsymbol{E}\cdot \mathrm{d}\boldsymbol{l}\right)=0$$

ABC 和 CDA 正好形成一个闭合回路 ,所以

$$\oint_{l}\boldsymbol{E}\cdot \mathrm{d}\boldsymbol{l}=0 \tag{10-16}$$

此式表明,在静电场中,电场强度 $\boldsymbol{E}$ 沿任意闭合回路的线积分等于零。$\boldsymbol{E}$ 沿任意闭合路径的线积分也叫做 $\boldsymbol{E}$ 的环流,故式(10-16)也可表述为:在静电场中电场强度的环流为零。这个结论称为静电场的环路定理,是静电场为保守力场的另一种说法。它与高斯定理一样,也是表述静电场性质的一个重要定理。

3. **电势能**

根据静电场是保守力场,可以引入“电势能”的概念。由于在保守力场中,保守力所做的功等于相应势能增量的负值,所以静电场力所做的功也等于电势能增量的负值。设试验电荷 q_0 在静电场中任意两点 A 和 B 的电势能分别为 E_{pA} 和 E_{pB},当试验电荷 q_0 从 A 点沿任意路径移到 B 点时,电场力所做的功应等于相应势能增量的负值,即

$$W_{A\to B}=\int_{AB}q_0\boldsymbol{E}\cdot \mathrm{d}\boldsymbol{l}=-\Delta E_{\mathrm{p}}=-(E_{pB}-E_{pA}) \tag{10-17}$$

电势能与重力势能及弹性势能相似,是一个相对量。为了确定电荷在电场中某一点电势能的大小,必须选定一个参考点作为零势能点。当带电体系局限在有限大小的空间时,通常选择无穷远处的电势能为零。在式(10-17)中,如果令 $E_{pB}=0$,即选取 B 点为零势能点,则 q_0 在 A 点的电势能为

$$E_{pA}=\int_{A}^{\infty}q_0\boldsymbol{E}\cdot \mathrm{d}\boldsymbol{l} \tag{10-18}$$

式(10-18)表明,电荷 q_0 在电场中某点处的电势能在数值上等于把它从该点经任意路径移到无穷远处电场力所做的功。在国际单位制中,电势能的单位是 J,还有一种常用单位为 eV。1eV 表示 1 个电子通过 1 伏特电势差时所获得的能量,$1\mathrm{eV}=1.602\times10^{-19}\mathrm{J}$。

10.5 电势 等势面

10.5.1 电势 电势差

在式(10-18)中,$E_{pA}/q_0=\int_{A}^{\infty}\boldsymbol{E}\cdot \mathrm{d}\boldsymbol{l}$ 与电荷 q_0 无关,只取决于电场强度和给定点的位

置。因此,把电荷在电场中某点的电势能与其电量的比值称为该点的电势,用符号 V 表示,即

$$V_A=\frac{E_{pA}}{q_0}=\int_A^{\infty}\boldsymbol{E}\cdot\mathrm{d}\boldsymbol{l} \tag{10-19}$$

式(10-19)表明,电场中某点的电势在量值上等于单位正电荷放在该点时的电势能,或者说,等于单位正电荷从该点沿任意路径到无限远处电场力所做的功。电势是标量。

在静电场中,任意两点 A 和 B 的电势之差称为电势差,用符号 U 表示,A、B 两点的电势差表示为

$$U_{AB}=V_A-V_B=\int_A^{\infty}\boldsymbol{E}\cdot\mathrm{d}\boldsymbol{l}-\int_B^{\infty}\boldsymbol{E}\cdot\mathrm{d}\boldsymbol{l}=\int_A^{B}\boldsymbol{E}\cdot\mathrm{d}\boldsymbol{l} \tag{10-20}$$

上式表明,静电场中任意两点 A 和 B 之间的电势差在数值上等于把单位正电荷从 A 点经任意路径移到 B 点时,电场力所做的功。

电势和电势差具有相同的单位,在国际单位制中,电势和电势差的单位是伏特,用 V 表示。$1\mathrm{V}=1\mathrm{J}\cdot\mathrm{C}^{-1}$。

由上述结论可知,当点电荷 q_0 在电场中从 A 点移到 B 点时,电场力所做的功可用电势差表示为

$$W_{AB}=q_0\int_A^{B}\boldsymbol{E}\cdot\mathrm{d}\boldsymbol{l}=q_0U_{AB}=q_0(V_A-V_B) \tag{10-21}$$

值得注意的是,电势和电势能都是标量,但有正负之分,它们的数值具有相对意义,与零点的选择有关。通常当场源为有限带电体时,规定无穷远处为零点,此时在某点 A 的电势能和电势分别根据式(10-18)和式(10-19)计算。当电荷的分布延伸到无限远时(如无限大带电平面或无限长带电直线),则零点不能再选在无穷远处,只能在有限的范围内选取电场中某点记为零点(把该点记为“0”),按 $E_{pA}=\int_A^{\text{“0”}}q_0\boldsymbol{E}\cdot\mathrm{d}\boldsymbol{l}$ 计算电势能,$V_A=\int_A^{\text{“0”}}\boldsymbol{E}\cdot\mathrm{d}\boldsymbol{l}$ 计算电势。

10.5.2 电势的计算

1. 点电荷引起的电势

真空中在点电荷 q 的电场中,距 q 为 r 处一点 A 的电场强度为 $\boldsymbol{E}=\frac{q}{4\pi\varepsilon_0 r^2}\boldsymbol{e}_r$。由于电场力所做的功与路径无关,因此选取最便于计算的沿径矢 $\boldsymbol{r}$ 的直线为积分路径,如图 10-19 所示,根据电势的定义式,得 A 点的电势为

$$V_A=\int_A^{\infty}\boldsymbol{E}\cdot\mathrm{d}\boldsymbol{l}=\int_A^{\infty}\boldsymbol{E}\cdot\mathrm{d}\boldsymbol{r}=\int_r^{\infty}\frac{q}{4\pi\varepsilon_0 r^2}\boldsymbol{e}_r\cdot\mathrm{d}\boldsymbol{r}$$

$$=\int_r^{\infty}\frac{q\,\mathrm{d}r}{4\pi\varepsilon_0 r^2}=\frac{q}{4\pi\varepsilon_0 r} \tag{10-22}$$

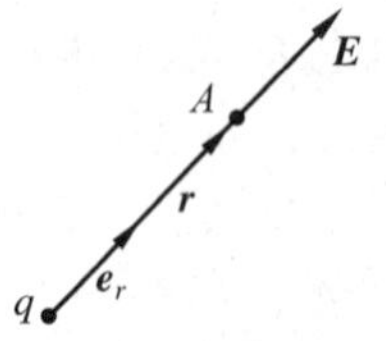

图 10-19 点电荷电场中任一点 A 的电势

2. 点电荷系引起的电势

在由 n 个点电荷 $q_1,q_2,\cdots,q_n$ 组成的点电荷系共同激发的电场中,由电势定义式(10-19),

电场中任意一点 A 的电势为

$$V_A=\int_A^{\infty}\boldsymbol{E}\cdot\mathrm{d}\boldsymbol{l}=\int_A^{\infty}\sum_{i=1}^{n}\boldsymbol{E}_i\cdot\mathrm{d}\boldsymbol{l}=\sum_{i=1}^{n}\int_A^{\infty}\boldsymbol{E}_i\cdot\mathrm{d}\boldsymbol{l}=\sum_{i=1}^{n}V_{Ai} \tag{10-23}$$

式中，$V_{Ai}=\int_A^{\infty}\boldsymbol{E}_i\cdot\mathrm{d}\boldsymbol{l}$，为第 i 个点电荷单独存在时在 A 的电势。

式(10-23)表明在点电荷系的电场中任意一点的电势等于各个点电荷单独存在时在该点所建立电势的代数和，这就是静电场的电势叠加原理。

3. 由连续分布电荷引起的电势

如果产生电场的带电体电荷是连续分布的，我们可以把电荷连续分布的带电体分割成无穷多个电荷元 $\mathrm{d}q$，由于每一个电荷元都很小，可以视为点电荷。其中任一电荷元在电场中 A 点产生的电势，根据式(10-22)为

$$\mathrm{d}V=\frac{\mathrm{d}q}{4\pi\varepsilon_0 r}$$

式中，r 为该电荷元 $\mathrm{d}q$ 到 A 点的距离。则所有电荷元(即整个带电体)在 A 点产生的电势为

$$V_A=\frac{1}{4\pi\varepsilon_0}\int\frac{\mathrm{d}q}{r} \tag{10-24}$$

因为电势是标量，这里的积分是对标量积分，所以电势的计算比电场强度的计算往往要简便一些。

当带电体的电荷分布已知时，计算电势分布的方法有两种：

(1) 当电场强度分布已知，或因带电体具有一定的对称性，因而场强分布易用高斯定理求出时，可以利用电势的定义 $V_A=\int_A^{\infty}\boldsymbol{E}\cdot\mathrm{d}\boldsymbol{l}$ 求得电势；

(2) 当带电体的电荷分布已知，且带电体的对称性又不强时，宜用电势叠加原理式(10-23)或式(10-24)计算电势。

例 10-9 求均匀带电细圆环轴线上任一点上的电势分布。已知环的半径为 R，总电量为 q。

解 如图 10-20(a)所示，取轴线为 x 轴，圆心为原点 O，在轴线上任取一点 P，其坐标为 x。

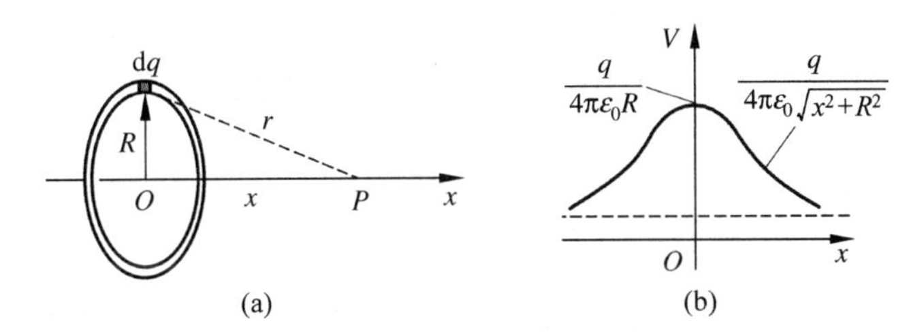

图 10-20 均匀带电细圆环轴线上的电势分布

方法 1：用电势的定义

由例 10-3 知，圆环在轴线上任一点产生的场强为

$$E=\frac{qx}{4\pi\varepsilon_0(x^2+R^2)^{3/2}}\quad(\text{方向与 }x\text{ 轴平行})$$

又因为 $V_P=\int_P^{\infty}\boldsymbol{E}\cdot\mathrm{d}\boldsymbol{l}$，由于积分与路径无关，所以选取沿 x 轴到无穷远处为积分路径，有

$$V_P=\int_x^{\infty}\frac{qx}{4\pi\varepsilon_0(x^2+R^2)^{3/2}}\mathrm{d}x=\frac{q}{4\pi\varepsilon_0}\frac{1}{2}\int_x^{\infty}\frac{\mathrm{d}(x^2+R^2)}{(x^2+R^2)^{3/2}}=\frac{q}{4\pi\varepsilon_0(x^2+R^2)^{1/2}}$$

方法 2：用电势叠加法

把圆环分成无穷多个电荷元 $\mathrm{d}q$，每个电荷元可视为点电荷，它到 P 点的距离都为 $r=(x^2+R^2)^{1/2}$，任一电荷元 $\mathrm{d}q$ 在 P 点产生的电势为

$$\mathrm{d}V_P=\frac{1}{4\pi\varepsilon_0}\frac{\mathrm{d}q}{r}$$

整个圆环在 P 点产生的电势为

$$V_P=\frac{1}{4\pi\varepsilon_0 r}\int\mathrm{d}q=\frac{q}{4\pi\varepsilon_0 r}=\frac{q}{4\pi\varepsilon_0(x^2+R^2)^{1/2}}$$

若点 P 在环心，则 $x=0$，所以

$$V_0=\frac{q}{4\pi\varepsilon_0 R}$$

上式表明，虽然环心的电场强度 $E=0$，但该点的电势却不为零。

若点 P 远离环心，即 $x\gg R$，则

$$V_P=\frac{q}{4\pi\varepsilon_0 x}$$

可见，圆环轴线上远离环心处的电势与电荷全部集中在环心的点电荷的电势相同。

利用上述结果，取细圆环为积分元，很容易计算出通过一均匀带电圆平面中心且垂直于圆平面的轴线上任意点的电势。试计算之。

例 10-10 求均匀带电球面内外的电势分布。设球面电量为 Q，半径为 R。

解 如图 10-21(a)所示，由例 10-5 得到的均匀带电球面内外的场强分布如下：

$$\boldsymbol{E}=\begin{cases}\dfrac{Q}{4\pi\varepsilon_0 r^2}\boldsymbol{e}_r, & r>R\\ \boldsymbol{0}, & 0<r<R\end{cases}$$

式中，$\boldsymbol{e}_r$ 为沿径矢方向的单位矢量。在使用电势定义进行积分时，选取径矢方向作为积分路径。

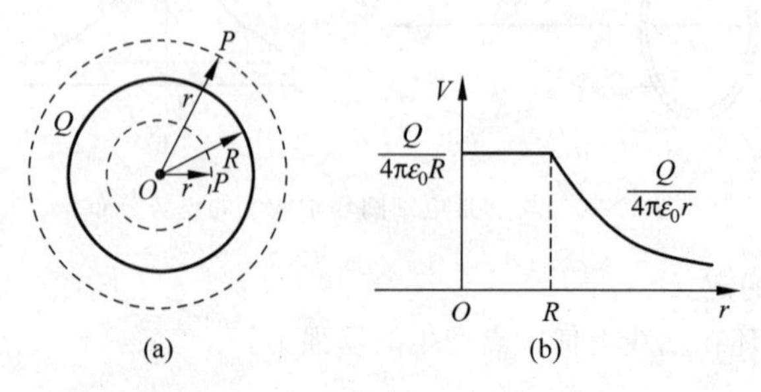

图 10-21 均匀带电球面的电势分布

(1) 球面内任一点 P 的电势($0<r<R$)

根据电势定义式(10-19)

$$V_P=\int_P^{\infty}\boldsymbol{E}\cdot \mathrm{d}\boldsymbol{l}=\int_r^R\boldsymbol{E}\cdot \mathrm{d}\boldsymbol{r}+\int_R^{\infty}\boldsymbol{E}\cdot \mathrm{d}\boldsymbol{r}=0+\int_R^{\infty}\frac{Q\mathrm{d}r}{4\pi\varepsilon_0 r^2}=\frac{Q}{4\pi\varepsilon_0 R}$$

这表明,均匀带电球面内各点的电势相等,均匀带电球面内的空间是等势的。

(2) 球面外任一点 P 的电势($r>R$)

按照同样的方法,有

$$V_P=\int_P^{\infty}\boldsymbol{E}\cdot \mathrm{d}\boldsymbol{l}=\int_r^{\infty}\frac{Q}{4\pi\varepsilon_0 r^2}\boldsymbol{e}_r\cdot \mathrm{d}\boldsymbol{r}=\int_r^{\infty}\frac{Q\mathrm{d}r}{4\pi\varepsilon_0 r^2}=\frac{Q}{4\pi\varepsilon_0 r}$$

上式表明:均匀带电球面外各点的电势与球上电荷全部集中于球心作为一个点电荷在该点产生的电势相同。根据以上结果,可作 V-r 曲线,如图 10-21(b)所示。

例 10-11　一对无限长共轴直圆筒(圆柱面),半径分别为 R_1 和 R_2($R_2>R_1$),内筒带正电,外筒带负电,线密度沿轴线方向分别为 λ 和 $-\lambda$,试求下列情况下的电势分布及两直圆筒的电势差。

(1) 设圆柱面 R_2 处为势能零参考点;

(2) 设圆柱轴线($r=0$)处为势能零参考点。

解　先由高斯定理求场强

$$\oint_S\boldsymbol{E}\cdot \mathrm{d}\boldsymbol{S}=\frac{\sum\limits_i \boldsymbol{q}_i}{\varepsilon_0}$$

求场强分布:过所求点作同轴圆柱面为高斯面,半径为 r,高度为 h,当 $r<R_1$ 时,$E_1=0$;当 $r>R_2$ 时,$E_2=0$;只有当 $R_1<r<R_2$ 时,$\oint_S\boldsymbol{E}\cdot \mathrm{d}\boldsymbol{S}=E_3 2\pi rh$,$\sum\limits_i \boldsymbol{q}_i=\lambda h$,$E_3=\dfrac{\lambda}{2\pi\varepsilon_0 r}$。

再求电势分布:

(1) 设 R_2 处为电势能零参考点。

当 $r<R_1$ 时,

$$V_1=\int_r^{R_2}\boldsymbol{E}\cdot \mathrm{d}\boldsymbol{l}=\int_r^{R_1}E_1\cdot \mathrm{d}r+\int_{R_1}^{R_2}E_2\cdot \mathrm{d}r=0+\int_{R_1}^{R_2}\frac{\lambda\mathrm{d}r}{2\pi\varepsilon_0 r}=\frac{\lambda}{2\pi\varepsilon_0}\ln\frac{R_2}{R_1}$$

当 $R_1<r<R_2$ 时,

$$V_2=\int_r^{R_2}\boldsymbol{E}\cdot \mathrm{d}\boldsymbol{l}=\int_r^{R_2}E_2\cdot \mathrm{d}r=\int_r^{R_2}\frac{\lambda\mathrm{d}r}{2\pi\varepsilon_0 r}=\frac{\lambda}{2\pi\varepsilon_0}\ln\frac{R_2}{r}$$

当 $r>R_2$ 时,

$$V_3=\int_r^{R_2}\boldsymbol{E}\cdot \mathrm{d}\boldsymbol{l}=\int_r^{R_2}E_3\cdot \mathrm{d}r=0$$

两直圆筒电势差:

$$U=V_1-V_3=\frac{\lambda}{2\pi\varepsilon_0}\ln\frac{R_2}{R_1}$$

(2) 设圆柱轴线($r=0$)处为势能零参考点,如图 10-22 所示。

当 $r<R_1$ 时,

$$V_1=\int_r^0\boldsymbol{E}\cdot \mathrm{d}\boldsymbol{l}=\int_r^0 E_1\cdot \mathrm{d}r=0$$

当 $R_1<r<R_2$ 时，

$$V_2=\int_r^0 \boldsymbol{E}\cdot d\boldsymbol{l}=\int_r^{R_1} E_2\cdot dr+\int_{R_1}^0 E_1\cdot dr$$

$$=\int_r^{R_1}\frac{\lambda dr}{2\pi\varepsilon_0 r}+0=\frac{\lambda}{2\pi\varepsilon_0}\ln\frac{R_1}{r}$$

当 $r>R_2$ 时，

$$V_3=\int_r^0 \boldsymbol{E}\cdot d\boldsymbol{l}=\int_r^{R_2} E_3\cdot dr+\int_{R_2}^{R_1} E_2\cdot dr+\int_{R_1}^0 E_1\cdot dr$$

$$=\frac{\lambda}{2\pi\varepsilon_0}\ln\frac{R_1}{R_2}$$

$$U=V_1-V_3=-V_3=\frac{\lambda}{2\pi\varepsilon_0}\ln\frac{R_2}{R_1}$$

对于不同的零势能点，V-r 曲线发生平移，而任意两点的电势差与零势能参考点的选择无关。

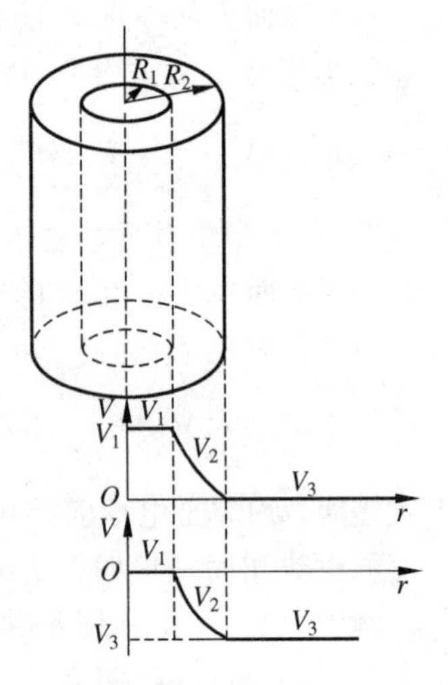

图 10-22　例 10-11 图

10.5.3　等势面

电场强度和电势是描述静电场性质的两个基本物理量。电场强度的分布可以用电场线形象地表示，同样，电势的分布也可以用等势面来形象地描述。在电场中，由电势相等的点组成的面叫做等势面。图 10-23 给出了几种电场的等势面分布图。其中不带箭头的虚线为等势面与纸面的交线，带有箭头的实线是电场线。

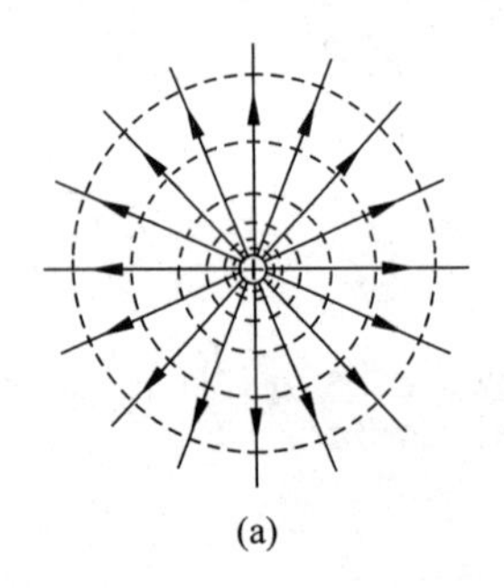

(a)

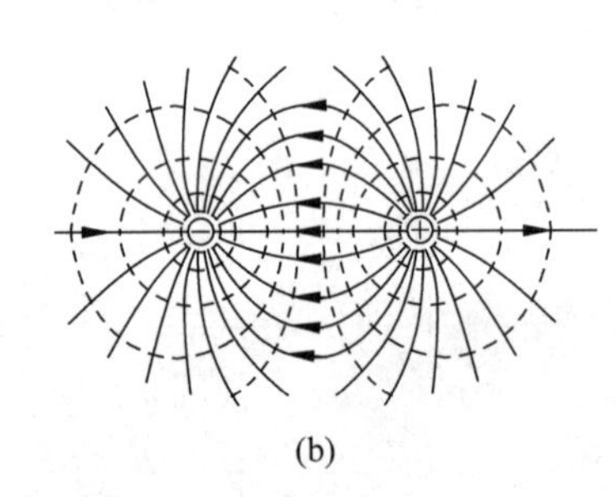

(b)

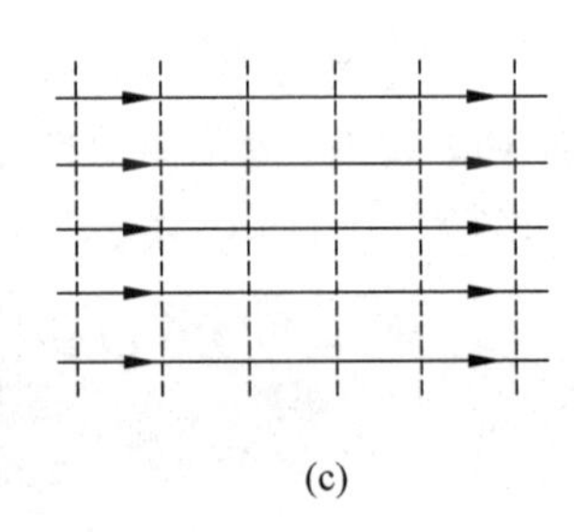

(c)

图 10-23　电场线和等势面

(a) 点电荷的电场线和等势面；(b) 一对等量异号点电荷的电场线和等势面；(c) 匀强电场的电场线和等势面

根据等势面的定义可知它有下述性质：

(1) 在等势面上移动电荷时，电场力不做功。(因为等势面上任意两点 A 与 B 的电势相等，$V_A=V_B$，所以 $W_{AB}=q(V_A-V_B)=0$。)

(2) 等势面与电场线处处垂直。$\left(\text{因为 } W_{AB}=\int_a^b q\boldsymbol{E}\cdot d\boldsymbol{l}=0\text{，所以 } \boldsymbol{E}\perp d\boldsymbol{l}\text{。}\right)$

(3) 电场线总是从电势高的等势面指向电势低的等势面，即沿着电场线的方向电势降低。

(4) 若规定相邻两等势面的电势差相等，则等势面越密的地方电场强度越大，等势面越稀的地方电场强度越小。(证明见下面式(10-25)。)

10.5.4 电场强度与电势梯度

电势的定义给出了电场强度与电势之间的关系，即电势等于电场强度的线积分。下面来推导电场与电势之间的微分关系。

如图10-24所示，设想在静电场中有两个靠得很近的等势面Ⅰ和Ⅱ，它们的电势分别为V和$V+\Delta V$，在两等势面上分别取点A和B，这两点非常靠近，间距为Δl，因此它们之间的电场强度E可以认为是不变的。设Δl与E之间的夹角为θ，则将单位正电荷由A点移到B点，电场力所做的功由式(10-21)得

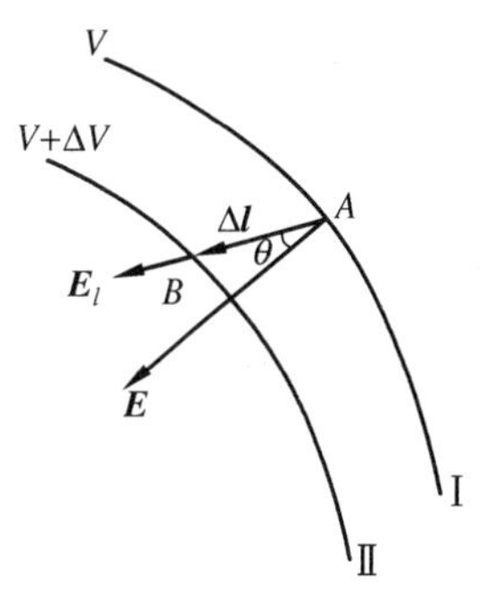

图10-24 E和V的关系

$$-\Delta V = \boldsymbol{E} \cdot \Delta \boldsymbol{l} = E\Delta l\cos\theta$$

而电场强度E在$\Delta \boldsymbol{l}$上的分量为$E\cos\theta = E_l$，所以有

$$E_l = -\frac{\Delta V}{\Delta l} \tag{10-25}$$

式中，$\Delta V/\Delta l$为电势沿$\Delta \boldsymbol{l}$方向单位长度上的变化率。

从式(10-25)可以看出，等势面密集处的电场强度大，等势面稀疏处的电场强度小。所以从等势面的分布可以定性地看出电场强度的强弱分布情况。

若把Δl取得极小，则$\Delta V/\Delta l$的极限值可写作

$$\lim_{\Delta l \to 0} \frac{\Delta V}{\Delta l} = \frac{\mathrm{d}V}{\mathrm{d}l}$$

于是，式(10-25)为

$$E_l = -\frac{\mathrm{d}V}{\mathrm{d}l} \tag{10-26}$$

$\mathrm{d}V/\mathrm{d}l$是沿l方向单位长度上电势的变化率。式(10-26)表明，电场中某一点的电场强度沿任一方向的分量，等于这一点的电势沿该方向单位长度的电势变化率的负值。这就是电场强度与电势的关系。

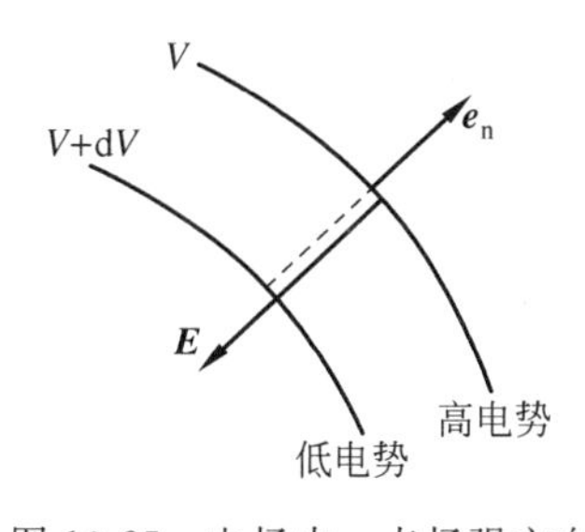

图10-25 电场中一点场强方向

显然，电势沿不同方向上单位长度的变化率是不同的。这里，我们只讨论电势沿两个有代表性方向的单位长度的变化率。我们知道，等势面上各点的电势是相等的。因此，电场中某一点的电势在沿等势面内任一方向的$\mathrm{d}V/\mathrm{d}l_{\mathrm{t}}=0$。这说明，等势面上任一点电场强度的切向分量为零，即$E_{\mathrm{t}}=0$。此外，如图10-25所示，由于两等势面相距很近，且两等势面法线方向的单位法线矢量为$\boldsymbol{e}_{\mathrm{n}}$，它的方向通常规定由低电势指向高电势。于是由式(10-26)可知，电场强度沿法线的分量

$$E_{\mathrm{n}} = -\frac{\mathrm{d}V}{\mathrm{d}l_{\mathrm{n}}}$$

式中，$\mathrm{d}V/\mathrm{d}l_{\mathrm{n}}$是沿法线方向单位长度上电势的变化率；而且不难明白，它比任何方向上的空间变化率都大，是电势空间变化率的最大值。此外，因为等势面上任一点电场强度的切向

分量为零,所以,电场中任意点 $\boldsymbol{E}$ 的大小就是该点 E 的法向分量 E_{n}。于是,有

$$E_{\mathrm{n}}=-\frac{\mathrm{d}V}{\mathrm{d}l_{\mathrm{n}}}$$

式中负号表示,当 $\frac{\mathrm{d}V}{\mathrm{d}l_{\mathrm{n}}}<0$ 时,$E>0$,即 $\boldsymbol{E}$ 的方向总是由高电势指向低电势,$\boldsymbol{E}$ 方向与 $\boldsymbol{e}_{\mathrm{n}}$ 的方向相反。写成矢量式,则有

$$\boldsymbol{E}=-\frac{\mathrm{d}V}{\mathrm{d}l_{\mathrm{n}}}\boldsymbol{e}_{\mathrm{n}} \tag{10-27}$$

上式表明,电场中任一点的电场强度 $\boldsymbol{E}$,等于该点电势沿等势面法线方向单位长度变化率的负值。这也就是说,电场中任一点 $\boldsymbol{E}$ 的大小,等于该点电势沿等势面法线方向的空间变化率,$\boldsymbol{E}$ 的方向与法线方向相反。式(10-27)是电场强度与电势关系的矢量表达式,较式(10-26)更具普遍性。式(10-27)也是电场强度常用伏每米(即 $\mathrm{V\cdot m^{-1}}$)作为其单位名称的缘由。

一般说来,在直角坐标系中,电势 V 是坐标 x、y 和 z 的函数。因此,如果把 x 轴、y 轴和 z 轴正方向分别取作 $\Delta\boldsymbol{l}$ 的方向,由式(10-26)可得,电场强度在这三个方向上的分量分别为

$$E_x=-\frac{\partial V}{\partial x},\quad E_y=-\frac{\partial V}{\partial y},\quad E_z=-\frac{\partial V}{\partial z} \tag{10-28}$$

于是电场强度与电势关系的矢量表达式可写成

$$\boldsymbol{E}=-\left(\frac{\partial V}{\partial x}\boldsymbol{i}+\frac{\partial V}{\partial y}\boldsymbol{j}+\frac{\partial V}{\partial z}\boldsymbol{k}\right)=-\frac{\mathrm{d}V}{\mathrm{d}l_{\mathrm{n}}}\boldsymbol{e}_{\mathrm{n}} \tag{10-29}$$

应当指出,电势 V 是标量,与矢量 $\boldsymbol{E}$ 相比,V 比较容易计算,所以,在实际计算时,常先计算电势 V,再用式(10-29)来求电场强度 $\boldsymbol{E}$。

在数学上,常把标量函数 $f(x,y,z)$ 的梯度 $\mathrm{grad}\,f$ 定义为

$$\mathrm{grad}\,f=\frac{\partial f}{\partial x}\boldsymbol{i}+\frac{\partial f}{\partial y}\boldsymbol{j}+\frac{\partial f}{\partial z}\boldsymbol{k}$$

$\mathrm{grad}\,f$ 是坐标 x、y、z 的矢量函数,也可以写成 ∇f,所以式(10-29)可写为

$$\boldsymbol{E}=-\mathrm{grad}\,V=-\nabla V$$

即电场强度 $\boldsymbol{E}$ 等于电势梯度的负值。

例 10-12 用电场强度与电势的关系,求均匀带电细圆环轴线上一点的电场强度。

解 在例 10-9 中,我们已求得在 x 轴上点 P 的电势为

$$V_P=\frac{q}{4\pi\varepsilon_0(x^2+R^2)^{1/2}}$$

式中,R 为圆环的半径。由式(10-29)可得点 P 的电场强度为

$$E=E_x=-\frac{\partial V}{\partial x}=-\frac{\partial}{\partial x}\left[\frac{q}{4\pi\varepsilon_0(x^2+R^2)^{1/2}}\right]$$

$$=\frac{qx}{4\pi\varepsilon_0(x^2+R^2)^{3/2}}$$

这与例 10-3 的计算结果相同。

本章要点

1．静电场的描述

描述静电场有两个物理量：电场强度和电势。电场强度是矢量点函数，电势是标量点函数。如果能求出带电系统的电场强度和电势分布的具体情况，这个静电场即知。

（1）电场强度：

$$\boldsymbol{E}=\frac{\boldsymbol{F}}{q_0}$$

点电荷的电场强度公式：

$$\boldsymbol{E}=\frac{q}{4\pi\varepsilon_0 r^2}\boldsymbol{e}_r$$

（2）电荷 q_0 在 A 点的电势能：

$$E_{\mathrm{p}A}=\int_A^{\text{“}0\text{”}} q_0\boldsymbol{E}\cdot \mathrm{d}\boldsymbol{l}$$

（3）A 点电势 V_A：

$$V_A=\int_A^{\text{“}0\text{”}} \boldsymbol{E}\cdot \mathrm{d}\boldsymbol{l}\quad (\boldsymbol{E}\text{ 分段时，积分也要分段})$$

（4）A、B 两点的电势差：

$$U_{AB}=V_A-V_B=\int_A^{\text{“}0\text{”}} \boldsymbol{E}\cdot \mathrm{d}\boldsymbol{l}-\int_B^{\text{“}0\text{”}} \boldsymbol{E}\cdot \mathrm{d}\boldsymbol{l}=\int_A^B \boldsymbol{E}\cdot \mathrm{d}\boldsymbol{l}$$

（5）电场力做功，与路径无关：

$$W_{AB}=q_0\int_A^B \boldsymbol{E}\cdot \mathrm{d}\boldsymbol{l}=q_0 U_{AB}=q_0(V_A-V_B)=-\Delta E_{\mathrm{p}}=-(E_{\mathrm{p}B}-E_{\mathrm{p}A})$$

电场力对电荷做正功，电荷的电势能减少；电场力对电荷做负功，电荷的电势能增加。

（6）如果无穷远处电势为零，点电荷的电势公式：

$$V_A=\frac{q}{4\pi\varepsilon_0 r}$$

2．表征静电场特性的定理

（1）真空中静电场的高斯定理：

$$\Phi_{\mathrm{e}}=\oint_S \boldsymbol{E}\cdot \mathrm{d}\boldsymbol{S}=\frac{1}{\varepsilon_0}\sum_{i=1}^{n} q_i^{\mathrm{in}}$$

在真空静电场中，通过任意一个闭合曲面 S 的电通量 Φ_{e} 等于该曲面所包围的所有电荷电量的代数和除以 ε_0，与闭合曲面外的电荷无关。

高斯定理表明静电场是个有源场，注意电场强度通量只与闭合曲面内的电荷有关，而闭合面上的场强与空间所有电荷有关。

（2）静电场的环路定理：

$$\oint_l \boldsymbol{E}\cdot \mathrm{d}\boldsymbol{l}=0$$

静电场中电场强度沿任意闭合曲线的线积分为零。

表明静电场是一种保守场，静电场力是保守力，在静电场中可以引入电势的概念。

3. 电场强度计算

(1) 叠加法：利用点电荷的场强公式和叠加原理。

点电荷系的场强：

$$\boldsymbol{E}=\sum_i \boldsymbol{E}_i$$

连续分布电荷的场强

$$\boldsymbol{E}=\int_q \frac{\boldsymbol{e}_r}{4\pi\varepsilon_0 r^2}\mathrm{d}q$$

a. 线状分布：

$$\boldsymbol{E}=\int_l \frac{\boldsymbol{e}_r}{4\pi\varepsilon_0 r^2}\lambda\,\mathrm{d}l$$

b. 面状分布：

$$\boldsymbol{E}=\int_S \frac{\boldsymbol{e}_r}{4\pi\varepsilon_0 r^2}\sigma\,\mathrm{d}S$$

c. 体状分布：

$$\boldsymbol{E}=\int_V \frac{\boldsymbol{e}_r}{4\pi\varepsilon_0 r^2}\rho\,\mathrm{d}V$$

(2) 高斯定理法：

$$\oint_s \boldsymbol{E}\cdot\mathrm{d}\boldsymbol{S}=\frac{1}{\varepsilon_0}\sum_{i=1}^{n} q_i^{\text{in}} \quad \text{(可求对称分布电荷产生的场)}$$

高斯定理只能求某些对称分布带电体的电场强度，如

① 均匀带电球面、均匀带电球体以及他们的组合体；

② 无穷大均匀带电平面；

③ 无限长均匀带电直线、无限长均匀带电圆柱面或圆柱体以及它们的组合体。

关键是作出一个合适的高斯面，使面上的电场强度大小相等、方向与 $\boldsymbol{E}$ 一致或者穿过某一部分高斯面的电通量为零。

4. 电势计算

(1) 定义，即场强积分法：

$$V_A=\int_A^{\text{“0”}} \boldsymbol{E}\cdot\mathrm{d}\boldsymbol{l} \quad (\boldsymbol{E}\ \text{分段时，积分也要分段})$$

(2) 叠加法，利用点电荷的电势公式(或者规则带电体的电势公式)和电势叠加原理：

$$V_A=\sum_i V_{Ai}=\sum_i \frac{q_i}{4\pi\varepsilon_0 r_i} \quad \text{(电势零点要相同)}$$

$$V_A=\int \frac{\mathrm{d}q}{4\pi\varepsilon_0 r}$$

5. 几种典型电荷分布的场强和电势

(1) 点电荷(q)的电场强度和电势：

$$E=\frac{q}{4\pi\varepsilon_0 r^2},\quad V=\frac{q}{4\pi\varepsilon_0 r}$$

(2) 均匀带电球面(R,Q)：

$$内\ r<R：E=0,\quad V=\frac{Q}{4\pi\varepsilon_0 R}$$

$$外\ r>R：E=\frac{Q}{4\pi\varepsilon_0 r^2},\quad V=\frac{Q}{4\pi\varepsilon_0 r}$$

(3) 均匀带电球体(R,Q)：

$$内\ r<R：E=\frac{Qr}{4\pi\varepsilon_0 R^3},\quad V=\frac{Q(3R^2-r^2)}{8\pi\varepsilon_0 R^3}$$

$$外\ r>R：E=\frac{Q}{4\pi\varepsilon_0 r^2},\quad V=\frac{Q}{4\pi\varepsilon_0 r}$$

(4) 无限大均匀带电平面(σ)：

$$E=\frac{\sigma}{2\varepsilon_0},\quad V_A=\int_A^{“0”}\boldsymbol{E}\cdot \mathrm{d}\boldsymbol{l}$$

(5) 无限长均匀带电直线(λ)：

$$E=\frac{\lambda}{2\pi\varepsilon_0 r},\quad V_A=\int_A^{“0”}\boldsymbol{E}\cdot \mathrm{d}\boldsymbol{l}$$

(6) 无限长均匀带电圆柱面(R,λ)：

$$内\ r<R：E=0$$

$$外\ r>R：E=\frac{\lambda}{2\pi\varepsilon_0 r}$$

(7) 无限长均匀带电圆柱体(R,λ)：

$$内\ r<R：E=\frac{\lambda r}{2\pi\varepsilon_0 R^2}$$

$$外\ r>R：E=\frac{\lambda}{2\pi\varepsilon_0 r}$$

习题 10

10-1 真空中有两个点电荷M、N，相互间作用力为$\boldsymbol{F}$，当另一点电荷Q移近这两个点电荷时，M、N两个点电荷之间的作用力$\boldsymbol{F}$(　　)。

A. 大小不变，方向改变　　B. 大小改变，方向不变

C. 大小和方向都不变　　D. 大小和方向都改变

10-2 正方形的两对角上，各置电荷Q，在其余两对角上各置电荷q，若Q所受合力为零，则Q和q的大小关系为(　　)。

A. $Q=-2\sqrt{2}q$　　B. $Q=-\sqrt{2}q$　　C. $Q=-4q$　　D. $Q=-2q$

10-3 一电荷面密度恒为σ的大带电平板，置于电场强度为$\boldsymbol{E}_0$的均匀外电场中，如图所示，且使板面垂直于$\boldsymbol{E}_0$的方向。设外电场不因带电平板的引入而受干扰，则板的附近左、右两侧的合场强为(　　)。

A. $E_0-\dfrac{\sigma}{2\varepsilon_0},E_0+\dfrac{\sigma}{2\varepsilon_0}$　　B. $E_0+\dfrac{\sigma}{2\varepsilon_0},E_0+\dfrac{\sigma}{2\varepsilon_0}$

C. $E_0+\dfrac{\sigma}{2\varepsilon_0},E_0-\dfrac{\sigma}{2\varepsilon_0}$　　D. $E_0-\dfrac{\sigma}{2\varepsilon_0},E_0-\dfrac{\sigma}{2\varepsilon_0}$

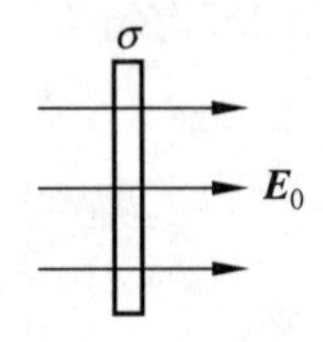

习题 10-3 图

10-4　面积为 S 的空气平行板电容器,极板上分别带电量 $\pm q$,若不考虑边缘效应,则两极板间的相互作用力为(　　)。

A. $\dfrac{q^2}{\varepsilon_0 S}$　　B. $\dfrac{q^2}{2\varepsilon_0 S}$

C. $\dfrac{q^2}{2\varepsilon_0 S^2}$　　D. $\dfrac{q^2}{\varepsilon_0 S^2}$

10-5　一个带负电荷的质点,在电场力作用下从 A 点经 C 点运动到 B 点,其运动轨迹如图所示,已知质点运动的速率是递减的,图中关于 C 点场强方向的四个图示中正确的是(　　)。

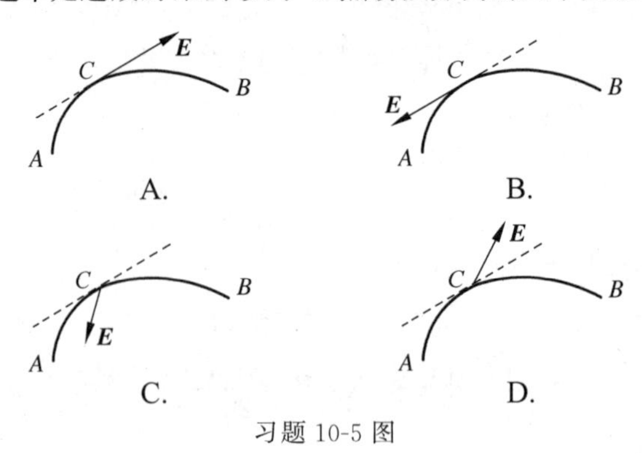

习题 10-5 图

10-6　点电荷 Q 被曲面 S 所包围,从无穷远处引入另一点电荷 q 至曲面外一点,则引入前后(　　)。

A. 曲面 S 的电场强度通量不变,曲面上各点场强不变

B. 曲面 S 的电场强度通量变化,曲面上各点场强不变

C. 曲面 S 的电场强度通量变化,曲面上各点场强变化

D. 曲面 S 的电场强度通量不变,曲面上各点场强变化

10-7　已知一高斯面所包围的体积内电荷代数和 $\sum q=0$,则可以肯定(　　)。

A. 高斯面上各点场强均为零

B. 穿过高斯面上每一面元的电场强度通量均为零

C. 通过整个高斯面的电场强度通量为零

D. 以上说法都不对

10-8　根据高斯定理的数学表达式 $\oint_S \boldsymbol{E}\cdot \mathrm{d}\boldsymbol{S}=\sum q/\varepsilon_0$,可知下述各种说法中正确的是(　　)。

A. 闭合面内的电荷代数和为零时,闭合面上各点场强一定为零

B. 闭合面内的电荷代数和不为零时,闭合面上各点场强一定处处不为零

C. 闭合面内的电荷代数和为零时,闭合面上各点场强不一定处处为零

D. 闭合面上各点场强均为零时,闭合面内一定处处无电荷

10-9 关于高斯定理的理解有下面几种说法，其中正确的是（　　）。

A. 如果高斯面上 $\boldsymbol{E}$ 处处为零，则该面内必无电荷

B. 如果高斯面内无电荷，则高斯面上 $\boldsymbol{E}$ 处处为零

C. 如果高斯面上 $\boldsymbol{E}$ 处处不为零，则高斯面内必有电荷

D. 如果高斯面内有净电荷，则通过高斯面的电场强度通量必不为零

10-10 如图所示，电量为 q 的点电荷位于立方体的一个顶点 A 上，则通过上表面 $ABCD$ 的电场强度通量为（　　）。

A. 0　　B. $\dfrac{q}{24\varepsilon_0}$　　C. $\dfrac{q}{6\varepsilon_0}$　　D. $\dfrac{q}{\varepsilon_0}$

10-11 A 和 B 为两个均匀带电球体，A 带电荷 $+q$，B 带电荷 $-q$，作一与 A 同心的球面 S 为高斯面，如图所示则（　　）。

A. 通过 S 面的电场强度通量为零，S 面上各点的场强为零

B. 通过 S 面的电场强度通量为 q/ε_0，S 面上场强的大小为 $E=\dfrac{q}{4\pi\varepsilon_0 r^2}$

C. 通过 S 面的电场强度通量为 $(-q)/\varepsilon_0$，S 面上场强的大小为 $E=\dfrac{q}{4\pi\varepsilon_0 r^2}$

D. 通过 S 面的电场强度通量为 q/ε_0，但 S 面上各点的场强不能直接由高斯定理求出

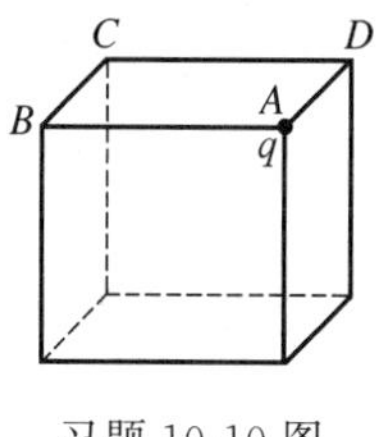

习题 10-10 图

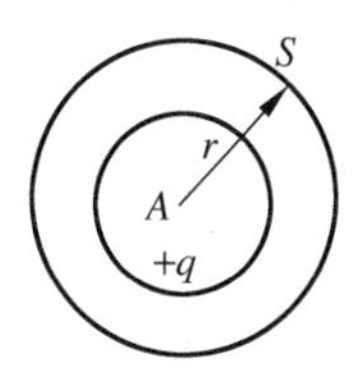

习题 10-11 图

10-12 如图所示，曲线表示某种球对称性静电场的场强大小 E 随径向距离 r 变化的关系，请指出该电场是由下列哪一种带电体产生的（　　）。

A. 半径为 R 的均匀带电球面

B. 半径为 R 的均匀带电球体

C. 点电荷

D. 外半径为 R，内半径为 $\dfrac{R}{2}$ 的均匀带电球壳体

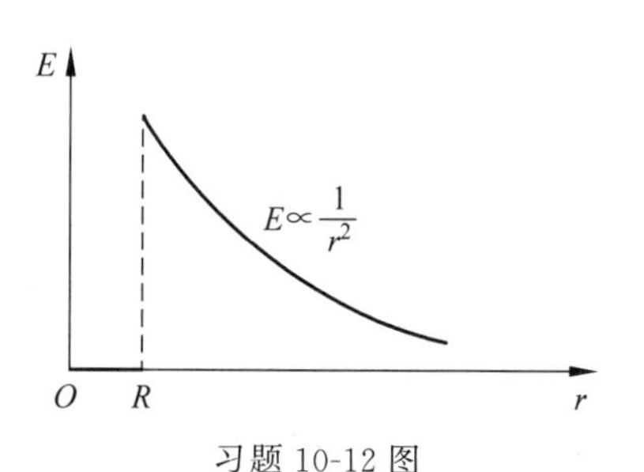

习题 10-12 图

10-13 如图所示为一具有球对称分布的静电场的 E-r 关系曲线，请指出该静电场是由下列哪种带电体产生的（　　）。

A. 半径为 R 的均匀带电球面

B. 半径为 R 的均匀带电球体

C. 半径为 R、电荷体密度 $\rho=Ar$（A 为常数）的非均匀带电球体

D. 半径为 R、电荷体密度 $\rho=A/r$（A 为常数）的非均匀带电球体

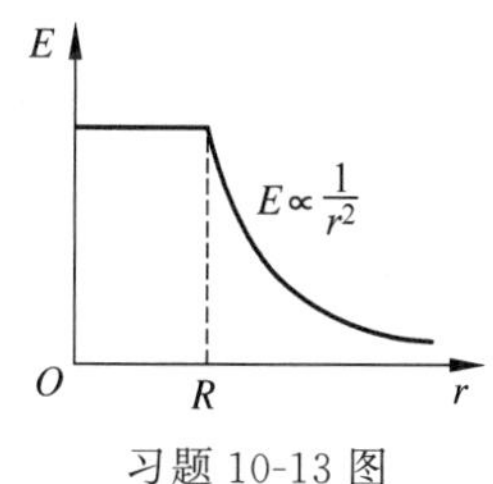

习题 10-13 图

10-14　如图所示,半径为 R 的均匀带电球面,总电荷为 Q,设无穷远处的电势为零,则球内距离球心为 r 的 P 点处的电场强度的大小和电势为(　　)。

A. $E=0, V=\dfrac{Q}{4\pi\varepsilon_0 r}$　　　B. $E=0, V=\dfrac{Q}{4\pi\varepsilon_0 R}$

C. $E=\dfrac{Q}{4\pi\varepsilon_0 r^2}, V=\dfrac{Q}{4\pi\varepsilon_0 r}$　　　D. $E=\dfrac{Q}{4\pi\varepsilon_0 r^2}, V=\dfrac{Q}{4\pi\varepsilon_0 R}$

10-15　如图所示,两个同心的均匀带电球面,内球面带电荷 Q_1,半径为 R_1,外球面带电荷 Q_2,半径为 R_2,则在两球面之间、距离球心为 r 处的 P 点的场强大小 E 和电势 V 分别为(　　)。

A. $E=\dfrac{Q_1}{4\pi\varepsilon_0 r^2}$; $V=\dfrac{Q_1}{4\pi\varepsilon_0 r}+\dfrac{Q_2}{4\pi\varepsilon_0 R_2}$　　　B. $E=\dfrac{Q_1+Q_2}{4\pi\varepsilon_0 r^2}$; $V=\dfrac{Q_1}{4\pi\varepsilon_0 r}+\dfrac{Q_2}{4\pi\varepsilon_0 R_2}$

C. $E=\dfrac{Q_2}{4\pi\varepsilon_0 r^2}$; $V=\dfrac{Q_1}{4\pi\varepsilon_0 R_1}+\dfrac{Q_2}{4\pi\varepsilon_0 R_2}$　　　D. $E=\dfrac{Q_2-Q_1}{4\pi\varepsilon_0 r^2}$; $V=\dfrac{Q_1+Q_2}{4\pi\varepsilon_0 r}$

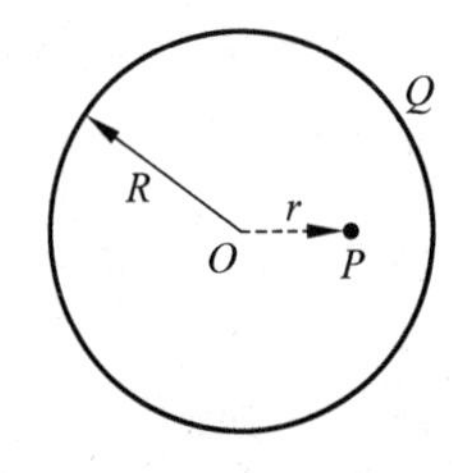

习题 10-14 图

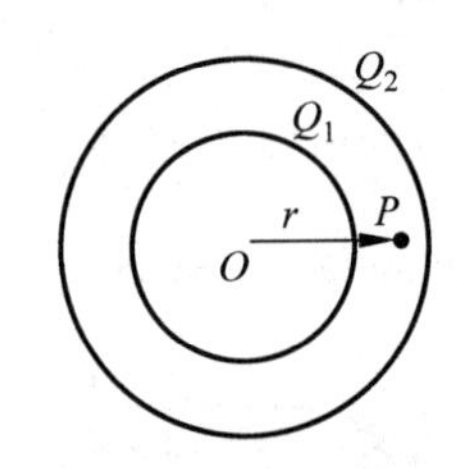

习题 10-15 图

10-16　半径为 R 的均匀带电球面,总电量为 Q。设无穷远处电势为零,则该带电体所建立的电势 V,随离球心的距离 r 变化的分布曲线为(　　)。

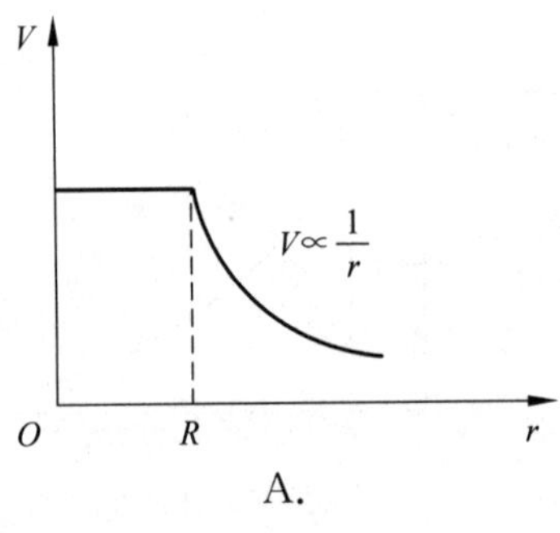

A.

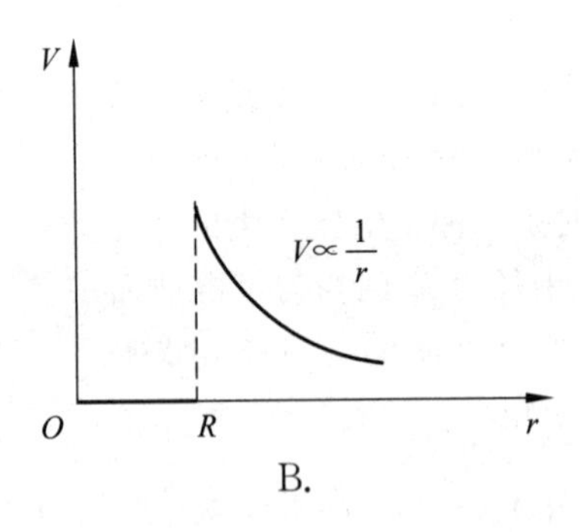

B.

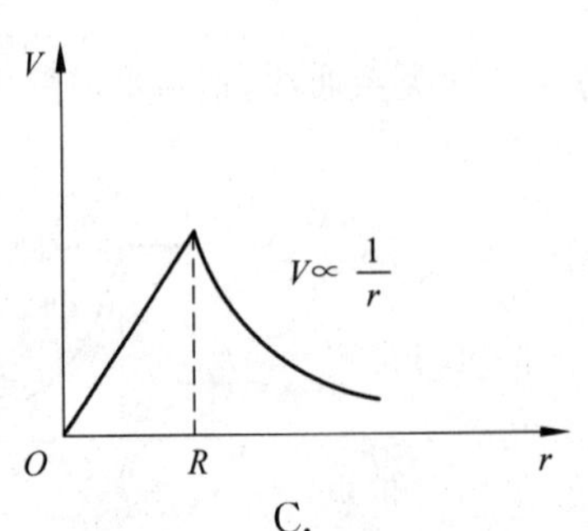

C.

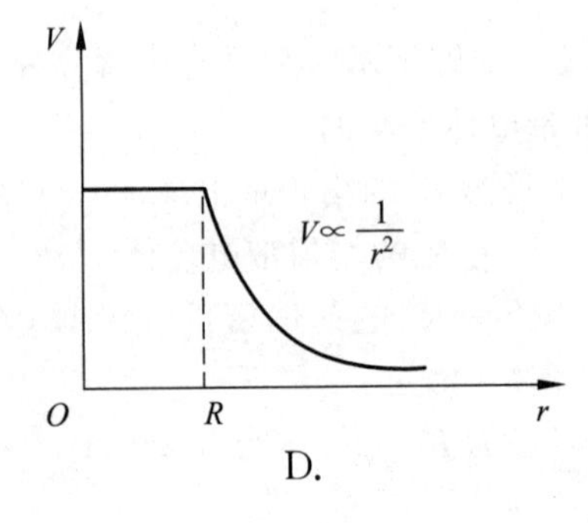

D.

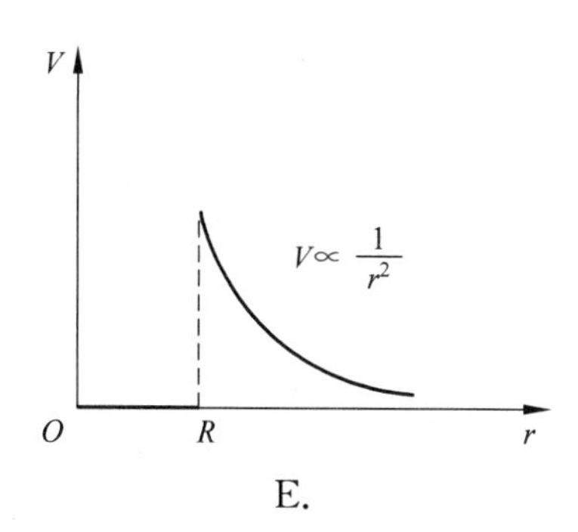

E.

10-17　如图所示，两个同心球壳。内球壳半径为 R_1，均匀带有电量 Q。外球壳半径为 R_2，壳的厚度忽略，原先不带电，但与地相连接。设地为电势零点，则在两球之间、距离球心为 r 的 P 点处电场强度的大小与电势分别为(　　)。

A. $E=\frac{Q}{4\pi\varepsilon_0 r^2}, V=\frac{Q}{4\pi\varepsilon_0 r}$　　B. $E=\frac{Q}{4\pi\varepsilon_0 r^2}, V=\frac{Q}{4\pi\varepsilon_0}\left(\frac{1}{R_1}-\frac{1}{r}\right)$

C. $E=\frac{Q}{4\pi\varepsilon_0 r^2}, V=\frac{Q}{4\pi\varepsilon_0}\left(\frac{1}{r}-\frac{1}{R_2}\right)$　　D. $E=0, V=\frac{Q}{4\pi\varepsilon_0 R_2}$

10-18　一长直导线横截面半径为 a，导线外同轴地套一半径为 b 的薄圆筒，两者互相绝缘。并且外筒接地，如图所示，设导线单位长度的带电量为 $+\lambda$，并设地的电势为零，则两导体之间的 P 点($OP=r$)的场强大小和电势分别为(　　)。

A. $E=\frac{\lambda}{4\pi\varepsilon_0 r^2}, V=\frac{\lambda}{2\pi\varepsilon_0}\ln\frac{b}{a}$　　B. $E=\frac{\lambda}{4\pi\varepsilon_0 r^2}, V=\frac{\lambda}{2\pi\varepsilon_0}\ln\frac{b}{r}$

C. $E=\frac{\lambda}{2\pi\varepsilon_0 r}, V=\frac{\lambda}{2\pi\varepsilon_0}\ln\frac{a}{r}$　　D. $E=\frac{\lambda}{2\pi\varepsilon_0 r}, V=\frac{\lambda}{2\pi\varepsilon_0}\ln\frac{b}{r}$

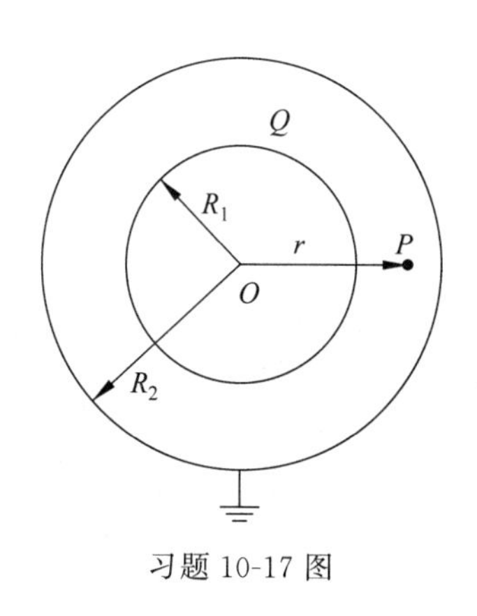

习题 10-17 图

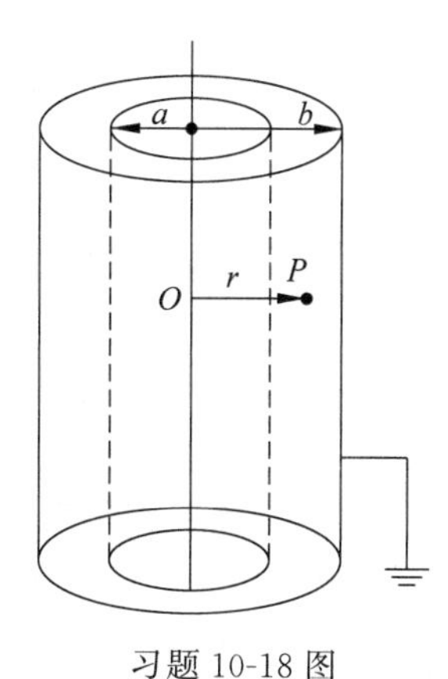

习题 10-18 图

10-19　如图所示，在点电荷 $+q$ 的电场中，若取图中 P 点处为电势零点，则 M 点的电势为(　　)。

A. $V=\frac{q}{4\pi\varepsilon_0 a}$　　B. $V=\frac{q}{8\pi\varepsilon_0 a}$　　C. $V=\frac{-q}{4\pi\varepsilon_0 a}$　　D. $V=\frac{-q}{8\pi\varepsilon_0 a}$

10-20　如图所示，有 N 个电量均为 q 的点电荷，以两种方式分布在相同半径的圆周上：一种是无规则分布，另一种是均匀分布。比较这两种情况下在过圆心 O 并垂直于圆平面的 z 轴上任一点 P 的场强与电势，则有(　　)。

A. 场强相等，电势相等　　B. 场强不等，电势不等

C. 场强分量 E_z 相等，电势相等　　D. 场强分量 E_z 相等，电势不等

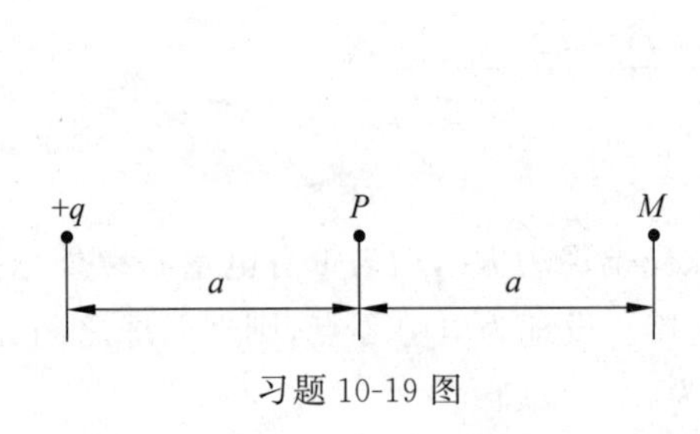

习题 10-19 图

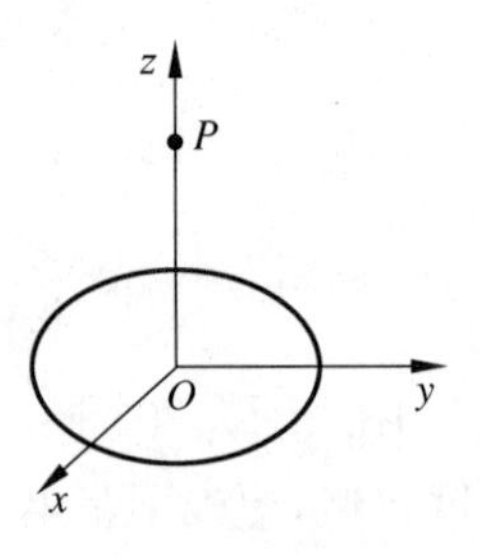

习题 10-20 图

10-21　一电量为 $-q$ 的点电荷位于圆心 O 处，A、B、C、D 为同一圆周上的四点，如图所示。现将一试验电荷从 A 点分别移动到 B、C、D 各点，则(　　)。

A. 从 A 到 B，电场力做功最大　　B. 从 A 到 C，电场力做功最大

C. 从 A 到 D，电场力做功最大　　D. 从 A 到各点，电场力做功相等

10-22　如图所示，两个点电荷相距 $2l$，半圆弧 OCD 半径为 l。今将一试验电荷 $+q_0$ 从 O 点出发沿路径 $OCDP$ 移到无穷远处，设无穷远处电势为零，则电场力做功(　　)。

A. $W<0$，且为有限常量　　B. $W>0$，且为有限常量

C. $W=\infty$　　D. $W=0$

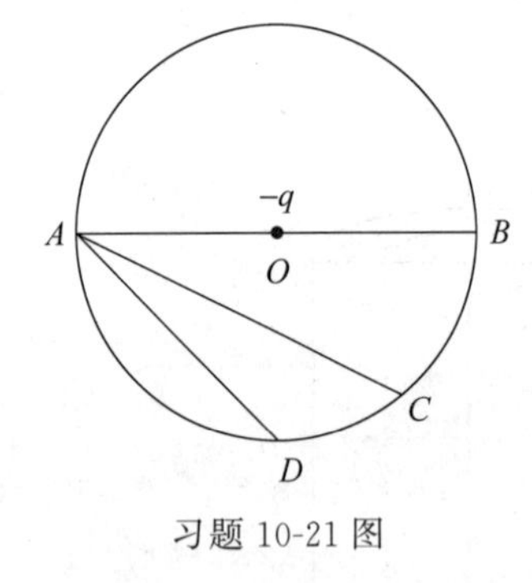

习题 10-21 图

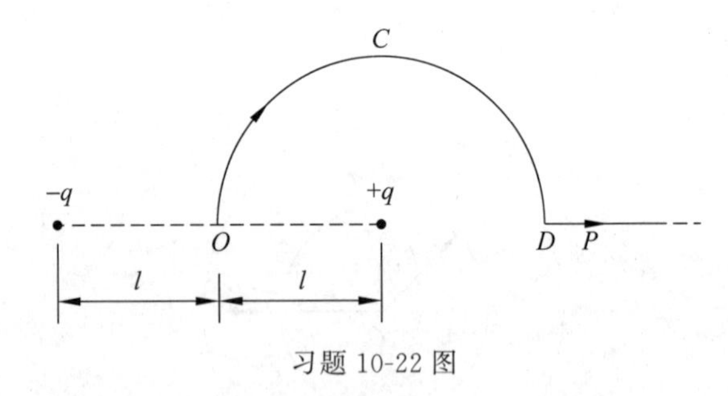

习题 10-22 图

10-23　如图所示，实线为某电场中的电场线，虚线表示等势面，由图可以看出(　　)。

A. $E_A>E_B>E_C$，$V_A>V_B>V_C$

B. $E_A<E_B<E_C$，$V_A<V_B<V_C$

C. $E_A>E_B>E_C$，$V_A<V_B<V_C$

D. $E_A<E_B<E_C$，$V_A>V_B>V_C$

10-24　一半径为 R 的带有一缺口的细圆环，缺口长度为 $d(d\ll R)$。环上均匀带正电，电荷线密度为 λ，如图所示。则圆心 O 处的场强大小 $E=$________，场强方向为________。

10-25　如图所示，两根相互平行的"无限长"均匀带正电直线 1、2，相距为 d，其电荷线密度分别为 λ_1 和 λ_2，则场强等于零的点与直线 1 的距离 $a=$________。

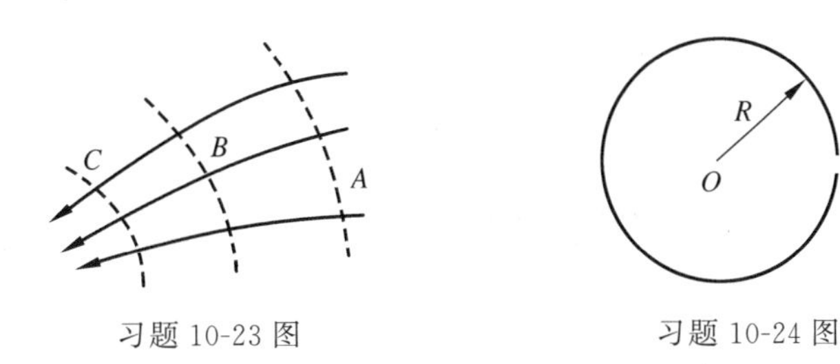

习题 10-23 图　　习题 10-24 图

10-26 两个平行的“无限大”均匀带电平面，其电荷面密度分别为 $+\sigma$ 和 -2σ，如图所示，则 A、B、C 区域的电场强度分别为(设方向水平向右为 x 轴)：$\boldsymbol{E}_A=$________$\boldsymbol{i}$，$\boldsymbol{E}_B=$________$\boldsymbol{i}$，$\boldsymbol{E}_C=$________$\boldsymbol{i}$。

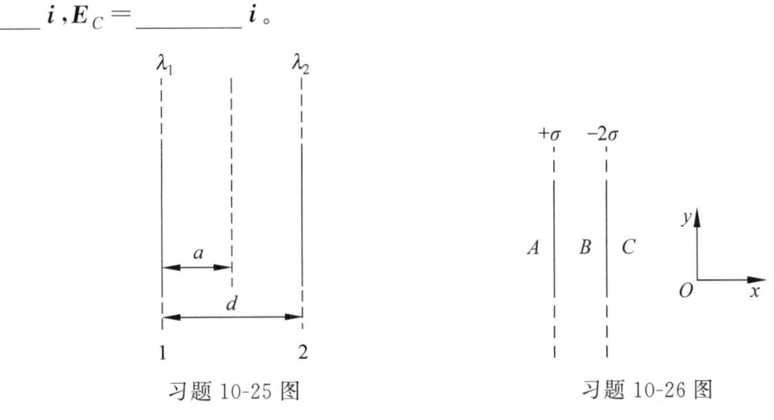

习题 10-25 图　　习题 10-26 图

10-27 A、B 为两块无限大均匀带电平行薄平板，已知两板间的场强大小为 E_0，两板外的场强均为 $\frac{1}{3}E_0$，方向如图所示。则 A、B 两板所带电荷面密度分别为 $\sigma_A=$________，$\sigma_B=$________。

10-28 点电荷 q_1、q_2、q_3 和 q_4 在真空中的分布如图所示。图中 S 为闭合曲面，则通过该闭合曲面的电通量 $\oint_S \boldsymbol{E}\cdot \mathrm{d}\boldsymbol{S}=$________，式中的 $\boldsymbol{E}$ 是点电荷________在闭合曲面上任一点产生的场强的矢量和。

10-29 如图所示，在边长为 a 的正方形平面的中垂线上，距中心 O 点 $\frac{1}{2}a$ 处，有一电量为 q 的正点电荷，则通过该平面的电场强度通量为________。

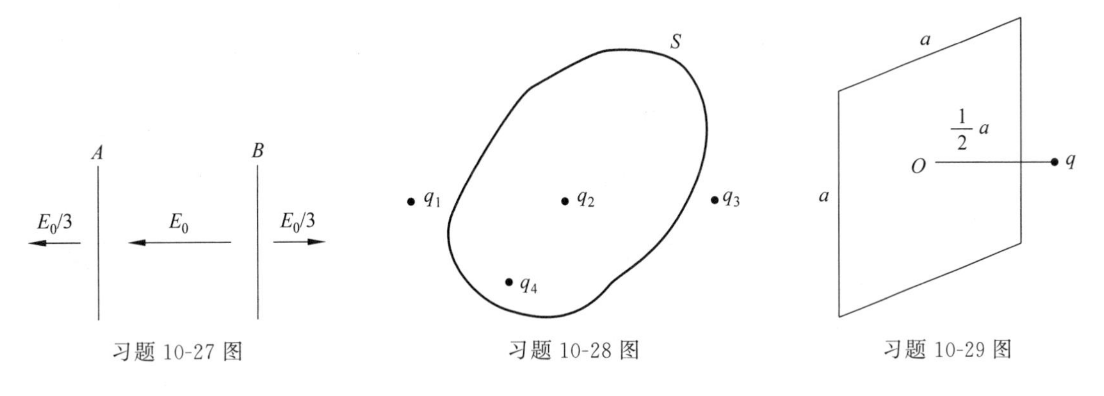

习题 10-27 图　　习题 10-28 图　　习题 10-29 图

10-30 如图所示，均匀电场的电场强度 $\boldsymbol{E}$ 与半径为 R 的半球面的对称轴平行，则通过此半球面的电场强度通量为________。

10-31 如图所示，在静电场中，一电荷 q_0 沿正三角形的一边从 a 点移动到 b 点，电场力做功为 W_0，当该电荷 q_0 沿正三角形的另两条边从 b 点经 c 点到 a 点的过程中，电场力做功 $W=$________。

10-32 真空中有一半径为 R 的半圆细环，均匀带电 Q，如图所示。设无穷远处为电势零点，则圆心 O 点处的电势 $V_O=$________，若将一带电量为 q 的点电荷从无穷远处移到圆心 O 点，则电场力做功 $W=$________。

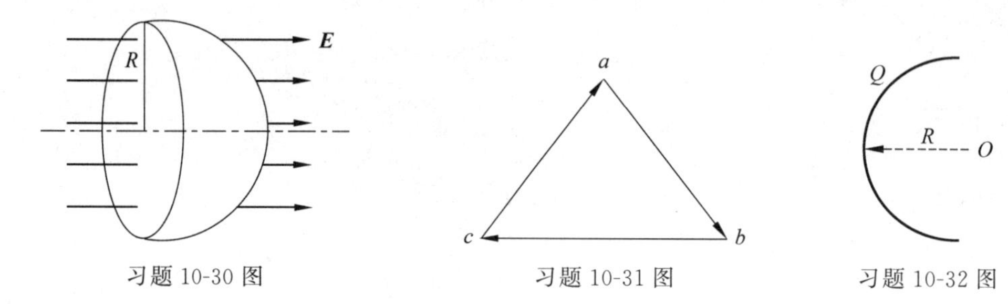

习题 10-30 图　　习题 10-31 图　　习题 10-32 图

10-33 电量为 Q 的点电荷，置于圆心 O 处，B、C、D 为同一圆周上的不同点，圆周半径为 R，如图所示。现移动试验电荷 $+q_0$，

(1) 从 B 点沿圆周顺时针方向移到 C 点，则电场力做功 $W_{BC}=$________。

(2) 从 A 点分别沿 AB、AC、AD 路径移到相应的 B、C、D 各点，设移动过程中电场力做功分别用 W_1、W_2、W_3 表示，则 W_1、W_2、W_3 三者大小的关系是________。(填">""<"或"=")

10-34 如图所示，点电荷 $+Q$ 置于 3/4 圆弧轨道 ad 的圆心处，$+Q$ 的电场中有一试验电荷 q，设无穷远处为电势零点，则 q 沿半径为 R 的 3/4 圆弧轨道由 a 点移到 d 点的过程中，电场力做功为________；q 从 a 点移到无穷远处的过程中，电场力做功为________。

10-35 如图所示，在场强为 $\boldsymbol{E}$ 的均匀电场中，A、B 两点距离为 d，AB 连线方向与 $\boldsymbol{E}$ 方向一致，从 A 点经任意路径到 B 点的场强线积分 $\int_A^B \boldsymbol{E}\cdot \mathrm{d}\boldsymbol{l}=$________。

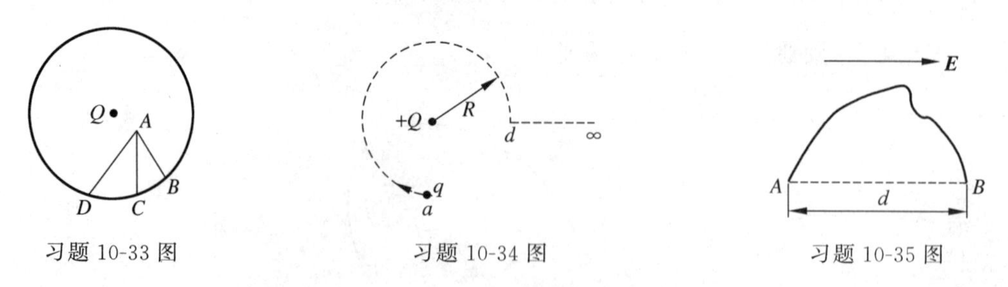

习题 10-33 图　　习题 10-34 图　　习题 10-35 图

10-36 一个半径为 R 的均匀带电球面，带电量为 Q。若规定该球面上电势为零，则球面外距球心 r 处的 P 点的电势 $V_P=$________。

10-37 如图所示，两个点电荷 $+q$ 和 $-3q$，相距为 d。若选无穷远处电势为零，则两点电荷之间电势 $V=0$ 的点与电荷为 $+q$ 的点电荷相距多远？________

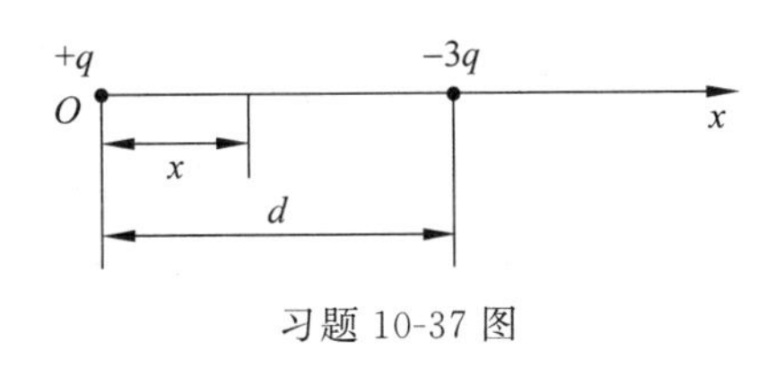

习题 10-37 图

10-38 一均匀静电场,电场强度 $\boldsymbol{E}=(400\boldsymbol{i}+600\boldsymbol{j})\mathrm{V}\cdot\mathrm{m}^{-1}$,则点 $a(3,2)$ 和点 $b(1,0)$ 之间的电势差 $U_{ab}=$________。(点的坐标 x、y 以 m 计)

10-39 有一个球形的橡皮膜气球,电荷 q 均匀地分布在表面上。在此气球被吹大的过程(气球半径由 r_1 吹到 r_2)中,被气球表面掠过的点(该点与球中心距离为 r,$r_1<r<r_2$),其电场强度的大小将由________变为________;电势由________变为________。

10-40 电量相等的 4 个点电荷两正两负,分别置于边长为 a 的正方形的四个角上,如图所示。以无穷远处为电势零点,正方形中心 O 处的电势和场强大小分别为 $V_O=$________,$E_O=$________。

10-41 如图所示,一长为 L 的均匀带电细棒 AB,电荷线密度为 $+\lambda$,设无穷远处为电势零点,求:

(1) 棒的延长线上与 A 端相距为 d 的 P 点的电场强度,以 P 为坐标原点 O,沿细棒 AB 为 x 轴建立坐标系。

(2) 若 P 点放一带电量为 $q(q>0)$的点电荷,求带电细棒对该点电荷的静电力。

(3) P 点的电势;当 $d\gg L$ 时,结果如何?

已知:当 $|x|<1$ 时,$\ln(1+x)=x-\dfrac{x^2}{2}+\dfrac{x^3}{3}-\dfrac{x^4}{4}+\cdots$

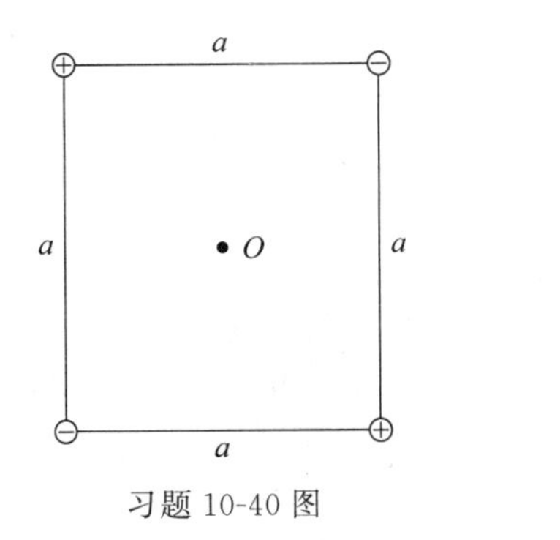

习题 10-40 图

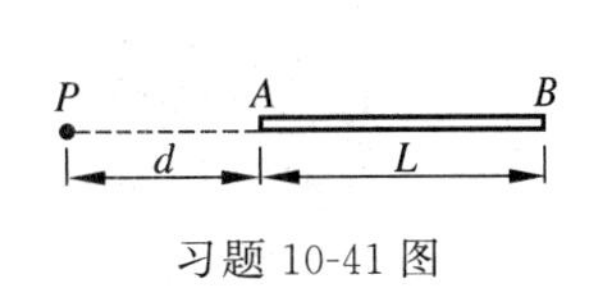

习题 10-41 图

10-42 求均匀带电半圆环圆心处的 $\boldsymbol{E}$,已知半圆环的半径为 R、电荷线密度为 $+\lambda$,如图所示。

10-43 一个细玻璃棒被弯成半径为 R 的半圆形,沿其上半部分均匀分布有电量 $+Q$,沿其下半部分均匀分布有电量 $-Q$,如图所示。试求圆心 O 处的电场强度。

10-44 一段半径为 a 的细圆弧,对圆心的张角为 θ_0,其上均匀分布有正电荷 q,如图所示,试以 a、q、θ_0 表示出圆心 O 处的电场强度。

10-45 一半径为 R 的均匀带电圆盘,电荷面密度为 σ。设无穷远处为电势零点,试计算圆盘中心 O 点电势。

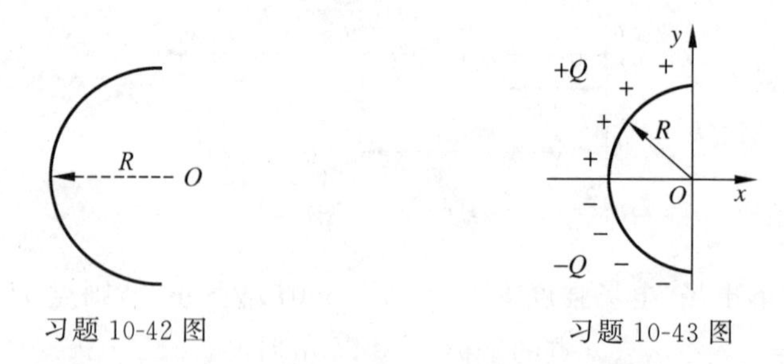

习题 10-42 图　　　　习题 10-43 图

10-46　如图所示，一半径为 R、长度为 L 的均匀带电圆柱面，总电量为 Q，试求端面处轴线上 P 点的电场强度。

10-47　一球壳，如图所示，其内外半径分别为 R 和 R_1，电荷均匀分布在球壳内，总带电量为 Q，设 r 表示所求点到球心的距离，并选无穷远处为电势零点。求：

(1) 当 $r<R$ 时，电场强度大小 E_1；

当 $R<r<R_1$ 时，电场强度大小 E_2；

当 $r>R_1$ 时，电场强度大小 E_3；

(2) 球外 a 点（距球心为 r_a）的电势 V_a。

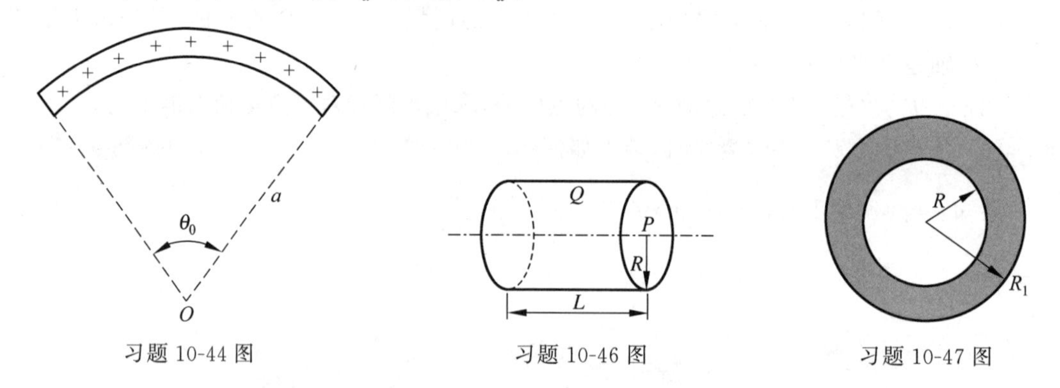

习题 10-44 图　　　　习题 10-46 图　　　　习题 10-47 图

自测题和能力提高题

自测题和能力提高题答案

第11章

静电场中的导体和电介质

导体和电介质放于电场中时，其上的电荷分布将发生改变，这种改变了的电荷分布反过来又会影响电场分布。本章将讨论静电场与导体和电介质的相互作用的规律。主要内容包括导体的静电平衡条件、静电场中导体的电学性质、电介质的极化现象、有电介质时的高斯定理、电容器及其连接、静电场的能量。

11.1 静电场中的导体

11.1.1 导体的静电平衡

金属导体由大量带负电的自由电子和带正电的晶体点阵构成，当导体不受外电场影响时，自由电子在导体内部作无规则的热运动。若把一个不带电的导体放在匀强电场 $\boldsymbol{E}$ 中，如图 11-1 所示，导体内部的自由电子在作无规则热运动的同时，还将在电场力作用下逆着电场线向左运动，从而使导体左侧带负电，右侧带正电，于是导体两侧所积累的电荷在导体内部产生一个附加电场，其电场强度为 $\boldsymbol{E}'$，方向与外场强方向相反，这样导体内部各点的合场强是外场强和附加场强的叠加，其大小为 $E=E_0-E'$。开始时 $E'<E_0$，导体内部的合场强不为零，自由电子不断向左运动，从而使 E' 增大，这个过程一直延续到导体内部的合场强为零。此时，导体内部的自由电子不再作定向移动，导体两侧的正负电荷不再增加。这种导体内部和导体表面都没有电荷定向运动的现象，称为静电平衡。

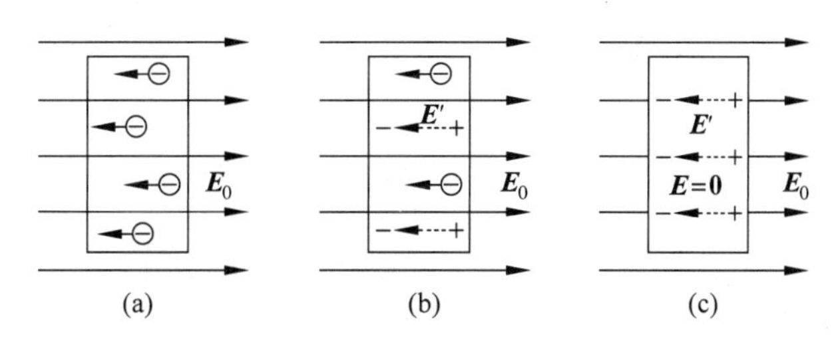

图 11-1 导体的静电平衡

(a) 导体刚放入电场；(b) 导体中的电子作定向运动；(c) 导体中的电子作无定向运动

当导体处于静电平衡状态时,必须满足以下条件。

用电场表述:①导体内部场强处处为零,否则导体内部的自由电子在电场力的作用下将发生定向移动;②导体表面附近的场强方向处处与它的表面垂直,否则,电场强度的表面切向分量将使表面的自由电子作宏观运动,这样导体就不处于静电平衡状态了。

用电势表述:(1)导体是等势体。由于导体处于静电平衡状态时,导体内部场强处处为零,在导体内取任意两点 A 和 B,它们之间的电势差为

$$U_{AB}=\int_A^B \boldsymbol{E}\cdot \mathrm{d}\boldsymbol{l}=0$$

因此导体内部所有点的电势都相等,导体是等势体。

(2) 导体表面是等势面。由于导体处于静电平衡状态时,导体表面附近的场强方向处处与它的表面垂直,其切向分量为零,导体表面任意两点 A 和 B 之间的电势差为

$$U_{AB}=\int_A^B \boldsymbol{E}\cdot \mathrm{d}\boldsymbol{l}=\int_A^B E\cos\frac{\pi}{2}\mathrm{d}l=0$$

所以导体表面上任意两点的电势相等,导体表面是等势面。

由于将导体放入电场中到建立静电平衡的时间是极短的,所以通常在处理静电场中的导体问题时,若非特别说明,总是把它当作已达到静电平衡的状态来处理。

11.1.2 静电平衡时导体上的电荷分布

导体处于静电平衡时,其内部没有未抵消的净电荷,电荷只分布在导体的表面。这个结论可以利用高斯定理证明,如图 11-2 所示,在导体内部作任意闭合高斯面 S,由于静电平衡时导体内部场强处处为零,所以通过导体内任意闭合高斯面的电通量为零,即

$$\oint_S \boldsymbol{E}\cdot \mathrm{d}\boldsymbol{S}=0=\frac{\sum_{i=1}^{n} q_i^{\mathrm{in}}}{\varepsilon_0}$$

于是,此高斯面内所包围电荷的代数和必为零。因为此高斯面是任意作出的,所以导体处于静电平衡时,其内部没有未抵消的净电荷,电荷只分布在导体的表面。

如果带电导体是空心的,且空腔内无电荷,如图 11-3(a)所示,在静电平衡时,未被抵消的净电荷只能分布在空腔导体的外表面上,内表面无净电荷,腔内无电场。如果带电量为 Q 的空腔导体内有电荷 $+q$,如图 11-3(b)所示,内表面将由于静电感应出现等值异号的电荷 $-q$,外表面将有感应电荷 $+q$ 分布。试证明之。

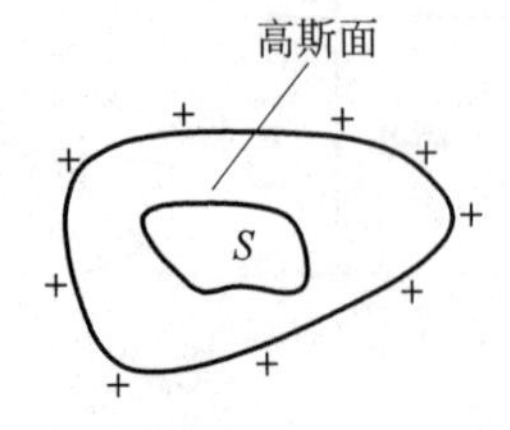

图 11-2 带电导体的电荷分布在导体表面上

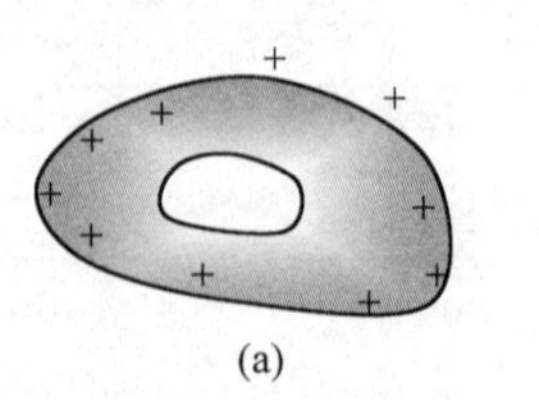

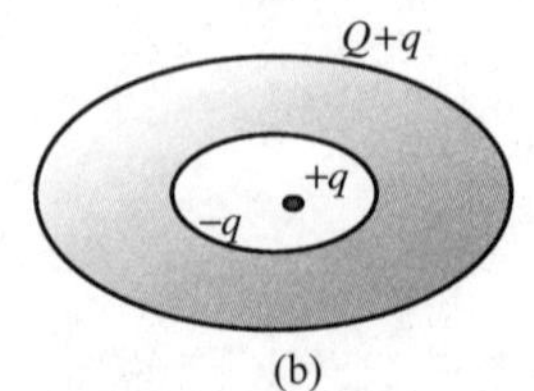

图 11-3 带电量为 Q 的空腔导体的电荷分布

(a) 腔内无电荷;(b) 腔内有电荷

下面讨论带电导体表面的电荷密度与其附近空间电场强度大小的关系。如图 11-4 所示，P 点是导体表面之外紧邻处的一点，在 P 点附近的导体表面上取一面积元 ΔS，当 ΔS 足够小时，其上的面电荷密度 σ 可认为是均匀的，则 ΔS 上的电荷为 $\Delta q=\sigma\Delta S$。以面积元 ΔS 为底面积作一微小扁圆柱形高斯面，圆柱垂直于导体表面，上底面通过点 P，下底面处于导体内部，两底面都与 ΔS 平行，并无限靠近它，因此它们的面积都是 ΔS。由于导体内电场强度为零，所以通过下底面的电通量为零；在侧面上，电场强度要么为零，要么与侧面的法线垂直，所以通过侧面的电通量也为零；由于圆柱形高斯面上底面的法线方向与场强 E 方向一致，所以通过上底面的电通量为 $E\Delta S$，这也是通过扁圆柱形高斯面的电场强度的通量。根据高斯定理有

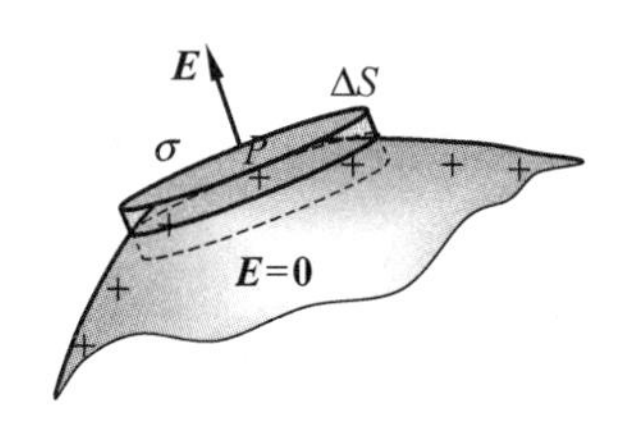

图 11-4　导体表面附近场强与面密度的关系

$$\oint_S \boldsymbol{E}\cdot\mathrm{d}\boldsymbol{S}=E\Delta S=\sigma\Delta S/\varepsilon_0$$

得

$$E=\sigma/\varepsilon_0 \tag{11-1}$$

式(11-1)表明，当带电导体处于静电平衡时，导体表面之外非常邻近表面处的场强的大小与该处导体的面电荷密度成正比，面电荷密度大的地方场强大，面电荷密度小的地方场强小。场强 $\boldsymbol{E}$ 的方向垂直于导体表面，当表面带正电时，$\boldsymbol{E}$ 的方向垂直表面向外；当表面带负电时，$\boldsymbol{E}$ 的方向垂直表面指向导体。

利用式(11-1)可以由导体表面某处的面电荷密度 σ 求出该处表面紧邻处的场强 $\boldsymbol{E}$。这样做时，很容易误解为导体表面紧邻处的电场仅仅是由该处导体表面上的电荷产生的，其实不然。此处电场实际上是所有电荷(包括该导体上的全部电荷以及导体外现有的其他电荷)产生的，而 $\boldsymbol{E}$ 是这些电荷的合场强。只要回顾一下在式(11-1)的推导过程中利用了高斯定理就会明白这一点。当导体外的电荷位置发生变化时，导体上的电荷分布也会发生变化，而导体外面的合场强分布也要发生变化。这种变化一直持续到它们满足式(11-1)的关系使导体又处于静电平衡为止。

导体处于静电平衡时，其表面上电荷分布的定量研究是比较复杂的，这不仅与导体本身的形状有关，还与它附近存在什么样的其他带电体有关。实验表明，一个孤立导体上面电荷密度的大小与导体表面的曲率有关。如图 11-5 所示，导体表面凸出而尖锐的地方(曲率较大)，电荷比较密集，即面电荷密度 σ 和电场强度 $\boldsymbol{E}$ 的值较大；表面较平坦的地方(曲率较小)，σ 和 $\boldsymbol{E}$ 较小；表面凹进去的地方(曲率为负)，σ 更小。对于球形孤立导体，由于各处曲率相同，电荷在导体表面呈均匀分布，同理，无限大的孤立导体板、无限长孤立导体柱面或柱体，其表面上的电荷也呈均匀分布。

带电尖端附近的场强特别大，空气中残留的离子在强电场作用下作加速运动而获得足够大的能量，以至于它们和空气分子相碰时，会使空气分子离解成电子和离子。这些新的电子和离子与其他空气分子相碰，又能产生新的带电粒子。与尖端上电荷异号的带电粒子受尖端电荷的吸引，飞向尖端，使尖端上的电荷被中和掉；与尖端上电荷同号的带电粒子受到排斥而从尖端附近飞出。图 11-6 从外表上看，就好像尖端上的电荷被“喷射”出来放掉一样，所以称为尖端放电现象。

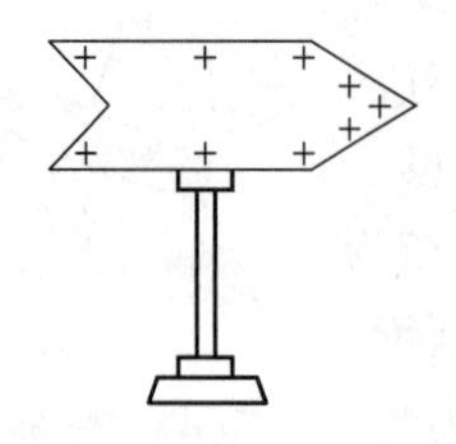

图 11-5 导体表面曲率对电荷分布的影响

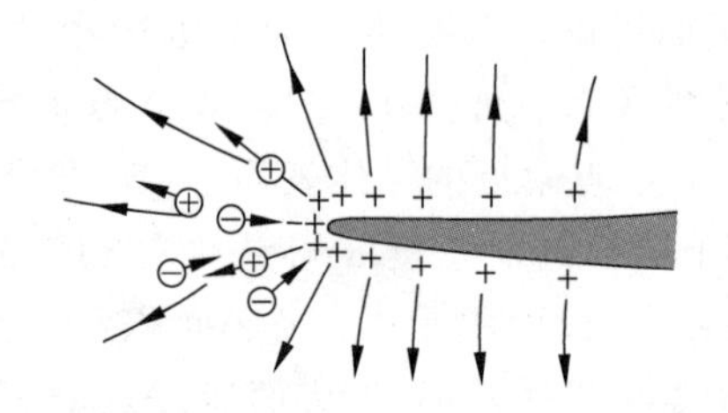

图 11-6 尖端放电示意图

尖端放电时,周围往往隐隐地笼罩着一层光晕,叫做电晕。例如,阴雨潮湿天气常常在高压输电线附近看到淡蓝色辉光,就是一种平稳的尖端放电现象,是由于输电线附近的离子与空气分子碰撞时使分子处于激发状态,从而产生光辐射,形成电晕。

尖端放电浪费了很多电能,还会干扰精密测量和通信,这是应尽量避免的,因此,高压电器设备中的金属元件都应避免带有尖棱,最好做成球形,并尽量使导体表面光滑而平坦。尖端放电也有可利用的一面,最典型的就是避雷针。当带电云层接近地面时,由于静电感应使地上物体带异号电荷,这些电荷比较集中地分布在突出的物体(如高大的建筑物、烟囱、大树)上。当电荷积累到一定程度,就会在云层和这些物体之间发生强大的火花放电,巨大的电能将转化成热、光等能量,这就是雷击现象。为了避免雷击,可在建筑物尖端安装导体(避雷针),用粗铜缆将避雷针通地,通地的一端埋在一两米深的潮湿泥土里或接地埋在地下的金属板(金属管)上,以确保避雷针与大地电接触良好。当带电云层接近时,放电就通过避雷针和通地粗铜缆这条最易于导电的通路局部持续和缓地进行,以避免建筑物遭雷击。从这个意义上说,避雷针实际上是一个“引雷”针。

科学家简介:本杰明·富兰克林

11.1.3 静电屏蔽

在静电场中,因导体的存在使某些特定的区域不受电场影响的现象称为“静电屏蔽”。

1. 空腔导体屏蔽外电场

在如图 11-7(a)所示的静电场中,放置一个腔内无其他带电体的空腔导体壳,由前面的讨论可知,达到静电平衡时,由静电感应产生的感应电荷只分布在导体的外表面上,导体内部和空腔中都没有电场。这就说明空腔内的整个区域都将不受外电场的影响。如图 11-7(b)所示,当接触金属笼产生强烈放电时,尽管笼内的小兔子惊恐万分,但却不会受到强电场的伤害。这时导体和空腔内部的电势处处相等,构成一个等势体。

该原理在实际中有着重要的应用,例如为了使一些精密的电磁测量仪器不受外界电场的干扰,通常在仪器外面加上金属外壳或金属网做成的外罩。利用静电平衡条件下空腔导体是等势体以及静电屏蔽的道理,可以实现在不停电的条件下检修和维护高压输电线路和设备。读者可参考阅读材料 9“等电势与高压带电作业”。

2. 接地空腔导体屏蔽腔内电荷对外界的影响

上面讲的是用空腔导体来屏蔽外电场,使空腔内的物体不受外电场的影响,工作中有时需要使一个带电体激发的电场不影响外界,可以把带电体放在接地的金属壳或金属网内

(图 11-7(c))。有了金属外壳之后，其内表面出现等量异号电荷 $-q$，由于接地空腔导体外表面所产生的感应正电荷与从地上来的负电荷中和了，内部带电体发出的电场线就会全部终止在空腔内表面的负电荷上，使电场线不能穿出空腔。但是若空腔的外表面不接地，在外表面还有与内表面等量异号的感应电荷，它的电场会对外界产生影响。

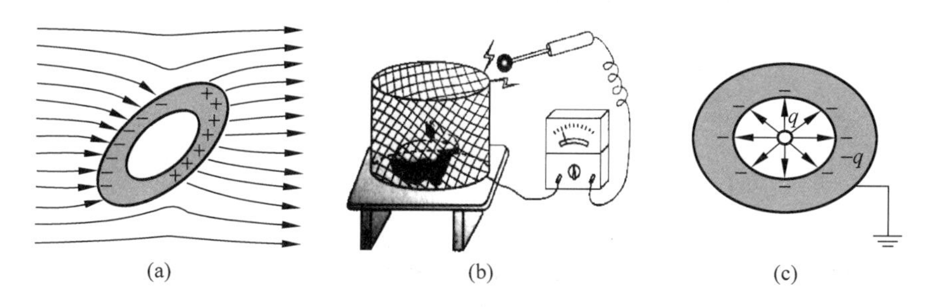

图 11-7 静电屏蔽

(a) 用空腔导体屏蔽外电场；(b) 金属笼屏蔽强外电场；(c) 接地空腔导体屏蔽内电场

例 11-1 如图 11-8 所示，一半径为 R 的不带电导体球附近有一电荷为 $+q$ 的点电荷，它与球心 O 相距 d，试求：

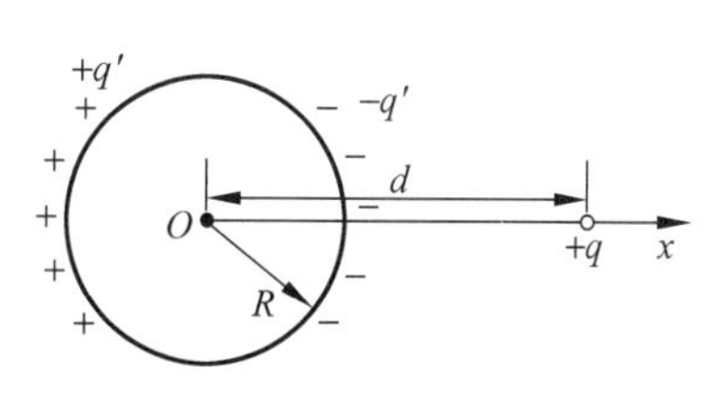

图 11-8 例 11-1 图

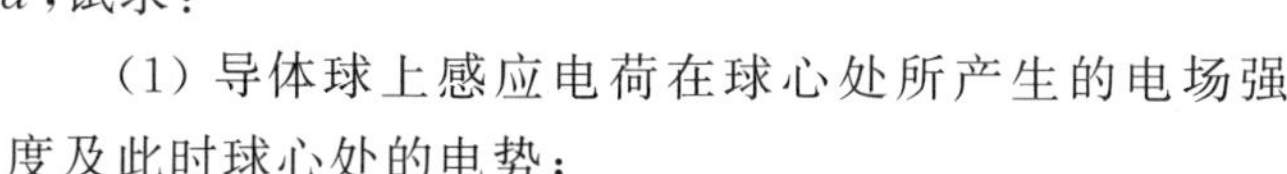

(1) 导体球上感应电荷在球心处所产生的电场强度及此时球心处的电势；

(2) 若将导体球接地，球上的净电荷为多少？

解 (1) 电荷 $+q$ 的存在使导体球面感应出电荷 $\pm q'$，如图 11-8 所示。因此，球心 O 处的电场强度应为感应电荷 $\pm q'$ 的电场 $\boldsymbol{E}'$ 和点电荷 q 的电场 $\boldsymbol{E}$ 的叠加，即

$$\boldsymbol{E}_O = \boldsymbol{E} + \boldsymbol{E}' \quad ①$$

由静电平衡条件可知，导体内电场强度应处处为零，所以 O 点场强 $\boldsymbol{E}_O = \boldsymbol{0}$。建立如图 11-8 所示的坐标系，则

$$\boldsymbol{E}' = -\boldsymbol{E} = -\left[\frac{q}{4\pi\varepsilon_0 d^2}(-\boldsymbol{i})\right] = \frac{q}{4\pi\varepsilon_0 d^2}\boldsymbol{i} \quad ②$$

因为 $\pm q'$ 分布在金属球表面上，它们距球心 O 的距离均为 R。在球面上任取感应电荷元 $\mathrm{d}q'$，则 $\mathrm{d}q'$ 在点 O 处的电势为

$$\mathrm{d}V' = \frac{\mathrm{d}q'}{4\pi\varepsilon_0 R}$$

于是，所有的感应电荷在 O 处的电势为

$$V' = \int_{\pm q'} \frac{\mathrm{d}q'}{4\pi\varepsilon_0 R} = 0 \quad ③$$

而 q 在 O 处的电势为

$$V = \frac{q}{4\pi\varepsilon_0 d} \quad ④$$

根据电势叠加原理，球心 O 处的电势 V_O 应为两者的叠加，即

$$V_O = V' + V = \frac{q}{4\pi\varepsilon_0 d} \quad ⑤$$

(2) 将导体球接地后,与地球等电势,则 $V_{球}=0$。由于导体球为等势体,因而,球心 O 处的电势也应为零,即 $V_O=0$。但是,因为有 $+q$ 的存在,它在 O 处产生的电势 $V=q/4\pi\varepsilon_0 d$ 并不为零,表明还有其他电荷也在 O 处产生电势 V',且与 $+q$ 的电势等值反号,叠加后使 O 处的电势为零。不难看出,这个电荷只能是球面上感应电荷中的一部分 q'_O。所以,O 处的电势为

$$V_O=V+V'=\frac{q}{4\pi\varepsilon_0 d}+\frac{q'_O}{4\pi\varepsilon_0 R}=0 \tag{⑥}$$

解得

$$q'_O=-\frac{R}{d}q \tag{⑦}$$

式⑦告诉我们,由于 $+q$ 的存在,导体球接地后,虽然电势为零,但球面上的电荷并不为零,而是存在负的净电荷 q'_O。同时,由于 $R<d$,球面上净电荷的绝对值 $|q'_O|<q$。

例 11-2 如图 11-9 所示,半径为 r_1 的导体球带有电荷 $+q$,球外有一个同心导体球壳,内外半径分别为 r_2 和 r_3,壳上带有电荷 $+Q$。

(1) 求电场分布,球和球壳的电势 V_1 和 V_2 及它们的电势差 U;

(2) 若用导线将球和球壳连接,情况如何?

(3) 若外球壳接地,情况又如何?

(4) 设外球壳离地面很远,若内球接地,电荷如何分布,V_2 为多少?

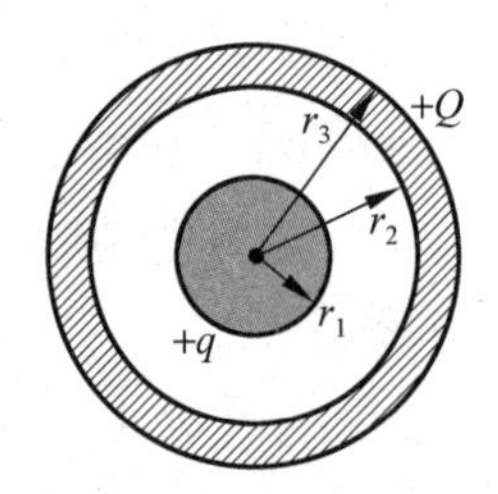

图 11-9 例 11-2 图

解 (1) 由于静电感应,球壳内表面上应均匀分布有电荷 $-q$,球壳外表面应均匀分布有电荷 $q+Q$。以同心球面作为高斯面,由高斯定理可得电场强度分布为

$$\boldsymbol{E}_1=\boldsymbol{0},\quad r<r_1$$

$$\boldsymbol{E}_2=\frac{q}{4\pi\varepsilon_0 r^2}\boldsymbol{e}_r,\quad r_1<r<r_2$$

$$\boldsymbol{E}_3=\boldsymbol{0},\quad r_2<r<r_3$$

$$\boldsymbol{E}_4=\frac{q+Q}{4\pi\varepsilon_0 r^2}\boldsymbol{e}_r,\quad r>r_3$$

球的电势为

$$\begin{aligned}V_1&=\int_{r_1}^{\infty}\boldsymbol{E}\cdot\mathrm{d}\boldsymbol{r}=\int_{r_1}^{r_2}\boldsymbol{E}_2\cdot\mathrm{d}\boldsymbol{r}+\int_{r_2}^{r_3}\boldsymbol{E}_3\cdot\mathrm{d}\boldsymbol{r}+\int_{r_3}^{\infty}\boldsymbol{E}_4\cdot\mathrm{d}\boldsymbol{r}\\&=\int_{r_1}^{r_2}\frac{q}{4\pi\varepsilon_0 r^2}\mathrm{d}r+0+\int_{r_3}^{\infty}\frac{q+Q}{4\pi\varepsilon_0 r^2}\mathrm{d}r=\frac{1}{4\pi\varepsilon_0}\left(\frac{q}{r_1}-\frac{q}{r_2}+\frac{q+Q}{r_3}\right)\end{aligned}$$

球壳的电势为

$$V_2=\int_{r_3}^{\infty}\boldsymbol{E}\cdot\mathrm{d}\boldsymbol{r}=\int_{r_3}^{\infty}\boldsymbol{E}_4\cdot\mathrm{d}\boldsymbol{r}=\int_{r_3}^{\infty}\frac{q+Q}{4\pi\varepsilon_0 r^2}\cdot\mathrm{d}\boldsymbol{r}=\frac{q+Q}{4\pi\varepsilon_0 r_3}$$

球与球壳间的电势差为

$$U=V_1-V_2=\frac{q}{4\pi\varepsilon_0}\left(\frac{1}{r_1}-\frac{1}{r_2}\right)$$

(2) 用导线连接球和球壳时，球表面上的电荷与壳内表面上的电荷中和，使两表面都不再带电，它们之间的电场强度变为零，两者之间的电势差也为零。所以，有

$$\boldsymbol{E}_1=\boldsymbol{0},\quad r<r_3$$

$$\boldsymbol{E}_2=\frac{q+Q}{4\pi\varepsilon_0 r^2}\boldsymbol{e}_r,\quad r>r_3$$

$$V_1=V_2=\int_{r_3}^{\infty}\boldsymbol{E}\cdot \mathrm{d}\boldsymbol{r}=\int_{r_3}^{\infty}\boldsymbol{E}_2\cdot \mathrm{d}\boldsymbol{r}=\int_{r_3}^{\infty}\frac{q+Q}{4\pi\varepsilon_0 r^2}\mathrm{d}r=\frac{q+Q}{4\pi\varepsilon_0 r_3}$$

(3) 外球壳接地时，其电势 $V_2=0$，球壳外表面上电荷也为零。此时导体球表面和球壳内表面上的电荷分布不变，所以两者间的电场分布不变，由高斯定理知

$$\boldsymbol{E}_1=\boldsymbol{0},\quad r<r_1$$

$$\boldsymbol{E}_2=\frac{q}{4\pi\varepsilon_0 r^2}\boldsymbol{e}_r,\quad r_1<r<r_2$$

$$\boldsymbol{E}_3=\boldsymbol{0},\quad r>r_2$$

球的电势为

$$V_1=\int_{r_1}^{r_2}\boldsymbol{E}\cdot \mathrm{d}\boldsymbol{r}=\int_{r_1}^{r_2}\boldsymbol{E}_2\cdot \mathrm{d}\boldsymbol{r}=\int_{r_1}^{r_2}\frac{q}{4\pi\varepsilon_0 r^2}\cdot \mathrm{d}r=\frac{q}{4\pi\varepsilon_0}\left(\frac{1}{r_1}-\frac{1}{r_2}\right)$$

球与球壳间的电势差为

$$U=V_1-V_2=V_1=\frac{q}{4\pi\varepsilon_0}\left(\frac{1}{r_1}-\frac{1}{r_2}\right)$$

(4) 内球接地时，其电势 $V_1=0$，此时，球和球壳表面上的电荷会重新分布。设内球表面带电荷 q'，则球壳内表面带电荷 $-q'$，球壳外表面带电荷 $Q+q'$。

3 个面上的电荷在内球心产生的电势叠加使 $V_1=0$，即

$$V_1=\frac{q'}{4\pi\varepsilon_0 r_1}-\frac{q'}{4\pi\varepsilon_0 r_2}+\frac{q'+Q}{4\pi\varepsilon_0 r_3}=0$$

可以解得

$$q'=\frac{r_2 r_1}{r_3 r_1-r_3 r_2-r_2 r_1}Q$$

由于 $r_3 r_1<r_3 r_2$，所以 $q'<0$，即内球表面带有负电荷。这再一次表明，带电体接地后，其电势必为零，但其上的电荷并不一定为零，要按具体情况而定。此时，球壳的电势为

$$V_2=\frac{q'+Q}{4\pi\varepsilon_0 r_3}=\frac{Q(r_2-r_1)}{4\pi\varepsilon_0(r_1 r_2+r_2 r_3-r_1 r_3)}$$

例 11-3　有一块大金属平板，面积为 S，总电量为 Q。今在其近旁平行地放置第二块大金属平板，此板原来不带电。

(1) 求静电平衡时，金属板上的电荷分布及周围空间的电场分布；

(2) 如果把第二块金属板接地，最后情况又如何(忽略金属板的边缘效应)?

解　(1) 研究电荷的分布。由于静电平衡时，导体内部无净电荷，电荷只能分布在导体的表面。设 4 个表面上的面电荷密度分别为 σ_1、σ_2、σ_3 和 σ_4；空间分别为Ⅰ、Ⅱ和Ⅲ，如图 11-10 所示。

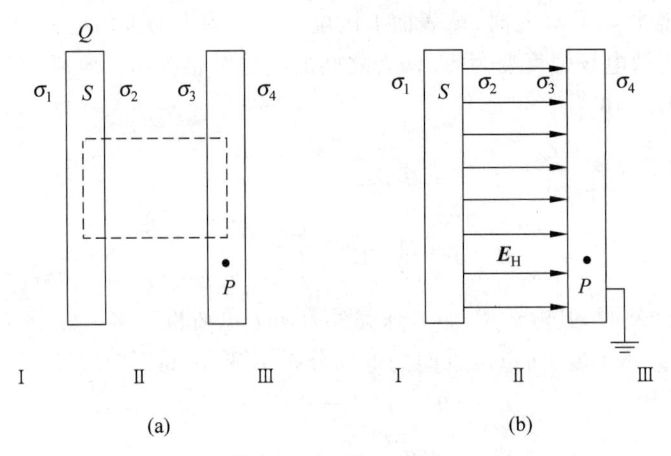

图 11-10　例 11-3 图

由电荷守恒定律可知:

$$\sigma_1+\sigma_2=\frac{Q}{S} \tag{1}$$

$$\sigma_3+\sigma_4=0 \tag{2}$$

选一个两底分别在两个金属板内而侧面垂直于板面的封闭曲面作为高斯面。由于板间电场与板面垂直,板内场强为零,所以通过此高斯面的电通量为零,根据高斯定理,

$$\oint_S \boldsymbol{E}\cdot \mathrm{d}\boldsymbol{S}=\frac{\sum\limits_i q_i}{\varepsilon_0}=0$$

所以

$$\sigma_2+\sigma_3=0 \tag{3}$$

在金属板内的任何一点 P 处的场强是 4 个带电面的电场的叠加,而且为零,

$$E_P=\frac{\sigma_1}{2\varepsilon_0}+\frac{\sigma_2}{2\varepsilon_0}+\frac{\sigma_3}{2\varepsilon_0}-\frac{\sigma_4}{2\varepsilon_0}=0 \tag{4}$$

联立(1)、(2)、(3)和(4)式,解得

$$\sigma_1=\frac{Q}{2S},\quad \sigma_2=\frac{Q}{2S},\quad \sigma_3=\frac{-Q}{2S},\quad \sigma_4=\frac{Q}{2S}$$

由场强叠加原理,求各区域的场强,如图 11-10(a)所示:

第Ⅰ区,$E_1=-2\dfrac{\sigma_1}{2\varepsilon_0}=-\dfrac{Q}{2\varepsilon_0 S}$,负号表示方向向左;

第Ⅱ区,$E_2=2\dfrac{\sigma_1}{2\varepsilon_0}=\dfrac{Q}{2\varepsilon_0 S}$,方向向右;

第Ⅲ区,$E_3=2\dfrac{\sigma_1}{2\varepsilon_0}=\dfrac{Q}{2\varepsilon_0 S}$,方向向右。

(2) 如果把第二金属板接地如图 11-10(b)所示,其右表面上的电荷就会分散到地球表面上,所以

$$\sigma_4=0$$

由第一块金属板上的电荷守恒,得

$$\sigma_1 + \sigma_2 = \frac{Q}{S}$$

由高斯定理仍可得

$$\sigma_2 + \sigma_3 = 0$$

金属板内 P 点的场强为零，所以

$$\sigma_1 + \sigma_2 + \sigma_3 = 0$$

联立求解可得

$$\sigma_1 = 0, \quad \sigma_2 = \frac{Q}{S}, \quad \sigma_3 = -\frac{Q}{S}, \quad \sigma_4 = 0$$

电场的分布为

$$E_1 = 0, \quad E_2 = \frac{Q}{\varepsilon_0 S}, \quad E_3 = 0$$

此题告诉我们，接地意味着导体电势为零，并不意味着电荷全跑光。

11.2　静电场中的电介质　有电介质时的高斯定理

电介质就是通常所说的绝缘体，实际上并没有完全电绝缘的材料。本节只讨论一种典型的情况，即理想的电介质。理想的电介质内部并没有可以自由移动的电荷，因而完全不能导电。但把一块电介质放到电场中，它也要受电场的影响，即发生电极化现象，处于电极化状态的电介质也会影响原有电场的分布。本节讨论这种相互影响的规律，所涉及的电介质只限于各向同性的材料。

11.2.1　电介质的分类

电介质就是绝缘介质，是不导电的，分子中正负电荷束缚得较紧密，几乎不存在可自由移动的电荷。在无外电场时，有些电介质（如氢气、甲烷、石蜡等）分子正负电荷的中心是重合的，这类电介质称为无极分子电介质；有些电介质（如水、有机玻璃、聚氯乙烯等）在无外电场时，分子正负电荷中心不重合，构成一等效的电偶极子，这类电介质称为有极分子电介质。

11.2.2　电介质的极化

1. 无极分子电介质的位移极化

在没有外电场作用时，由于分子作杂乱无章的热运动，电介质整体呈中性。无极分子电介质处在外电场中，分子的正负电荷中心将发生相对位移，形成电偶极子。这些电偶极子的电偶极矩 $\boldsymbol{p} = q\boldsymbol{l}$（$\boldsymbol{l}$ 表示从负电荷中心指向正电荷中心的矢量距离）的方向与外电场 $\boldsymbol{E}_0$ 的方向一致，在垂直 $\boldsymbol{E}_0$ 方向的介质两端表面上分别出现正负电荷（图 11-11），这种极化机制称为位移极化。

2. 有极分子电介质的取向极化

有极分子电介质在正常情况下具有固有电矩，如图 11-12 所示。当外电场存在时，介质

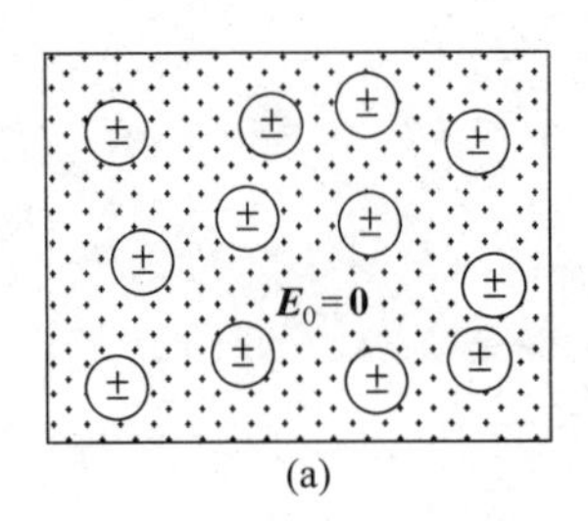

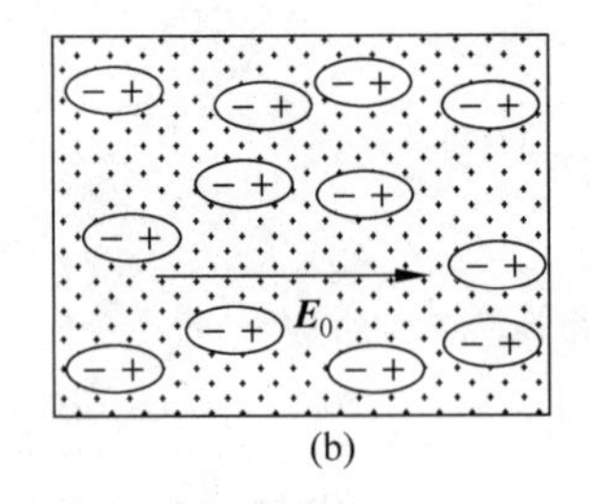

图 11-11　无极分子电介质的位移极化

(a) 无外电场,无极分子正负电荷中心重合;(b) 外电场作用下,正负电荷中心分离

中的分子电偶极子将受到外电场的力矩作用而转动,此力矩力图使分子电偶极矩 $\boldsymbol{p}$ 的取向与外电场 $\boldsymbol{E}_0$ 的方向趋于一致,这将是一个强烈的极化,由于分子热运动的存在,所以 $\boldsymbol{p}$ 不可能转到与外电场方向一致,其程度与外电场有关。这样,在垂直 $\boldsymbol{E}_0$ 方向的介质两端表面上也会出现正负极化电荷(图 11-12),这种极化机制称为取向极化。

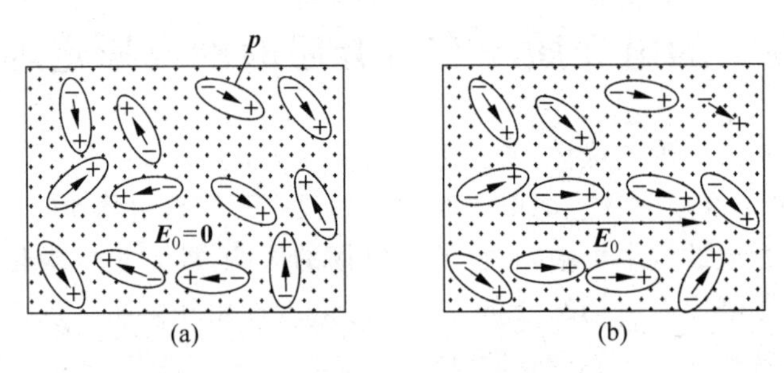

图 11-12　有极分子电介质的取向极化

(a) 无外电场,有极分子混乱取向;(b) 外电场作用下,有极分子发生取向

11.2.3　电介质对电场的影响

虽然两种电介质受到外电场作用所发生变化的微观机制不同,但其宏观效果是一样的。在电介质内部的宏观微小区域内,正负电荷的电量仍相等,仍表现为电中性,但在电介质表面上却出现了只有正电荷或只有负电荷的电荷层,这种出现在电介质表面上的电荷叫做极化电荷,也称为束缚电荷,因为它不像导体中的自由电荷那样能用传导方法引走。如图 11-13 所示,极化电荷 q' 在电介质内产生极化电场 $\boldsymbol{E}'$,$\boldsymbol{E}'$ 的方向与 $\boldsymbol{E}_0$ 的方向相反。电介质中的合场强 $\boldsymbol{E}$ 是 $\boldsymbol{E}_0$ 和 $\boldsymbol{E}'$ 的矢量和,即

$$\boldsymbol{E}=\boldsymbol{E}_0+\boldsymbol{E}' \tag{11-2}$$

图 11-13　电介质的极化

其大小为

$$E=E_0-E'$$

实验表明,总电场强度 $\boldsymbol{E}$ 和外电场 $\boldsymbol{E}_0$ 之间的关系为

$$\boldsymbol{E}=\frac{\boldsymbol{E}_0}{\varepsilon_{\mathrm{r}}} \tag{11-3}$$

式中，ε_r 为电介质的相对电容率。在真空中 $\varepsilon_r=1$，空气的相对电容率近似等于1，其他电介质的相对电容率均大于1。

在强电场中，电介质中的一些束缚电荷在强电场力作用下会解除束缚变成自由移动的电荷，电介质丧失绝缘性变为导体，这个过程称为电介质的击穿。一种电介质所能承受的最大电场强度称为该介质的击穿场强(也称绝缘强度)。表11-1给出了一些常见电介质的相对电容率和击穿场强。

表11-1　几种常见电介质的相对电容率和击穿场强

电介质	相对电容率	击穿场强/(10^3 V·mm^{-1}(室温))	电介质	相对电容率	击穿场强/(10^3 V·mm^{-1}(室温))
真空	1		氯丁橡胶	6.6	10～20
空气(20℃)	1.000 59	3	硼硅酸玻璃	5～10	10～50
水(20℃)	80.2		云母	3.0～8.0	160
变压器油(20℃)	2.2～2.5	12	陶瓷	6～8	4～25
纸	2.5	5～14	二氧化钛	173	
聚四氟乙烯	2.0～2.1	60	钛酸锶	约250	8
聚乙烯	2.2～2.4	50	钛酸钡锶	10^4	

11.2.4　电介质中的高斯定理

电介质放在电场中会受电场的作用而极化，产生极化电荷，极化电荷又会反过来影响电场的分布，有电介质存在时的电场应该由电介质上的极化电荷和自由电荷共同决定。

下面以平行板电容器中充满各向同性的电介质为例来讨论。如图11-14所示，取一闭合的圆柱面作为高斯面，高斯面的两底面与极板平行，其中下底面在电介质内，底面的面积为 S。计算总电场强度 $\boldsymbol{E}$ 时，应计算高斯面内所包含的自由电荷和极化电荷，即

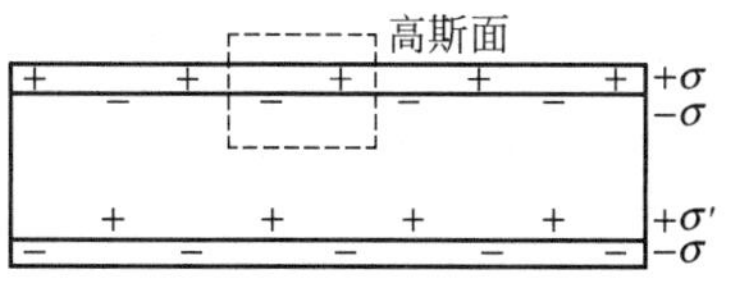

图11-14　电介质中的高斯定理

$$\oint_S \boldsymbol{E}\cdot d\boldsymbol{S}=\frac{1}{\varepsilon_0}(Q_0-Q') \tag{11-4}$$

式中，Q_0 和 Q' 分别为高斯面内所包含的自由电荷和极化电荷。

设极板上自由电荷的面密度为 σ_0，极化电荷的面密度为 σ'。自由电荷和极化电荷在两平板间激发的电场强度和极化电场强度分别为 $E_0=\frac{\sigma_0}{\varepsilon_0}$ 和 $E'=\frac{\sigma'}{\varepsilon_0}$，将此 E_0、E' 和式(11-3)代入式(11-2)，得

$$\frac{\sigma_0}{\varepsilon_0}-\frac{\sigma'}{\varepsilon_0}=\frac{\sigma_0}{\varepsilon_0\varepsilon_r}$$

从而可得

$$\sigma'=\frac{\varepsilon_r-1}{\varepsilon_r}\sigma_0$$

由于 $Q_0=\sigma_0 S$,$Q'=\sigma' S$,上式也可写成

$$Q'=\frac{\varepsilon_r-1}{\varepsilon_r}Q_0 \tag{11-5}$$

此即电介质中极化电荷面密度和自由电荷面密度与电介质的相对电容率之间的关系。

将式(11-5)代入式(11-4),有

$$\oint_S \boldsymbol{E}\cdot d\boldsymbol{S}=\frac{Q_0}{\varepsilon_0\varepsilon_r}$$

或

$$\oint_S \varepsilon_0\varepsilon_r\boldsymbol{E}\cdot d\boldsymbol{S}=Q_0$$

令

$$\boldsymbol{D}=\varepsilon_0\varepsilon_r\boldsymbol{E}=\varepsilon\boldsymbol{E} \tag{11-6}$$

$\boldsymbol{D}$ 叫做电位移矢量,其单位为 $C\cdot m^{-2}$,相对电容率 ε_r 与真空电容率 ε_0 的乘积叫做电容率 ε,即 $\varepsilon=\varepsilon_0\varepsilon_r$。上式可写成

$$\oint_S \boldsymbol{D}\cdot d\boldsymbol{S}=Q_0 \tag{11-7}$$

式中,$\oint_S \boldsymbol{D}\cdot d\boldsymbol{S}$ 是通过闭合曲面 S 的电位移矢量通量。式(11-7) 虽然是从平行板电容器特例中得出的,但可以证明在一般情况下也是正确的。

有电介质时的高斯定理表述如下:在静电场中,通过任意闭合曲面的电位移矢量通量等于该闭合曲面所包围的自由电荷的代数和,与束缚电荷无关。其数学表达式为

$$\oint_S \boldsymbol{D}\cdot d\boldsymbol{S}=\sum_{i=1}^{n}Q_{0i} \tag{11-8}$$

式中,$\sum_{i=1}^{n}Q_{0i}$ 为高斯面内包围的自由电荷的代数和,电位移矢量通量只与自由电荷有关。

例 11-4 设一带电量为 Q 的点电荷周围充满相对电容率为 ε_r 的均匀介质,求场强分布。

解 如图 11-15 所示,以点电荷为中心作半径为 r 的高斯面 S。根据介质中的高斯定理

$$\oint_S \boldsymbol{D}\cdot d\boldsymbol{S}=D4\pi r^2=Q$$

所以

$$D=\frac{Q}{4\pi r^2}$$

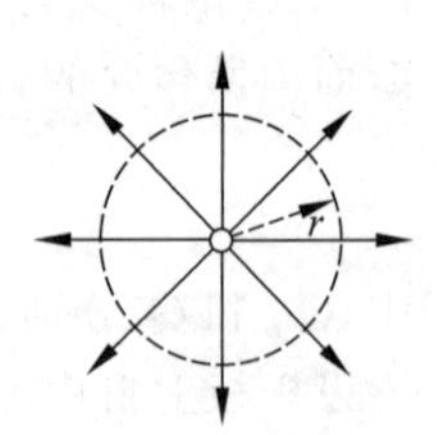

图 11-15 均匀电介质中点电荷的场强

由 $E=\frac{D}{\varepsilon_0\varepsilon_r}$,得

$$E=\frac{D}{\varepsilon}=\frac{Q}{4\pi\varepsilon_0\varepsilon_r r^2}$$

真空中电荷 q 周围的电场为 $E_0=\frac{Q}{4\pi\varepsilon_0 r^2}$,可见,当电荷周围充满电介质时,场强减弱到真空时的 $1/\varepsilon_r$。减弱的原因是在贴近金属球表面的介质表面出现了束缚电荷。

例 11-5　图 11-16 是由半径为 R_1 的长直圆柱导体和同轴的半径为 R_2 的薄导体圆筒组成，其间充以相对电容率为 ε_r 的电介质。设直导体和圆筒单位长度上的电荷分别为 $+\lambda$ 和 $-\lambda$，求电介质中的电场强度和电位移。

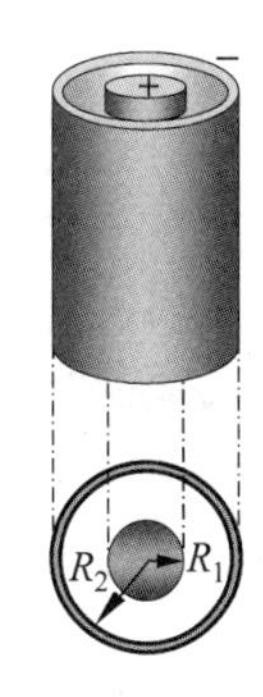

图 11-16　例 11-5 图

解　由于电荷分布是均匀对称的，所以电介质中的电场也是轴对称的，电场强度的方向沿柱面的径矢方向。作一与圆柱导体同轴的柱形高斯面，其半径为 r $(R_1<r<R_2)$，长为 l。因为电介质中的电位移 $\boldsymbol{D}$ 与柱形高斯面的两底面平行，所以通过这两个底面的电位移通量为零。根据电介质中的高斯定理，有 $\oint_S \boldsymbol{D}\cdot\mathrm{d}\boldsymbol{S}=\lambda l$，即 $D2\pi rl=\lambda l$，得

$$D=\frac{\lambda}{2\pi r}$$

由 $E=\dfrac{D}{\varepsilon_0\varepsilon_r}$，得电介质中的电场强度为

$$E=\frac{\lambda}{2\pi\varepsilon_0\varepsilon_r r},\quad R_1<r<R_2$$

11.3　电容　电容器

电容是电学中一个重要的物理量，它反映了电容器储存电荷及电能的能力。本节将首先介绍孤立导体的电容，然后讨论几种典型电容器的电容。

11.3.1　孤立导体的电容

真空中，一半径为 R、带电量为 Q 的孤立导体金属球，其电势为 $V=\dfrac{Q}{4\pi\varepsilon_0 R}$（取无穷远处为电势零点），由理论和实验可以证明，该导体的电势除与它所带的电量成正比外，还与导体的形状和尺寸有关。因此，给出定义：孤立导体所带电量 Q 与其电势 V 的比值为该导体的电容，用符号 C 表示，即

$$C=\frac{Q}{V}\tag{11-9}$$

真空中孤立导体金属球的电容为 $C=4\pi\varepsilon_0 R$，它是反映导体自身性质的物理量，只与导体的大小和形状有关，与导体是否带电无关，就像导体的电阻与导体是否通有电流无关一样。

在国际单位制中，电容的单位是法拉，符号为 F，$1\mathrm{F}=1\mathrm{C}\cdot\mathrm{V}^{-1}$。实际上，1F 是非常大的，常用微法（μF）、皮法（pF）等较小的单位，它们之间的关系为

$$1\mathrm{F}=10^6\mu\mathrm{F}=10^{12}\mathrm{pF}$$

11.3.2　电容器的电容

电容器是组成电路的基本元件之一，它由被电介质分隔开的两个导体组成，两个导体为

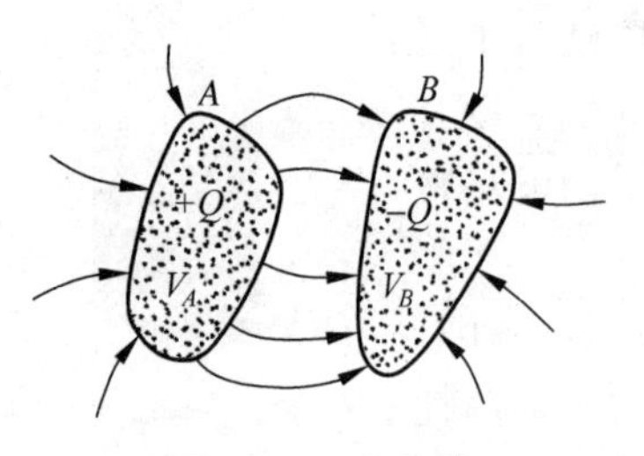

图 11-17　电容器

它的极板。如图 11-17 所示,当电容器的两个极板 A 和 B 分别带有等量异号电荷 $+Q$ 和 $-Q$ 时,两个极板间的电势差 $U=V_A-V_B$。电容器的电容定义为:一个极板所带电量的绝对值 Q 与两个极板间电势差的比值,即

$$C=\frac{Q}{U} \tag{11-10}$$

电容器的电容取决于电容器本身的结构,即两导体的形状、相对位置以及两导体间电介质的种类等,而与它所带的电量无关。

11.3.3　电容的计算

下面分别讨论几种常见电容器的电容。在这里,我们的任务是在知道电容器的几何结构之后计算它的电容,电容的计算步骤如下:

(1) 假定在两极板上分别带有等量异号电荷 $+Q$ 和 $-Q$;

(2) 根据此电荷,应用高斯定理计算两极板之间的电场 $\boldsymbol{E}$;

(3) 利用公式 $U=\int_{+}^{-}\boldsymbol{E}\cdot\mathrm{d}\boldsymbol{l}$ 计算两极板之间的电势差 U,其中 $+$ 和 $-$ 表示积分路径起始于正极板并终止于负极板;

(4) 根据电容定义式 $C=Q/U$ 计算电容 C。注意电容 C 与 Q 无关,只与电容器本身的结构有关。

例 11-6　求平行板电容器的电容。

如图 11-18 所示,平行板电容器由两块彼此靠得很近的平行极板组成,两个极板的面积为 S,内表面间的距离为 d,两个极板间充满了相对电容率为 ε_r 的电介质。求此电容器的电容。

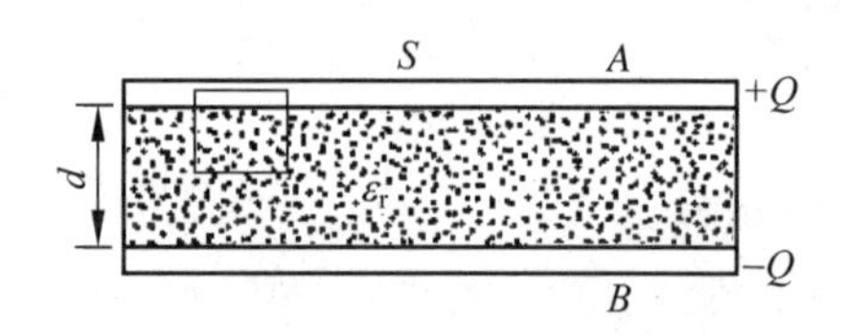

图 11-18　平行板电容器

解　设两极板 A 和 B 分别带有等量异号电荷 $+Q$ 和 $-Q$,于是每块极板上的电荷面密度分别为 $\pm\sigma=\pm Q/S$,两个极板之间的电场为均匀电场,方向垂直于板面。首先由电介质中的高斯定理计算极板间的电位移和电场强度。为此,作一底面积为 ΔS 的封闭柱面为高斯面,其轴线与板面垂直,两底面与金属板平行,而且上底面在金属板内,通过这一封闭面的电位移通量为

$$\oint_{\Delta S}\boldsymbol{D}\cdot\mathrm{d}\boldsymbol{S}=\int_{\Delta S_{下底面}}\boldsymbol{D}_1\cdot\mathrm{d}\boldsymbol{S}+\int_{\Delta S_{上底面}}\boldsymbol{D}_2\cdot\mathrm{d}\boldsymbol{S}+\int_{\Delta S_{侧面}}\boldsymbol{D}_3\cdot\mathrm{d}\boldsymbol{S}$$

上底面在金属板内,电场强度为零,$\boldsymbol{D}$ 也为零;侧面上 $\boldsymbol{D}$ 与 $\mathrm{d}\boldsymbol{S}$ 垂直,所以,通过上底面和侧面的 $\boldsymbol{D}$ 通量均为零。通过整个高斯面的 $\boldsymbol{D}$ 通量就是通过下底面的 $\boldsymbol{D}$ 通量,即

$$\oint_{\Delta S}\boldsymbol{D}\cdot\mathrm{d}\boldsymbol{S}=\int_{\Delta S_{下底面}}\boldsymbol{D}\cdot\mathrm{d}\boldsymbol{S}=D\Delta S$$

包围在高斯面内的自由电荷为 $\sigma\Delta S$,由 $\boldsymbol{D}$ 的高斯定理可得

$$D=\sigma,\quad E=\frac{\sigma}{\varepsilon_0\varepsilon_r}=\frac{Q}{\varepsilon_0\varepsilon_r S}$$

应当指出，在上面的论述中，我们略去了极板的边缘效应，即把两极板边缘附近的电场仍近似为均匀电场。这种近似处理的方法是可行的，因为实际应用的电容器极板间的距离 d 比起极板的线度要小得多，使边缘附近不均匀电场所导致的误差完全可以略去，于是两极板 A、B 间的电势差为

$$U=\int_A^B \boldsymbol{E}\cdot \mathrm{d}\boldsymbol{l}=Ed=\frac{Qd}{\varepsilon_0\varepsilon_r S}$$

由电容器的电容定义式(11-10)可得

$$C=\frac{Q}{U}=\frac{\varepsilon_0\varepsilon_r S}{d}=\frac{\varepsilon S}{d}\tag{11-11}$$

式(11-11)表明，平行板电容器的电容 C 与极板的面积 S 和电介质的电容率 ε 成正比，与极板间距离 d 成反比。电容只与电容器本身的结构有关，而与电容器是否带电无关。

当平行板电容器两极板为真空时($\varepsilon_r=1$)，根据式(11-11)可得平行板电容器的电容为 $C'=\varepsilon_0 S/d$。与极板间有电介质时相比较，可得：$C=\varepsilon_r C'$，即电介质能增大电容。另外由于电介质自身的性质，电容器中填充了电介质，可以提高耐压本领。

例 11-7　如图 11-19 所示，平行板电容器两极板的面积为 S，两板间有两层平行放置的电介质，它们的电容率分别为 ε_1 和 ε_2，厚度分别为 d_1 和 d_2，两极板上的电荷面密度分别为 $\pm\sigma$。求：

(1) 在电介质内的电位移和电场强度；

(2) 电容器的电容。

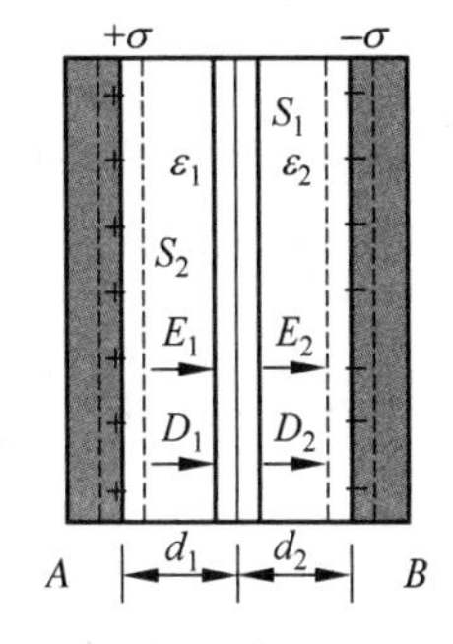

图 11-19　例 11-7 图

解　设两层电介质中的场强分别为 E_1 和 E_2，电位移分别为 D_1 和 D_2；根据电场场强、电位移的定义和它们之间的关系，应用电介质中的高斯定理进行求解。

(1) 穿过两介质作圆柱形高斯面 S_1，两底面分别处在两层介质中且平行于两介质的接触面(如图 11-19 中穿过两介质的实线所示)，底面积为 S，D_1 穿入此高斯面，电位移通量为负，D_2 穿出此高斯面，电位移通量为正，在此高斯面内的自由电荷为零。

① 应用电介质中的高斯定理

$$\oint_{S_1}\boldsymbol{D}\cdot \mathrm{d}\boldsymbol{S}=-D_1 S+D_2 S=0,\quad D_1=D_2$$

即在两种电介质内，电位移相等。又因为

$$D_1=\varepsilon_1 E_1,\quad D_2=\varepsilon_2 E_2$$

所以

$$\frac{E_1}{E_2}=\frac{\varepsilon_2}{\varepsilon_1}$$

即场强与电容率成反比。

② 为了求出电介质中的电位移和场强的大小，还需利用已知条件(面电荷密度)。因此，在板内和介质中作一高斯面 S_2，底面积也为 S，如图中左边虚线所示。这一闭合面内的自由电荷等于正极板上的电荷，由电介质中高斯定理得

$$\oint_{S_2} \boldsymbol{D} \cdot \mathrm{d}\boldsymbol{S} = D_1 S = \sigma S$$

所以 $D_1 = \sigma$。

③ 再利用 D 求 E,

$$E_1 = \frac{\sigma}{\varepsilon_1}, \quad E_2 = \frac{\sigma}{\varepsilon_2}$$

(2) 由电容的定义,求其值。

正、负两板间的电势差为

$$U = V_A - V_B = E_1 d_1 + E_2 d_2 = \sigma\left(\frac{d_1}{\varepsilon_1} + \frac{d_2}{\varepsilon_2}\right) = \frac{Q}{S}\left(\frac{d_1}{\varepsilon_1} + \frac{d_2}{\varepsilon_2}\right)$$

式中,$Q = \sigma S$ 是每一板上的电荷,电容器的电容为

$$C = \frac{Q}{U} = \frac{S}{\dfrac{d_1}{\varepsilon_1} + \dfrac{d_2}{\varepsilon_2}}$$

可见电容与电介质的放置次序无关。上述结果可以推广到两极板间有任意多层电介质的情况(每层的厚度可以不同,但其相互叠合的两表面必须都与电容器的两极板表面平行)。

例 11-8 求球形电容器的电容。

解 如图 11-20 所示,球形电容器是由两个内外半径分别为 R_1 和 R_2 的同心导体球壳组成,球壳间充满了相对电容率为 ε_r 的电介质。

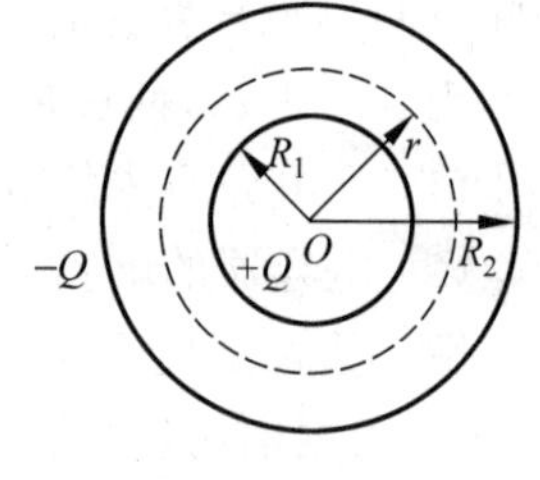

图 11-20 球形电容器

设两个球壳所带电量分别为 $\pm Q$,在两个球壳之间作球状高斯面,根据高斯定理可求得两个球壳之间场强为

$$\boldsymbol{E} = \frac{Q}{4\pi\varepsilon_0\varepsilon_r r^2}\boldsymbol{e}_r, \quad R_1 < r < R_2$$

所以两个球壳之间的电势差为

$$U = \int_l \boldsymbol{E} \cdot \mathrm{d}\boldsymbol{l} = \frac{Q}{4\pi\varepsilon_0\varepsilon_r}\int_{R_1}^{R_2} \frac{\mathrm{d}r}{r^2} = \frac{Q}{4\pi\varepsilon_0\varepsilon_r}\left(\frac{1}{R_1} - \frac{1}{R_2}\right)$$

于是,由电容器的电容定义式(11-10),可得球形电容器的电容为

$$C = \frac{Q}{U} = 4\pi\varepsilon_0\varepsilon_r \frac{R_1 R_2}{R_2 - R_1} \tag{11-12}$$

例 11-9 求圆柱形电容器的电容。

如图 11-21(a)所示,圆柱形电容器是由两个内外半径分别为 R_A 和 R_B 的同轴圆柱导体面组成的,圆柱面长度为 L,且 $L \gg R_B$,两个圆柱面之间充满了相对电容率为 ε_r 的电介质。求此圆柱形电容器的电容。

解 因为 $L \gg R_B$,所以可把两圆柱面间的电场看做是无限长圆柱面的电场。设两个圆柱面所带电量分别为 $\pm Q$,则单位长度上的电荷密度 $\lambda = Q/L$。由例 11-5 可得两圆柱面之间距圆柱的轴线为 r 处的电场强度 $\boldsymbol{E}$ 的大小为

$$E = \frac{\lambda}{2\pi\varepsilon_0\varepsilon_r r} = \frac{Q}{2\pi\varepsilon_0\varepsilon_r L}\frac{1}{r}, \quad R_A < r < R_B$$

电场强度的方向垂直于圆柱轴线。于是,两圆柱面间的电势差为

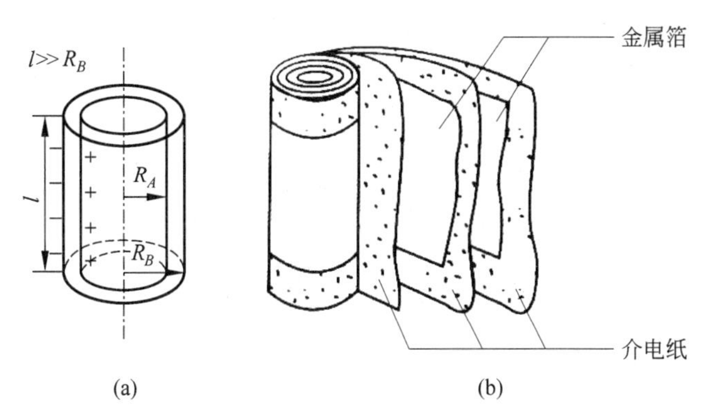

图 11-21 圆柱形电容器

$$U=\int_l \boldsymbol{E}\cdot \mathrm{d}\boldsymbol{l}=\int_{R_A}^{R_B}\frac{Q}{2\pi\varepsilon_0\varepsilon_r L}\frac{\mathrm{d}r}{r}=\frac{Q}{2\pi\varepsilon_0\varepsilon_r L}\ln\frac{R_B}{R_A}$$

根据电容器的电容定义式(11-10),可得圆柱形电容器的电容为

$$C=\frac{Q}{U}=\frac{2\pi\varepsilon_0\varepsilon_r L}{\ln\dfrac{R_B}{R_A}} \tag{11-13}$$

由此可见,圆柱越长,电容 C 越大;两圆柱面间的间隙越小,电容 C 越大。如果以 d 表示两圆柱体面间的间隙,当 $d=R_B-R_A\ll R_A$ 时,有 $\ln\dfrac{R_B}{R_A}=\ln\dfrac{R_A+d}{R_A}\approx\dfrac{d}{R_A}$。

于是式(11-13)可写成

$$C\approx\frac{2\pi\varepsilon_0\varepsilon_r LR_A}{d}$$

式中,$2\pi R_A L$ 为圆柱体的侧面积 S,上式又可写成

$$C=\frac{\varepsilon_0\varepsilon_r S}{d} \tag{11-14}$$

此即例 11-6 平行板电容器的电容。因此,当两圆柱面之间的间隙小于圆柱体的半径,即 $d\ll R_A$ 时,圆柱形电容器可当作平行板电容器。

有的电容器就是在两层金属箔之间夹上绝缘材料,引出两个抽头,卷制而成,如图 11-21(b)所示。

例 11-10 设有两根半径都为 R 的平行长直导线,它们中心之间相距为 d,且 $d\gg R$,求单位长度的电容。

解 如图 11-22 所示,设导线 A、B 间的电势差为 U,它们的电荷线密度分别为 $+\lambda$ 和 $-\lambda$。由高斯定理和场的叠加原理,可求出两导线所在平面内任一点 P 处电场强度的大小为

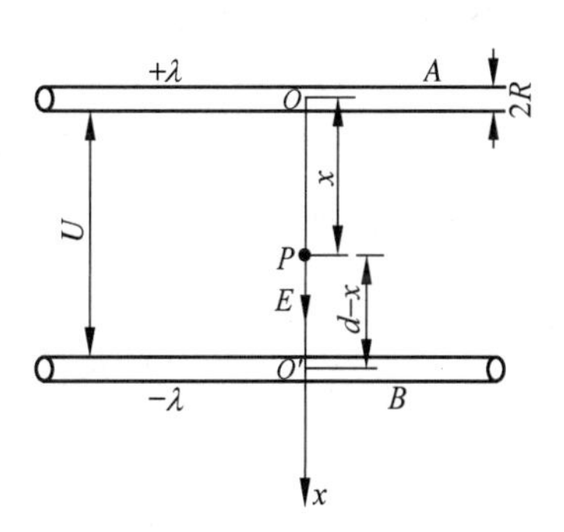

图 11-22 例 11-10 图

$$E=E_A+E_B=\frac{1}{2\pi\varepsilon_0}\left(\frac{\lambda}{x}+\frac{\lambda}{d-x}\right)$$

E 的方向沿 x 轴正向。两导线之间的电势差为

$$U=\int_A^B \boldsymbol{E}\cdot \mathrm{d}\boldsymbol{l}=\int_R^{d-R} E\,\mathrm{d}x=\frac{\lambda}{2\pi\varepsilon_0}\int_R^{d-R}\left(\frac{1}{x}+\frac{1}{d-x}\right)\mathrm{d}x$$

上式积分后为

$$U=\frac{\lambda}{\pi\varepsilon_0}\ln\frac{d-R}{R}$$

考虑到 $d\gg R$,上式近似为

$$U\approx\frac{\lambda}{\pi\varepsilon_0}\ln\frac{d}{R}$$

于是,两长直导线单位长度的电容为

$$C=\frac{\lambda}{U}\approx\frac{\pi\varepsilon_0}{\ln\dfrac{d}{R}}$$

两条输电线间、电子线路中两段导线间等都存在电容,这种电容实际上反映了两部分导体间通过电场的相互作用和影响,有时叫做“杂散电容”或“分布电容”。在有些情况下(如高频电路),它会对电路的性质产生明显的影响。

11.3.4 电容器的串联和并联

电容器根据功能可分为可变电容器、半可变电容器和固定电容器。

衡量一个实际电容器的性质有两个重要的指标:一是电容器的电容量大小;二是它的耐电压的能力。所谓电容器的耐电压能力,是由电容器两极板间电介质的介电强度决定的。一旦两板间的电压超过一定限度,其电场将击穿两板间的电介质,两极板就不再绝缘了,电容器就被毁坏了。在实际的电路设计和使用中,当单独一个电容器的耐压不够时,可以采用串联电容器来增加耐压达到要求。下面讨论电容器并联或串联的等效电容的计算方法。

1. 电容器的并联

如图 11-23 所示,将两个电容器 C_1 和 C_2 的极板一一对应地联接起来,这种联接叫做并联。设加在并联电容器组上的电压为 U,则 C_1 和 C_2 的电荷分别为 Q_1 和 Q_2。根据式(11-10)有

$$Q_1=C_1U,\quad Q_2=C_2U$$

两电容器上的总电荷 Q 为

$$Q=Q_1+Q_2=(C_1+C_2)U$$

若用一个电容器来等效地代替这两个电容器,使它在电压为 U 时,所带电荷也为 Q,那么这个等效电容器的电容 C 为

$$C=\frac{Q}{U}$$

把它与前式相比较可得

$$C=C_1+C_2 \tag{11-15}$$

这说明,当几个电容器并联时,其等效电容等于这几个

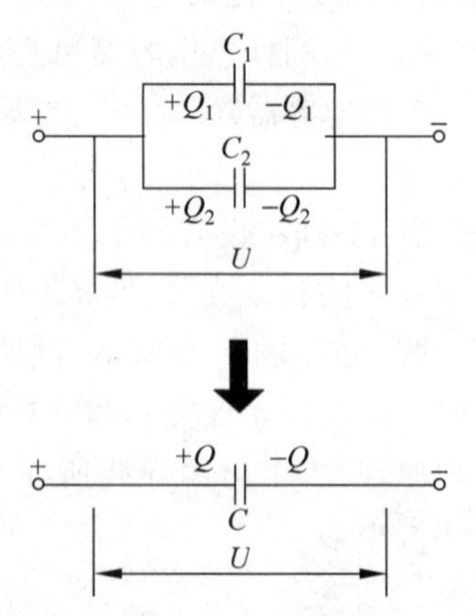

图 11-23 C_1 和 C_2 两个电容器并联,C 为它们的等效电容

电容器电容之和。

2. **电容器的串联**

如图 11-24 所示，两个电容器的极板首尾相联接，这种联接叫做串联。设加在串联电容器组上的电压为 U，则两端的极板分别带有 $+Q$ 和 $-Q$ 的电荷。由于静电感应使虚线框内的两块极板所带的电荷分别为 $-Q$ 和 $+Q$。这就是说，串联电容器组中每个电容器极板上所带的电荷是相等的。根据式(11-10)可得每个电容器的电压为

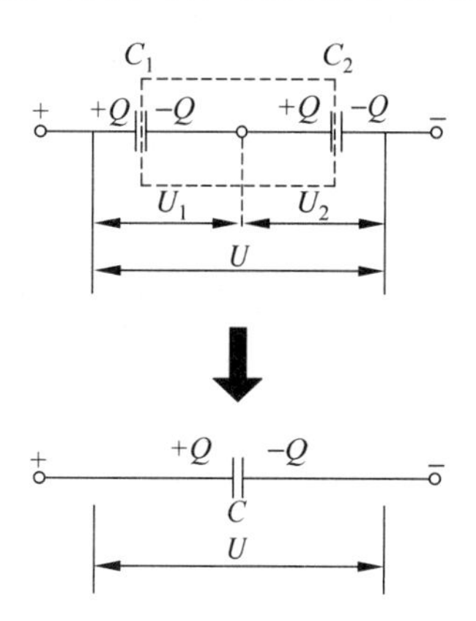

图 11-24　两个电容器 C_1 和 C_2 串联，C 为它们的等效电容

$$U_1=\frac{Q}{C_1},\quad U_2=\frac{Q}{C_2}$$

而总电压 U 则为各个电容器上的电压 U_1 和 U_2 之和，即

$$U=U_1+U_2=\left(\frac{1}{C_1}+\frac{1}{C_2}\right)Q$$

如果用一个电容为 C 的电容器来等效地代替串联电容器组，使它两端的电压为 U 时，它所带的电荷也为 Q，则有

$$U=\frac{Q}{C}$$

把它与前式相比，可得

$$\frac{1}{C}=\frac{1}{C_1}+\frac{1}{C_2} \tag{11-16}$$

这说明，串联电容器组等效电容的倒数等于电容器组中各电容倒数之和。

可见，并联时等效电容等于各电容器的电容之和，因此利用并联可获得较大的电容。串联时等效电容的倒数等于各电容器电容的倒数之和，因此，等效电容比每一电容器的电容都小，但由于总电压分配到了各个电容器上，所以，串联时电容器组的耐压能力得到提高。对照式(11-11)不难理解，电容器并联相当于增大了极板的面积 S，所以总电容 C 增大了；而串联时，相当于增大了极板的距离 d，故总电容减小了。至于充以电介质使电场强度 E 减小，导致极板间电压减小，故使电容增大。弄清这些概念，对分析解答具体问题会有很大的帮助。

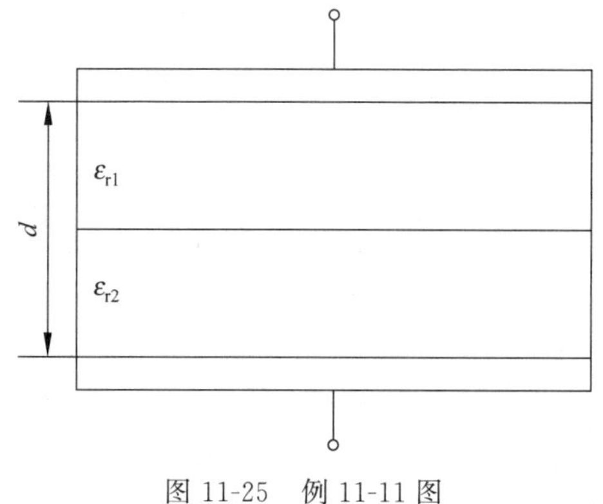

图 11-25　例 11-11 图

例 11-11　如图 11-25 所示，一平行板电容器的极板面积为 S，板间由两层相对电容率分别为 ε_{r1} 和 ε_{r2} 的电介质充满，二者厚度都是板间距离 d 的一半。求此电容器的电容。

解　由于两介质的分界面与板间电场强度垂直，所以该面为一等势面。因此可以设想两电介质在此面上以一薄金属板隔开，这样图示电容器就可以看作是两个电容器串联而成。两个电容器的电容分别为

$$C_1=\frac{\varepsilon_0\varepsilon_{r1}S}{d/2}=\frac{2\varepsilon_0\varepsilon_{r1}S}{d}$$

$$C_2=\frac{\varepsilon_0\varepsilon_{r2}S}{d/2}=\frac{2\varepsilon_0\varepsilon_{r2}S}{d}$$

由电容器串联公式(11-16),得

$$C=\frac{C_1C_2}{C_1+C_2}=\frac{2\varepsilon_0\varepsilon_{r1}\varepsilon_{r2}}{d(\varepsilon_{r1}+\varepsilon_{r2})}$$

11.4 静电场的能量

11.4.1 电容器的电能

如图 11-26 所示,在电容器充电过程中,电子从电容器带正电的极板上被拉到电源,并被电源推到带负电的极板上去。完成这个过程要靠电源做功,从而消耗了电源的能量(如化学能),使之转化为电容器储存的电能。设充电过程的某一瞬间,两极板之间的电势差为 U,极板所带电量的绝对值为 q,此时若把电荷 $-\mathrm{d}q$ 从带正电的极板移到带负电的极板上,外力克服静电力所做的功为

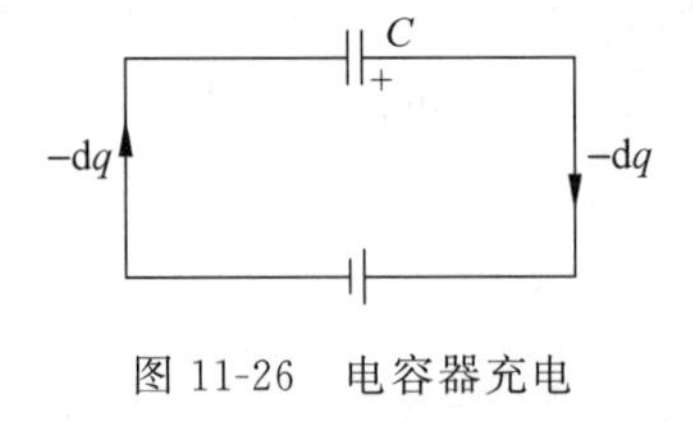

图 11-26 电容器充电

$$\mathrm{d}W=U\mathrm{d}q=\frac{q}{C}\mathrm{d}q$$

从两极板不带电到两极板分别带 $\pm Q$ 电量的过程中,外力所做的总功(这些功将使电容器的电容增加)也就是电容器储存的电能

$$W_e=\frac{1}{C}\int_0^Q q\,\mathrm{d}q=\frac{Q^2}{2C}=\frac{1}{2}QU=\frac{1}{2}CU^2 \tag{11-17}$$

例 11-12 某电容器标明“10μF、400V”,求该电容器最多能储存多少电荷和静电能?

解 根据电容器电容的定义式和静电场的能量公式(11-17),可解此题。由电容器电容的定义式得

$$Q=CU=10\times10^{-6}\times400\mathrm{C}=4\times10^{-3}\mathrm{C}$$

由静电场的能量公式得

$$W_e=\frac{1}{2}CU^2=\frac{1}{2}\times10\times10^{-6}\times400^2\mathrm{J}=8\times10^{-1}\mathrm{J}$$

电容器是常用的电学和电子学元件,具有储能的本领,由例 11-12 可见,一般的电容器储存的能量并不多。但是,能在极短的放电过程中释放所储存的能量,获得较大的功率。如果把一个已充电的电容器的两个极板用导线短路,则可以看到放电火花。利用放电火花的热能,可以熔焊金属,这就是常说的“电容焊”。在工业上,激光打印、受控热核反应、用于科研的盖革计数器等都有电容器的重要应用,照相机的闪光灯也是利用电容器瞬时放电而闪光照明。电容器在电路中具有隔直流通交流,对高频短路,稳定电流、电压的作用,被广泛应用在电工和电子线路中。我们日常生活中的收音机、电视机及各种电子仪器都要用到电容器这种元件。

11.4.2 静电场的能量 能量密度

在恒定状态下,电荷和电场总是同时存在、相伴而生的,使我们无法分辨电能是与电荷还是与电场相关联,然而电磁波可以在空间传播,电场可以脱离电荷而传播,因此电能是定域在电场中的。既然电能分布在电场中,电能一定与描述电场性质的特征量有某种联系。下面从平行板电容器这个特例来寻求这种联系。

设平行板电容器两个极板的面积为 S,分别带有等量异号电荷 $+Q$ 和 $-Q$,内表面间的距离为 d,两个极板间充满了相对电容率为 ε_r 的电介质。根据式(11-11)、式(11-17) 和关系式 $U=Ed$,可得电容器中储存的电能为

$$W_e=\frac{1}{2}CU^2=\frac{1}{2}\frac{\varepsilon_0\varepsilon_r S}{d}(Ed)^2=\frac{1}{2}\varepsilon_0\varepsilon_r E^2 Sd=\frac{1}{2}\varepsilon_0\varepsilon_r E^2 V$$

式中,$V=Sd$ 为极板间电场所占空间的体积,因为平行板电容器极板间电场是均匀的,所以平行板电容器的电场能量均匀地分布在它的电场中,因此,单位体积内电场能量为

$$w_e=\frac{1}{2}\varepsilon_0\varepsilon_r E^2=\frac{1}{2}ED \tag{11-18}$$

叫做电场的能量密度,式(11-18)结论虽然是通过平行板电容器推导出来的,但它却是普遍成立的。它表明电场的能量密度与 E 的二次方成正比,电场强度越大的区域,电场的能量密度也越大,此式是用场量 E 来表示的,它进一步说明了电场能量的确分布在电场中。当电场不均匀时,总能量 W_e 应该是能量密度的体积分,

$$W_e=\int_V w_e \mathrm{d}V=\int_V \frac{1}{2}\varepsilon_0\varepsilon_r E^2 \mathrm{d}V \tag{11-19}$$

式中的积分遍及电场分布的空间。

例 11-13 如图 11-27 所示,球形电容器的导体球壳内、外半径分别为 R_1 和 R_2,球壳间充满了相对电容率为 ε_r 的电介质。求当两个球壳所带电量分别为 $\pm Q$ 时,电容器所储存的电场能量。

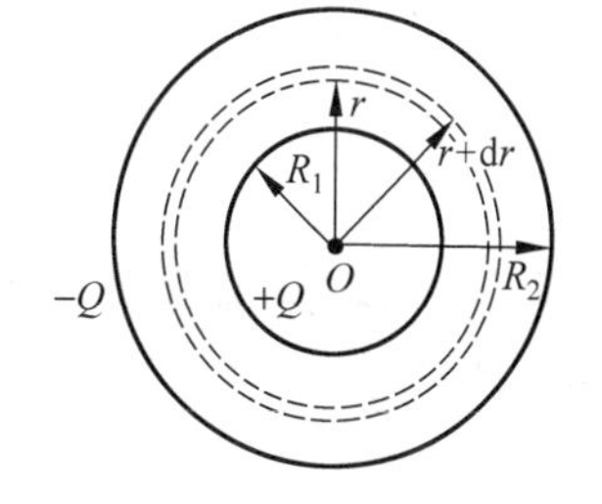

图 11-27 球形电容器

解 由高斯定理可得两个球壳之间的场强大小为

$$\boldsymbol{E}=\frac{Q}{4\pi\varepsilon_0\varepsilon_r r^2}\boldsymbol{e}_r,\quad R_1<r<R_2$$

故球壳内的电场能量密度为

$$w_e=\frac{1}{2}\varepsilon_0\varepsilon_r E^2=\frac{Q^2}{32\pi^2\varepsilon_0\varepsilon_r r^4}$$

取半径为 r,厚度为 $\mathrm{d}r$ 的球壳为体积微元,微元体积 $\mathrm{d}V=4\pi r^2\mathrm{d}r$。所以在此体积元内电场的能量为

$$\mathrm{d}W_e=w_e\mathrm{d}V=\frac{Q^2}{8\pi\varepsilon_0\varepsilon_r r^2}\mathrm{d}r$$

根据式(11-19),电场总能量为

$$W_e=\int dW_e=\frac{Q^2}{8\pi\varepsilon_0\varepsilon_r}\int_{R_1}^{R_2}\frac{dr}{r^2}=\frac{Q^2}{8\pi\varepsilon_0\varepsilon_r}\left(\frac{1}{R_1}-\frac{1}{R_2}\right)$$

此外，利用电容器储存电能公式 $W=\dfrac{Q^2}{2C}$ 和球形电容器电容公式(11-12)同样也可得到上述结论，即

$$W_e=\frac{Q^2}{2C}=\frac{1}{2}\frac{Q^2}{4\pi\varepsilon_0\varepsilon_r\dfrac{R_2R_1}{R_2-R_1}}=\frac{Q^2}{8\pi\varepsilon_0\varepsilon_r}\left(\frac{1}{R_1}-\frac{1}{R_2}\right)$$

例 11-14 如图 11-28 所示，圆柱形电容器的金属圆筒内、外半径分别为 R_1 和 R_2，两圆筒间充满了相对电容率为 ε_r 的均匀电介质。求当电容器带有电量 Q 时，所储存的电场能量。

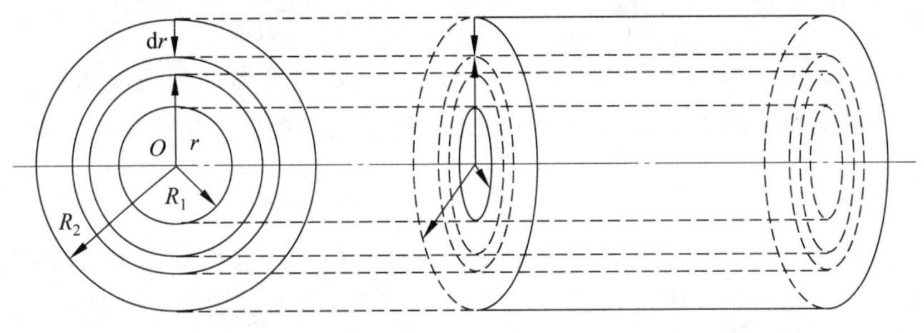

图 11-28 圆柱形电容器

解 电容器内、外圆筒带电量分别为 Q 和 $-Q$。根据高斯定理可知，内圆筒内部和外圆筒外部的电场为零。两圆柱筒间的电场为

$$E=\frac{\lambda}{2\pi\varepsilon_0\varepsilon_r r}=\frac{Q}{2\pi\varepsilon_0\varepsilon_r lr},\quad R_1<r<R_2$$

在两圆柱筒间，距轴线 r 处，作一半径为 r，厚度为 dr，长度为 l 的薄圆柱壳，如图 11-28 所示，薄圆柱壳的体积为

$$dV=2\pi rl\,dr$$

带电圆柱形电容器中的电场呈轴对称分布，薄圆柱壳处的电场值可看作相等。薄圆柱壳内储存的电能为

$$dW_e=w_e dV=\frac{1}{2}\varepsilon_0\varepsilon_r E^2 dV=\frac{Q^2 dr}{4\pi\varepsilon_0\varepsilon_r lr}$$

圆柱形电容器储存的电能为

$$W_e=\int_V dW_e=\int_{R_1}^{R_2}\frac{Q^2 dr}{4\pi\varepsilon_0\varepsilon_r lr}=\frac{Q^2}{4\pi\varepsilon_0\varepsilon_r l}\ln\frac{R_2}{R_1}$$

电容器储存的能量也可以用式 $W=\dfrac{Q^2}{2C}$ 表示，上两式比较可得圆柱形电容器的电容为

$$C=\frac{Q}{U}=\frac{2\pi\varepsilon_0\varepsilon_r L}{\ln\dfrac{R_2}{R_1}}$$

与式(11-13)相同，因此可用能量的方法计算电容器的电容。

阅读材料 9 等电势与高压带电作业

人们利用静电平衡下导体表面是等电势和静电屏蔽等原理，在高压输电线路和设备的维护和检修工作中，创造了高压带电自由作业的新技术。

当检修人员登上数十米高的铁塔，接近高压电线时，由于人体与铁塔都和地相通，因此高压线与人体间有很高的电势差，它们之间存在很强的电场，能使周围的空气电离而放电，危及人体安全。为解决这个困难，通常运用高绝缘性的梯架作为人从铁塔走向导线的过道，这样，人在架梯上就完全与地绝缘，当与高压电线接触时，就会和高压电线等电势，不会有电荷通过人体流向大地。

但是问题还没有解决，因为输电线上通的是交流电，在电线周围有很强的随时间变化的电场，因此只要人靠近电线，人体上感应的正负电荷也在不断地改变符号，从而在人体中就会产生较强的感应电流危及生命。利用静电屏蔽的原理，用细铜丝(或导电纤维)和纤维编织在一起制成导电性能良好的工作服，通常称为屏蔽服，它把手套、帽子、衣裤和鞋袜连成一体，构成一导体网壳，工作时穿上它，就相当于把人体用导体网屏蔽起来，使人体各处电势相等，这样电场不能深入到人体内，感应电流的绝大部分在屏蔽服上流通，从而避免感应电流对人体的危害，即使在戴着手套的手接近电线的瞬间，放电也只是在手套与电线之间发生，手套与电线之间发生火花放电以后，人体与电线有相等的电势，检修人员就可以在不停电的情况下，安全、自由地在几十万伏的高压输电线上工作。图 11-29 所示的是人与几十万伏的高压球体等电势时的情景。

图 11-29 “怒发冲冠”

阅读材料 10 心脏除颤器

心脏除颤器是一种应用电击来抢救和治疗心律失常的电子医疗设备，其核心元件为电容器。如果把一个已充电的电容器在极短的时间内放电，可得到较大的功率。除颤器的工作原理是首先采用电池或低压直流电源给电容器充电，充电过程不到一分钟，然后利用电容器的瞬间放电，产生较强的脉冲电流对心脏进行电击，也可描述为先积蓄定量的电能，然后通过电极释放到人体。除颤器工作时，电击板被放置在患者的胸膛上，控制开关闭合，电容器通过患者从一个电极到另一个电极释放它储存的一部分能量。例如除颤器中一个 70μF 的电容器被充电到 5000V，电容器中储存的能量为

$$W=\frac{1}{2}CU^2=\frac{1}{2}\times(70\times10^{-6})\times5000^2\,\mathrm{J}=875\mathrm{J}$$

这个能量中约 200J 在 2ms 的脉冲期间被发送给患者，该脉冲的功率为 100kW，它远大于电池或低压直流电源本身的功率，完全可以满足救护患者的需要。这种利用电池或低压直流电源给电容器缓慢充电，然后在高得多的功率下使它放电的技术，通常也用于闪光照相术和频闪照相术。

本章要点

1. 导体静电平衡条件

电场表述：①导体内部场强处处为零，$E_{in}=0$；②导体表面附近的场强方向处处与它的表面垂直，且 $E_{out}=\sigma/\varepsilon_0$。

电势表述：①导体是一个等势体；②导体表面是等势面。

2. 电介质中的高斯定理

$$\oint_S \boldsymbol{D}\cdot \mathrm{d}\boldsymbol{S}=\sum_{i=1}^{n}Q_{0i}$$

式中，$\sum\limits_{i=1}^{n}Q_{0i}$ 为高斯面内包围的自由电荷的代数和。

各向同性电介质：

$$\boldsymbol{D}=\varepsilon_0\varepsilon_r\boldsymbol{E}=\varepsilon\boldsymbol{E}$$

3. 电容器的电容

$$C=\frac{Q}{U}$$

特例：平行板电容器的电容

$$C=\frac{\varepsilon S}{d}=\frac{\varepsilon_0\varepsilon_r S}{d}$$

电容器的储能

$$W_e=\frac{Q^2}{2C}=\frac{1}{2}CU^2=\frac{1}{2}QU$$

4. 电场的能量密度

$$w_e=\frac{1}{2}\varepsilon E^2=\frac{1}{2}\varepsilon_0\varepsilon_r E^2$$

电场能量

$$W_e=\int_V w_e \mathrm{d}V$$

5. 解题的思路和方法

静电场中放置导体，应先根据静电平衡条件求出电荷分布，而后根据电荷分布求场强分布。

静电场中放置电介质，应先根据电荷分布，求电位移矢量 $\boldsymbol{D}$，而后根据 $\boldsymbol{D}$ 和 $\boldsymbol{E}$ 的关系求 $\boldsymbol{E}$，由 $\boldsymbol{E}$ 分布求电势或电势差。

习题 11

11-1　当一个带电导体达到静电平衡时，(　　)。

A. 表面上电荷密度较大处电势较高

B. 导体内部的电势比导体表面的电势高

C. 表面上电荷密度较小处电势较高

D. 导体内任一点与其表面上任一点的电势差等于零

11-2　有一接地的金属球，用一弹簧吊起，金属球原来不带电。若在它的下方放置一电量为 q 的点电荷，如图所示，则(　　)。

A. 只有当 $q>0$ 时，金属球才下移　　B. 只有当 $q<0$ 时，金属球才下移

C. 无论 q 是正是负，金属球都下移　　D. 无论 q 是正是负，金属球都不动

11-3　一带正电荷的物体 M，靠近一不带电的金属导体 N，N 的左端感应出负电荷，右端感应出正电荷。若将 N 的左端接地，如图所示，则(　　)。

A. N 上的负电荷入地　　B. N 上的正电荷入地

C. N 上的电荷不动　　D. N 上的所有电荷都入地

11-4　在一点电荷产生的静电场中，一块电介质如图所示放置，以点电荷所在处为球心作一球形闭合面，则对此球形闭合面：(　　)。

A. 高斯定理成立，且可用它求出闭合面上各点的场强

B. 高斯定理成立，但不能用它求出闭合面上各点的场强

C. 由于电介质不对称分布，高斯定理不成立

D. 即使电介质对称分布，高斯定理也不成立

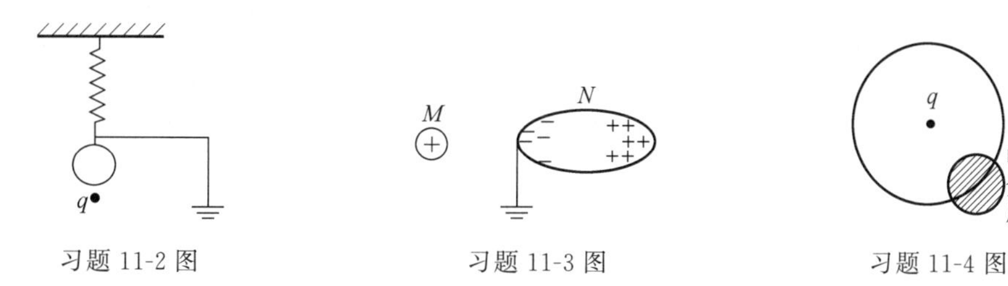

习题 11-2 图　　习题 11-3 图　　习题 11-4 图

11-5　一导体球外充满相对介电常数为 ε_r 的均匀电介质，若测得导体表面附近场强为 E，则导体球面上的自由电荷面密度 σ 为(　　)。

A. $\varepsilon_0 \cdot E$　　B. $\varepsilon_0\varepsilon_r \cdot E$

C. $\varepsilon_r \cdot E$　　D. $(\varepsilon_0\varepsilon_r-\varepsilon_0) \cdot E$

11-6　在电容器中充以电介质，则电容量(　　)。

A. 增大　　B. 减少　　C. 不变　　D. 条件不够

11-7　一个大平行板电容器水平放置，两极板间的一半空间充有各向同性均匀电介质，另一半为空气，如图所示。当两极板带上恒定的等量异号电荷时，有一个质量为 m、带电量为 $+q$ 的质点，平衡在极板间的空气区域中。此后，若把电介质抽去，则该质点(　　)。

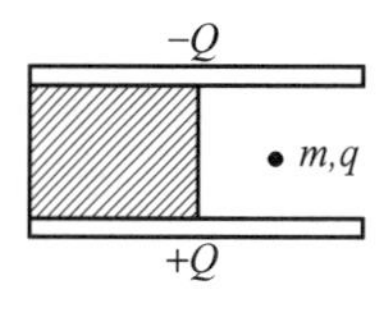

习题 11-7 图

A. 保持不动　　B. 向上运动

C. 向下运动　　D. 是否运动不能确定

11-8　一平行板电容器充电后切断电源，若改变两极板间的距离，则下述物理量中哪个保持不变？(　　)

A. 电容器的电容量　　B. 两极板间的场强

C. 两极板间的电势差　　　　　　　　D. 电容器储存的能量

11-9　如图所示,C_1 和 C_2 两空气电容器并联起来接上电源充电,然后将电源断开,再把电介质插入 C_1 中,则(　　)。

A. C_1 和 C_2 极板上电量都不变

B. C_1 极板上电量增大,C_2 极板上电量不变

C. C_1 极板上电量增大,C_2 极板上电量减少

D. C_1 极板上电量减少,C_2 极板上电量增大

11-10　C_1 和 C_2 两空气电容器并联以后接电源充电。在电源保持联接的情况下,在 C_1 中插入一电介质板,如图所示,则(　　)。

A. C_1 极板上电荷增加,C_2 极板上电荷减少

B. C_1 极板上电荷减少,C_2 极板上电荷增加

C. C_1 极板上电荷增加,C_2 极板上电荷不变

D. C_1 极板上电荷减少,C_2 极板上电荷不变

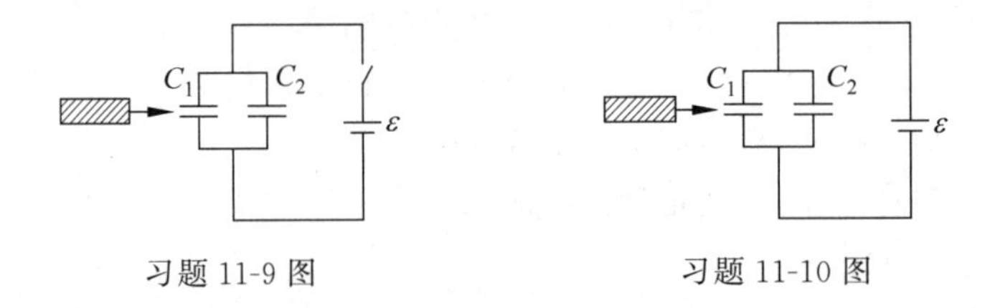

习题 11-9 图　　　　习题 11-10 图

11-11　C_1 和 C_2 两空气电容器串联以后接电源充电。在电源保持联接的情况下,在 C_2 中插入一电介质板,如图所示,则(　　)。

A. C_1 极板上电荷增加,C_2 极板上电荷增加

B. C_1 极板上电荷减少,C_2 极板上电荷增加

C. C_1 极板上电荷增加,C_2 极板上电荷减少

D. C_1 极板上电荷减少,C_2 极板上电荷减少

11-12　C_1 和 C_2 两空气电容器串联起来接上电源充电,然后将电源断开,再把电介质插入 C_1 中,如图所示,则(　　)。

A. C_1 上电势差减少,C_2 上电势差增大　　B. C_1 上电势差减少,C_2 上电势差不变

C. C_1 上电势差增大,C_2 上电势差减少　　D. C_1 上电势差增大,C_2 上电势差不变

习题 11-11 图　　　　习题 11-12 图

11-13　某电场中各点的电场强度都变为原来的 2 倍,则电场的能量变为原来的(　　)。

A. 2 倍　　B. 4 倍　　C. $\frac{1}{2}$倍　　D. $\frac{1}{4}$倍

11-14　如图所示，两同心导体球壳，内球壳带电荷$+q$，外球壳带电荷$-2q$。静电平衡时，外球壳的电荷分布为：内表面________；外表面________。

11-15　如图所示，在静电场中有一立方体均匀导体，边长为a。已知立方导体中心O处的电势为V_0，则立方体顶点A的电势为________。

11-16　一均匀电场E中，沿电场线的方向平行放一长为l的导体铜棒，则铜棒两端的电势差$U=$________。

11-17　一带电量为q、半径为r_A的金属球A，与一原先不带电、内外半径分别为r_B和r_C的金属球壳B同心放置，如图所示。则图中P点的电场强度大小为________，如果用导线将A和B连接起来，则A球的电势$V=$________。(设无穷远处电势为零)

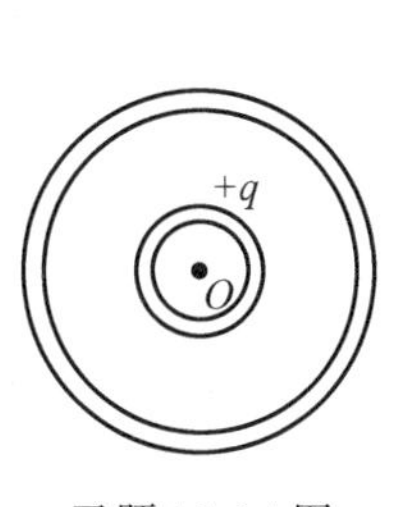

习题 11-14 图

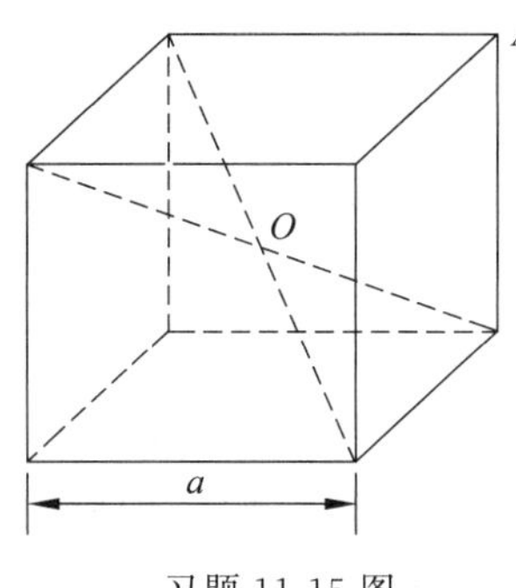

习题 11-15 图

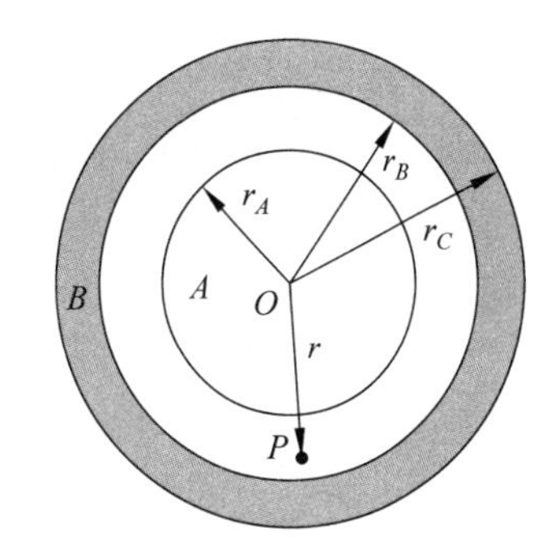

习题 11-17 图

11-18　地球表面附近的电场强度为$100\text{N}\cdot\text{C}^{-1}$。如果把地球看作半径为$6.4\times10^6\text{m}$的导体球，则地球表面的带电量$Q=$________。$\left(\dfrac{1}{4\pi\varepsilon_0}=9\times10^9\text{N}\cdot\text{m}^2\cdot\text{C}^{-2}\right)$

11-19　在相对电容率为ε_r的各向同性的电介质中，电位移矢量与场强之间的关系是________。

11-20　一带电q，半径为R的金属球壳，壳内充满介电常数为ε的各向同性均匀电介质，壳外是真空，则此球壳的电势$V=$________。

11-21　两个半径相同的孤立导体球，其中一个是实心的，电容为C_1，另一个是空心的，电容为C_2，则C_1________C_2。(填“>”“=”或“<”)

11-22　如图所示，平行板电容器中充有各向同性的均匀电介质。图中画出两组带有箭头的线分别表示电场线和电位移线。则其中(1)为________，(2)为________。

11-23　如图所示，一平行板电容器，极板面积为S，相距为d，若B板接地，且保持A板的电势$V_A=V_0$不变。如图所示，把一块面积相同的带有电荷Q的导体薄板C平行地插入两板中间，则导体薄板C的电势$V_C=$________。

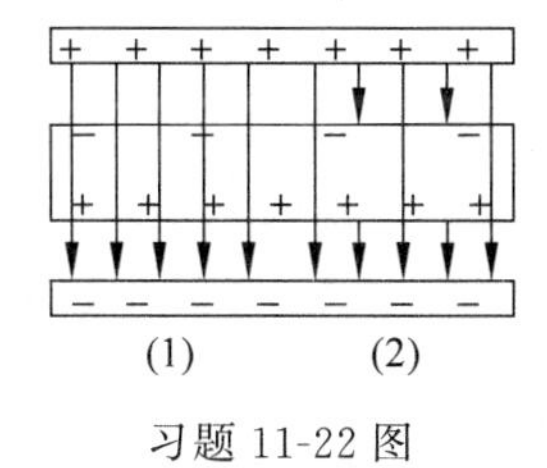

习题 11-22 图

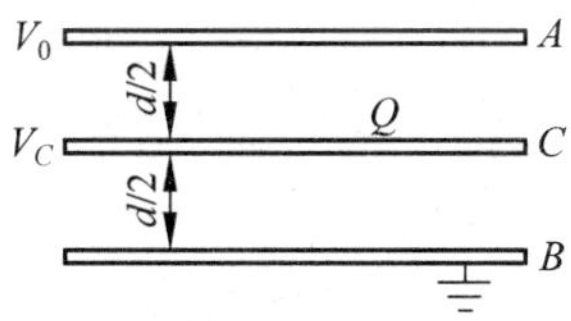

习题 11-23 图

11-24　一平行板电容器电容为 C,两板间距为 d。充电后,两板间作用力为 F,则两板电势差为________。

11-25　一平行板电容器充电后切断电源,再使两板之间充满相对电容率为 ε_r 的均匀电介质。此时两极板之间的场强为原来的________倍,两板之间的电势差为原来的________倍,电场所储能量为原来的________倍。

11-26　一平行板电容器,充电后与电源保持连接,然后使两极板间充满相对电容率为 ε_r 的各向同性均匀电介质,这时两极板上的电量是原来的________倍,电场强度是原来的________倍,电场能量是原来的________倍。

11-27　空气中有一半径为 R 的孤立导体球,设无穷远处为电势零点。若球上所带电量为 Q,则能量 $W=$________。

11-28　真空中有“孤立的”均匀带电球体和一均匀带电球面,如果它们的半径和所带的电荷都相等,则带电球体的静电能________带电球面的静电能。(填“大于”“小于”或“等于”)

11-29　三个完全相同的金属球 A、B、C,其中 A 球带电量为 Q,而 B、C 球均不带电。先使 A 球同 B 球接触,分开后 A 球再和 C 球接触,最后三个球分别孤立地放置,则 A、B 两球所储存的电场能量 W_A、W_B,与 A 球原先所储存的电场能量 W_0 比较,W_A 是 W_0 的________倍,W_B 是 W_0 的________倍。

11-30　导体球 A 的半径为 R,带电量为 $+q$,外罩一个内、外半径分别为 R_1 和 R_2,带电量为 $+Q$ 的导体球壳 B,导体球与球壳间充满均匀电介质,相对电容率为 ε_r,B 球外为真空。如图所示,求:

(1) 空间各区域的场强的大小分布;

(2) 导体球 A 的电势 V_A;

(3) 导体球壳 B 的电势 V_B;

(4) A 与 B 间的电势差 U_{AB}。

11-31　无限大的均匀带电平面(其电荷面密度为 σ)的场中平行放置一无限大的金属平板,求金属板两面的电荷面密度。

11-32　将带电面 A 与平板导体平行放置,如图所示。已知 A、B 所带电量分别为 Q_A、Q_B,则达到静电平衡后,平板导体 B 左表面 S 上所带电量是多少?

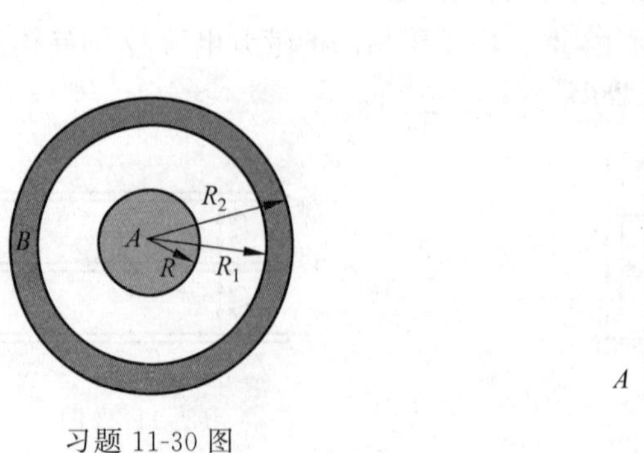

习题 11-30 图

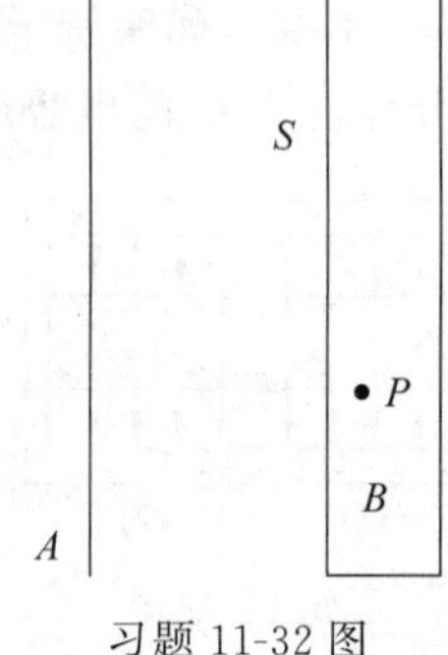

习题 11-32 图

11-33　A、B 为两导体大平板，面积均为 S，平行放置，A 板带电荷 $+Q_1$，B 板带电荷 $+Q_2$。如果使 B 板接地，求 AB 间电场强度的大小。

11-34　用两面夹有铝箔的、厚为 5×10^{-2}mm、相对电容率为 2.3 的聚乙烯膜做一个电容器，如果电容为 3.0μF，则膜的面积要多大？

11-35　空气的击穿场强为 3×10^3kV/m。当一个平行板电容器两极板间是空气而电势差为 50kV 时，问每平方米的电容最大是多少？

11-36　范德格拉夫静电加速器的球形电击半径为 18cm，求：

(1) 这个球的电容多大？

(2) 为了使它的电势升到 2.0×10^5V，需给它带多少电量？

11-37　盖革计数管由一根细金属丝和包围它的同轴导电圆筒组成。丝直径为 2.5×10^{-2}mm，圆筒内直径为 25mm，管长 100mm。设导体间为真空，计算盖革计数管的电容。(可用无限长导体圆筒的场强公式计算电场)

11-38　如图所示为用于调谐收音机的一种可变空气电容器。这里奇数极板和偶数极板分别连在一起，其中一组的位置是固定的，另一组是可以转动的。假设极板的总数为 n，每块极板的面积为 S，相邻两极板之间的距离为 d，证明这个电容器的最大电容为 $(n-1)\dfrac{\varepsilon_0 S}{d}$。

11-39　为了测量电介质材料的相对电容量，将一块厚为 1.5cm 的平板材料慢慢地插进一电容器的距离为 2.0cm 的两平行板之间。在插入过程中，电容器的电荷保持不变。插入之后，两板间的电势差减小为原来的 60%，求电介质的相对电容率是多少？

11-40　电容式计算机键盘的每一个键下面连接一小块金属片，金属片与底板上的另一块金属片间保持一定空气间隙，构成一小电容器，如图所示。当按下按键时电容发生变化，通过与之相连的电子线路向计算机发出该键相应的代码信号。假设金属片面积为 50.0mm^2 时，两金属片之间的距离为 0.600mm。如果电路能检测出的电容变化量是 0.250pF，试问按键需要按下多大的距离才能给出必要的信号？

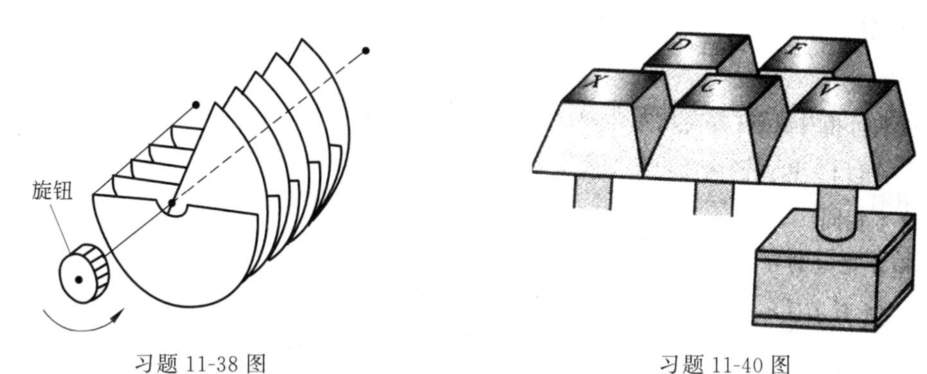

习题 11-38 图　　习题 11-40 图

11-41　有一电容为 0.50μF 的平行板电容器，两极板间被厚度为 0.01mm 的聚四氟乙烯薄膜所隔开。求：

(1) 该电容器的额定电压；

(2) 电容器存储的最大能量。

11-42　一空气平行板电容器,空气层厚 1.5cm,两级间电压为 40kV,这电容器会被击穿吗?现将一厚度为 0.30cm 的玻璃板插入此电容器,并与两板平行,若该玻璃的相对电容率 $\varepsilon_r=7.0$,击穿电场强度为 $10\text{MV}\cdot\text{m}^{-1}$,这时电容器会被击穿吗?

11-43　某介质的相对电容率为 $\varepsilon_r=2.8$,击穿电场强度为 $18\text{MV}\cdot\text{m}^{-1}$,如果用它来做平板电容器的电介质,要获得电容为 $0.047\mu\text{F}$ 而耐压为 4000V 的电容器,它的极板面积至少要多大?

11-44　大型造纸厂在生产纸张的过程中,为了实时检测纸张的厚度,常在生产流水线上安装一个电容传感装置,即让已成型的纸先通过一平行板电容器两极板间(距离为 a),也就是把纸张看成是平行板电容器的介质,随后再进入转筒包装。试说明此检测原理,并导出待测纸张的厚度 d 与电容 C 之间的函数关系。

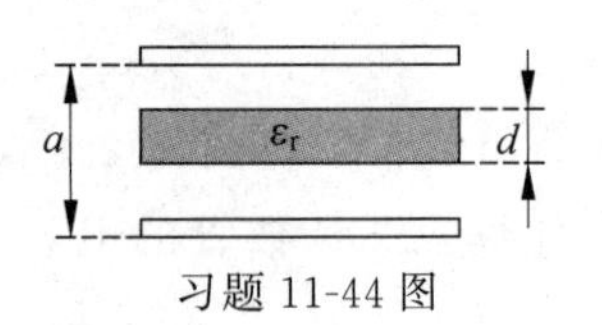

习题 11-44 图

11-45　一平行板空气电容器,极板面积为 S,极板间距为 d,充电至带电 Q 后与电源断开,然后用外力缓缓地把两极间距拉开到 $2d$,求:

(1) 电容器能量的改变;

(2) 在此过程中,外力所做的功,并讨论在此过程中的功能转换关系。

11-46　一次闪电的放电电压大约是 $1.0\times10^9\text{V}$,中和的电量约是 30C。

(1) 求一次放电所释放的能量是多大?如果释放出来的能量都用来使 0℃的冰融化成 0℃的水,则可融化多少冰?(冰的熔化热为 $L=3.34\times10^5\text{J}\cdot\text{kg}^{-1}$)

(2) 一所希望小学每天消耗电能 20kW·h。上述一次放电所释放的电能够该小学用多长时间?

11-47　自然界是一个静电的海洋,我们整天都生活在这个广阔的静电海洋里。从一粒灰尘的飘荡沉浮,到震撼天地的雷鸣电闪,无不包含有电的作用。我们居住的地球更是一个巨大的电场,地面电场的平均强度达到 130V/m。人体也是由成万亿个微型电池——细胞所组成,我们所吸的空气,平均每立方厘米含有 100~500 个带电粒子。长期以来人们从静电的研究发现,静电有许多有益的特性可供利用,同时又有极大的危害需要防治。正是对静电这种正、反两面效应的研究,促进了许多工业新技术的发展。例如,静电除尘、静电植绒、静电分离、离子电镀、种子处理、水处理、空间飞行器的静电加料机、材料的电防腐、静电加速器等。在防治技术方面,也出现了用接地法、加湿法、静电防止剂、静电消除器等消除静电的方法。

静电有利亦有害,请根据所学的知识,并查阅有关资料或进行实地调研、考察,发挥自己的发明创造才能,设计 1~2 个静电利用或防治的应用项目。主要侧重于设计原理和设计思路,练习写一篇物理小论文。

11-48　均匀带电球体 A 的半径为 a,带电为 Q,外罩一个内、外半径分别为 b 和 c,不带电的导体球壳 B,球 A 与导体球壳 B 间为相对介电常数为 ε_r 的电介质,B 球外为真空。求:

(1) 空间各区域电场场强的大小?

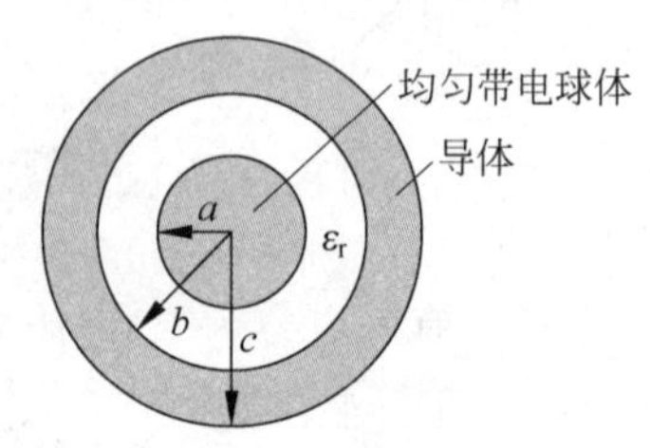

习题 11-48 图

(2) A 球的电势 $V_A=?$

(3) B 球壳的电势 $V_B=?$

(4) A 与 B 间的电势差 $U_{AB}=?$

自测题和能力提高题

自测题和能力提高题答案

第12章

稳恒磁场

我们已经知道，在静止电荷的周围存在着电场。当电荷运动时，在其周围不仅有电场，而且还存在磁场。若作宏观运动的电荷在空间的分布不随时间变化（即形成恒定电流），在其周围空间激发的磁场也不随时间变化，称之为稳恒磁场。

本章将讨论运动电荷（电流）产生磁场的基本规律，以及磁场对运动电荷（电流）的作用。主要内容有：描述磁场的物理量——磁感应强度 $\boldsymbol{B}$；电流激发磁场的规律——毕奥-萨伐尔定律；反映磁场性质的基本定理——磁场的高斯定理和安培环路定理；磁场对运动电荷的作用力——洛伦兹力；磁场对电流的作用力——安培力；磁场中的磁介质等。

虽然稳恒磁场与静电场的性质、规律不同，但在探讨思路和研究方法上却有许多相似之处。在学习时随时与第10章的有关内容进行类比和借鉴，将会更有助于掌握本章内容。

12.1 磁场 磁感应强度

12.1.1 磁场

实验表明，运动电荷、传导电流和永久磁铁，不论是同类还是不同类，彼此间都存在相互作用，这种相互作用力称为磁力，与磁力有关的现象称为磁现象。人们对磁现象的认识与研究有着悠久的历史。早在春秋和战国时期（约公元前3世纪），我们的祖先就已有“慈石”“司南”等记载；北宋（约公元11世纪）时期，科学家沈括发明了航海用的指南针，并发现了地磁偏角。我国古代对磁学的建立和发展作出了很大的贡献。

早期对磁现象的认识局限于磁铁与磁极之间的相互作用，当时人们认为磁和电是两类截然分开的现象，直到1819—1820年奥斯特（Hans Christian Oersted，1777—1851年）发现电流的磁效应后，人们才认识到磁与电是不可分割地联系在一起的。1820年，安培（André-Marie Ampère，1775—1836年）相继发现了磁体对电流的作用和电流与电流之间的作用，进一步提出了分子电流假设。即一切磁现象都起源于电流，任何物质的分子都存在着环形电流，天然磁性的产生也是由于磁体内部有环形电流流动，这种环形电流称为分子电流（图12-1(a)）。组成磁体的分子电流有规则地排列起来，在宏观上就会显示出磁性（图12-1(b)，(c)），磁铁的磁性就是这些分子电流磁效应的总和。安培的分子电流假设与近代关于原子和分子结构的认识相吻合。

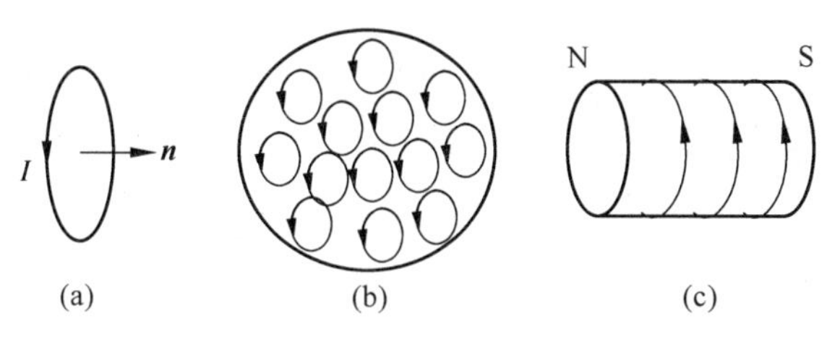

图 12-1 分子电流

与电荷之间的相互作用是靠电场来传递的类似，磁相互作用力是通过磁场来进行的。一切运动电荷(电流)都会在周围空间产生磁场，而这个磁场又会对处于其中的运动电荷(电流)产生磁力作用，其关系可表示为

$$\text{运动电荷(电流)} \Leftrightarrow \text{磁场} \Leftrightarrow \text{运动电荷(电流)}$$

磁场和电场一样，也是客观存在的，是一种特殊的物质。

12.1.2 磁感应强度

在静电场中，我们曾根据试验电荷在电场中的受力情况引入电场强度 $\boldsymbol{E}$ 来描述电场的性质，磁场的重要特性之一就是对处于其中的运动电荷施加作用力。我们也能根据这一特性来定义一个矢量以描述磁场的性质。作为检验用的运动电荷，其本身产生的磁场足够弱，不至于影响被检验的磁场分布。

实验表明，磁场作用在运动电荷上的力 $\boldsymbol{F}$ 不仅与运动电荷所带的电量有关，还与运动电荷的速度$\boldsymbol{v}$ 有关。当运动电荷 q 的速度$\boldsymbol{v}$ 的方向与该点小磁针 N 极的指向平行时，运动电荷所受磁场力为零。当运动电荷 q 的速度$\boldsymbol{v}$ 的方向与该点小磁针 N 极的指向垂直时，运动电荷所受磁场力最大，用 $F_{\max}$ 表示，$F_{\max}$ 正比于运动电荷电量 q 与速率 v 的乘积。方向垂直于电荷运动方向和小磁针 N 极的指向所组成的平面。当运动电荷 q 的速度 $\boldsymbol{v}$ 的方向与该点小磁针 N 极的指向既不平行也不垂直时，运动电荷将受磁场力大小为 $0<F<F_{\max}$，方向总是垂直于电荷运动方向和该点小磁针 N 极的指向组成的平面；改变 q 的符号，则 $\boldsymbol{F}$ 的方向反向。

精确的实验测定表明，具有不同电量 $q(q>0)$、不同速率 v 的电荷，沿垂直于磁场方向运动，在通过磁场中某点 P 时，它所受到的最大磁场力 $F_{\max}$ 的大小是不同的，但比值$\dfrac{F_{\max}}{qv}$却都相同。在磁场中的不同场点，这一比值一般不同。可见，比值$\dfrac{F_{\max}}{qv}$与 q 和 v 无关，它只是磁场中场点位置的函数，是一个反映该点磁场强弱性质的物理量。我们定义磁感应强度 $\boldsymbol{B}$ 的大小为

$$B=\frac{F_{\max}}{qv} \tag{12-1}$$

磁感应强度 $\boldsymbol{B}$ 的方向为该点小磁针静止时 N 极的指向。

在国际单位制中，磁感应强度的单位为特斯拉(T)(Nikola Tesla，1856—1943 年)。有

时也采用高斯单位制的单位——高斯(G)

$$1\mathrm{G}=1.0\times 10^{-4}\mathrm{T}$$

12.2 毕奥-萨伐尔定律

12.2.1 磁场叠加原理

计算恒定电流的磁场的基本方法与在静电场中计算电荷连续分布的带电体在某点的电场强度的方法相似。如图12-2所示，为了求恒定电流I在真空中某点P处产生的磁场，我们在载流导线上沿电流流向取一段长度为$\mathrm{d}\boldsymbol{l}$的小线元，把$I\mathrm{d}\boldsymbol{l}$称为电流元，电流元的方向沿着线元中的电流流向。电流元可作为计算电流磁场的基本单元。

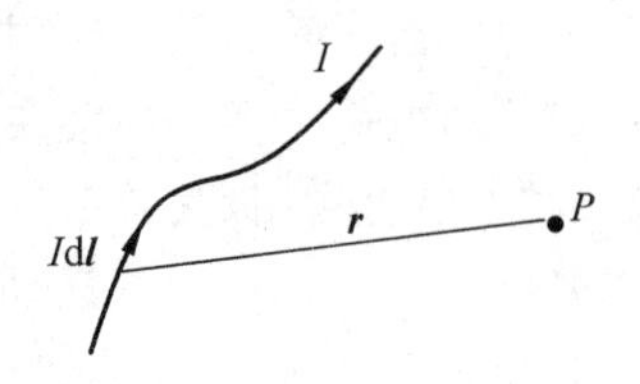

图 12-2 磁场叠加原理

实验表明，在由n个电流共同激发的磁场中，某点的磁感应强度$\boldsymbol{B}$等于各个电流单独存在时在该点产生磁感应强度的矢量和，这就是磁场叠加原理，可表示为

$$\boldsymbol{B}=\sum_{i=1}^{n}\boldsymbol{B}_i \tag{12-2}$$

根据磁场叠加原理，整个载流导线L在空间某点P激发的磁感应强度等于导线上每个电流元$I\mathrm{d}\boldsymbol{l}$在该点激发的磁感应强度$\mathrm{d}\boldsymbol{B}$的矢量叠加，即

$$\boldsymbol{B}=\int_L \mathrm{d}\boldsymbol{B} \tag{12-3}$$

12.2.2 毕奥-萨伐尔定律的内容

载流导线上任一电流元$I\mathrm{d}\boldsymbol{l}$在真空中任一点产生的磁感应强度$\mathrm{d}\boldsymbol{B}$所遵循的规律，称为毕奥-萨伐尔定律。此定律以毕奥(Jean-Baptute Biot，1774—1862年)和萨伐尔(Felix Savart，1791—1841年)的实验为基础，经拉普拉斯研究分析得到，因此又称为毕奥-萨伐尔-拉普拉斯定律。该定律不能由实验直接验证，但由这个定律导出的结果与实验结果符合得很好。

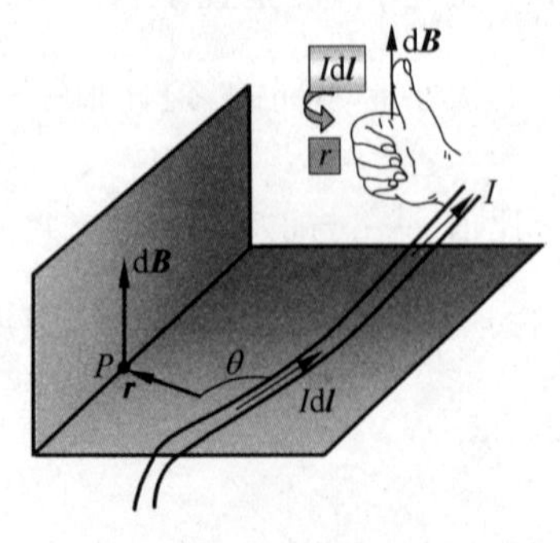

图 12-3 毕奥-萨伐尔定律

如图12-3所示，在载流导线上任取一电流元$I\mathrm{d}\boldsymbol{l}$，$I\mathrm{d}\boldsymbol{l}$到真空中任一场点$P$的径矢为$\boldsymbol{r}=r\boldsymbol{e}_r$，其中$\boldsymbol{e}_r$为$I\mathrm{d}\boldsymbol{l}$到$P$点的单位矢量。毕奥等的分析表明，电流元$I\mathrm{d}\boldsymbol{l}$在$P$点产生的磁感应强度$\mathrm{d}\boldsymbol{B}$的大小，与电流元的大小$|I\mathrm{d}\boldsymbol{l}|$成正比，与电流元到$P$点的距离$r$的平方成反比，还与$I\mathrm{d}\boldsymbol{l}$与$\boldsymbol{e}_r$的夹角$\theta$的正弦$\sin\theta$成正比，即

$$\mathrm{d}B\propto\frac{I\,|\,\mathrm{d}\boldsymbol{l}\,|\,\sin\theta}{r^2}$$

通常写为

$$\mathrm{d}B=\frac{\mu_0}{4\pi}\frac{I\mid \mathrm{d}\boldsymbol{l}\mid \sin\theta}{r^2}$$

式中,$\mu_0=4\pi\times10^{-7}\,\mathrm{T\cdot m/A}$,称为真空的磁导率。

分析还表明,d$\boldsymbol{B}$ 的方向总垂直于 d$\boldsymbol{l}$ 与 $\boldsymbol{r}$ 决定的平面,并沿 d$\boldsymbol{l}\times\boldsymbol{r}$ 的方向。因此 d$\boldsymbol{B}$ 可表述为

$$\mathrm{d}\boldsymbol{B}=\frac{\mu_0}{4\pi}\frac{I\mathrm{d}\boldsymbol{l}\times\boldsymbol{e}_r}{r^2}\tag{12-4}$$

上式称为毕奥-萨伐尔定律。

由磁场叠加原理,整个载流导线在真空中 P 点处的总磁感应强度为

$$\boldsymbol{B}=\int_L\mathrm{d}\boldsymbol{B}=\int_L\frac{\mu_0}{4\pi}\frac{I\mathrm{d}\boldsymbol{l}\times\boldsymbol{e}_r}{r^2}\tag{12-5}$$

毕奥-萨伐尔定律和磁场叠加原理是我们计算任意电流分布磁场的基础,式(12-5)是这二者的具体结合。但该式是一个矢量积分公式,在具体计算时,一般用它的分量式。下面我们将应用这个定律计算不同的电流分布所激发的磁场。

12.2.3　毕奥-萨伐尔定律应用举例

例 12-1　载流长直导线的磁场。

在真空中有一长为 l 的载流直导线,导线中电流强度为 I,如图 12-4 所示,求此导线附近一点 P 的磁感应强度 $\boldsymbol{B}$。已知点 P 与长直导线间的垂直距离为 r_0。

解　建立如图坐标系,其中 Oy 轴通过点 P,Oz 轴沿载流直导线 AB。在导线上任取一电流元 $I\mathrm{d}z\boldsymbol{k}$,根据毕奥-萨伐尔定律,此电流元在 P 点产生的 d$\boldsymbol{B}$ 的大小为

$$\mathrm{d}B=\frac{\mu_0}{4\pi}\frac{I\mathrm{d}z\sin\theta}{r^2}$$

d$\boldsymbol{B}$ 的方向垂直于电流元 $I\mathrm{d}z\boldsymbol{k}$ 与径矢 $\boldsymbol{r}$ 所决定的平面(即 yOz 平面),沿 Ox 轴负轴,图中用⊗表示。由于该直线上的每一电流元在 P 点产生的 d$\boldsymbol{B}$ 的方向都相同,因此总磁感应强度 $\boldsymbol{B}$ 的大小为

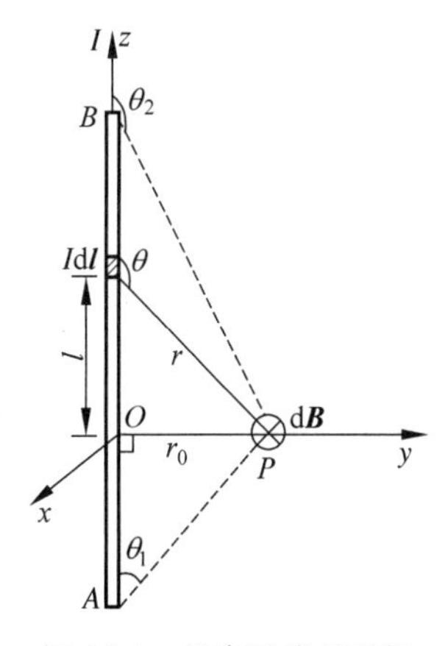

图 12-4　长直导线的磁场

$$B=\int_l\mathrm{d}B=\frac{\mu_0}{4\pi}\int_l\frac{I\mathrm{d}z\sin\theta}{r^2}$$

由图可知 $z=-r_0\cot\theta$,$r=r_0/\sin\theta$,于是 $\mathrm{d}z=r_0\mathrm{d}\theta/\sin^2\theta$,统一积分变量到 θ,积分上下限分别为 θ_1 和 θ_2,将这些关系式代入上式,可得

$$B=\frac{\mu_0I}{4\pi r_0}\int_{\theta_1}^{\theta_2}\sin\theta\mathrm{d}\theta=\frac{\mu_0I}{4\pi r_0}(\cos\theta_1-\cos\theta_2)\tag{12-6}$$

$\boldsymbol{B}$ 的方向与电流 I 的方向构成右手螺旋(图 12-3)。在以直导线为中心的同一圆周上,$\boldsymbol{B}$ 的大小均相等,方向与直电流构成右手螺旋。不同圆周上 $\boldsymbol{B}$ 的大小不同。

在上述式(12-6)中要注意:

(1) r_0 是直线电流外一点 P 到直线电流的垂直距离。

(2) θ_1 和 θ_2 分别是直线电流的首端和终端至 P 点的连线与电流正方向的夹角。

(3) 对于无限长直导线,$\theta_1 \to 0$,$\theta_2 \to \pi$,可得

$$B = \frac{\mu_0 I}{2\pi r_0} \tag{12-7}$$

(4) 当场点 P 在直线电流延长线或反向延长线上时,由式(12-6)不能直接得出结果。但根据式(12-4)可立即得到 P 处 $B=0$。即在直电流延长线或反向延长线上各点,磁感应强度为零。

例 12-2 圆形载流导线轴线上的磁场。

一圆形载流线圈(称为圆环电流),其半径为 R,电流为 I,计算它在轴线上任意一点 P 的磁感应强度。

解 建立如图 12-5 所示的坐标系,其中 Ox 轴通过圆心 O,并垂直圆形导线的平面。在圆形电流上任取一电流元 $I\mathrm{d}\boldsymbol{l}$,根据毕奥-萨伐尔定律,此电流元在点 P 产生的 $\mathrm{d}\boldsymbol{B}$ 的大小为

$$\mathrm{d}B = \frac{\mu_0}{4\pi} \frac{I\mathrm{d}l\sin\theta}{r^2}$$

上式中,因为 $I\mathrm{d}\boldsymbol{l}$ 与 $\boldsymbol{r}$ 的夹角 $\theta = \frac{\pi}{2}$,所以

$$\mathrm{d}B = \frac{\mu_0}{4\pi} \frac{I\mathrm{d}l}{r^2}$$

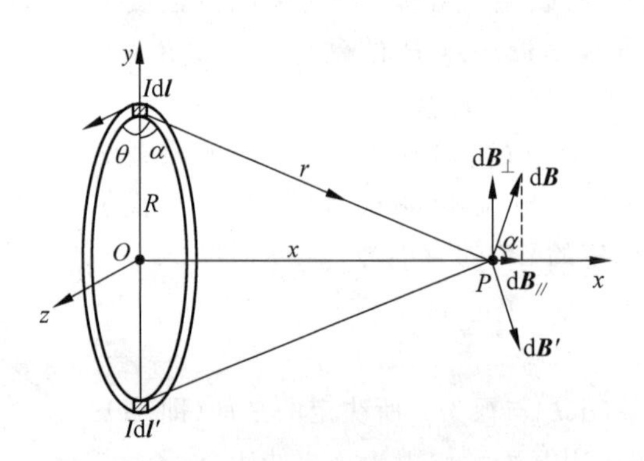

图 12-5 圆形载流导线轴线上的磁场

由于各 $I\mathrm{d}\boldsymbol{l}$ 产生的 $\mathrm{d}\boldsymbol{B}$ 构成一圆锥面,方向都不相同,因此要把 $\mathrm{d}\boldsymbol{B}$ 矢量分解,才能积分。将 $\mathrm{d}\boldsymbol{B}$ 分解成平行于轴线的分量 $\mathrm{d}\boldsymbol{B}_{//}$ 和垂直于轴线的分量 $\mathrm{d}\boldsymbol{B}_{\perp}$。由于圆形电流具有对称性,各垂直分量相互抵消,即

$$B_{\perp} = \int \mathrm{d}B_{\perp} = 0$$

在与 x 轴平行的方向上

$$B_{//} = \int \mathrm{d}B_{//} = \int \mathrm{d}B\cos\alpha$$

由于 $\cos\alpha = \frac{R}{r}$,且对于给定点 P,r、R 和 I 都是常量,所以有

$$B_{//}=\frac{\mu_0 IR}{4\pi r^3}\int_0^{2\pi R}\mathrm{d}l=\frac{\mu_0 IR^2}{2(R^2+x^2)^{3/2}}$$

总磁感应强度

$$\boldsymbol{B}=\boldsymbol{B}_{//}+\boldsymbol{B}_{\perp}=\frac{\mu_0 IR^2}{2(R^2+x^2)^{3/2}}\boldsymbol{i} \tag{12-8}$$

即 $\boldsymbol{B}$ 的方向与圆电流环绕方向呈右手螺旋关系(图 12-4)。

在圆形电流的圆心 O 处,$x=0$,则磁感应强度 $\boldsymbol{B}$ 的大小为

$$B=\frac{\mu_0 I}{2R} \tag{12-9}$$

$\boldsymbol{B}$ 的方向可由右手螺旋定则确定。

一段圆弧电流在其中心产生的磁感应强度是由组成圆弧电流的所有电流元在其中心产生的磁感应强度的矢量和。圆心角为 θ 的一段圆弧电流在其圆心处激发的磁感应强度大小为

$$B=\frac{\mu_0 I}{2R}\frac{\theta}{2\pi} \tag{12-10}$$

方向仍由右手螺旋定则确定。

例 12-3 螺线管电流轴线上的磁场。

密绕在圆柱面上的螺旋线圈称为螺线管,如图 12-6(a)所示。有一半径为 R 的载流密绕直螺线管,通有电流 I,沿管长方向单位长度的匝数为 n,每匝线圈可近似看作平面线圈。求管内轴线上任一点 P 处的磁感应强度。

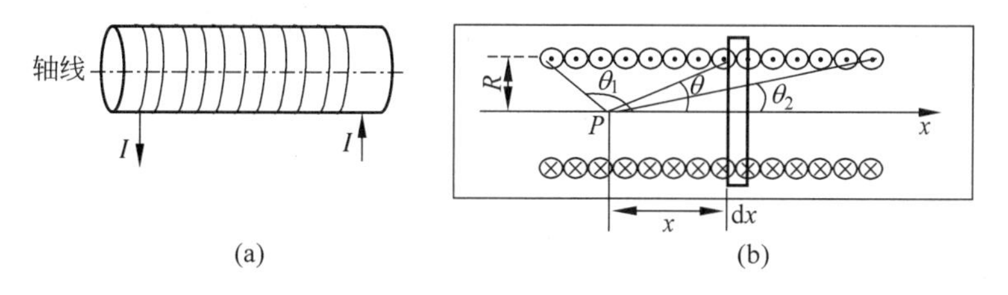

图 12-6 例 12-3 图

(a) 螺线管;(b) 螺线管电流的磁场

解 如图 12-6(b)所示,取场点 P 为坐标原点,x 轴与管轴重合,则在 $x+\mathrm{d}x$ 的间隔中共有 $n\mathrm{d}x$ 匝线圈,对应电流 $\mathrm{d}I=nI\mathrm{d}x$,可近似看作圆环电流。由式(12-8)知,$\mathrm{d}I$ 在 P 处的磁感应强度大小为 $\mathrm{d}B=\dfrac{\mu_0 nIR^2\mathrm{d}x}{2(R^2+x^2)^{3/2}}$,方向与 $\mathrm{d}I$ 构成右手螺旋,沿 x 轴正向。从而 P 处的总磁感应强度大小为

$$B=\int_{\text{螺线管}}\mathrm{d}B=\int_{\text{螺线管}}\frac{\mu_0 nIR^2\mathrm{d}x}{2(R^2+x^2)^{3/2}}$$

令 $x=R\cot\theta$,得

$$B=\frac{\mu_0 nI}{2}(\cos\theta_2-\cos\theta_1) \tag{12-11}$$

讨论两种特殊情况:

(1) 长度远大于横截面线度的直螺线管称为“无限长”螺线管,简称长直螺线管。对于无限长直密绕载流螺线管,$\theta_1=\pi$,$\theta_2=0$,所以其轴线上的磁感应强度大小为

$$B=\mu_0 nI \tag{12-12}$$

即管内中央部分的磁场是均匀的,方向与电流 I 构成右手螺旋且与螺线管的轴线平行。在管的外侧磁场很弱,可以忽略不计。

(2) 对于半无限长直密绕载流螺线管,$\theta_1=\pi/2$,$\theta_2=0$,其轴线上的磁感应强度大小为

$$B=\frac{1}{2}\mu_0 nI \tag{12-13}$$

恰为式(12-12)的一半。

例 12-4 电流为 I 的无限长载流导线 $abcde$ 被弯曲成如图 12-7 所示的形状。圆弧半径为 R,$\theta_1=\frac{\pi}{4}$,$\theta_2=\frac{3\pi}{4}$。求该电流在 O 点处产生的磁感应强度。

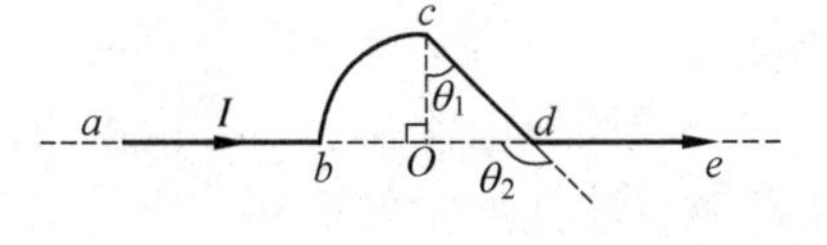

图 12-7 例 12-4 图

解 将载流导线分为 ab、bc、cd 及 de 四段,它们在 O 点产生的磁感应强度的矢量和即整个导线在 O 点产生的磁感应强度。由于 O 在 ab 及 de 的延长线及反向延长线上,因此

$$B_{ab}=B_{de}=0$$

由图 12-7 知,bc 弧段对 O 的张角为$\frac{\pi}{2}$,由式(12-10)得

$$B_{bc}=\frac{\mu_0 I}{2R}\cdot\frac{\pi/2}{2\pi}=\frac{\mu_0 I}{8R}$$

其方向垂直纸面向里。由式(12-6),得电流 cd 段所产生的磁感应强度为

$$\begin{aligned}B_{cd}&=\frac{\mu_0 I}{4\pi r_0}(\cos\theta_1-\cos\theta_2)\\&=\frac{\mu_0 I}{4\pi R\sin\frac{\pi}{4}}\left(\cos\frac{\pi}{4}-\cos\frac{3\pi}{4}\right)=\frac{\mu_0 I}{2\pi R}\end{aligned}$$

其方向亦垂直纸面向里。故 O 点处的总磁感应强度的大小为

$$B=\frac{\mu_0 I}{8R}\left(1+\frac{4}{\pi}\right)$$

方向垂直纸面向里。

12.3 磁场的高斯定理

12.3.1 磁感应线

为了形象地描述磁场的分布情况,与静电场中电场线类似,也可用磁感应线来表示磁场的分布。在磁场中作一系列曲线,使曲线上每一点的切线方向都和该点的磁场方向一致,同时,为了用磁感应线的疏密来表示所在空间各点磁场的强弱,还规定:通过磁场中某点处垂直于磁感应矢量的单位面积的磁感应线条数等于该点磁感应强度矢量的量值。这样,磁场

较强的地方，磁感应线较密，反之，磁感应线较疏。图 12-8 为几种不同形状电流所产生的磁场的磁感应线。

磁感应线具有以下性质：

(1) 磁场中每一条磁感应线都是环绕电流的闭合曲线，没有起点和终点，而且每条闭合磁感应线都与闭合电流互相套合。

(2) 任何两条磁感应线在空间不相交。

(3) 磁感应线的环绕方向与电流方向构成右手螺旋。若拇指指向电流方向，则四指方向即磁感应线方向(图 12-8(a))；若四指方向为电流方向，则拇指方向为磁感应线方向(图 12-8(c))。

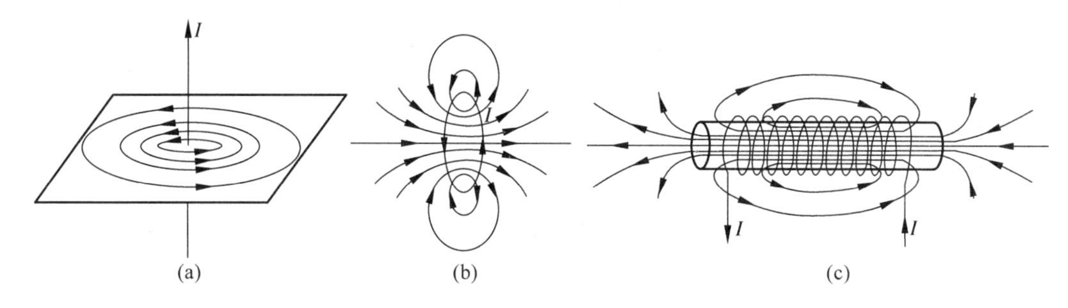

图 12-8　电流的磁感应线分布
(a) 直线电流；(b) 圆电流；(c) 螺线管电流

由图 12-8(b)可以看出，一个圆形电流产生的磁场的磁感应线是以其轴线为轴对称分布的，这与条形磁铁或磁针的情形相似，且其行为也与条形磁铁或磁针相似。于是我们引入磁矩的概念来描述圆形电流或载流平面线圈的磁行为。圆电流的磁矩 $\boldsymbol{m}$ 定义为

$$\boldsymbol{m}=IS\boldsymbol{n} \tag{12-14}$$

式中，S 是圆形电流所包围的平面面积，$\boldsymbol{n}$ 是该平面的法向单位矢量，其指向与电流的方向满足右手螺旋关系。对于多匝平面线圈，式中的电流 I 应以线圈的总匝数与每匝线圈的电流的乘积代替。

12.3.2　磁通量　磁场的高斯定理

穿过磁场中某一曲面的磁感应线的总数，称为穿过该曲面的磁通量，用符号 Φ_{m} 表示。

如图 12-9 所示，在非均匀磁场 $\boldsymbol{B}$ 中，通过曲面 S 上任一面积元 $\mathrm{d}\boldsymbol{S}$ 的磁通量定义为

$$\mathrm{d}\Phi_{\mathrm{m}}=\boldsymbol{B}\cdot\mathrm{d}\boldsymbol{S}=B\mathrm{d}S\cos\theta$$

式中，$\boldsymbol{B}$ 为面积元 $\mathrm{d}\boldsymbol{S}$ 处的磁感应强度。则通过曲面 S 的总磁通量为

$$\Phi_{\mathrm{m}}=\int_S\boldsymbol{B}\cdot\mathrm{d}\boldsymbol{S}=\int_S B\mathrm{d}S\cos\theta \tag{12-15}$$

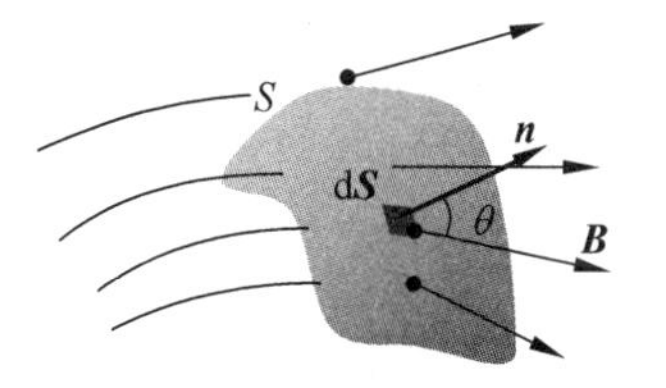

图 12-9　磁通量

在国际单位制中，磁通量的单位是韦伯(Wb)。

对于闭合曲面，像在电场中一样，一般取由曲面内指向曲面外的外法线方向为正方向。

因此从闭合面穿出的磁通量为正,穿入的磁通量为负。

由于磁感应线是环绕电流的无头无尾的闭合曲线,穿过任意闭合曲面的总磁通量必为零,即

$$\oint_S \boldsymbol{B} \cdot \mathrm{d}\boldsymbol{S} = 0 \tag{12-16}$$

这就是磁场的高斯定理,它是表明磁场性质的重要定理之一。虽然式(12-16)与静电场中的高斯定理 $\left(\oint_S \boldsymbol{E} \cdot \mathrm{d}\boldsymbol{S} = \frac{1}{\varepsilon_0}\sum_{i=1}^{n} q_i^{\mathrm{in}}\right)$ 在形式上相似,但有本质的区别。在静电场中,由于自然界有单独的正、负电荷存在,因此通过闭合曲面的电通量可以不等于零;而在磁场中,由于迄今为止还没有发现单独的磁极(或磁单极子),所以通过任何闭合曲面的磁通量一定等于零。

然而,早在1931年狄拉克(Paul Adrien Maurice Dirac,1902—1984年)从量子理论就预言了磁单极子的存在。现在,关于弱相互作用、电磁相互作用和强相互作用的“大统一理论”也认为磁单极子存在。磁单极子在宇宙学中占有重要地位,它有利于大爆炸宇宙论的印证。显然,如果在实验中找到了磁单极子,磁场的高斯定理以至整个电磁理论就要作重大的修改,因此寻找磁单极子的实验研究有着重要的理论意义。尽管1975年和1982年分别有实验室宣称他们探测到了磁单极子,但都还没有得到科学界的公认。

虽然磁单极子到现在为止还没能在实验上得到最后的证实,但它仍将是当代物理学上十分引人注目的重要课题之一。

12.4 安培环路定理

科学家简介:安培

12.4.1 安培环路定理的内容

由毕奥-萨伐尔定律表示的电流和它的磁场的关系,可以导出稳恒磁场的一条基本规律——安培环路定理。其内容为:在稳恒电流的磁场中,磁感应强度 $\boldsymbol{B}$ 沿任何闭合路径 l 的线积分(即 $\boldsymbol{B}$ 沿闭合路径 l 的环流)等于路径 l 所包围的所有传导电流强度代数和的 μ_0 倍,它的数学表达式为

$$\oint_l \boldsymbol{B} \cdot \mathrm{d}\boldsymbol{l} = \mu_0 \sum_{i=1}^{n} I_i \tag{12-17}$$

对式(12-17),安培环路定理的理解应注意以下几点:

(1) 闭合路径 l 包围的电流的含义是指与 l 所链环的电流,对闭合稳恒电流的一部分(即一段稳恒电流)安培环路定理不成立。

(2) 表达式右边的 $\sum_{i=1}^{n} I_i$ 是闭合路径 l 所包围的电流的代数和。但定理式左边的磁感应强度 $\boldsymbol{B}$ 却是空间所有传导电流产生的磁感应强度的矢量和,其中也包括不穿过 l 的传导电流产生的磁场。

(3) 电流 I 的正负规定如下:当穿过回路 l 的电流方向与回路的环绕方向满足右手螺旋关系时,电流取正,反之取负。若电流不穿过回路,则对上式右侧无贡献。如图12-10所

示，根据上面规定，这时$\oint_l \boldsymbol{B}\cdot \mathrm{d}\boldsymbol{l}=\mu_0(I_1-I_2)$。

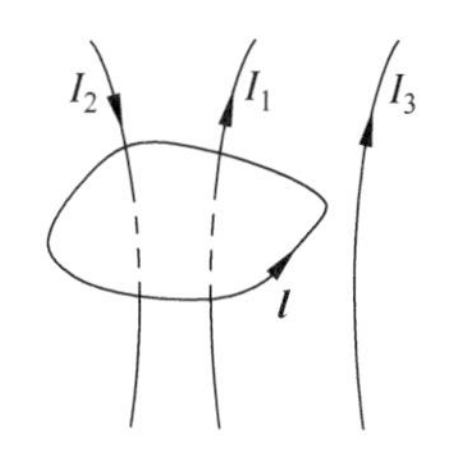

图 12-10　安培环路定理图(一)

由安培环路定理可以看出，由于磁场 $\boldsymbol{B}$ 的环流一般不为零，所以磁场的基本性质与静电场不同，磁场是非保守场。

下面以长直稳恒电流的磁场为例，简单说明安培环路定理。设长直电流的电流强度为 I，根据式(12-7)知，它在以电流为对称轴、半径为 r 的圆周上的磁感应强度大小为 $B=\dfrac{\mu_0 I}{2\pi r}$，方向沿圆周切向，与电流方向构成右手螺旋关系。

(1) 在上述平面内围绕导线作一任意形状的闭合路径 l(图 12-11)，沿 l 计算 $\boldsymbol{B}$ 的环流。

在路径 l 上任一点 P 处，$\mathrm{d}\boldsymbol{l}$ 与 $\boldsymbol{B}$ 夹角为 θ，$\mathrm{d}\boldsymbol{l}$ 对电流通过点张角为 $\mathrm{d}\alpha$。由于 $\boldsymbol{B}$ 垂直于径矢 $\boldsymbol{r}$，因而

$$\mathrm{d}l\cos\theta=r\,\mathrm{d}\alpha$$

所以

$$\oint_l \boldsymbol{B}\cdot \mathrm{d}\boldsymbol{l}=\oint_l B\,\mathrm{d}l\cos\theta=\oint_l Br\,\mathrm{d}\alpha=\oint_l \frac{\mu_0 I}{2\pi r}r\,\mathrm{d}\alpha=\mu_0 I \tag{12-18}$$

此式说明，当闭合路径 l 包围电流 I 时，这个电流对该环路上 $\boldsymbol{B}$ 的环路积分为 $\mu_0 I$。

(2) 若电流的方向相反，仍按图 12-11 所示的路径 l 的方向进行积分时，由于 $\boldsymbol{B}$ 的方向与图示方向相反，所以应该得

$$\oint_l \boldsymbol{B}\cdot \mathrm{d}\boldsymbol{l}=-\mu_0 I$$

可见积分的结果与电流的方向有关。如果对电流的正负作如下规定，即电流的方向与 l 的绕行方向符合右手螺旋关系时，此电流为正，否则为负，则 $\boldsymbol{B}$ 的环路积分的值可以统一用式(12-18)表示。

(3) 若闭合路径不包围电流，如图 12-12 所示，l 为在垂直于载流导线平面内的任一不围绕电流的闭合路径。过电流通过点作 l 的两条切线，将 l 分为 l_1 和 l_2 两部分，沿图示方向计算 $\boldsymbol{B}$ 的环流为

$$\begin{aligned}\oint_l \boldsymbol{B}\cdot \mathrm{d}\boldsymbol{l}&=\oint_{l_1} \boldsymbol{B}\cdot \mathrm{d}\boldsymbol{l}+\oint_{l_2} \boldsymbol{B}\cdot \mathrm{d}\boldsymbol{l}\\&=\frac{\mu_0 I}{2\pi}\left(\int_{l_1}\mathrm{d}\alpha+\int_{l_2}\mathrm{d}\alpha\right)\\&=\frac{\mu_0 I}{2\pi}[\alpha+(-\alpha)]=0\end{aligned}$$

可见，闭合路径 l 不包围电流时，该电流对沿这一闭合路径的 $\boldsymbol{B}$ 的环路积分无贡献。

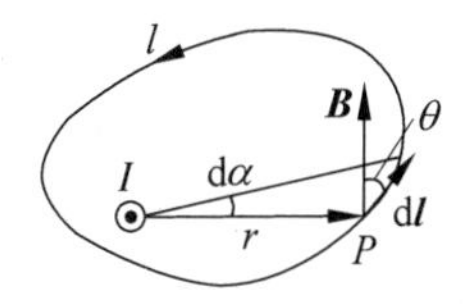

图 12-11　安培环路定理图(二)

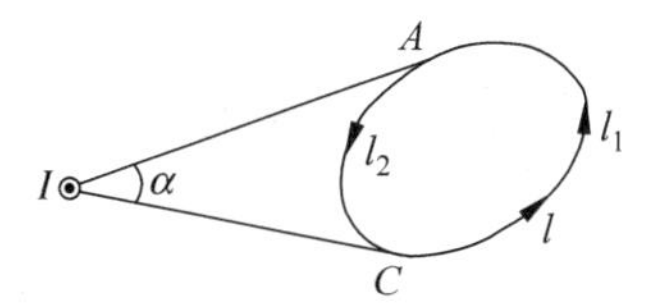

图 12-12　安培环路定理图(三)

上面的讨论只涉及在垂直于长直电流的平面内的闭合路径,容易证明,在长直电流的情况下,对非平面闭合路径,上述讨论也适用。还可进一步证明,对于任意的闭合稳恒电流,上述 $\boldsymbol{B}$ 的环路积分和电流的关系仍然成立。这样,再根据磁场的叠加原理可得到,当有若干个闭合稳恒电流存在时,沿任一闭合路径 l,合磁场的环路积分即为式(12-17),这就是我们要证明的安培环路定理。

12.4.2 安培环路定理的应用举例

在静电学中利用高斯定理可以方便地计算出某些具有高度对称性的带电体的电场分布,同样利用安培环路定理也可以方便地计算出某些具有一定对称性的载流导线的磁场分布。

利用安培环路定理求解对称性电流磁场的一般思路为:首先根据电流的对称性分析磁场分布的对称性;然后再应用安培环路定理计算磁感应强度的大小。此方法的关键是选取合适的闭合回路 l,以便使积分 $\oint_l \boldsymbol{B}\cdot \mathrm{d}\boldsymbol{l}$ 中的 $\boldsymbol{B}$ 能以标量形式从积分号内提出来。下面举几个例子来说明怎样利用安培环路定理计算磁场分布。

例 12-5 无限长均匀载流圆柱体的磁场分布。设圆柱半径为 R,总电流 I 在横截面上均匀分布。

解 如图 12-13 所示。

对称性分析:由于无限长载流圆柱体的磁场分布具有轴对称性,磁感应强度 $\boldsymbol{B}$ 的大小只与场点 P 到载流圆柱轴线的垂直距离 r 有关,故可取垂直于圆柱轴,且以柱轴上一点 O 为圆心、r 为半径的圆周作为闭合路径 L,在 L 上各点的磁感应强度 $\boldsymbol{B}$ 大小相等,方向沿圆周的切线方向。对所选的闭合圆周 L,根据安培环路定理有

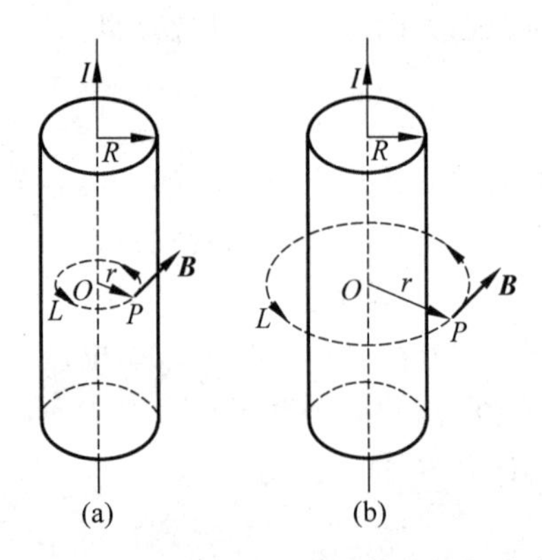

图 12-13 无限长载流圆柱体的磁场分布

$$\oint_L \boldsymbol{B}\cdot \mathrm{d}\boldsymbol{l} = B\cdot 2\pi r = \mu_0 \sum_{i=1}^{n} I_i$$

当点 P 在圆柱导体内部时,如图 12-13(a)所示,导线中电流只有一部分通过圆周 L,穿过 L 的电流 $\sum\limits_{i=1}^{n} I_i = J\cdot \pi r^2$,其中 $J=\dfrac{I}{\pi R^2}$,为柱体电流的面密度。代入上式可得

$$B=\frac{\mu_0 I r}{2\pi R^2},\quad 0<r<R$$

当点 P 在圆柱导体外部时,如图 12-13(b)所示,$\sum\limits_{i=1}^{n} I_i = I$,于是有

$$B=\frac{\mu_0 I}{2\pi r},\quad r>R$$

方向均与圆周相切。

例 12-6　载流长直螺线管内的磁场。

解　前面例 12-3 用微积分的方法得出了载流长直螺线管内的磁场式(12-12)。用安培环路定理可以得到相同的结论。

在图 12-14 中作一矩形回路 $abcd$，$\boldsymbol{B}$ 沿此闭合回路的线积分可以分成四段，即

$$\oint_l \boldsymbol{B}\cdot \mathrm{d}\boldsymbol{l}=\int_a^b \boldsymbol{B}\cdot \mathrm{d}\boldsymbol{l}+\int_b^c \boldsymbol{B}\cdot \mathrm{d}\boldsymbol{l}+\int_c^d \boldsymbol{B}\cdot \mathrm{d}\boldsymbol{l}+\int_d^a \boldsymbol{B}\cdot \mathrm{d}\boldsymbol{l}$$

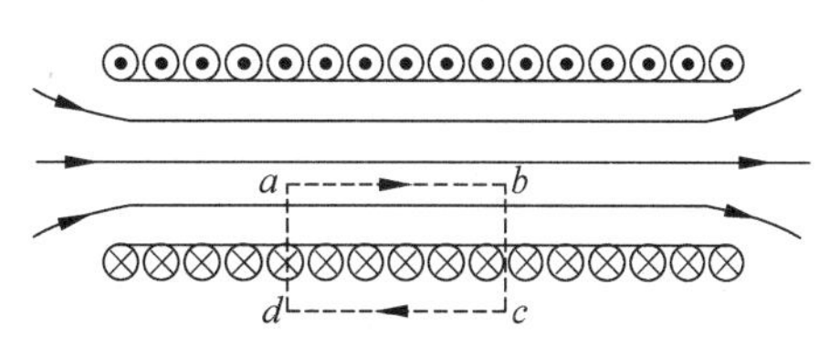

图 12-14　长直螺线管内的磁场

ab 段在管内，$\boldsymbol{B}$ 的大小相等，方向与 $\mathrm{d}\boldsymbol{l}$ 相同，所以 $\int_a^b \boldsymbol{B}\cdot \mathrm{d}\boldsymbol{l}=B\overline{ab}$；$bc$ 段和 da 段，一部分在管内，一部分在管外，虽然管内部分 $B\neq 0$，但 $\boldsymbol{B}$ 与 $\mathrm{d}\boldsymbol{l}$ 相互垂直，管外部分 $B=0$，所以 $\int_b^c \boldsymbol{B}\cdot \mathrm{d}\boldsymbol{l}=\int_d^a \boldsymbol{B}\cdot \mathrm{d}\boldsymbol{l}=0$；$cd$ 段在管外，$B=0$，所以 $\int_c^d \boldsymbol{B}\cdot \mathrm{d}\boldsymbol{l}=0$。这样，上式可写为

$$\oint_l \boldsymbol{B}\cdot \mathrm{d}\boldsymbol{l}=\int_a^b B\cdot \mathrm{d}l=B\cdot\overline{ab}$$

闭合回路 $abcd$ 所包围的总的电流强度为 $n\overline{ab}I$，根据右手螺旋关系，总的电流强度应为正值，于是根据安培环路定理有

$$\oint_l \boldsymbol{B}\cdot \mathrm{d}\boldsymbol{l}=B\cdot\overline{ab}=\mu_0 n\cdot\overline{ab}\cdot I$$

所以

$$B=\mu_0 nI \tag{12-19}$$

式(12-19)与例 7-3 通过微积分方法得到的结论完全一致。

例 12-7　求载流螺绕环内的磁感应强度。如图 12-15 所示，环形螺线管也叫做螺绕环，环上密绕 N 匝线圈，线圈中通有电流 I。

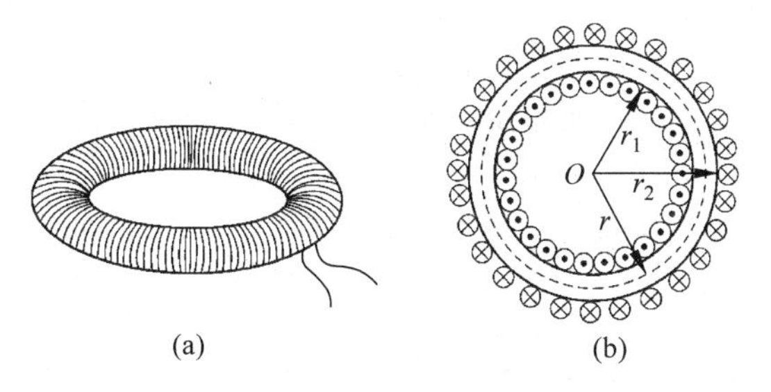

图 12-15　载流螺绕环内的磁场
(a) 螺绕环；(b) 螺绕环内的磁场

解　根据电流分布的对称性，在螺绕环内部，磁感线形成同心圆，方向如图 12-15 所示。以 O 点为圆心，$r(r_1<r<r_2)$ 为半径的同心圆作为安培回路，方向沿逆时针方向。由安培定律得

$$\oint_l \boldsymbol{B}\cdot \mathrm{d}\boldsymbol{l}=\oint_l B\cos\theta \mathrm{d}l=B\oint_l \mathrm{d}l=B\cdot 2\pi r=\mu_0\sum_{i=1}^n I_i$$

该回路所包围的电流强度的代数和为 $\sum_{i=1}^{N} I_i = NI$，由右手螺旋关系，电流强度应为正值，于是根据安培环路定理有

$$\oint_l \boldsymbol{B} \cdot \mathrm{d}\boldsymbol{l} = B \cdot 2\pi r = \mu_0 NI$$

所以

$$B = \frac{\mu_0 NI}{2\pi r} \tag{12-20}$$

与螺线管的情况相反，在螺绕环的横截面上，磁感应强度的大小不是恒定的。

12.5 磁场对运动电荷的作用

12.5.1 洛伦兹力 带电粒子在磁场中的运动

运动电荷在均匀磁场中受到的力称为洛伦兹力。当一带电量为 q、质量为 m 的粒子，以速度 $\boldsymbol{v}$ 进入磁感应强度为 $\boldsymbol{B}$ 的均匀磁场时，它所受的洛伦兹(Hendrik Antoon Lorentz，1853—1928 年)力为

$$\boldsymbol{F} = q\boldsymbol{v} \times \boldsymbol{B} \tag{12-21}$$

若 $\boldsymbol{v}$ 与 $\boldsymbol{B}$ 之间的夹角为 θ，则 $\boldsymbol{F}$ 的大小为 $F = qvB\sin\theta$，$\boldsymbol{F}$ 的方向垂直于 $\boldsymbol{v}$ 与 $\boldsymbol{B}$ 组成的平面。当带电粒子带正电时，洛伦兹力与 $\boldsymbol{v} \times \boldsymbol{B}$ 方向一致；当带电粒子带负电时，洛伦兹力与 $\boldsymbol{v} \times \boldsymbol{B}$ 方向相反。

由于洛伦兹力的方向总是与运动电荷速度的方向垂直，所以洛伦兹力永远不对电荷做功。它只改变电荷运动的方向，而不改变它的速率和动能。

若带电粒子在同时存在电场和磁场的空间运动，所受合力为

$$\boldsymbol{F} = q\boldsymbol{E} + q\boldsymbol{v} \times \boldsymbol{B} \tag{12-22}$$

上式称为洛伦兹关系式。

下面分三种情况讨论粒子在磁场中的运动：

(1) $\boldsymbol{v} // \boldsymbol{B}$，磁场对带电粒子的作用力为零，粒子仍将以原来的速度 $\boldsymbol{v}$ 作匀速直线运动。

(2) $\boldsymbol{v} \perp \boldsymbol{B}$，带电粒子在大小不变的向心力 $F = qvB$ 作用下，在垂直于 $\boldsymbol{B}$ 的平面内作匀速圆周运动。如图 12-16 所示，利用圆周运动的向心力公式

$$qvB = m\frac{v^2}{R}$$

可得带电粒子在磁场中作圆周运动的回旋半径为

$$R = \frac{mv}{qB} \tag{12-23}$$

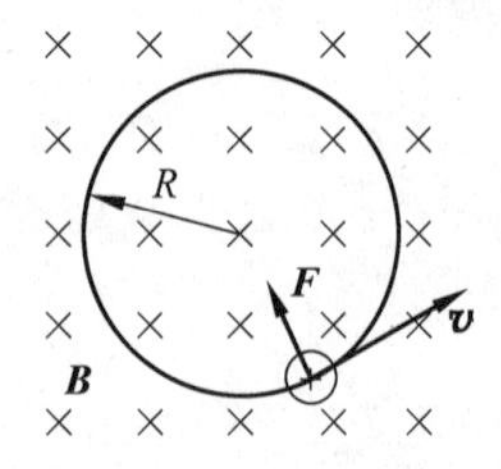

图 12-16 回旋运动

粒子运动一周所需要的时间，即回旋周期为

$$T = \frac{2\pi R}{v} = \frac{2\pi m}{qB} \tag{12-24}$$

单位时间内粒子所转动的圈数，即回旋频率为

$$f=\frac{1}{T}=\frac{qB}{2\pi m} \tag{12-25}$$

由式(12-24)和式(12-25)可以看出，回旋周期或回旋频率与带电粒子的速率及回旋半径无关。

(3) $\boldsymbol{v}$ 与 $\boldsymbol{B}$ 之间的夹角为任意角 θ 时，如图 12-17 所示，将$\boldsymbol{v}$ 分解为 $v_{//}=v\cos\theta$ 和 $v_{\perp}=v\sin\theta$ 两个分量，它们分别平行和垂直于 $\boldsymbol{B}$。若只有$\boldsymbol{v}_{//}$ 分量，带电粒子将沿 $\boldsymbol{B}$ 的方向或其反方向作匀速直线运动；若只有$\boldsymbol{v}_{\perp}$ 分量，带电粒子将在垂直于 $\boldsymbol{B}$ 的平面内作匀速圆周运动。当两个分量同时存在时，带电粒子同时参与这两个运动，它将沿螺旋线向前运动，螺旋线的半径为

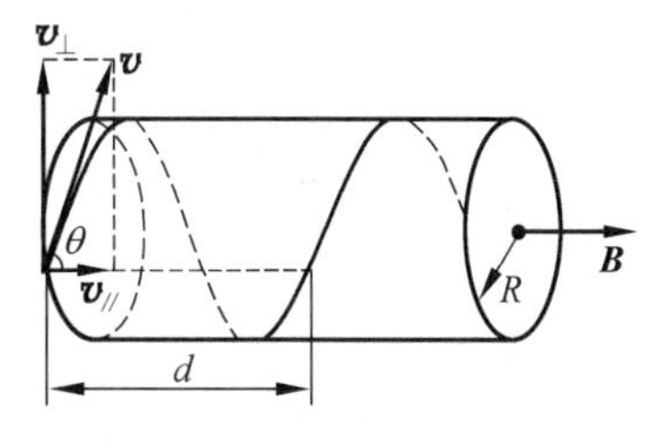

图 12-17　螺旋运动

$$R=\frac{mv_{\perp}}{qB}$$

回旋周期为

$$T=\frac{2\pi m}{qB} \tag{12-26}$$

粒子回转一周所前进的距离叫做螺距，其值为

$$d=v_{//}T=\frac{2\pi m v_{//}}{qB} \tag{12-27}$$

上式表明，螺距 d 与 $v_{\perp}$ 无关，只与 $v_{//}$ 成正比。

12.5.2　带电粒子在磁场和电场中的运动举例

1. 磁聚焦

如图 12-18 所示，若从磁场中某点 O 发射一束很窄的带电粒子流，它们的速率 v 都很相近，且与 $\boldsymbol{B}$ 的夹角 θ 都很小，尽管 $v_{\perp}=v\sin\theta\approx v\theta$ 会使各个粒子沿不同半径的螺旋线运动，但是 $v_{//}=v\cos\theta\approx v$ 却近似相等，由式(12-27)决定的螺距 d 也近似相等，所以各个粒子经过距离 d 后又会重新会聚在一起，称为磁聚焦。磁聚焦在电子光学中有着广泛的应用。

2. 霍尔效应

如图 12-19 所示，将一导电板放在垂直于它的磁场中，当有电流通过它时，在导电板的 A 和 A'两侧会产生一个电势差 $U_{AA'}$，这种现象叫做霍尔(E. H. Hall，1855—1938 年)效应。实验表明，在磁场不太强时，电势差 $U_{AA'}$ 与电流强度 I 和磁感应强度 B 成正比，与板的厚度 d 成反比，即

$$U_{AA'}=K\frac{IB}{d} \tag{12-28}$$

式中的比例系数 K 叫做霍尔系数。

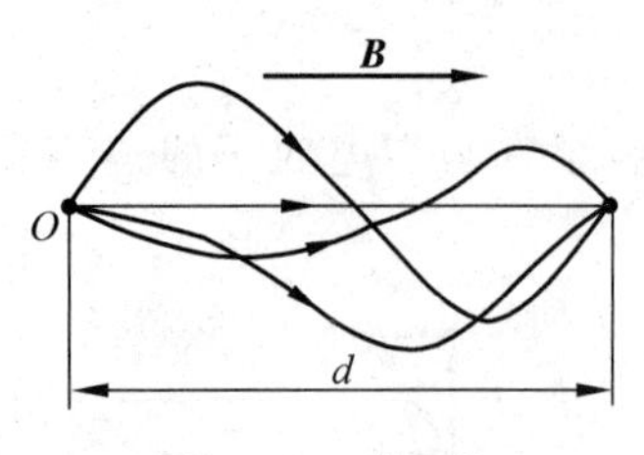

图 12-18　磁聚焦

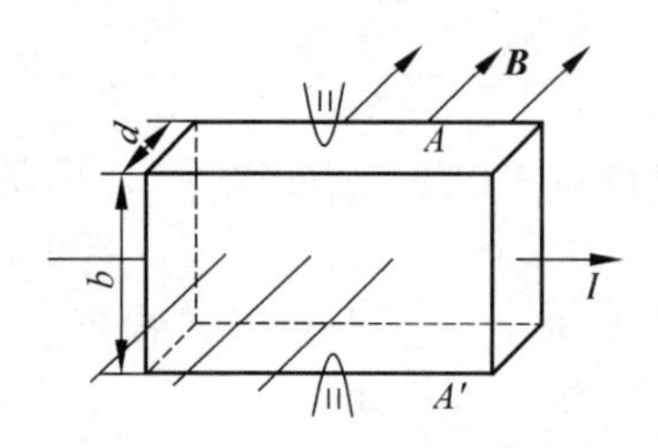

图 12-19　霍尔效应

霍尔效应可用洛伦兹力来说明。设导体板中的载流子为电荷 q,其平均定向速率为 u,它们在磁场中受到的洛伦兹力为 quB。该力使导体内移动的电荷发生偏转,结果在 A 和 A'两侧分别聚集了正、负电荷,从而形成电势差。于是,载流子又受到了一个与洛伦兹力方向相反的静电力 $qE=qU_{AA'}/b$,其中 E 为电场强度,b 为导体板的宽度,最后达到稳恒状态时,这两个力平衡,即

$$q\frac{U_{AA'}}{b}=quB$$

此外,设载流子的浓度为 n,则电流强度 I 可以表示为

$$I=bdnqu$$

于是

$$U_{AA'}=\frac{IB}{nqd}$$

此式与式(12-28)比较,可得霍尔系数为

$$K=\frac{1}{nq} \tag{12-29}$$

上式表明,K 与载流子的浓度 n 成反比。在金属导体中,由于自由电子数密度很大,因而其霍尔系数很小,相应的霍尔电势差也很弱。在半导体中,载流子数密度很小,因而其霍尔系数比金属导体大得多,所以半导体能产生很强的霍尔效应。

利用霍尔效应的电势差 $U_{AA'}$ 可以判断载流子电荷的正负号。如图 12-20(a)所示,若 $q>0$,载流子定向速度 u 的方向与电流方向一致,洛伦兹力使它向上偏转,从而 $U_{AA'}>0$;反之,如图 12-20(b)所示,若 $q<0$,载流子定向速度 u 的方向与电流方向相反,洛伦兹力使它向上偏转,从而 $U_{AA'}<0$。半导体有电子型(n 型)和空穴型(p 型)两种,n 型半导体的载流子为电子,带负电,p 型半导体的载流子为"空穴",相当于带正电的粒子,根据霍尔电势差的正负号可以判断半导体的导电类型。

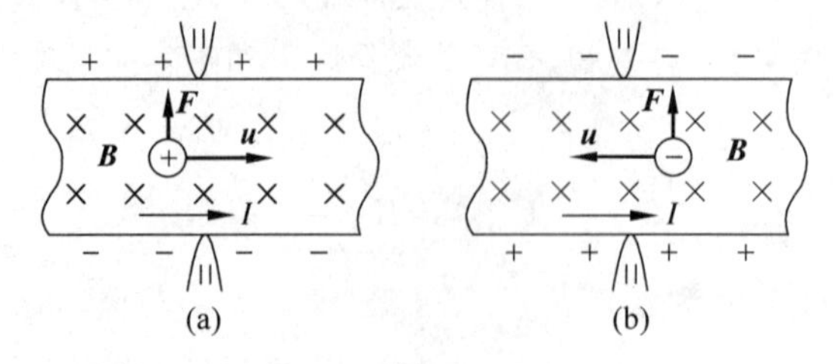

图 12-20　霍尔效应与载流子电荷正负的关系

应该指出，有些金属（如 Be、Zn、Cd、Fe 等）载流子是电子，但其霍尔电势差的极性与载流子为正电荷的情况相同，好像这些金属中的载流子带正电似的，这种现象称为反常霍尔效应。1980 年，德国物理学家克利青（Klaus von Klitzing）发现在低温、强磁场条件下的量子霍尔效应，他因此获得 1985 年诺贝尔物理学奖。1982 年，崔琦（Daniel Chee Tsui）等发现在极低温和更强磁场条件下分数量子霍尔效应，他们因此获得 1998 年诺贝尔物理学奖。这些现象用经典电子理论无法解释，只能用量子理论加以说明。

3. 回旋加速器

回旋加速器是获得高速粒子的一种装置，第一台回旋加速器是美国物理学家劳伦斯于 1932 年研制成功的，他因此获得 1939 年诺贝尔物理学奖。下面简述回旋加速器的工作原理。

回旋加速器的基本原理就是利用回旋频率与粒子速度无关的性质。如图 12-21 所示，其核心部分是两个 D 形盒，它们是密封在真空中的两个半圆形金属空盒，放在电磁铁两极之间的强大磁场中，磁场的方向垂直于 D 形盒的底面。两个 D 形盒之间接有交流电源，它在缝隙里形成一个交变电场用以加速带电离子。假设正当 D_2 电极的电势高于 D_1 时，从粒子源发出一个带正电离子，它在缝隙中被加速，以速率 v_1 进入 D_1 内部。由于电屏蔽效应，离子绕过回旋半径为 $R_1=mv_1/qB$ 的半个圆周后又回到缝隙。如果这时电场恰好反向，即交变电场的周期恰好为 $T=2\pi m/qB$，则正离子又将被加速，以更大的速率 v_2 进入 D_2 盒内，绕过回旋半径为 $R_2=mv_2/qB$ 的半个圆周后又再次回到缝隙。虽然 $R_2>R_1$，但绕过半个圆周所用的时间却都是一样的，所以，尽管离子的速率和回旋半径一次比一次增大，只要缝隙中的交变电场以不变的回旋周期往复变化，则不断被加速的离子就会沿着螺旋轨迹逐渐趋近 D 形盒的边缘，用致偏电极 F 可将已达到预期速率的离子引出，供实验用。高能粒子在科学技术中有广泛的应用领域，如核工业、医学、农业、考古学等。

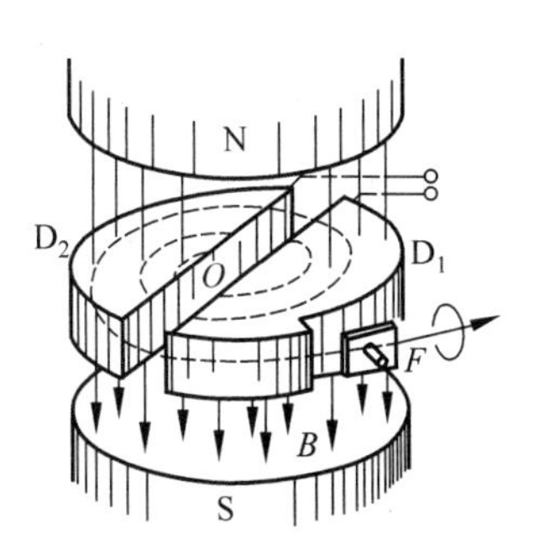

图 12-21 回旋加速器原理

如果 D 形盒的半径为 R，根据式(12-23)，离子所获得的最终速率为

$$v=\frac{qBR}{m} \tag{12-30}$$

离子的动能为

$$E_k=\frac{1}{2}mv^2=\frac{q^2B^2R_0^2}{2m}$$

上式表明，要使离子获得很高的能量，就要建造巨型的、强大的电磁铁和增加 D 形盒的直径。

由于相对论效应，当粒子的速率很大时，q/m 已不再是常量，从而回旋周期 T 将随粒子速率而增大，这时若仍保持交变电场的周期不变，就不能保持与回旋运动同步，粒子经过缝隙时也就不能始终得到加速。对于相对论效应，可以用实验方法进行补偿。一种方法是使磁场具有某种分布，从而使得在半径不同的地方回旋频率保持不变，称为同步加速器；另一种方法是保持磁场不变，改变施加在 D 形电极上交变电压的频率，从而使粒子的运动与所施加的电压在每一时刻都保持共振，称为同步回旋加速器。

12.6 磁场对载流导线的作用

12.6.1 安培定律

导线中的电流是由载流子的定向运动形成的,当把载流导线置于磁场中时,运动的载流子就要受到洛伦兹力的作用而侧向漂移,与晶格上的正离子碰撞把力传递给导线,所以载流导线在磁场中也要受到磁力的作用,通常把这个力称为安培力。

如图 12-22 所示,在载流导线上任取一电流元 $I\mathrm{d}\boldsymbol{l}$。设导线的横截面积为 S,单位体积中的载流子数为 n,每个载流子所带电量为 q,载流子的平均漂移速度为$\boldsymbol{v}$。由于每一个载流子受到的洛伦兹力都是 $\boldsymbol{F}=q\boldsymbol{v}\times\boldsymbol{B}$,而 $\mathrm{d}l$ 中共有 $nS\mathrm{d}l$ 个载流子,所以电流元 $I\mathrm{d}\boldsymbol{l}$ 所受的磁场力为

$$\mathrm{d}\boldsymbol{F}=nS\mathrm{d}lq\boldsymbol{v}\times\boldsymbol{B}$$

由于$\boldsymbol{v}$ 的方向和 $\mathrm{d}\boldsymbol{l}$ 的方向相同,而 $I=nqvS$,所以上式可写为

$$\mathrm{d}\boldsymbol{F}=I\mathrm{d}\boldsymbol{l}\times\boldsymbol{B} \qquad (12\text{-}31)$$

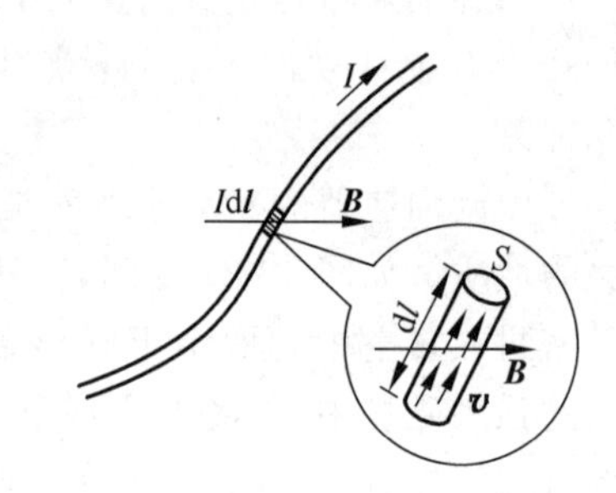

图 12-22 磁场对电流元的作用力

上式称为安培定律。

利用安培定律可以计算任意一段载流导线在磁场中受到的安培力。具体地说,可把导线分割成无限多的电流元,整个导线所受的安培力为作用在各段电流元上的安培力的矢量和,即

$$\boldsymbol{F}=\int_l \mathrm{d}\boldsymbol{F}=\int_l I\mathrm{d}\boldsymbol{l}\times\boldsymbol{B} \qquad (12\text{-}32)$$

如果长为 l 的一段载流直导线放在均匀磁场$\boldsymbol{B}$ 中,电流 I 的方向与$\boldsymbol{B}$ 之间的夹角为 ϕ,因为载流直导线上各电流微元所受的力的方向是一致的,所以该载流直导线所受安培力的大小为

$$F=BIl\sin\phi$$

安培力的方向垂直于直导线和磁感应强度所组成的平面。当 $\phi=0°$时,$F=0$;当 $\phi=90°$时,载流直导线所受的力最大,$F=BIl$。

例 12-8 载有电流 I_1 的长直导线旁有一与长直导线垂直的共面导线,其电流为 I_2,长度为 l,近端与长直导线的距离为 d,如图 12-23(a)所示。求 I_1 作用在 l 上的力。

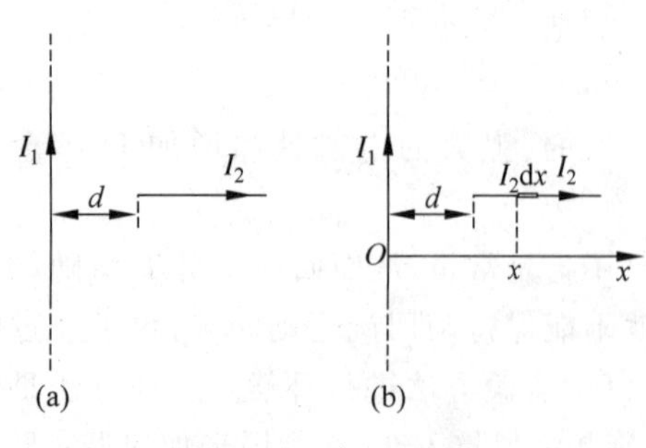

图 12-23 例 12-8 图

解 建立如图 12-23(b)所示坐标系,在 l 上任取电流元 $I_2\mathrm{d}x\,\boldsymbol{i}$,与原点 O 相距 x,则电流 I_1 在 $I_2\mathrm{d}x\,\boldsymbol{i}$ 处的磁感应强度大小为

$$B=\frac{\mu_0 I_1}{2\pi x}, \quad 方向:\otimes$$

由安培定律 $\mathrm{d}\boldsymbol{F}=I\mathrm{d}\boldsymbol{l}\times\boldsymbol{B}$，知电流元 $I_2\mathrm{d}x\,\boldsymbol{i}$ 受力大小为：$\mathrm{d}F=I_2\mathrm{d}x\cdot B=\dfrac{\mu_0 I_1 I_2\mathrm{d}x}{2\pi x}$，方向竖直向上。所以 l 所受合力大小为

$$F=\int_l \mathrm{d}F=\int_d^{d+l}\frac{\mu_0 I_1 I_2\mathrm{d}x}{2\pi x}=\frac{\mu_0 I_1 I_2}{2\pi}\ln\left(\frac{d+l}{d}\right)$$

方向竖直向上。

例 12-9 如图 12-24 所示，半径为 R、载有电流 I_2 的导体圆环与电流为 I_1 的长直导线放在同一平面内，直导线与圆心相距为 d，且 $R<d$，两者间绝缘，求作用在圆电流上的磁场力。

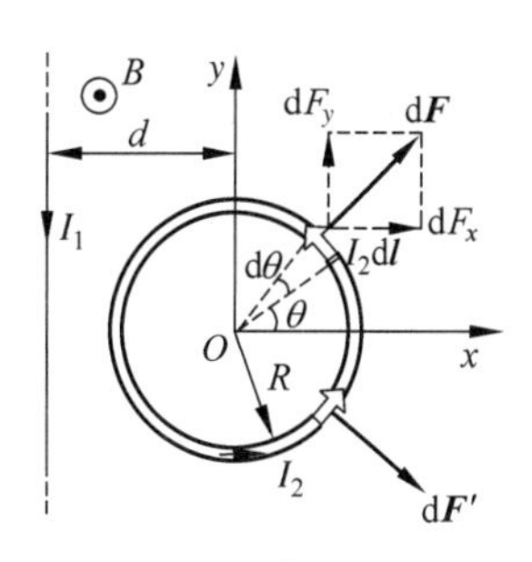

图 12-24 例 12-9 图

解 建立如图所示的坐标系，在导体圆环上任取电流元 $I_2\mathrm{d}\boldsymbol{l}$，电流 I_1 在 $I_2\mathrm{d}\boldsymbol{l}$ 处的磁感应强度大小为

$$B=\frac{\mu_0}{2\pi}\frac{I_1}{d+R\cos\theta}$$

方向垂直纸面向外。

$I_2\mathrm{d}\boldsymbol{l}$ 受力大小为

$$\mathrm{d}F=BI_2\mathrm{d}l$$

方向如图 12-24 所示。

因为 $\mathrm{d}l=R\mathrm{d}\theta$，所以上式为

$$\mathrm{d}F=\frac{\mu_0 I_1 I_2}{2\pi}\frac{R\mathrm{d}\theta}{d+R\cos\theta}$$

如图由对称性分析知，$\mathrm{d}\boldsymbol{F}$ 和 $\mathrm{d}\boldsymbol{F}'$ 总是成对出现，即上半环所受的力与下半环所受的力在竖直方向上的分量互相抵消，其矢量和始终为零。即

$$F_y=\int_{\text{圆环}}\mathrm{d}F_y=0$$

$\mathrm{d}\boldsymbol{F}$ 沿 Ox 轴的分量为

$$\mathrm{d}F_x=\mathrm{d}F\cos\theta=\frac{\mu_0 I_1 I_2}{2\pi}\frac{R\cos\theta\mathrm{d}\theta}{d+R\cos\theta}$$

所以圆电流所受磁场力沿 Ox 轴的分量分别为

$$F_x=\int_0^{2\pi}\mathrm{d}F_x=\frac{\mu_0 I_1 I_2 R}{2\pi}\int_0^{2\pi}\frac{\cos\theta\mathrm{d}\theta}{d+R\cos\theta}=\mu_0 I_1 I_2\left(1-\frac{d}{\sqrt{d^2-R^2}}\right)$$

圆电流所受磁场力为

$$\boldsymbol{F}=F_x\boldsymbol{i}=\mu_0 I_1 I_2\left(1-\frac{d}{\sqrt{d^2-R^2}}\right)\boldsymbol{i}$$

由于 $R<d$，$1-d/\sqrt{d^2-R^2}<0$，所以圆电流所受安培力 $\boldsymbol{F}$ 水平向左。

12.6.2 两平行长直电流之间的相互作用 电流单位“安培”的定义

电流能够产生磁场，磁场又会对处于其中的电流施加作用力。因此，一电流与另一电流的作用就是一电流的磁场对另一电流的作用，这作用力可利用毕奥-萨伐尔定律和安培定律

通过矢量积分获得,在一般情况下计算比较困难。下面讨论一种简单情形,即两平行长直电流之间的相互作用。

如图 12-25 所示,两条相互平行的长直载流导线,相距为 a,分别载有同向电流 I_1 和 I_2。

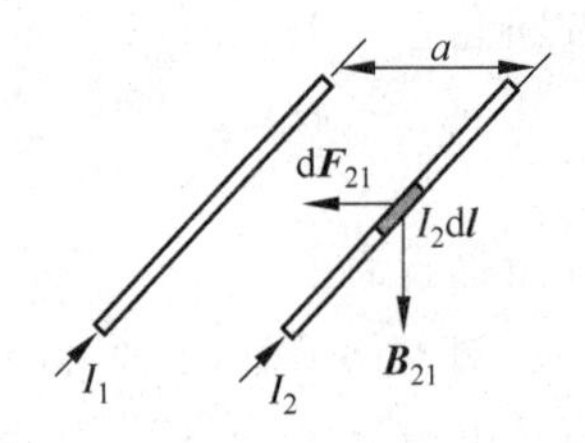

图 12-25 两平行长直电流之间的相互作用

I_1 在导线 2 中各点所产生的磁感应强度的大小为

$$B_{21}=\frac{\mu_0 I_1}{2\pi a}$$

方向如图,它对导线 2 中的任一电流元 $I_2\mathrm{d}\boldsymbol{l}$ 的作用力可由安培定律得

$$\mathrm{d}\boldsymbol{F}_{21}=I_2\mathrm{d}\boldsymbol{l}\times\boldsymbol{B}_{21}$$

其大小为

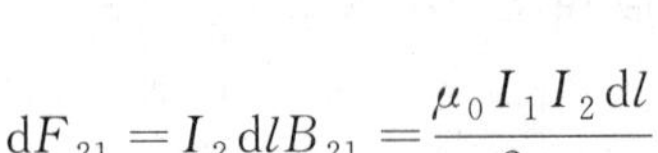

$$\mathrm{d}F_{21}=I_2\mathrm{d}lB_{21}=\frac{\mu_0 I_1 I_2\mathrm{d}l}{2\pi a}$$

其方向如图。

载流导线 2 中每单位长度所受载流导线 1 的作用力大小为

$$f_{21}=\frac{F_{21}}{\mathrm{d}l}=\frac{\mu_0 I_1 I_2}{2\pi a} \tag{12-33}$$

同理,可得导线 1 中单位长度所受载流导线 2 的作用力大小为

$$f_{12}=\frac{\mu_0 I_1 I_2}{2\pi a} \tag{12-34}$$

f_{21} 与 f_{12} 大小相等、方向相反,体现为引力;若两平行导线中的电流方向相反,则彼此间的相互作用力为斥力。

在国际单位制中,电流强度作为基本物理量,它的单位安培(A)作为基本单位。这一基本单位就是利用两条相互平行的长直载流导线间的相互作用力来定义的:真空中两条载有等量电流,且相距为 1m 的长直导线,当每米长度上的相互作用力为 2×10^{-7}N 时,导线中的电流大小定义为 1 安培。据此定义及式(12-33)可得

$$\frac{2\times10^{-7}\,\mathrm{N}}{1\mathrm{m}}=\frac{\mu_0}{2\pi}\frac{1\mathrm{A}\cdot1\mathrm{A}}{1\mathrm{m}}\rightarrow\mu_0=4\pi\times10^{-7}\,\mathrm{N}\cdot\mathrm{A}^{-2}$$

可见真空磁导率 μ_0 是一个具有单位的导出量。

12.6.3 均匀磁场对载流线圈的作用

如图 12-26 所示,在均匀磁场 $\boldsymbol{B}$ 中放置一刚性矩形平面载流线圈,边长分别为 l_1 和 l_2,电流强度为 I,用 $\boldsymbol{e}_\mathrm{n}$ 表示线圈平面的法向单位矢量,规定 $\boldsymbol{e}_\mathrm{n}$ 的指向与线圈中电流的环绕方向构成右手螺旋,即右手四指环绕方向代表电流的方向,则拇指伸直时的指向即 $\boldsymbol{e}_\mathrm{n}$ 的方向。设线圈平面与 $\boldsymbol{B}$ 的方向成 θ 角(线圈平面的法向单位矢量 $\boldsymbol{e}_\mathrm{n}$ 与 $\boldsymbol{B}$ 成 ϕ 角),对边 ab、cd 与磁场垂直。这时导线 bc 和 ad 所受到的安培力分别为 $\boldsymbol{F}_1$ 和 $\boldsymbol{F}_1'$。根据安培定律

$$F_1=F_1'=BIl_1\sin\theta$$

由图 12-26(a)可见,$\boldsymbol{F}_1$ 和 $\boldsymbol{F}_1'$ 方向相反,并且在同一直线上,其作用是使线圈受到张力,对于

刚性线圈可不考虑其作用。

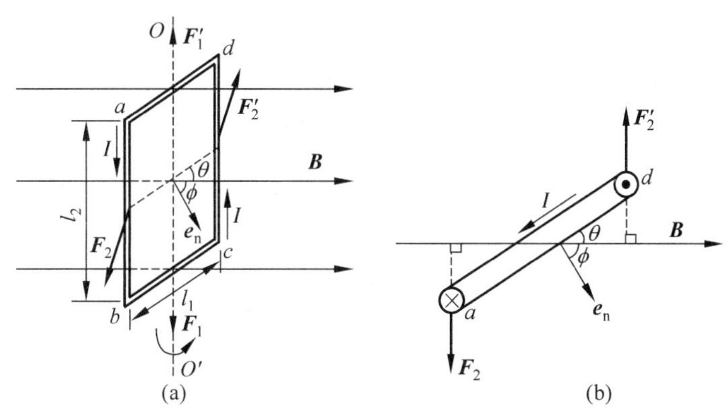

图 12-26 矩形平面载流线圈在均匀磁场所受的磁力矩

(a) 正视图；(b) 俯视图

导线 ab 和 cd 所受的磁场力分别为 $\boldsymbol{F}_2$ 和 $\boldsymbol{F}_2'$，根据安培定律

$$F_2=F_2'=BIl_2$$

这两个力方向相反，但不在同一直线上，形成力偶。这一对力对 OO' 轴（OO' 为 da 和 bc 两边中点的连线）的力矩为

$$M=F_2\frac{l_1}{2}\cos\theta+F_2'\frac{l_1}{2}\cos\theta=BIl_1l_2\cos\theta$$

$$=BIl_1l_2\cos\left(\frac{\pi}{2}-\phi\right)=BIS\sin\phi$$

式中，$S=l_1l_2$ 为线圈面积。

若线圈为 N 匝，则线圈所受力矩的大小为

$$M=NBIS\sin\phi$$

力矩 $\boldsymbol{M}$ 的方向与矢量积 $\boldsymbol{e}_n\times\boldsymbol{B}$ 的方向一致。定义 $\boldsymbol{m}=NIS\boldsymbol{e}_n$ 为载流线圈的磁矩，因此上式可用矢量形式表示为

$$\boldsymbol{M}=(NIS\boldsymbol{e}_n)\times\boldsymbol{B}=\boldsymbol{m}\times\boldsymbol{B} \tag{12-35}$$

力矩 $\boldsymbol{M}$ 的大小为 $M=mB\sin\phi$，方向由 $\boldsymbol{m}$ 与 $\boldsymbol{B}$ 的矢积决定。

下面讨论几种情况：

如图 12-27(a)所示，当 $\phi=0$ 时，即线圈平面与磁场方向垂直，$\boldsymbol{m}$ 与 $\boldsymbol{B}$ 方向相同时，线圈所受力矩为零，这时线圈处于稳定平衡状态。

如图 12-27(b)所示，当 $\phi=\pi/2$ 时，线圈平面与磁场方向相互平行，$\boldsymbol{m}\perp\boldsymbol{B}$，线圈所受力矩最大。

如图 12-27(c)所示，当 $\phi=\pi$ 时，线圈所受力矩为零，这时线圈处于非稳定平衡状态，只要线圈稍稍偏过一个微小角度，它就会在力矩作用下离开这个位置。

式(12-35)虽然是从矩形线圈推导出来的，但可以证明它对任意形状的平面线圈都成立。磁场对载流线圈作用力矩的规律是制造各种电动机和电流计的基本原理。

若载流线圈处于非均匀磁场中，线圈除受力矩的作用外，还要受合力的作用，这样线圈除转动外，还要发生平动。

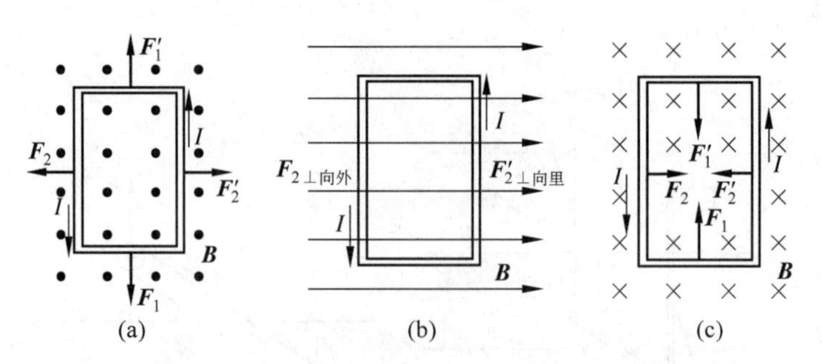

图 12-27 载流线圈 e_n 方向与磁场方向成不同角度时所受的磁力矩

12.7 介质中的磁场

12.7.1 磁介质的分类

电场中的电介质由于电极化而影响电场,电介质中的电场强度 $\boldsymbol{E}$ 等于真空中的电场强度 $\boldsymbol{E}_0$ 和电介质由于电极化而产生的附加电场强度 $\boldsymbol{E}'$ 的矢量和,即 $\boldsymbol{E}=\boldsymbol{E}_0+\boldsymbol{E}'$。与此类似,磁场对处于磁场中的物质也有作用。凡在磁场中与磁场发生相互作用的物质都称为磁介质。事实上,任何物质在磁场作用下都或多或少地发生变化并反过来影响磁场,因此任何物质都可以看作磁介质。磁介质中的磁感应强度 $\boldsymbol{B}$ 等于真空中的磁感应强度 $\boldsymbol{B}_0$ 和磁介质由于磁化而产生的附加磁感应强度 $\boldsymbol{B}'$ 的矢量和,即

$$\boldsymbol{B}=\boldsymbol{B}_0+\boldsymbol{B}' \tag{12-36}$$

磁介质对磁场的影响远比电介质对电场的影响要复杂得多。我们知道,无论是有极分子电介质还是无极分子电介质,当它们处于电场中时,电介质内的电场强度 $\boldsymbol{E}$ 都要有所减弱。但不同的磁介质在磁场中的表现则很不相同,磁介质对磁场的影响并不一定是削弱原来的磁场,这要看 $\boldsymbol{B}_0$ 与 $\boldsymbol{B}'$ 是同向还是反向。

实验发现,当磁场中充满各向同性的均匀磁介质时,磁介质中的磁感应强度 $\boldsymbol{B}$ 是真空中的磁感应强度 $\boldsymbol{B}_0$ 的 μ_r 倍,即

$$\boldsymbol{B}=\mu_r\boldsymbol{B}_0 \tag{12-37}$$

式中,μ_r 称为磁介质的相对磁导率,它随磁介质的种类和状态的不同而不同(表 12-1),其大小反映了磁介质对磁场影响的程度。若 $\mu_r>1$,这种磁介质的附加磁场与 $\boldsymbol{B}'$ 方向与原磁场 $\boldsymbol{B}_0$ 方向相同,使得磁介质中磁感应强度 $B>B_0$,这种磁介质称为顺磁质;若 $\mu_r<1$,这种磁介质的附加磁场 $\boldsymbol{B}'$ 方向与原磁场 $\boldsymbol{B}_0$ 方向相反,使得磁介质中 $B<B_0$,这种磁介质称为抗磁质。上述两类磁介质统称为弱磁性物质。还有一类磁介质,$\mu_r\gg1$,而且还随外磁场的大小发生变化,$\boldsymbol{B}'$ 的方向与 $\boldsymbol{B}_0$ 的方向相同,且 $B\gg B_0$,这种磁介质称为铁磁质。下面我们讨论顺磁质的磁化微观机制,对抗磁质的微观解释比较复杂,有兴趣的读者可参看相关书籍。

物质的磁性可以从其电结构中得到解释。构成物质的原子中每一个电子同时参与两种运动,一种是绕核的轨道运动,一种是自旋。这两种运动都对应一定的磁矩:与绕核的轨道运动相对应的是轨道磁矩,与自旋相对应的是自旋磁矩。整个原子的磁矩是它所包含的所有电子轨道磁矩和自旋磁矩的矢量和。不同物质的原子包含的电子数目不同,电子所处的

状态不同，其轨道磁矩和自旋磁矩合成的结果也不同。所以有些物质的原子磁矩大些，有些物质的原子磁矩小些，还有些物质的原子磁矩恰好为零。另外，有些物质的原子磁矩虽然不为零，但多个原子合成一个分子时，合成的结果使分子磁矩等于零。

表 12-1　几种磁介质在常温下的相对磁导率

抗磁质	相对磁导率	顺磁质	相对磁导率	铁磁质	相对磁导率
铋	$1-1.70\times10^{-5}$	锰	$1+12.4\times10^{-5}$	铸铁	200～400
铜	$1-0.108\times10^{-5}$	铬	$1+4.5\times10^{-5}$	铸钢	500～2200
汞	$1-2.90\times10^{-5}$	铝	$1+0.82\times10^{-5}$	硅钢	7×10^{3}(最大值)
氢	$1-2.47\times10^{-5}$	铂	$1+3.0\times10^{-5}$	坡莫合金	1×10^{5}(最大值)

分子磁矩不为零的物质，其分子磁矩可以看作由一个等效的圆电流所提供，这个圆电流称为分子电流。在无外磁场时，由于分子的热运动，物质中各分子磁矩混乱取向，致使任何宏观体积元内的分子磁矩的矢量和等于零，所以宏观上不显磁性。当受到外磁场作用时，分子磁矩将在一定程度上沿外磁场方向排列，任何宏观体积元内所有分子磁矩的矢量和不再为零，从而对外显示磁性，并且外磁场越强，分子磁矩排列的有序程度越高，相同体积内分子磁矩的矢量和也越大，对外所显示的磁性也就越强。分子热运动会破坏分子磁矩的有序排列，一旦将外磁场撤除，分子磁矩立即回到无序状态，磁性也就消失了。这种磁性称为顺磁性，具有顺磁性的物质便为顺磁质。

分子磁矩为零的物质，其磁性来源于原子中电子在外磁场的作用下所产生的附加运动(即进动)，这种附加运动也等效为某一圆电流并对应一定磁矩。但由于电子带负电，这种磁矩的方向总是与外磁场的方向相反，故得名为抗磁性。具有抗磁性的物质便是抗磁质。

例如，长直螺线管中某种均匀磁介质，在没有外磁场作用时，各分子环流的取向杂乱无章，它们的磁矩相互抵消，宏观上不显示磁性，如图 12-28(a)所示；当线圈通有电流时，电流的磁场对分子磁矩发生取向作用，各分子环流的磁矩在一定程度上沿外磁场的方向排列，从宏观上来看，在磁介质表面相当于有一层电流流过，如图 12-28(b)所示。这种因磁化而出现的宏观电流叫做磁化电流(也称束缚电流)，磁介质磁化后产生的附加磁场，就是磁化电流产生的磁场。

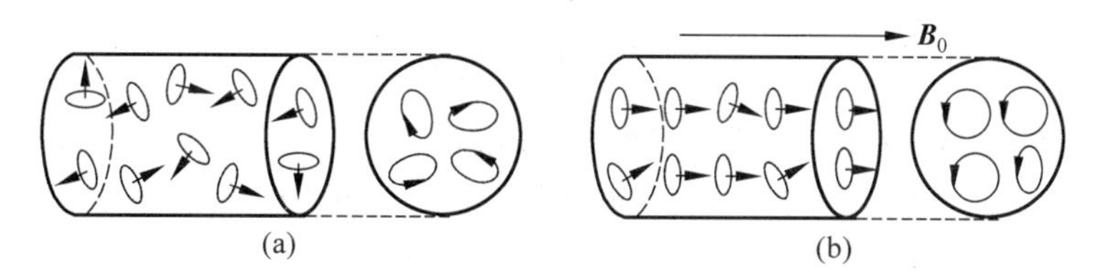

图 12-28　磁化的微观机制与宏观效果

(a) 无外磁场时；(b) 有外磁场时

12.7.2　磁介质中的安培环路定理

根据叠加原理，磁介质中合磁场的磁感应强度 $\boldsymbol{B}$ 为传导电流 I 产生的原磁场的磁感应强度 $\boldsymbol{B}_0$ 和磁化电流 I'产生的磁感应强度 $\boldsymbol{B}'$的矢量和。因此，在磁介质中，安培环路定理

式(12-17)应写成

$$\oint_l \boldsymbol{B} \cdot \mathrm{d}\boldsymbol{l} = \mu_0 \left(\sum_{i=1}^{N} I_i + \sum_{i=1}^{N} I'_i\right) \tag{12-38}$$

我们以无限长载流直螺线管中充满均匀的各向同性顺磁质为特例来讨论。设线圈中的传导电流为 I，磁介质的相对磁导率为 μ_r，单位长度线圈的匝数为 n，圆柱形磁介质表面上单位长度的磁化电流为 nI'。安培回路仍取图 12-14 中的矩形回路，令 $\overline{ab}$ 为 1 单位长度，则式(12-38)可写为

$$\oint_l \boldsymbol{B} \cdot \mathrm{d}\boldsymbol{l} = \mu_0 n (I + I'_i) \tag{12-39}$$

对长直螺线管，由式(12-19)得

$$B_0 = \mu_0 nI, \quad B' = \mu_0 nI' \tag{12-40}$$

由式(12-36)、式(12-37)、式(12-39)和式(12-40)，得

$$\oint_l \boldsymbol{B} \cdot \mathrm{d}\boldsymbol{l} = \mu_0 \mu_r nI \tag{12-41}$$

令磁介质的磁导率 $\mu = \mu_0 \mu_r$，上式即为

$$\oint_l \boldsymbol{B} \cdot \mathrm{d}\boldsymbol{l} = \mu nI \tag{12-42}$$

令

$$\boldsymbol{H} = \frac{\boldsymbol{B}}{\mu} \tag{12-43}$$

$\boldsymbol{H}$ 称为磁场强度，是描述磁场的一个辅助量，在国际单位制中，磁场强度的单位为 $\mathrm{A \cdot m^{-1}}$。式(12-40)也可写为

$$\oint_l \boldsymbol{H} \cdot \mathrm{d}\boldsymbol{l} = nI \tag{12-44}$$

式(12-44)虽然是从无限长载流直螺线管得出的，但可以证明在一般情况下它也是正确的。故磁介质中的安培环路定理可叙述如下：

磁场强度沿任何闭合回路的线积分，等于该回路所包围的传导电流的代数和，其数学表达式为

$$\oint_l \boldsymbol{H} \cdot \mathrm{d}\boldsymbol{l} = \sum_{i=1}^{N} I_i \tag{12-45}$$

计算有磁介质存在的磁场时，一般是根据传导电流的分布，利用式(12-45)求出 $\boldsymbol{H}$ 的分布，然后再利用式(12-43)求出 $\boldsymbol{B}$ 的分布，从而避开了直接利用式(12-38)求 $\boldsymbol{B}$ 需先求出磁化电流而带来的麻烦。

12.7.3 铁磁质

铁磁质是以铁为代表的一类磁性很强的物质，具有很大的磁导率。在纯化学元素中，除铁之外，还有过渡族中的其他元素（如钴、镍）和某些稀土族元素（如钆、镝、钬）具有铁磁性，然而常用的铁磁质多是它们的合金和氧化物。铁磁质常用于电机、电器设备、电子器件等。在外磁场作用下，铁磁质将产生与外磁场方向相同、量值很大的磁感应强度。

下面简单介绍铁磁质的特性：

(1) 铁磁质的磁导率(以及磁化率)不是恒量，而随所在处的磁场强度 $\boldsymbol{H}$ 而变化，且有较复杂的关系。

(2) 具有明显的磁滞效应。铁磁质的磁化过程落后于外加磁场的变化，当外加磁场停止作用后，铁磁质仍保留部分磁性，称为剩磁现象。

(3) 任何铁磁质都有一个临界温度，称为居里温度或居里点。当温度超过居里点时，铁磁质的铁磁性立即消失而变为普通的顺磁质。

1. 磁化曲线

用实验研究铁磁质的性质时通常把铁磁质试样做成环状，外面绕上若干匝线圈(图 12-29)。线圈通电后，铁磁质就被磁化。当励磁电流为 I 时，环中的磁场强度大小 H 为

$$H=\frac{NI}{2\pi r}$$

式中，N 为环上线圈的总匝数，r 为环的平均半径。这时环内磁感应强度大小 B 可以用另外的方法测出。于是可得一组对应的 H 和 B 的值，改变电流 I，可以依次测得许多组 H 和 B 的值，这样就可以绘出一条关于试样的 H-B 关系曲线以表示试样的磁化特点。这样的曲线称为磁化曲线。

如果从试样完全没有磁化开始，逐渐增大电流 I，从而逐渐增大 H，那么所得的磁化曲线称为起始磁化曲线，一般如图 12-30 所示。H 增大时，B 随 H 成正比地增大。H 再稍大时 B 就开始急剧地但也约成正比地增大，接着增大变慢，当 H 达到某一值后再增大时，B 就几乎不再随 H 的增大而增大了。这时铁磁质试样达到了一种磁饱和状态。

根据 $\mu_r=\dfrac{B}{\mu_0 H}$，可以求出不同 H 值时的 μ_r 值。μ_r 随 H 变化的关系曲线也对应地用虚线画在图 12-30 中。

实验证明，各种铁磁质的起始磁化曲线都是“不可逆”的，即当铁磁质达到饱和后，如果慢慢减小磁化电流以减小 H 的值，铁磁质中的 B 并不沿起始磁化曲线 Oa 逆向逐渐减小，而是减小得比原来增加时慢，如图 12-31 中 ab 线段所示。当 $I=0$，因而 $H=0$ 时，B 并不等于 0，而是还保持一定的值，这种现象称为磁滞效应。H 恢复到零时铁磁质内仍保留的磁化状态称为剩磁，相应的磁感应强度常用 B_r 表示。

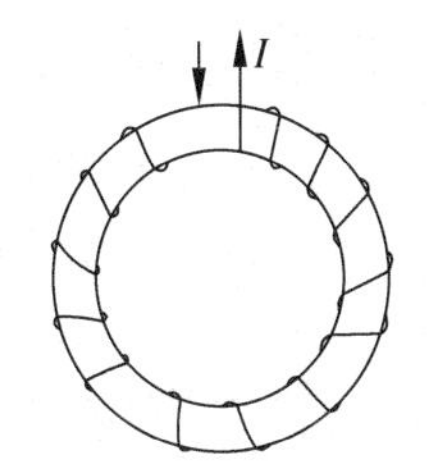

图 12-29 铁磁质性质实验

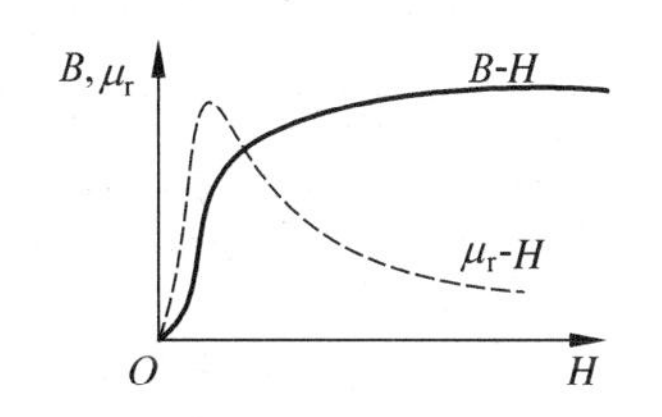

图 12-30 起始磁化曲线 B-H 及 μ_r-H 曲线

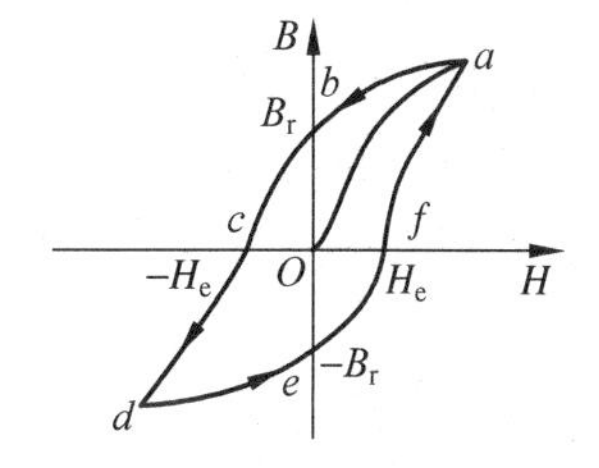

图 12-31 磁滞回线

要想把剩磁完全消除，必须改变电流的方向，并逐渐增大反向的电流(图 12-31 中 bc 段)。当 H 增大到 $-H_c$ 时，$B=0$。这个使铁磁质中的 B 完全消失的 H_c 值称为铁磁质的矫顽力。

再增大反向电流以增大 H,可使铁磁质达到反向磁饱和状态(cd 段)。将反向电流逐渐减小到零,铁磁质会达到 $-B_r$ 所代表的反向剩磁状态(de 段)。把电流改回原来的方向并逐渐增大,铁磁质又会经过 H_c 表示的状态而回到原来的饱和状态(efa 段)。这样磁化曲线就形成了一个闭合曲线,这一闭合曲线称为磁滞回线。当从起始磁化曲线的不同位置开始减小电流(磁场强度 H)将得到不同的磁滞回线。由磁滞回线可以看出,铁磁质的磁化状态并不能由激励电流或 H 值单值确定,它还取决于该铁磁质此前的磁化历史。

不同铁磁质的磁滞回线的形状不同,表示它们具有不同的剩磁和矫顽力。纯铁、硅钢、坡莫合金(含铁、镍)等材料的 H_c 很小,因而磁滞回线比较"瘦"(图 12-32(a)),这些材料称为软磁材料,常用作变压器和电磁铁的铁芯。

碳钢、钨钢、铝镍钴合金(含 Fe、Al、Ni、Co、Cu)等材料具有较大的矫顽力 H_c,因而磁滞回线显得"肥胖"(图 12-32(b)),当外磁场撤去后,这种材料能保留很强的剩磁,这种材料称为硬磁材料,常用来作永磁体。

锰-镁铁氧体、锂-锰铁氧体,其磁滞回线接近于矩形(图 12-32(c)),这种材料称为矩磁材料,其特征是矫顽力很小,且剩磁 B_r 非常接近于饱和值 B_s。因此当外磁场趋于零时,只能处于 B_s 和 $-B_s$ 两种剩磁状态。当外磁场方向改变时,可以从一个稳定状态"翻转"到另一个稳定状态,若用这种材料的两种剩磁状态分别代表计算机二进制中的两个数码 0 和 1,则能在计算机中起"记忆"作用。电子计算机储存元件的环形磁芯,录音、录像磁带以及现代电机的铁芯均要用到这样的材料。

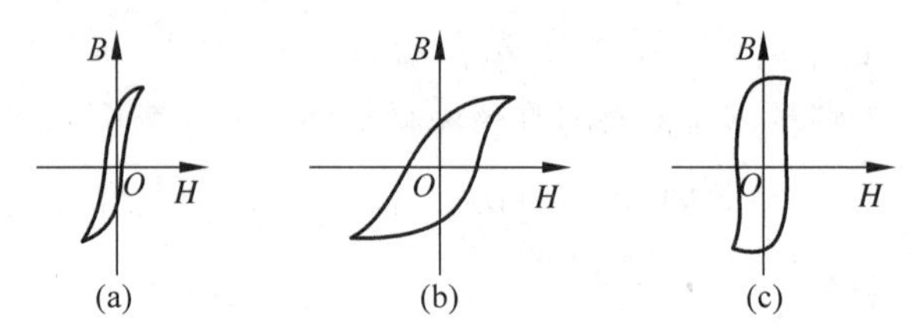

图 12-32 不同铁磁质的磁滞回线

实验指出,铁磁质反复磁化时将要吸热,硬磁物质较软磁物质更为显著,由此引起的能量损失称为磁滞损耗。理论和实践都证明,铁磁质反复磁化一次的磁滞损耗与磁滞回线所包围的面积成正比,而磁滞损失的功率与反复磁化的频率成正比。

2. 铁磁质磁化特性的微观解释——磁畴

铁磁性不能用一般的顺磁质的磁化理论来解释,因为铁磁质的单个原子或分子并不具有任何特殊的磁性。例如铁原子和铬原子的结构大致相同,铁是典型的铁磁质,而铬是普通的顺磁质。另一方面,铁磁质总是固相,这一事实说明铁磁性是一种与固体结构有关的性质。

现代的理论和实验都证明,在铁磁质内存在许多线度约为 10^{-4} m 的小区域,在这些小区域内相邻原子间存在着一种特殊的相互作用力,称为交互耦合作用,这种相互作用致使它们的磁矩平行排列,在无外磁场时这些小区域已自发磁化到饱和状态。这种自发磁化小区域叫做磁畴。对未磁化的铁磁质,各磁畴的磁矩取向是无规则的,因而整块铁磁质在宏观上没有明显的磁性,如图 12-33(a)所示。当在铁磁质内加上外磁场并逐渐增大时,其磁矩方向与外磁场方向相近的磁畴体积逐渐扩大,而方向相反的磁畴体积逐渐缩小,直至自发磁化方向与外磁场偏离较大的那些磁畴全部消失。而后随着外磁场的进一步增加，留存的磁畴逐渐转向外磁场方向，直到所有的磁畴都与外磁场的方向相同，磁化就达到饱和状态，如图 12-33(b)～(d)所示。

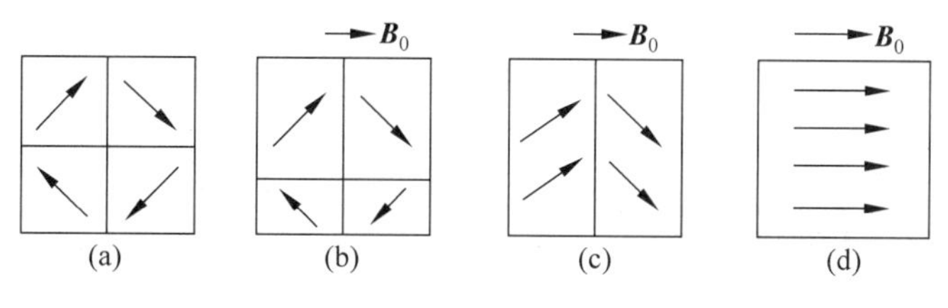

图 12-33　铁磁质的磁化示意图

上述磁化过程是一不可逆过程。在磁化停止后，各磁畴之间的某种排列仍保留下来，而表现为剩磁和磁滞现象。振动和加热能够促进去磁作用，也证实了上述观点。

铁磁性和磁畴结构的存在是分不开的，当铁磁体受到强烈震动，或在高温下剧烈的热运动使磁畴瓦解时，铁磁体的铁磁性也就消失了，居里(Pierre Curie，1859—1906 年)曾发现，对任何铁磁质来说，有一特定的温度，当铁磁体的温度高于这一温度时，铁磁性就完全消失而成为普通的顺磁质。这一温度称为居里温度或居里点。如铁的居里温度是 770℃，铁硅合金的居里温度是 690℃。

例 12-10　如图 12-34 所示，两个半径分别为 R_1、R_2 的无限长同轴圆柱面间充满相对磁导率为 μ_r 的磁介质。当两圆柱面通有方向相反的电流时，求：

(1) 磁介质中任意点 P 的磁感应强度的大小；

(2) 两同轴圆柱面外任一点 Q 的磁感应强度。

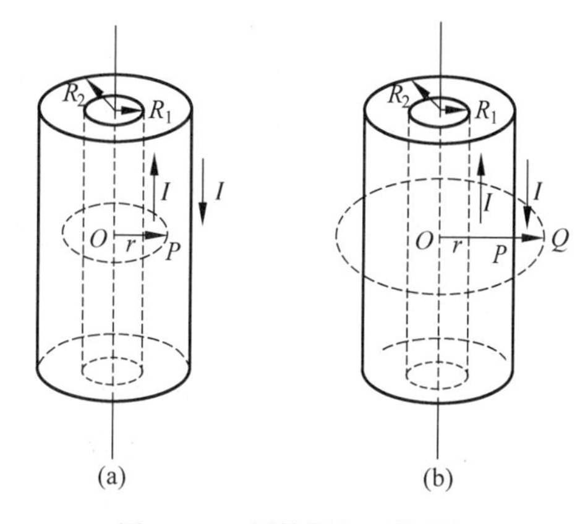

图 12-34　同轴圆柱面的磁场

解　(1) 两个无限长的同轴圆柱面所产生的磁场是对称分布的。如图 12-34(a)所示，设磁介质内任一点 P 到轴线的垂直距离为 r，并以 r 为半径作一垂直于柱轴的圆周。根据磁介质中的安培环路定理有

$$\oint_l \boldsymbol{H} \cdot \mathrm{d}\boldsymbol{l} = \oint_l H \mathrm{d}l = H \oint_l \mathrm{d}l = H \cdot 2\pi r = I$$

所以

$$H = \frac{I}{2\pi r}$$

由式(12-43)得，P 点的磁感应强度的大小为

$$B = \mu H = \mu_0 \mu_r H = \frac{\mu_0 \mu_r I}{2\pi r}$$

(2) 如图 12-34(b)所示，设两同轴圆柱面外任一点 Q 到轴线的垂直距离为 r，并以 r 为半径作一垂直于柱轴的圆周，由磁介质中的安培环路定理得

$$\oint_l \boldsymbol{H} \cdot \mathrm{d}\boldsymbol{l} = 0$$

所以

$$H = 0$$

Q 点的磁感应强度的大小为

$$B = 0$$

阅读材料 11　巨磁阻效应

1. 效应概念

巨磁阻效应(giant magnetoresistance)是一种量子力学和凝聚态物理学现象,磁阻效应的一种,可以在磁性材料和非磁性材料相间的薄膜层(几个纳米厚)结构中观察到。这种结构物质的电阻值与铁磁性材料薄膜层的磁化方向有关,两层磁性材料磁化方向相反情况下的电阻值明显大于磁化方向相同时的电阻值,电阻在很弱的外加磁场下具有很大的变化量。巨磁阻效应被成功地运用在硬盘生产上,具有重要的商业应用价值。

2. 效应发现

早在 1988 年,阿尔贝・费尔(Albert Fert)和彼得・格林贝格尔(Peter Grünberg)各自独立地发现了这一特殊现象:非常弱小的磁性变化就能导致磁性材料发生非常显著的电阻变化。那时,法国的费尔在铁、铬相间的多层膜电阻中发现,微弱的磁场变化可以导致电阻大小的急剧变化,其变化的幅度比通常高十几倍。他把这种效应命名为巨磁阻效应(giant magneto-resistive,GMR)。有趣的是,就在此前 3 个月,德国优利希研究中心格林贝格尔教授领导的研究小组在具有层间反平行磁化的铁/铬/铁三层膜结构中也发现了完全同样的现象。

3. 基本知识

众所周知,计算机硬盘是通过磁介质来存储信息的。一块密封的计算机硬盘内部包含若干个磁盘片,磁盘片的每一面都被以转轴为轴心、以一定的磁密度为间隔划分成多个磁道,每个磁道又被划分为若干个扇区。

磁盘片上的磁涂层是由数量众多的、体积极为细小的磁颗粒组成的,若干个磁颗粒组成一个记录单元来记录 1 比特(bit)信息,即 0 或 1。磁盘片的每个磁盘面都相应有一个磁头。当磁头“扫描”过磁盘面的各个区域时,各个区域中记录的不同磁信号就被转换成电信号,电信号的变化进而被表达为 0 和 1,成为所有信息的原始译码。

最早的磁头是采用锰铁磁体制成的,该类磁头通过电磁感应的方式读写数据。然而,随着信息技术发展对存储容量的要求不断提高,这类磁头难以满足实际需求。因为使用这种磁头,磁致电阻的变化仅为 1%～2%,读取数据要求一定强度的磁场,且磁道密度不能太大,因此使用传统磁头的硬盘最大容量只能达到每平方英寸 20 兆位。硬盘体积不断变小,容量却不断变大时,势必要求磁盘上每一个被划分出来的独立区域越来越小,这些区域所记录的磁信号也就越来越弱。

1997 年,全球首个基于巨磁阻效应的读出磁头问世。正是借助了巨磁阻效应,人们才能制造出如此灵敏的磁头,能够清晰读出较弱的磁信号,并且转换成清晰的电流变化。新式磁头的出现引发了硬盘的“大容量、小型化”革命。如今，笔记本电脑、音乐播放器等各类数码电子产品中所装备的硬盘，基本上都应用了巨磁阻效应，这一技术已然成为新的标准。

4. GMR(giant magneto resistance)器件

图 12-35 是一种双端自旋电子元件，又被称为自旋阀，是硬盘读取头的重要组成部分。它的工作原理很简单，首先将其置于外加磁场中，利用外加磁场的变化来改变两铁磁层的相对磁化强度，取向平行或反平行。当两铁磁层的磁化取向相同，即平行时，可以观察到通过器件的电流较大，也就是说电阻较小；而当两铁磁层的磁化取向，由于其本身的磁化强度的不同在外加磁场的作用下改变为反平行时，通过器件的电流会同时变小，即电阻变大，这也是我们测试自旋电流长程输运方法的理论基础。在性能良好的器件中，有时电阻的变化可达到 $10^6\Omega$，这也是其被称为巨磁阻的原因。

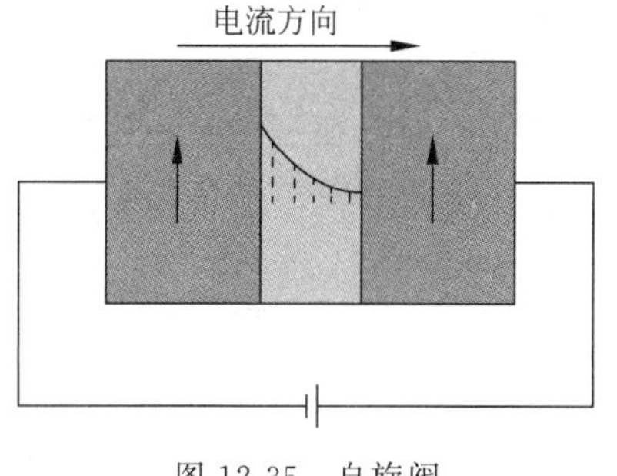

图 12-35 自旋阀

5. 应用

巨磁阻效应自被发现以来就被用于开发研制硬磁盘的体积小而灵敏的数据读出头(read head)。这使得存储单字节数据所需的磁性材料尺寸大为减少，从而使磁盘的存储能力得到大幅度提高。第一个商业化生产的数据读取探头是由 IBM 公司于 1997 年投放市场的，到目前为止，巨磁阻技术已经成为全世界几乎所有电脑、数码相机、MP3 播放器的标准技术。

在格林贝格尔最初的工作中他和他领导的小组只研究了由铁、铬(chromium)、铁三层材料组成的样品，实验结果显示电阻下降了 1.5%。而费尔和同事则研究了由铁和铬组成的多层材料样品，使得电阻下降了 50%。

阿尔贝·费尔和彼得·格林贝格尔所发现的巨磁阻效应造就了计算机硬盘存储密度提高 50 倍的奇迹。单以读出磁头为例，1994 年，IBM 公司研制成功巨磁阻效应的读出磁头，将磁盘记录密度提高了 17 倍。1995 年，宣布制成每平方英寸 3GB 硬盘面密度所用的读出头，创下了世界纪录。硬盘的容量从 4GB 提升到了 600GB 或更高。

6. 诺贝尔奖

2007 年 10 月，科学界的最高盛典——瑞典皇家科学院颁发的诺贝尔奖揭晓了。本年度，法国科学家阿尔贝·费尔和德国科学家彼得·格林贝格尔因分别独立发现巨磁阻效应而共同获得 2007 年诺贝尔物理学奖。瑞典皇家科学院在评价这项成就时表示，诺贝尔物理学奖主要奖励“用于读取硬盘数据的技术，得益于这项技术，硬盘在近年来迅速变得越来越小”。

巨磁阻到底是什么？巨磁阻又称特大磁电阻、庞磁电阻等。其磁电阻(MR)可高达 $10^6\Omega$。

诺贝尔评委会主席佩尔·卡尔松用比较通俗的语言解答了这个问题。他用两张图片的对比说明了巨磁阻的重大意义：一台 1954 年体积占满整间屋子的电脑，一个如今非常普通、手掌般大小的硬盘存储量一致。正因为有了这两位科学家的发现，单位面积介质存储的信息量才得以大幅度提升。根据该效应开发的小型大容量硬盘已得到了广泛的应用。

正如一位中国科研人员所言:“看看你的计算机硬盘存储能力有多大,就知道他们的贡献有多大了。”或许我们这才明白,司空见惯的笔记本电脑、MP3、U盘等消费品,居然都闪烁着耀眼的科学光芒。诺贝尔奖并不总是代表着深奥的理论和艰涩的知识,它往往就在我们身边,在我们不曾留意的日常生活中。

7. 新一代硬盘

采用自旋阀研制的新一代硬盘读出磁头,已经把存储密度提高到560亿位/平方英寸,该类型磁头已占领磁头市场的90%~95%。随着低电阻、高信号的TMR的获得,存储密度达到了1000亿位/平方英寸。

2007年9月13日,全球最大的硬盘生产厂商希捷科技(Seagate Technology)在北京宣布,其旗下被全球最多数字视频录像机(DVR)及家庭媒体中心采用的第四代DB35系列硬盘,现已达到1TB(1024GB)容量,足以收录多达200小时的高清电视内容。正是依靠巨磁阻材料,才使存储密度在最近几年内每年的增长速度达到3~4倍。由于磁头是由多层不同材料薄膜构成的结构,因而只要在巨磁阻效应依然起作用的尺度范围内,未来将能够进一步缩小硬盘体积,提高硬盘容量。

除读出磁头外,巨磁阻效应同样可应用于测量位移、角度等传感器中,可广泛地应用于数控机床、汽车导航、非接触开关和旋转编码器中,与光电等传感器相比,具有功耗小、可靠性高、体积小、能工作于恶劣工作条件等优点。我国国内也已具备了巨磁阻基础研究和器件研制的良好基础。中国科学院物理研究所及北京大学等高校在巨磁阻多层膜、巨磁阻颗粒膜及巨磁阻氧化物方面都开展了深入的研究。中国科学院计算技术研究所在磁膜随机存储器、薄膜磁头、MIG磁头的研制方面成果显著。北京科技大学在原子和纳米尺度上对低维材料的微结构表征的研究及对大磁矩膜的研究均有较高水平。

本章要点

1. 几种常见电流的磁场分布

1) 载流直导线的磁场

(1) 长为L的载流直导线,电流为I,到直导线垂直距离为r_0处的P点的磁感应强度$\boldsymbol{B}$大小为

$$B=\frac{\mu_0 I}{4\pi r_0}(\cos\theta_1-\cos\theta_2)$$

式中,θ_1和θ_2分别为载流直导线起点处和终点处电流元的方向与位矢$\boldsymbol{r}$之间的夹角。

(2) 无限长直导线周围某一场点P处的磁感应强度$\boldsymbol{B}$大小为

$$B=\frac{\mu_0 I}{2\pi r_0}$$

(3) 载流直导线延长线上任一点的磁感应强度

$$\boldsymbol{B}=\boldsymbol{0}$$

2) 圆形载流导线的磁场

(1) 半径为R、载流为I的圆形导线(常称为圆电流)在其轴线上距圆心O为x处的P

点的磁感应强度$\boldsymbol{B}$的大小为

$$B=\frac{\mu_0 IR^2}{2(x^2+R^2)^{\frac{3}{2}}}$$

(2) 若场点P在圆心O处,$x=0$,则该处磁感应强度大小为

$$B=\frac{\mu_0 I}{2R}$$

(3) 圆心角为θ、半径为R、载流为I的圆弧在圆心处的磁感应强度大小为

$$B=\frac{\theta}{2\pi}\cdot\frac{\mu_0 I}{2R}$$

磁感应强度$\boldsymbol{B}$的方向与圆电流环绕方向呈右手螺旋关系。

3) 无限长直载流螺线管内部的磁场

对于处在真空中无限长直载流螺线管,若半径为R,电流为I,单位长度上绕有n匝线圈,则其管内中央部分一点P处的磁感应强度$\boldsymbol{B}$的大小为

$$B=\mu_0 nI$$

2. 磁通量　磁高斯定理

1) 磁通量

磁场中通过某一曲面S的磁感应线条数称为通过该曲面的磁通量,用Φ_{m}表示。

$$\Phi_{\mathrm{m}}=\int_S \boldsymbol{B}\cdot \mathrm{d}\boldsymbol{S}=\int_S B\,\mathrm{d}S\cos\theta$$

2) 磁高斯定理

在磁场中通过任意闭合曲面的总磁通量等于零,即

$$\oint_S \boldsymbol{B}\cdot \mathrm{d}\boldsymbol{S}=0$$

这样的场在数学上称为无源场,而静电场则是有源场。

3. 安培环路定理

1) 真空中的安培环路定理

磁感应强度$\boldsymbol{B}$沿任意闭合回路的线积分,等于该闭合回路所包围的各传导电流强度的代数和的μ_0倍,即

$$\oint_l \boldsymbol{B}\cdot \mathrm{d}\boldsymbol{l}=\mu_0\sum_{i=1}^{n} I_i$$

当回路的绕行方向与传导电流方向满足右手螺旋关系时,传导电流取正,反之传导电流取负。安培环路定理是反映磁场基本性质的重要方程之一,它说明磁场是有旋场。

2) 有介质存在时的安培环路定理

磁场强度沿任何闭合回路的线积分,等于该回路所包围的所有传导电流的代数和,即

$$\oint_l \boldsymbol{H}\cdot \mathrm{d}\boldsymbol{l}=\sum_{i=1}^{n} I_i$$

在各向同性的均匀磁介质中,有

$$\boldsymbol{B}=\mu\boldsymbol{H}=\mu_0\mu_{\mathrm{r}}\boldsymbol{H}$$

式中,$\mu=\mu_0\mu_{\mathrm{r}}$,称为磁介质的磁导率。

4. 带电粒子在磁场中的运动

(1) 洛伦兹力：

$$\boldsymbol{F}=q\boldsymbol{v}\times\boldsymbol{B}$$

(2) 带电量为 q、质量为 m 的粒子,以速度 $\boldsymbol{v}$ 进入磁感应强度为 $\boldsymbol{B}$ 的均匀磁场,带电粒子将在垂直于磁场的平面内作半径为 R 的匀速率圆周运动,相应的轨道半径为

$$R=\frac{mv}{qB}$$

周期为

$$T=\frac{2\pi m}{qB}$$

(3) 带电粒子进入磁场时的速度 $\boldsymbol{v}$ 和磁场 $\boldsymbol{B}$ 方向成一夹角 θ。带电粒子的合运动是以磁场方向为轴的等螺距螺旋运动,螺旋线半径为

$$R=\frac{mv_{\perp}}{qB}=\frac{mv\sin\theta}{qB}$$

螺旋周期为

$$T=\frac{2\pi m}{qB}$$

螺距为

$$d=v_{//}T=\frac{2\pi mv_{//}}{qB}$$

5. 磁场对载流导线的作用

(1) 安培定律：

$$\mathrm{d}\boldsymbol{F}=I\mathrm{d}\boldsymbol{l}\times\boldsymbol{B}$$

式中 $\boldsymbol{B}$ 为电流元 $I\mathrm{d}\boldsymbol{l}$ 所在处的磁感应强度。

(2) 在磁场中所受的磁力矩

$$\boldsymbol{M}=\boldsymbol{m}\times\boldsymbol{B}$$

其中载流线圈(由 N 匝导线构成)的磁矩 $\boldsymbol{m}$ 为

$$\boldsymbol{m}=NIS\boldsymbol{e}_{\mathrm{n}}$$

习题 12

12-1　如图所示,无限长直导线在 P 处弯成半径为 R 的圆,当通以电流 I 时,则在圆心 O 点的磁感应强度大小等于(　　)。

A. $\dfrac{\mu_0 I}{2\pi R}$　　B. $\dfrac{\mu_0 I}{4R}$

C. 0　　D. $\dfrac{\mu_0 I}{2R}\left(1-\dfrac{1}{\pi}\right)$

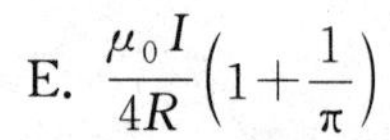

E. $\dfrac{\mu_0 I}{4R}\left(1+\dfrac{1}{\pi}\right)$

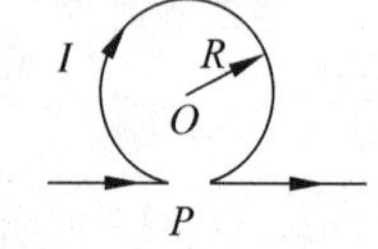

习题 12-1 图

12-2 如图所示，电流由长直导线1沿半径方向经 a 点流入一由电阻均匀的导线构成的圆环，再由 b 点沿半径方向从圆环流出，经长直导线2返回电源。已知直导线上电流强度为 I，$\angle aOb=30°$。若长直导线1、2和圆环中的电流在圆心 O 点产生的磁感应强度分别用 $\boldsymbol{B}_1$、$\boldsymbol{B}_2$ 和 $\boldsymbol{B}_3$ 表示，则圆心 O 点的磁感应强度大小(　　)。

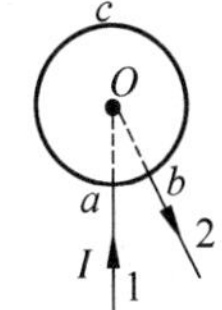

习题 12-2 图

A. $B=0$，因为 $\boldsymbol{B}_1=\boldsymbol{B}_2=\boldsymbol{B}_3=\boldsymbol{0}$

B. $B=0$，因为虽然 $\boldsymbol{B}_1\neq\boldsymbol{0}$，$\boldsymbol{B}_2\neq\boldsymbol{0}$，但 $\boldsymbol{B}_1+\boldsymbol{B}_2=\boldsymbol{0}$，$\boldsymbol{B}_3=\boldsymbol{0}$

C. $B\neq0$，因为虽然 $\boldsymbol{B}_3=\boldsymbol{0}$，但 $\boldsymbol{B}_1+\boldsymbol{B}_2\neq\boldsymbol{0}$

D. $B\neq0$，因为 $\boldsymbol{B}_3\neq\boldsymbol{0}$，$\boldsymbol{B}_1+\boldsymbol{B}_2\neq\boldsymbol{0}$，所以 $\boldsymbol{B}_1+\boldsymbol{B}_2+\boldsymbol{B}_3\neq\boldsymbol{0}$

12-3 如图所示，在磁感应强度为 $\boldsymbol{B}$ 的均匀磁场中作一半径为 r 的半球面 S，S 边线所在平面的法线方向单位矢量 $\boldsymbol{n}$ 与 $\boldsymbol{B}$ 的夹角为 α，则通过半球面 S 的磁通量(取弯面向外为正)为(　　)。

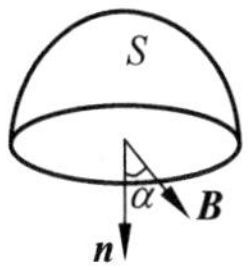

A. $\pi r^2 B$　　　　B. $2\pi r^2 B$

C. $-\pi r^2 B\sin\alpha$　　　　D. $-\pi r^2 B\cos\alpha$

习题 12-3 图

12-4 若要使半径为 4×10^{-3}m 的裸铜线表面的磁感应强度为 7.0×10^{-5}T，则铜线中需要通过的电流为(　　)。($\mu_0=4\pi\times10^{-7}\mathrm{T\cdot m\cdot A^{-1}}$)

A. 0.14A　　B. 1.4A　　C. 2.8A　　D. 14A

12-5 取一闭合积分回路 L，使三根载流导线穿过它所围成的面。现改变三根导线之间的相互间隔，但不越出积分回路，则(　　)。

A. 回路 L 内的 ΣI 不变，L 上各点的 $\boldsymbol{B}$ 不变

B. 回路 L 内的 ΣI 不变，L 上各点的 $\boldsymbol{B}$ 改变

C. 回路 L 内的 ΣI 改变，L 上各点的 $\boldsymbol{B}$ 不变

D. 回路 L 内的 ΣI 改变，L 上各点的 $\boldsymbol{B}$ 改变

12-6 在图中各有一半径相同的圆形回路 L_1、L_2，圆周内有电流 I_1、I_2，其分布相同，且均在真空中，但在图(b)中 L_2 回路外有电流 I_3，P_1、P_2 为两圆形回路上的对应点，则(　　)。

A. $\oint_{L_1}\boldsymbol{B}\cdot\mathrm{d}\boldsymbol{l}=\oint_{L_2}\boldsymbol{B}\cdot\mathrm{d}\boldsymbol{l}$，$B_{P_1}=B_{P_2}$

B. $\oint_{L_1}\boldsymbol{B}\cdot\mathrm{d}\boldsymbol{l}\neq\oint_{L_2}\boldsymbol{B}\cdot\mathrm{d}\boldsymbol{l}$，$B_{P_1}=B_{P_2}$

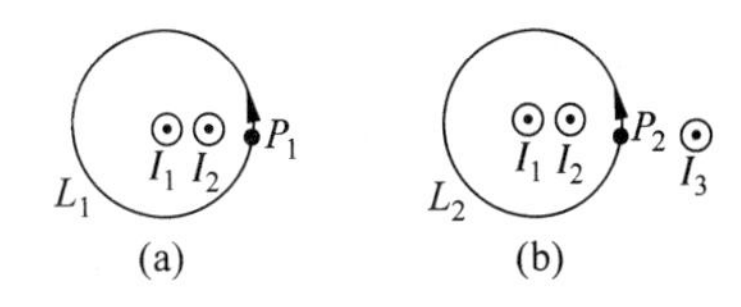

习题 12-6 图

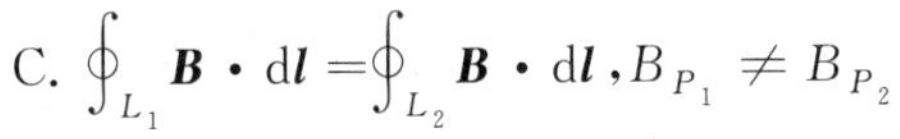

C. $\oint_{L_1}\boldsymbol{B}\cdot\mathrm{d}\boldsymbol{l}=\oint_{L_2}\boldsymbol{B}\cdot\mathrm{d}\boldsymbol{l}$，$B_{P_1}\neq B_{P_2}$

D. $\oint_{L_1}\boldsymbol{B}\cdot\mathrm{d}\boldsymbol{l}\neq\oint_{L_2}\boldsymbol{B}\cdot\mathrm{d}\boldsymbol{l}$，$B_{P_1}\neq B_{P_2}$

12-7 无限长直圆柱体，半径为 R，沿轴向均匀流有电流。设圆柱体内($r<R$)的磁感应强度为 B_{i}，圆柱体外($r>R$)的磁感应强度为 B_{e}，则有(　　)。

A. B_{i}、B_{e} 均与 r 成正比　　　　B. B_{i}、B_{e} 均与 r 成反比

C. B_{i} 与 r 成反比，B_{e} 与 r 成正比　　　　D. B_{i} 与 r 成正比，B_{e} 与 r 成反比

12-8 如图所示，在磁感应强度为 $\boldsymbol{B}$ 的均匀磁场中，有一圆形载流导线，a、b、c 是其上三个长度相等的电流元，则它们所受安培力大小的关系为(　　)。

A. $F_a > F_b > F_c$　　B. $F_a < F_b < F_c$

C. $F_b > F_c > F_a$　　D. $F_a > F_c > F_b$

12-9　长直电流 I_2 与圆形电流 I_1 共面，并与其一直径相重合，如图所示(但两者间绝缘)，设长直电流不动，则圆形电流将(　　)。

A. 绕 I_2 旋转　　B. 向左运动　　C. 向右运动　　D. 向上运动

E. 不动

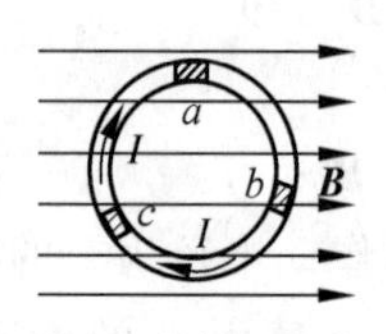

习题 12-8 图

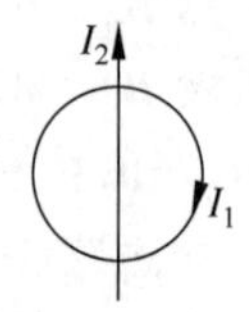

习题 12-9 图

12-10　关于稳恒电流磁场的磁场强度 $\boldsymbol{H}$，下列几种说法中哪个是正确的?(　　)

A. $\boldsymbol{H}$ 仅与传导电流有关

B. 若闭合曲线内没有包围传导电流，则曲线上各点的 $\boldsymbol{H}$ 必为零

C. 若闭合曲线上各点 $\boldsymbol{H}$ 均为零，则该曲线所包围传导电流的代数和为零

D. 以闭合曲线 L 为边缘的任意曲面的 $\boldsymbol{H}$ 通量均相等

12-11　顺磁物质的磁导率(　　)。

A. 比真空的磁导率略小　　B. 比真空的磁导率略大

C. 远小于真空的磁导率　　D. 远大于真空的磁导率

12-12　一条无限长载流导线折成如图所示形状，导线上通有电流 $I=10\text{A}$。P 点在 cd 的延长线上，它到折点的距离 $a=2\text{cm}$，则 P 点的磁感应强度大小 $B=$________。($\mu_0=4\pi\times10^{-7}\text{N}\cdot\text{A}^{-2}$)

12-13　在如图所示的回路中，两共面半圆的半径分别为 a 和 b，且有公共圆心 O，当回路中通有电流 I 时，圆心 O 处的磁感应强度：方向________，大小为________。

12-14　如图所示，电流由长直导线 1 经过 a 点流入一由电阻均匀的导线构成的正三角形线框，再由 b 点流出，经长直导线 2 返回电源。已知直导线上电流强度为 I，两直导线的延长线交于三角形中心点 O，三角框每边长为 l，则 O 处的磁感应强度为________。

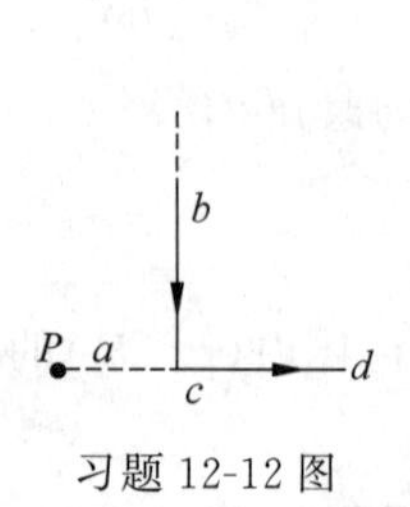

习题 12-12 图

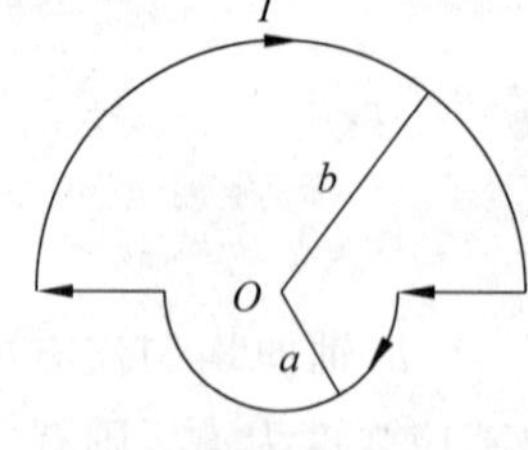

习题 12-13 图

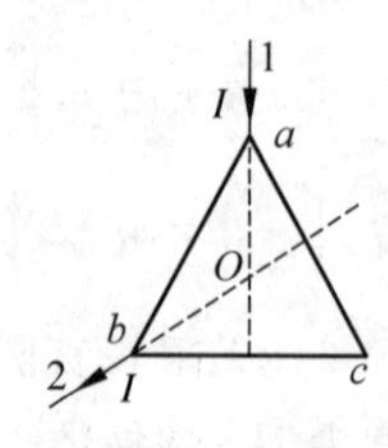

习题 12-14 图

12-15　在半径为 R 的长直金属圆柱体内部挖去一个半径为 r 的长直圆柱体，两柱体轴线平行，其间距为 a，如图所示。今在此导体上通以电流 I，电流在截面上均匀分布，则空心部分轴线上 O' 点的磁感应强度的大小为________。

12-16　如图所示，半径为 0.5cm 的无限长直圆柱形导体上，沿轴线方向均匀地流着 $I=3\text{A}$ 的电流。作一个半径为 $r=5\text{cm}$、长为 $l=5\text{cm}$ 且与电流同轴的圆柱形闭合曲面 S，则该曲面上的磁感应强度 $\boldsymbol{B}$ 沿曲面的积分 $\oint_S \boldsymbol{B}\cdot \mathrm{d}\boldsymbol{S}=$________。

12-17　如图所示，一根载流导线被弯成半径为 R 的 1/4 圆弧，放在磁感应强度为 $\boldsymbol{B}$ 的均匀磁场中，则载流导线 ab 所受磁场的作用力的大小为________，方向________________。

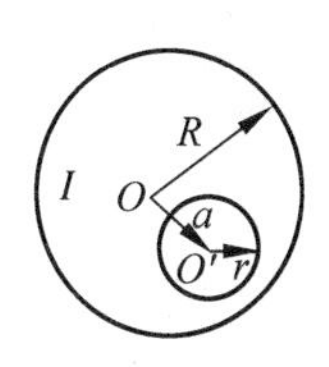

习题 12-15 图

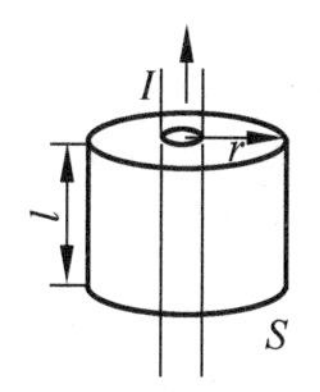

习题 12-16 图

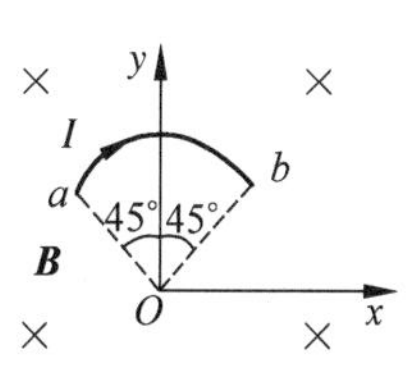

习题 12-17 图

12-18　如图所示，有一半径为 a，流过稳恒电流为 I 的 1/4 圆弧形载流导线 bc，按图示方式置于均匀外磁场 $\boldsymbol{B}$ 中，则该载流导线所受的安培力大小为________。

12-19　如图所示，A、B、C 为三根平行共面的长直导线，导线间距 $d=10\text{cm}$，它们通过的电流分别为 $I_A=I_B=5\text{A}$，$I_C=10\text{A}$，其中 I_C 与 I_B、I_A 的方向相反，每根导线每厘米所受的力的大小为

$\dfrac{\mathrm{d}F_A}{\mathrm{d}l}=$________；

$\dfrac{\mathrm{d}F_B}{\mathrm{d}l}=$________；

$\dfrac{\mathrm{d}F_C}{\mathrm{d}l}=$________。($\mu_0=4\pi\times10^{-7}\text{N/A}^2$)

12-20　如图所示，真空中有一半圆形闭合线圈，半径为 a，流过稳恒电流 I，则圆心 O 处的电流元 $I\mathrm{d}\boldsymbol{l}$ 所受的安培力 $\mathrm{d}\boldsymbol{F}$ 方向为________，$\mathrm{d}\boldsymbol{F}$ 大小为________。

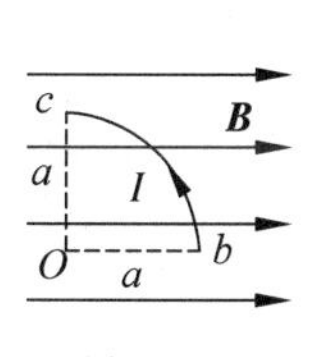

习题 12-18 图

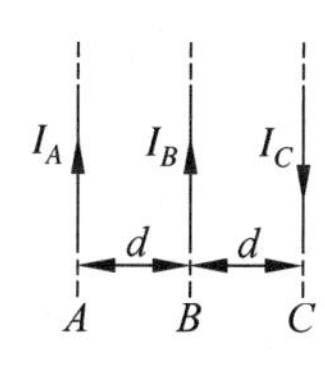

习题 12-19 图

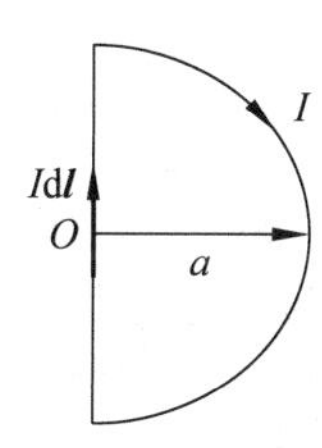

习题 12-20 图

12-21　一个单位长度上密绕有 n 匝线圈的长直螺线管，每匝线圈中通有强度为 I 的电流，管内充满相对磁导率为 μ_r 的磁介质，则管内中部附近磁感应强度大小 $B=$________，磁场强度大小 $H=$________。

12-22　长直电缆由一个圆柱导体和一共轴圆筒状导体组成，两导体中有等值反向均匀电流 I 通过，其间充满磁导率为 μ 的均匀磁介质。介质中离中心轴距离为 r 的某点处的磁场强度的大小 $H=$________，磁感应强度的大小 $B=$________。

12-23　半径为 R 的均匀环形导线在 b、c 两点处分别与两根互相垂直的载流导线相连接,已知环与二导线共面,如图所示。若直导线中的电流强度为 I,求环心 O 处磁感应强度的大小和方向。

12-24　如图所示,一无限长载流平板宽度为 a,线电流密度(即沿 x 方向单位长度上的电流)为 δ,求与平板共面且距平板一边为 b 的任意点 P 的磁感应强度。

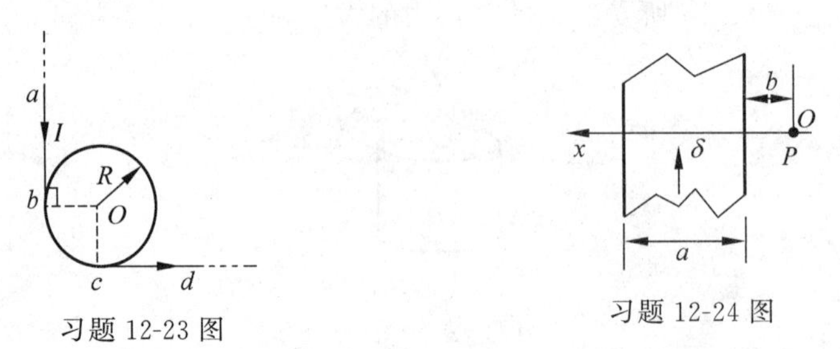

习题 12-23 图　　习题 12-24 图

12-25　如图所示,在一半径 $R=1.0\text{cm}$ 的无限长半圆筒形金属薄片中,沿长度方向有半柱面上均匀分布的电流 $I=5.0\text{A}$ 通过。求圆柱轴线上任一点的磁感应强度大小。($\mu_0=4\pi\times10^{-7}\text{N}\cdot\text{A}^{-2}$)

12-26　如图所示,半径为 R 的半圆线圈 ACD 通有电流 I_2,置于电流为 I_1 的无限长直线电流的磁场中,直线电流 I_1 恰过半圆的直径,两导线相互绝缘。求半圆线圈受到长直线电流 I_1 的磁力。

12-27　一根同轴线由半径为 R_1 的长导线和套在它外面的内半径为 R_2、外半径为 R_3 的同轴导体圆筒组成。中间充满磁导率为 μ 的各向同性均匀非铁磁绝缘材料,如图所示。传导电流 I 沿导线向上流去,由圆筒向下流回,在它们的截面上电流都是均匀分布的。求同轴线内外的磁感应强度大小 B 的分布。

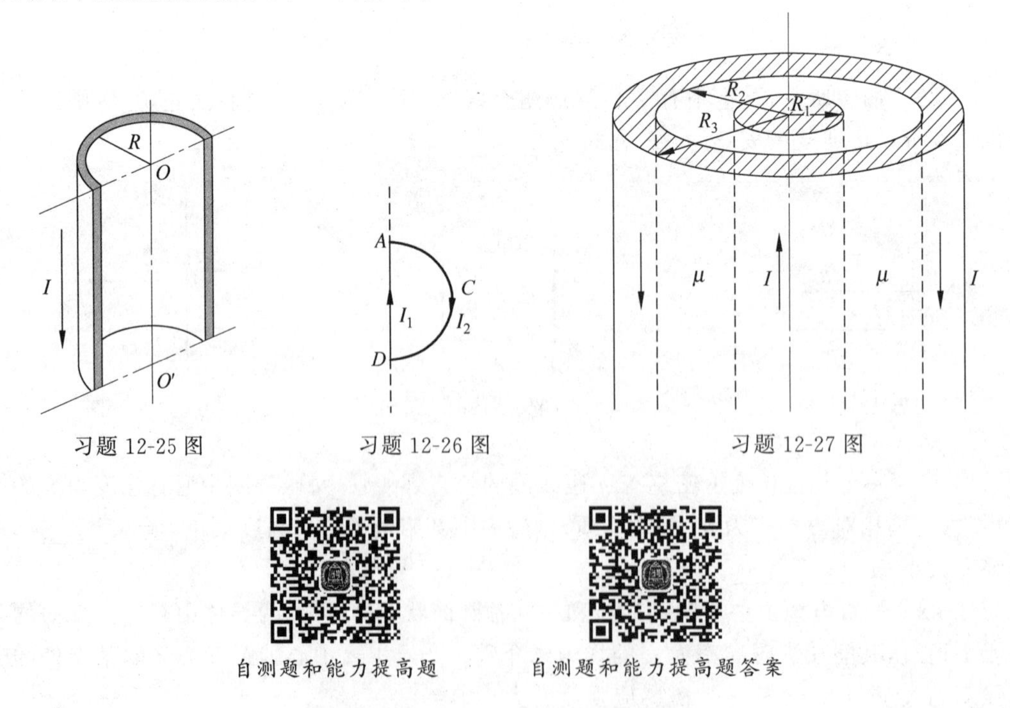

习题 12-25 图　　习题 12-26 图　　习题 12-27 图

自测题和能力提高题　　自测题和能力提高题答案

第13章

电磁感应　电磁场

1820年，奥斯特发现了电流的磁效应，从一个侧面揭示了长期以来一直被认为是彼此独立的电现象和磁现象之间的联系。既然电流可以产生磁场，从自然界的对称原理出发，“磁”也能产生“电”，这种现象由英国实验物理学家法拉第发现，并总结出电磁感应定律。

电磁感应现象是电磁学中最重大的发现之一，电磁感应现象的发现，不仅进一步揭示了电与磁现象的内在联系，推动了电磁学理论的发展，而且在实践上开拓了广泛应用的前景。

本章主要内容：在电磁感应现象的基础上讨论电磁感应定律以及动生电动势和感应电动势、自感与互感、磁场能量、麦克斯韦电磁场理论。

13.1　电磁感应现象　楞次定律

13.1.1　电磁感应现象

我们通过以下几个实验说明电磁感应现象，以及产生这一现象的条件。

1. 闭合回路与磁铁作相对运动

如图13-1所示，线圈与电流计连成一闭合回路，当线圈与磁铁相对静止时，电流计的指针并不偏转，当磁铁靠近或远离线圈时，即当两者作相对运动时，电流计指针才发生偏转，表明此时回路中有电流。电流计指针的偏转方向，与两者相对运动的方向有关。

2. 闭合回路邻近载流线圈中的电流变化

如图13-2所示，在一环形铁芯上绕有线圈A和B，A接有电流计，B与开关和电源相接。在开关K闭合或打开的瞬间，与A连接的电流计指针将发生偏转，闭合与打开两种情况下的电流方向相反。

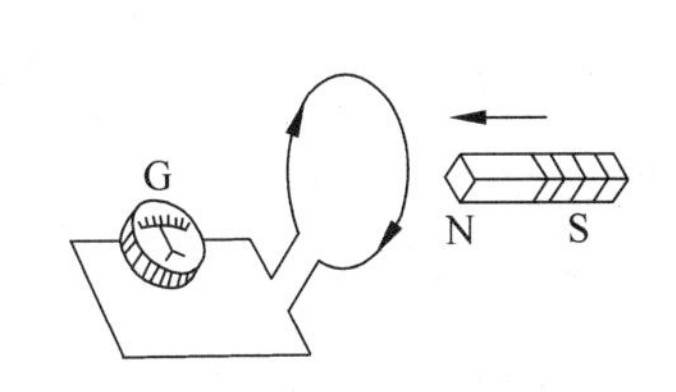

图13-1　磁铁和线圈有相对运动时的电磁感应

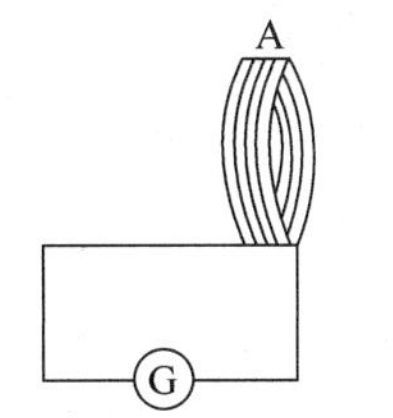

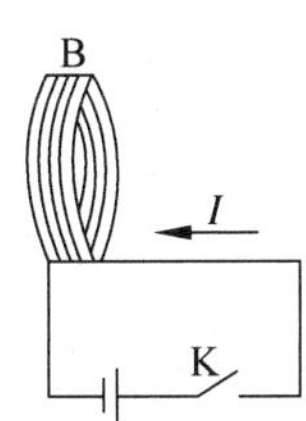

图13-2　闭合和打开开关时电流计的指针发生偏转

3. 在均匀磁场中改变闭合回路的面积

如图 13-3 所示的均匀磁场 $\boldsymbol{B}$ 中,放置一个由导线组成的回路 $abcda$,其中导线 ab 可以滑动。当导线 ab 向右或向左滑动时,电流计的指针将发生偏转。两种情况下,电流计的指针偏转方向相反,表明电流的流向相反。

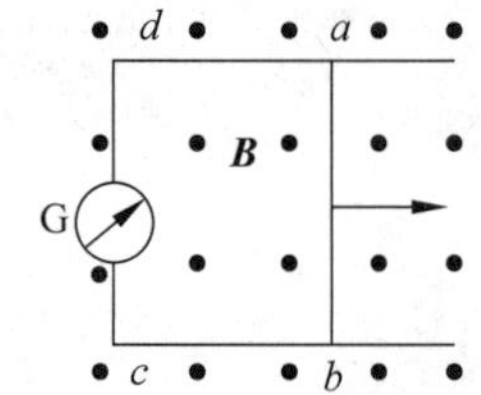

图 13-3 在匀强磁场中改变闭合回路面积时的电磁感应

上述实验可以看出,线圈(闭合回路)中产生的电流,可以是保持线圈不动,由线圈中的磁场发生变化而引起的,如实验 1 和实验 2;也可以是保持磁场不变,由线圈在磁场中运动引起的,如实验 3。在线圈中引起电流的方式尽管不同,但综合分析这些实验,有一共同特征即穿过线圈(或闭合回路)的磁通量都有变化。因此,我们可以得出如下结论:当穿过闭合导电回路所包围曲面的磁通量发生变化时,不管这种变化是由于什么原因引起的,回路中都有电流产生。这种现象称为电磁感应现象,回路中所产生的电流称为感应电流。

13.1.2 楞次定律

科学家简介:海因希里·楞次

如何判定感应电流的方向呢?为解决这一问题,楞次在大量实验的基础上,于 1834 年总结出如下定律:闭合回路中所产生的感应电流具有确定的方向,感应电流产生的通过回路所包围曲面的磁通量,总是阻止或者说反抗引起感应电流的磁通量的变化。这一规律称为楞次定律。

下面举例说明,以加深对楞次定律的理解。如图 13-4(a)所示,当磁铁 N 极靠近闭合回路 A 时,通过回路 A 的磁通量增加,由楞次定律可知,这时引起的感应电流所产生的磁场方向(虚线)应和磁铁的磁场方向(实线)相反,以反抗引起感应电流的磁通量的增加。根据右手螺旋法则,可确定如图 13-4(a)所示的感应电流方向。同理,当磁铁的 N 极离开回路 A 时,如图 13-4(b)所示,通过回路 A 的磁通量减少,则感应电流产生的磁场方向应和磁铁的磁场方向相同,以反抗引起感应电流的磁通量的减少。由右手螺旋法则,即得出如图 13-4(b)所示的感应电流方向。

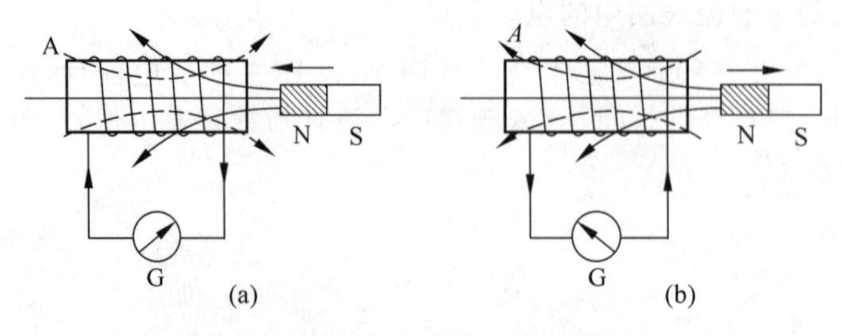

图 13-4 楞次定律应用举例

楞次定律是符合能量守恒定律的。如图 13-4(a)所示,当磁铁靠近闭合回路时,感应电流所产生的磁场方向与磁铁的磁场方向相反,以阻碍磁铁的靠近。如果磁铁要维持靠近 A,使回路中维持感应电流,就需要外力继续做功。与此同时,回路中的感应电流的流动使一定的电能转变成热能，这些能量的来源就是外力所做的功。利用同样的方法可以分析图 13-4(b)。所以，楞次定律在本质上是能量守恒定律在电磁感应现象中的具体表现。

13.2　电动势　法拉第电磁感应定律

13.2.1　电源的电动势

任何闭合回路中的电流，由于电阻的存在都要消耗电能。要维持回路中的电流需要不断地补充能量，给闭合回路中的电流提供能量的装置叫做电源。

如图 13-5 所示为极板 A 和极板 B 构成的电源与外电路组成一闭合回路。开始时，A 和 B 分别带有正、负电荷。由于极板 A 的电势高于极板 B 的电势，因此在电场力作用下，正电荷从极板 A 经外电路移到极板 B，并与负电荷中和，直至两极板间的电势差消失。

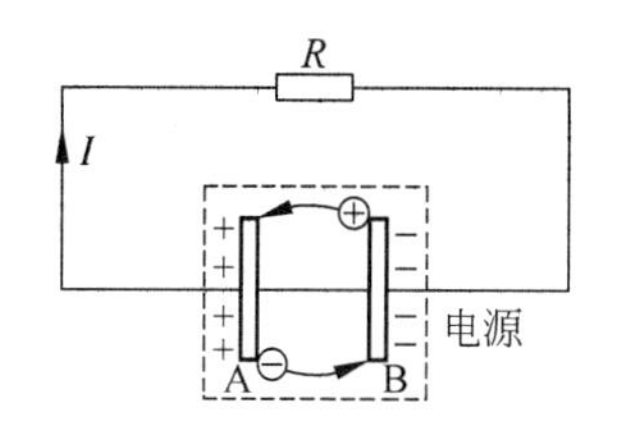

图 13-5　电源的电动势

要维持回路中的稳恒电流，就要使两极板间具有恒定的电势差，办法是把正电荷从负极板 B 沿内电路移至正极板 A，以维持 A、B 两极板的正、负电荷不变。显然，静电力 $\boldsymbol{F}$ 是不能实现这一目标的，因为静电场 $\boldsymbol{E}_{静}$ 是阻止正电荷从 B 移向 A 的。这就必须由一个非静电力的外力 $\boldsymbol{F}_{\mathrm{K}}$ 来实现。将其他形式的能量转化成电能的电源，是提供非静电力 $\boldsymbol{F}_{\mathrm{K}}$ 的一种装置。不同类型的电源，提供非静电力的机理不同，如在化学电池中，非静电力源于化学作用；在发电机中的非静电力则源于电磁作用。

正电荷 q 在非静电力 $\boldsymbol{F}_{\mathrm{K}}$ 的作用下，克服静电力 $\boldsymbol{F}$ 的作用，从负极 B 到达正极 A。与静电场相比较，定义非静电场 $\boldsymbol{E}_{\mathrm{K}}=\boldsymbol{F}_{\mathrm{K}}/q$，它表示单位正电荷所受的非静电力。这样，当正电荷 q 通过电源绕闭合回路一周时，静电力与非静电力对正电荷所做的功为

$$W=\oint_L q(\boldsymbol{E}_{静}+\boldsymbol{E}_{\mathrm{K}})\cdot \mathrm{d}\boldsymbol{l}$$

由于静电场是保守场，故

$$\oint_L \boldsymbol{E}_{静}\cdot \mathrm{d}\boldsymbol{l}=0$$

所以

$$W=\oint_L q\boldsymbol{E}_{\mathrm{K}}\cdot \mathrm{d}\boldsymbol{l}$$

即

$$W/q=\oint_L \boldsymbol{E}_{\mathrm{K}}\cdot \mathrm{d}\boldsymbol{l}$$

我们把单位正电荷绕闭合回路一周时，非静电力所做的功定义为电源的电动势，用符号 ε 表示，则有

$$\varepsilon=\frac{W}{q}=\oint_L \boldsymbol{E}_{\mathrm{K}}\cdot \mathrm{d}\boldsymbol{l} \tag{13-1}$$

由于在图 13-5 所示的闭合回路中，$\boldsymbol{E}_{\mathrm{K}}$ 只存在于电源 A、B 内部，在外电路中没有非静电场，

这样式(13-1)可改写为

$$\varepsilon=\oint_L \boldsymbol{E}_{\mathrm{K}}\cdot\mathrm{d}\boldsymbol{l}=\int_-^+ \boldsymbol{E}_{\mathrm{K}}\cdot\mathrm{d}\boldsymbol{l} \tag{13-2}$$

上式表明电源电动势的大小等于把单位正电荷从负极经电源内部移到正极时非静电力所做的功。

电动势是标量。单位与电势差的单位相同。通常把电源内部电势升高的方向,即从负极经电源内部到正极的方向规定为电动势的方向。电动势的大小只取决于电源本身的性质,而与外电路无关。

13.2.2 法拉第电磁感应定律

科学家简介:迈克尔·法拉第

由13.2.1节电磁感应现象的分析可知,当穿过闭合回路的磁通量发生变化时,回路中就有感应电流产生。感应电流的产生,意味着回路中有电动势存在。这种由于磁通量变化而引起的电动势称为感应电动势。后续将看到,当回路不闭合时,只要回路中的磁通量发生变化,虽没有感应电流,但感应电动势依然存在。感应电动势比感应电流更能反映电磁现象的本质。所以对于电磁现象更确切的描述是:当穿过闭合回路的磁通量发生变化时,回路中就产生感应电动势。

法拉第对电磁现象作了大量的研究。精确的实验表明:穿过闭合回路所围曲面的磁通量发生变化时,回路中产生的感应电动势 ε_{i} 与该磁通量对时间变化率的负值成正比。这就是法拉第电磁感应定律,即

$$\varepsilon_{\mathrm{i}}=-k\frac{\mathrm{d}\Phi}{\mathrm{d}t}$$

式中 k 为比例常数。在国际单位制中,ε_{i} 的单位为 V,Φ 的单位为 Wb,t 的单位为 s,则 $k=1$,于是上式可写成

$$\varepsilon_{\mathrm{i}}=-\frac{\mathrm{d}\Phi}{\mathrm{d}t} \tag{13-3}$$

上式是楞次定律的数学表达式,式中的负号表示感应电动势的方向。如果闭合回路中的电阻为 R,则回路中的感应电流为

$$I_{\mathrm{i}}=-\frac{1}{R}\frac{\mathrm{d}\Phi}{\mathrm{d}t} \tag{13-4}$$

设在时刻 t_1 穿过回路所围面积的磁通量为 Φ_1,在时刻 t_2 穿过回路所围面积的磁通量为 Φ_2,于是在时间 $\Delta t=t_2-t_1$ 内通过回路任一截面的感应电量为

$$\begin{aligned} q&=\int_{t_1}^{t_2}\mathrm{d}q=\int_{t_1}^{t_2}I_{\mathrm{i}}\mathrm{d}t\\ &=-\frac{1}{R}\int_{\Phi_1}^{\Phi_2}\mathrm{d}\Phi=\frac{1}{R}(\Phi_1-\Phi_2) \end{aligned} \tag{13-5}$$

由式(13-5)可知,感应电量与通过回路面积的磁通量的改变成正比,而与磁通量变化的快慢无关。

13.2.3　感应电动势的方向

式(13-3)中的负号反映电动势的方向,如何使用该式判断感应电动势的方向,现举例说明。如图13-6所示,先在回路上任意规定一个绕行方向作为回路的正方向,并用右手螺旋定则确定这回路的正法线 $\boldsymbol{n}$ 的方向,当通过回路面积的磁通量 Φ 与正法线 $\boldsymbol{n}$ 方向相同者规定为正值,相反者为负值。于是,ε_i 的正、负完全由 $\mathrm{d}\Phi/\mathrm{d}t$ 决定。如果 $\mathrm{d}\Phi/\mathrm{d}t>0$,则 $\varepsilon_i<0$,表示感应电动势的方向与选定的绕行正方向相反。图13-6中对线圈中磁通量变化的四种情况,分别画出了感应电动势的方向。用这种方向确定的结果,与由楞次定律所判定的完全一致。

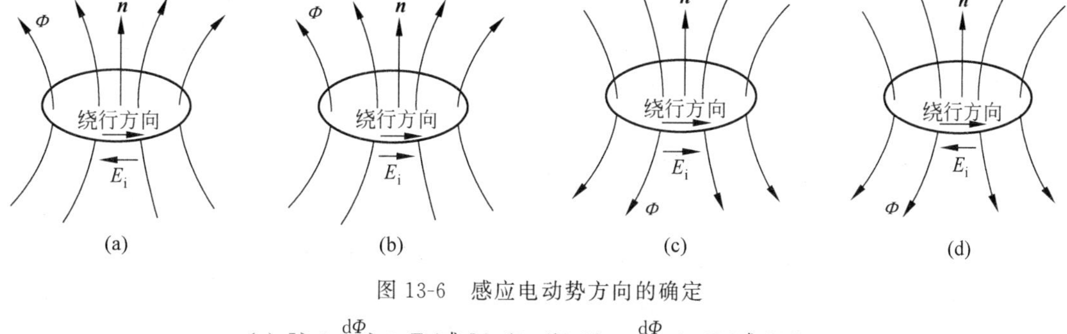

图13-6　感应电动势方向的确定

(a) $\Phi>0,\frac{\mathrm{d}\Phi}{\mathrm{d}t}>0,E_i$(或 I_i)<0;(b) $\Phi>0,\frac{\mathrm{d}\Phi}{\mathrm{d}t}<0,E_i$(或 I_i)>0;

(c) $\Phi<0,\frac{\mathrm{d}\Phi}{\mathrm{d}t}<0,E_i$(或 I_i)>0;(d) $\Phi<0,\frac{\mathrm{d}\Phi}{\mathrm{d}t}>0,E_i$(或 I_i)<0

例 13-1　交流发电机的原理。

如图13-7所示的均匀磁场中,置有面积为 S 的可绕 OO' 轴转动的 N 匝线圈。若线圈以角速度 ω 作匀速转动,求线圈中的感应电动势。

解　t 时刻,线圈外法线方向与磁感应强度的夹角为 $\theta=\omega t$,穿过线圈的磁通匝链为

$$\Psi=NBS\cos\theta=NBS\cos\omega t$$

线圈中的感应电动势为

$$\varepsilon_i=-\mathrm{d}\Psi/\mathrm{d}t=NBS\omega\sin\omega t=\varepsilon_m\sin\omega t$$

说明:此为实际大功率发电机的结构。

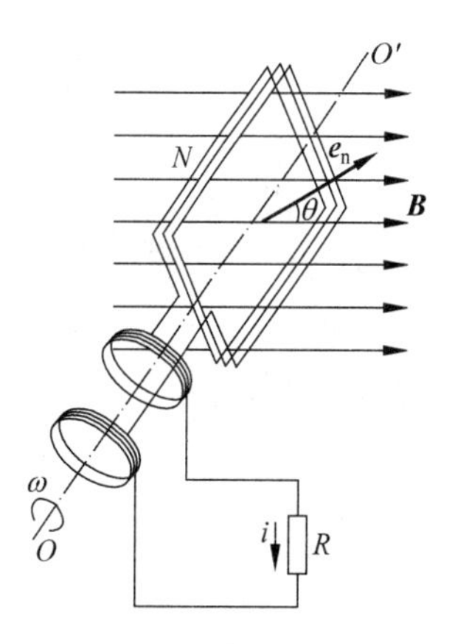

图13-7　例13-1图

例 13-2　在时间间隔 $(0,t_0)$ 中,图13-8所示长直导线通以 $I=kt$ 的变化电流,方向向上,式中 I 为瞬时电流,k 为常量且大于零,$0<t<t_0$,在此导线近旁平行且共面地放一长方形线圈,长为 l,宽为 a,线圈的一边与导线相距 d,设磁导率为 μ 的磁介质充满整个空间,求任一时刻线圈中的感应电动势。

解　因为长直导线的电流随时间变化,产生变化的磁场 $B=\frac{\mu I}{2\pi x}$,所以穿过线圈的是变

化的磁通量,故而线圈中就产生感应电动势。

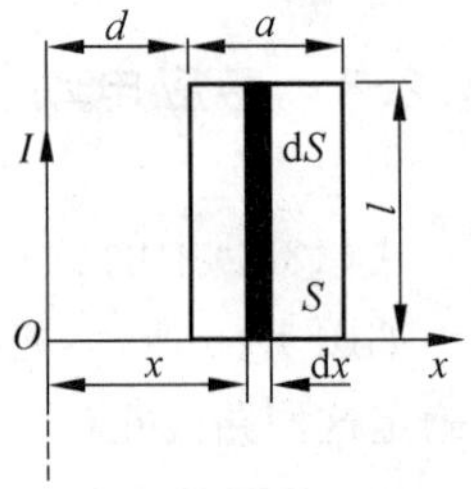

$\boldsymbol{B}$ 的方向垂直于纸面向里,且为非均匀场,故取面积元 $\mathrm{d}S=l\mathrm{d}x$,在 $\mathrm{d}S$ 内 B 视为常量。于是穿过 $\mathrm{d}S$ 的磁通量为

$$\mathrm{d}\Phi=\boldsymbol{B}\cdot\mathrm{d}\boldsymbol{S}=\frac{\mu kt}{2\pi x}l\,\mathrm{d}x$$

在给定时刻(t 的定值),通过线圈所包围面积 S 的磁通量为量为

图 13-8 例 13-2 图

$$\Phi=\int\mathrm{d}\Phi=\int_{d}^{a+d}\frac{\mu ktl}{2\pi x}\mathrm{d}x=\frac{\mu lkt}{2\pi}\ln\frac{d+a}{d}$$

它随 t 而增加,所以线圈中的感应电动势大小为

$$|\varepsilon_{\mathrm{i}}|=\left|-\frac{\mathrm{d}\Phi}{\mathrm{d}t}\right|=\frac{\mu lk}{2\pi}\ln\frac{d+a}{d}$$

根据楞次定律,为了反抗穿过线圈包围面积的垂直于纸面向里的磁通量的增加,线圈中 ε_{i} 的绕行方向是逆时针的。

13.3 动生电动势 感生电动势

前面已指出,不论什么原因,只要穿过回路中的磁通量发生变化,回路中就有感应电动势产生。引起回路中磁通量发生变化,不外乎有两种方式:一种是磁场不变化,导体在磁场中运动,由这种原因产生的感应电动势称为动生电动势;另一种是导体不动,而磁场变化,由这种原因产生的感应电动势称为感生电动势。

13.3.1 动生电动势

如图 13-9 所示,在磁感应强度为 $\boldsymbol{B}$ 的均匀磁场中,有一长为 L 的导线 ab 以速度$\boldsymbol{v}$ 垂直于 $\boldsymbol{B}$ 向右运动。

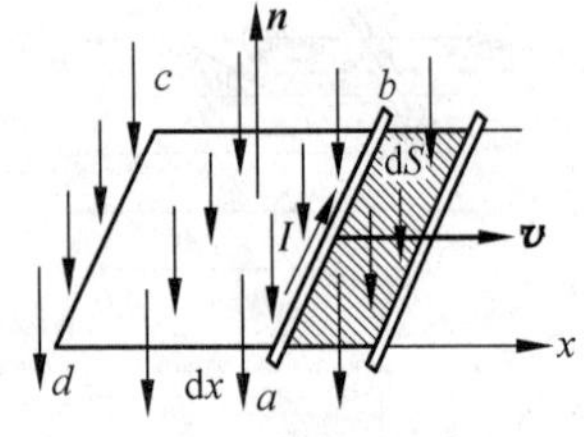

图 13-9 动生电动势

导线内的自由电子则受到洛伦兹力 $\boldsymbol{F}$ 的作用:

$$\boldsymbol{F}=-e(\boldsymbol{v}\times\boldsymbol{B})$$

式中,$-e$ 为电子电量,$\boldsymbol{F}$ 的方向驱使电子沿导线由 b 移向 a,致使 b 端带正电,a 端带负电,从而在导线内产生静电场。电子所受静电场力 $\boldsymbol{F}_{\mathrm{e}}$ 的方向与洛伦兹力 $\boldsymbol{F}$ 相反,当 $\boldsymbol{F}+\boldsymbol{F}_{\mathrm{e}}=\boldsymbol{0}$ 时,a、b 产生的动生电动势为

$$\varepsilon_{\mathrm{i}}=\int_{a}^{b}\boldsymbol{E}_{\mathrm{K}}\cdot\mathrm{d}\boldsymbol{l}=\int_{a}^{b}(\boldsymbol{v}\times\boldsymbol{B})\cdot\mathrm{d}\boldsymbol{l}\qquad(13\text{-}6)$$

在图 13-9 所示情况中,由于$\boldsymbol{v}\perp\boldsymbol{B}$,且$(\boldsymbol{v}\times\boldsymbol{B})$的方向与 $\mathrm{d}\boldsymbol{l}$ 的方向一致,所以上式写为

$$\varepsilon_{\mathrm{i}}=\int_{0}^{l}vB\,\mathrm{d}l=vBl$$

注意到 $lv=\dfrac{S}{t}$,可得 $\varepsilon_{\mathrm{i}}=BS/t=\Phi/t$,即动生电动势等于运动导体在单位时间内切割的磁感应线数(中学结论)。

对于普遍情况，磁场可以是非均匀磁场，导线的形状可以任意。当导线运动或发生形变时，导线上任意一小段 $\mathrm{d}\boldsymbol{l}$ 都可能有一速度$\boldsymbol{v}$，一般不同 $\mathrm{d}\boldsymbol{l}$ 的速度$\boldsymbol{v}$ 不同。这时在整个导线中产生的动生电动势应为

$$\varepsilon_{\mathrm{i}}=\int_{l}(\boldsymbol{v}\times\boldsymbol{B})\cdot\mathrm{d}\boldsymbol{l} \tag{13-7}$$

上述讨论说明，动生电动势只可能存在于运动的导体中，不论导线是否闭合。

例 13-3 如图 13-10 所示，直角三角形导线框 abc 置于磁感应强度为 $\boldsymbol{B}$ 的均匀磁场中，以角速度 ω 绕 ab 边为轴转动，ab 边平行于 $\boldsymbol{B}$。求各边的动生电动势及回路 abc 中的总感应电动势。

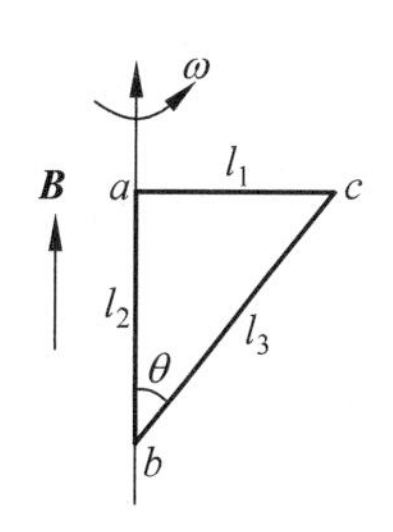

图 13-10 例 13-3 图

解 在 ac 边上距 a 点 l 处沿 ac 方向取线元 $\mathrm{d}\boldsymbol{l}$，$\mathrm{d}\boldsymbol{l}$ 的速度大小为 $v=\omega l$，方向垂直于纸面向里。因$\boldsymbol{v}\perp\boldsymbol{B}$，且$(\boldsymbol{v}\times\boldsymbol{B})$的方向与 $\mathrm{d}\boldsymbol{l}$ 的方向一致，所以$(\boldsymbol{v}\times\boldsymbol{B})\cdot\mathrm{d}\boldsymbol{l}=vB\,\mathrm{d}l=\omega lB\,\mathrm{d}l$。由式(10-6)，有

$$\begin{aligned}\varepsilon_{ac}&=\int_{a}^{c}(\boldsymbol{v}\times\boldsymbol{B})\cdot\mathrm{d}\boldsymbol{l}\\&=\int_{0}^{l_1}\omega Bl\,\mathrm{d}l=\frac{1}{2}\omega Bl_1^2\end{aligned}$$

因为$(\boldsymbol{v}\times\boldsymbol{B})$的方向为 $a\to c$，所以 ε_{ac} 的指向为 $a\to c$，即 $V_c>V_a$。

在 bc 边上距b 点 l 处沿bc 方向取线元 $\mathrm{d}\boldsymbol{l}$，$\mathrm{d}\boldsymbol{l}$ 的速度大小为 $v=\omega l\sin\theta$，$\boldsymbol{v}\perp\boldsymbol{B}$，$|\boldsymbol{v}\times\boldsymbol{B}|=vB=\omega lB\sin\theta$，$(\boldsymbol{v}\times\boldsymbol{B})$的方向平行于 ac 指向右，因此与 $\mathrm{d}\boldsymbol{l}$ 夹角为$(90^\circ-\theta)$。所以

$$(\boldsymbol{v}\times\boldsymbol{B})\cdot\mathrm{d}\boldsymbol{l}=\omega lB\sin\theta\cdot\cos(90^\circ-\theta)\cdot\mathrm{d}l=\omega B\sin^2\theta l\,\mathrm{d}l$$

由式(10-6)，有

$$\begin{aligned}\varepsilon_{bc}&=\int_{b}^{c}(\boldsymbol{v}\times\boldsymbol{B})\cdot\mathrm{d}\boldsymbol{l}=\int_{0}^{l_3}\omega B\sin^2\theta l\,\mathrm{d}l\\&=\frac{1}{2}\omega Bl_3^2\sin^2\theta\\&=\frac{1}{2}\omega Bl_1^2\end{aligned}$$

即 $\varepsilon_{bc}=\varepsilon_{ac}$，可见 $V_b=V_a$，$V_c>V_b$，ε_{bc} 指向为 $b\to c$。

因为 ab 边上任一线元 $V=0$，所以 $\varepsilon_{ab}=0$，这与以上所得 $\varepsilon_{ab}=0$ 及 $V_b=V_a$ 的结果是一致的。

abc 回路中的总感应电动势为

$$\varepsilon=\varepsilon_{ab}+\varepsilon_{bc}+\varepsilon_{ca}=\varepsilon_{bc}-\varepsilon_{ac}=0$$

事实上，当导线框以 ab 为轴转动时，通过回路 abc 面积的磁通量始终为零，由法拉第电磁感应定律直接可知，总感应电动势为零。

13.3.2 感生电动势

1. 感生电场

动生电动势的非静电力是洛伦兹力，那么固定在变化磁场中的闭合回路中产生的感生电动势的非静电力又是什么呢？

麦克斯韦对这种情况的电磁感应现象提出如下假设：任何变化的磁场在它周围空间里都要产生一种非静电性的电场，称为感生电场或涡旋电场，用符号 $\boldsymbol{E}_{\mathrm{K}}$ 表示。感生电场与静电场有相同之处，它们对电荷都要施予作用力；但也有不同之处，静电场由静止电荷所激发，而感生电场是由变化的磁场所激发。其次，静电场是保守场，电场线始于正电荷止于负电荷，而感生电场是非保守场，其电场线是闭合的。正是由于感生电场的存在，才在回路中产生感生电动势。

2. 感生电动势

根据电动势的定义式(13-1)及法拉第电磁感应定律式(13-3)，感生电动势为

$$\varepsilon_{\mathrm{i}}=\oint \boldsymbol{E}_{\mathrm{K}} \cdot \mathrm{d}\boldsymbol{l}=-\frac{\mathrm{d}\Phi}{\mathrm{d}t} \tag{13-8}$$

应该明确，法拉第建立的电磁感应定律式(13-3)仅适用于导体回路，而由麦克斯韦关于感生电场的假设所建立的式(13-8)则有更普遍的意义，即无论有无导体回路，也不论回路是在真空中还是在介质中，式(13-8)都是适用的。就是说，在变化的磁场的周围空间，到处充满着感生电场。如果有导体回路置于感生电场中，感生电场就驱使导体中的自由电荷运动，显示出感生电流；如果不存在导体回路，感生电场仍然存在，只不过没有感生电流而已。

3. 感生电场与变化磁场之间的关系

(1) 变化的磁场将在其周围激发涡旋状的感生电场，电场线是一系列的闭合线。

(2) 变化的磁场和它所激发的感生电场，在方向上满足反右手螺旋关系——左手螺旋关系。

(3) 感生电场的性质不同于静电场。

4. 感生电场与静电场的比较

具体见表 13-1。

表 13-1 感生电场与静电场的比较

	静 电 场	感 生 电 场
场源	正、负电荷	变化的磁场
场的性质	$\oint_S \boldsymbol{E} \cdot \mathrm{d}\boldsymbol{S}=\frac{1}{\varepsilon_0}\sum q$，有源场	$\oint_S \boldsymbol{E}_{\mathrm{K}} \cdot \mathrm{d}\boldsymbol{S}=0$，无源场
	$\oint_l \boldsymbol{E} \cdot \mathrm{d}\boldsymbol{l}=0$，保守场	$\oint_l \boldsymbol{E}_{\mathrm{K}} \cdot \mathrm{d}\boldsymbol{l}=-\int_S \frac{\partial \boldsymbol{B}}{\partial t} \cdot \mathrm{d}\boldsymbol{S}$，非保守场
力线	起始于正电荷，终止于负电荷，不闭合	闭合线
作用力	$\boldsymbol{F}=q\boldsymbol{E}$	$\boldsymbol{F}=q\boldsymbol{E}_{\mathrm{K}}$

例 13-4 在半径 $R=0.1\mathrm{m}$ 的圆柱形空间中存在均匀磁场 $\boldsymbol{B}$，$\boldsymbol{B}$ 的方向与柱的轴线平行(图 13-11)。若 $\boldsymbol{B}$ 的大小变化率 $\mathrm{d}B/\mathrm{d}t=0.10\mathrm{T}\cdot\mathrm{s}^{-1}$，求在 $r=0.05\mathrm{m}$ 处的感生电场的电场强度为多大？

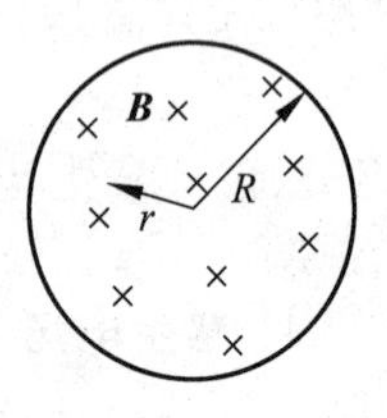

图 13-11 例 13-4 图

解 由题意可知，感生电场是轴对称的，根据

$$-\frac{\mathrm{d}\Phi}{\mathrm{d}t}=\int \boldsymbol{E}_{\mathrm{K}} \cdot \mathrm{d}\boldsymbol{l}$$

有

$$\frac{\mathrm{d}B}{\mathrm{d}t}S=E_{\mathrm{K}}\cdot 2\pi r$$

故

$$E_{\mathrm{K}}=\frac{\pi r^2}{2\pi r}\cdot\frac{\mathrm{d}B}{\mathrm{d}t}=\frac{r}{2}\cdot\frac{\mathrm{d}B}{\mathrm{d}t}$$
$$=0.025\times 0.1\mathrm{V}\cdot\mathrm{m}^{-1}=2.5\times 10^{-3}\mathrm{V}\cdot\mathrm{m}^{-1}$$

例 13-5　如图 13-12 所示，有一弯成 θ 角的金属架 COD 放在磁场中，磁感应强度 $\boldsymbol{B}$ 的方向垂直于金属架 COD 所在平面。一导体杆 MN 垂直于 OD 边，并在金属架上以恒定速度 $\boldsymbol{v}$ 向右滑动，$\boldsymbol{v}$ 与 MN 垂直。设 $t=0$ 时，$x=0$。求下列两种情形，框架内的感应电动势 ε_i。

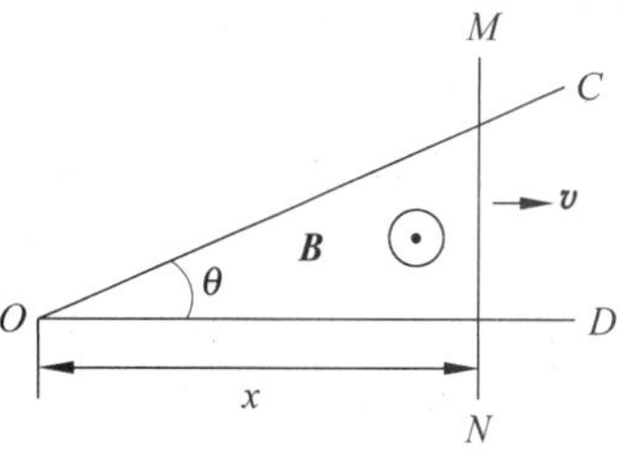

图 13-12　例 13-5 图

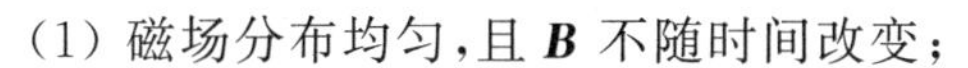
(1) 磁场分布均匀，且 $\boldsymbol{B}$ 不随时间改变；

(2) 非均匀的时变磁场 $B=Kx\cos\omega t$。

解　(1) $\Phi=B\cdot S=B\cdot\frac{1}{2}xy$，$y=x\cdot\tan\theta$，$x=vt$

$$\varepsilon=-\frac{\mathrm{d}\Phi}{\mathrm{d}t}=-\frac{\mathrm{d}\left(\frac{1}{2}Bv^2t^2\tan\theta\right)}{\mathrm{d}t}=Bv^2t\cdot\tan\theta$$

电动势方向：由 M 指向 N。

(2) 对非均匀时变磁场：$B=Kx\cos\omega t$，在 x 轴 a 处取高为 $a\tan\theta$、宽为 $\mathrm{d}a$ 的面元，

$$\mathrm{d}\Phi=Ka\cos\omega t\cdot a\tan\theta\cdot\mathrm{d}a$$

$$\Phi=\int_0^x Ba\tan\theta\mathrm{d}a=\int_0^x Ka\cos\omega t\cdot a\tan\theta\mathrm{d}a=\frac{1}{3}Kx^3\cos\omega t\cdot\tan\theta$$

$$\varepsilon=-\frac{\mathrm{d}\Phi}{\mathrm{d}t}=Kv^3\cdot\tan\theta\left(\frac{1}{3}\omega t^3\sin\omega t-t^2\cos\omega t\right)$$

13.4　自感和互感

电磁感应现象的表现形式是多种多样的，下面对线圈中的电磁感应现象作进一步讨论。

13.4.1　自感

当一闭合回路中的电流发生变化时，它所激发的磁场通过自身回路的磁通量也发生变化，因此使回路自身产生感应电动势。这种因回路中电流变化而在回路自身所引起的感应电动势现象，称为自感现象，所产生的感应电动势叫做自感电动势。

设闭合回路中通有电流 I，根据毕奥-萨伐尔定律，此电流所激发的磁感应强度与电流强度 I 成正比。因此，穿过回路自身所围面积的磁通量也与 I 成正比，即

$$\Phi=LI \tag{13-9}$$

式中，L 为比例系数，称为自感系数，简称自感。自感系数的数值与回路的形状、大小及周围介质有关。如果回路的几何形状和磁介质分布给定时，L 为常量。

根据法拉第电磁感应定律,回路中产生的自感电动势为

$$\varepsilon_L = \frac{\mathrm{d}\Phi}{\mathrm{d}t} = -L\frac{\mathrm{d}I}{\mathrm{d}t} \tag{13-10}$$

上式是楞次定律的数学表达式。它表示,自感电动势总是反抗回路中电流的变化,即电流增加时,自感电动势与原电流的方向相反;当电流减小时,自感电动势与原电流的方向相同。“—”号正体现这一意义。回路的自感系数越大,回路中的电流就越不容易改变;自感的作用越强,回路保持电路原有电流不变的性质就越明显。因此,自感系数也可视为“电磁惯性”大小的量度。

自感系数的单位是亨利(H)。当线圈中的电流为1A时,穿过这个线圈的磁通量为1Wb,此线圈的自感系数为1H。

例 13-6 半径为 R 的长直螺线管的长度为 $l(l\gg R)$,均匀密绕 N 匝线圈,管内充满磁导率 μ 为恒量的磁介质,计算该螺线管的自感系数。

解 长直密绕螺线管通有电流强度 I,且忽略两端磁场不均匀性,管内磁感应强度的大小为

$$B = \mu\frac{N}{l}I$$

通过 N 匝线圈的磁通量为

$$\Phi = NBS = \mu\frac{N^2}{l}S$$

由式(10-9)得长直螺线管的自感系数为

$$L = \frac{\Phi}{I} = \mu\frac{N^2}{l}S = \mu\frac{N^2}{l}\pi R^2$$

令 $n=N/l$,为螺线管单位长度的匝数;$V=\pi R^2 l$,为螺线管体积,有

$$L = \mu n^2 V$$

可见,自感系数与电流无关。

例 13-7 一截面为长方形的螺绕环,其尺寸如图13-13所示,共有 N 匝,求此螺绕环的自感。

解 螺绕环内部磁场为非均匀场,由环路定理可求出为

$$B = \frac{\mu_0 NI}{2\pi r}$$

$$\Phi_{\mathrm{m}} = N\int_S B\,\mathrm{d}S = N\int_{R_1}^{R_2}\frac{\mu_0 NI}{2\pi r}h\,\mathrm{d}r = \frac{\mu_0 N^2 Ih}{2\pi}\ln\frac{R_2}{R_1}$$

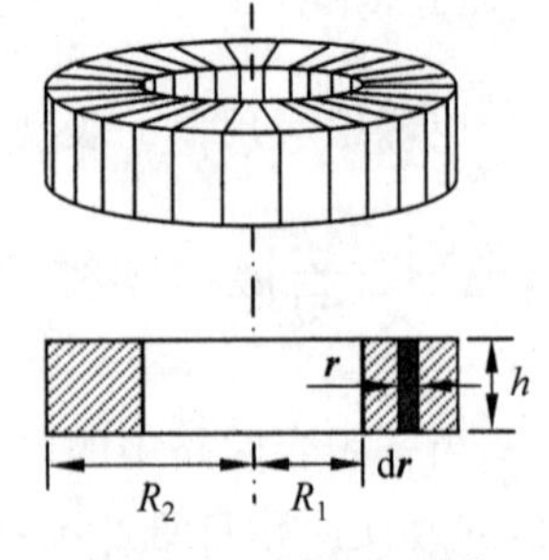

图 13-13 例 13-7 图

由于 $\Phi_{\mathrm{m}}=LI$,所以 $L=\dfrac{\mu_0 N^2 h}{2\pi}\ln\dfrac{R_2}{R_1}$ 与电流无关。

13.4.2　互感

设有两个邻近的闭合回路1和闭合回路2，分别通有强度为 I_1 和 I_2 的电流，如图13-14所示。当 I_1 发生变化时，I_1 所产生的磁场的部分磁感线和通过回路2所包围面积的磁通量 Φ_{21} 也将变化，因而在回路2中激发感应电动势 ε_{21}。同理，当 I_2 变化时，由 I_2 所产生的通过回路1所包围的面积的磁通量 Φ_{12} 也将变化，因而在回路1中也激发感应电动势 ε_{12}。这种两个回路中的电流发生变化时相互在对方回路中激发感应电动势的现象，称为互感现象，所产生的电动势称为互感电动势。

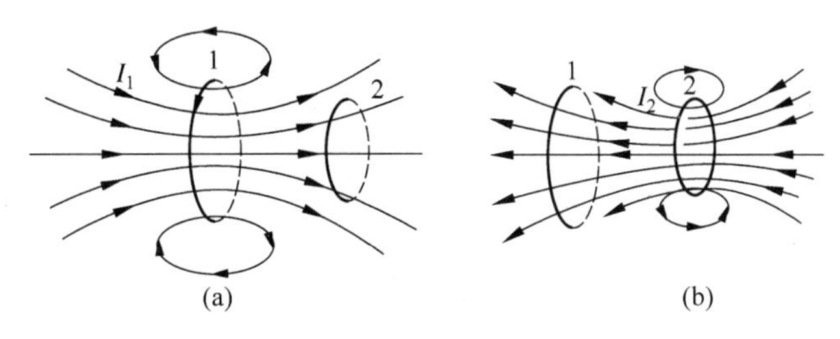

图13-14　互感现象

根据毕奥-萨伐尔定律，在 I_1 所产生的磁场中，任何一点的磁感应强度都与 I_1 成正比，因此通过回路2的磁通量 Φ_{21} 也必然与 I_1 成正比，即

$$\Phi_{21}=M_{21}I_1$$

同理

$$\Phi_{12}=M_{12}I_2$$

式中，M_{21} 和 M_{12} 是两个比例系数，它们仅仅和两个线圈的形状、相对位置及其周围磁介质的磁导率有关。理论和实验都证明：$M_{21}=M_{12}$ 现记作 $M=M_{21}=M_{12}$，则 M 称作两回路的互感系数，简称互感。于是，上两式可简化为

$$\Phi_{21}=MI_1 \tag{13-11}$$

$$\Phi_{12}=MI_2 \tag{13-12}$$

应用法拉第电磁感应定律，由于回路1中电流 I_1 的变化在回路2中激发的电动势为

$$\varepsilon_{21}=-M\frac{\mathrm{d}I_1}{\mathrm{d}t} \tag{13-13}$$

同理，由于回路2中的电流 I_2 的变化而在回路1中激发的电动势为

$$\varepsilon_{12}=-M\frac{\mathrm{d}I_2}{\mathrm{d}t} \tag{13-14}$$

由式(13-13)和式(13-14)可以看出，一个回路中所引起的互感电动势，总要反抗另一个回路中的电流变化。利用互感现象，可以把电能由一个线圈移到另一个线圈，变压器、感应线圈等都是根据这个原理制成的。

互感系数的单位也为H。

例13-8　原线圈 C_1 和副线圈 C_2 是长度 l 和截面积 S 都相同的共轴长螺线管，如图13-15所示。C_1 有 N_1 匝，C_2 有 N_2 匝，螺线管内磁介质的磁导率为 μ。求：

(1) 这两共轴螺线管的互感系数;

(2) 两螺线管的自感系数与互感系数的关系。

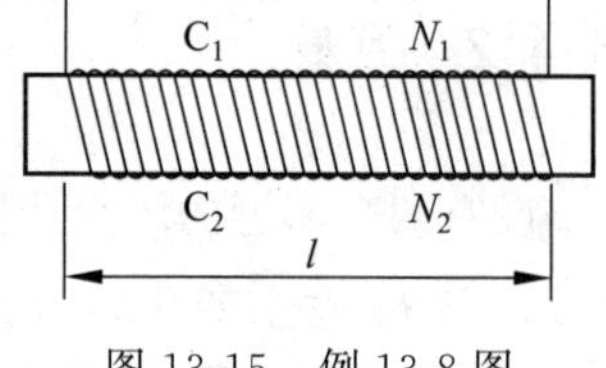

图 13-15 例 13-8 图

解 (1) 设原线圈中通有电流 I_1,则管内磁感应强度和通过每匝线圈的磁通量分别为

$$B=\mu \frac{N_1}{l}I_1$$

$$\Phi=BS=\mu \frac{N_1}{l}I_1 S$$

通过每匝副线圈的磁通量也为 Φ,通过副线圈的总磁通为

$$N_2\Phi=\mu \frac{N_1 N_2}{l}I_1 S$$

由互感系数的定义式,得

$$M=\frac{N_2\Phi}{I_1}=\mu \frac{N_1 N_2}{l}S$$

(2) 原线圈通有电流 I_1 时,原线圈自己的总磁通量为

$$N_1\Phi=\mu \frac{N_1^2 I_1}{l}S$$

按自感系数的定义式,得原线圈的自感

$$L_1=\frac{N_1\Phi}{I_1}=\mu \frac{N_1^2}{l}S$$

同理,得副线圈的自感。

由此可见

$$M^2=L_1L_2,\quad M=\sqrt{L_1L_2}$$

必须指出,一般情况下,$M=k\sqrt{L_1L_2}$,k 称为两线管耦合系数:$0\leqslant k\leqslant 1$,k 值视两线圈的相对位置而定。

13.5 磁场的能量

磁场与电场一样也具有能量。下面通过分析自感现象中的能量转换关系,简要介绍磁场能量。

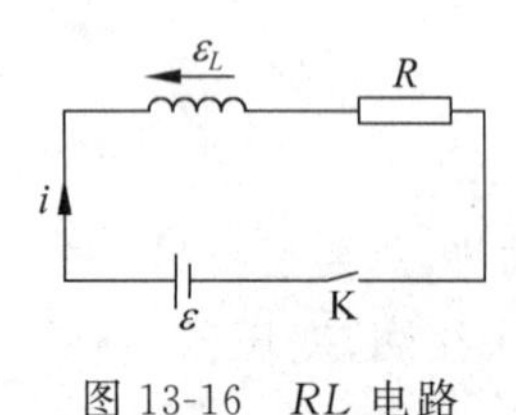

图 13-16 RL 电路

设有自感为 L 的线圈,接在如图 13-16 所示的电路中,当开关 K 未接通时,电路中无电流,线圈中也没有磁场。当接通开关 K 的瞬间,线圈中的电流 i 从零迅速增加到稳定值 I。由于通过线圈中的电流增加,在线圈中将产生自感电动势 ε_L,阻止电流的增加。在此过程中,电源不仅要供给一部分能量通过电阻 R 转换为热能,还要因克服自感电动势做功,而将另一部分能量转换为线圈中磁场的能量。

设在某一时刻 t 回路中电流 i 从零增至 I 的过程中,线圈中的自感电动势为

$$\varepsilon_L=-L\frac{\mathrm{d}i}{\mathrm{d}t}$$

根据能量守恒定律，在 $t \sim t+\mathrm{d}t$ 时间内，电源所做的功为 $\varepsilon i\mathrm{d}t$，应该等于时间 $\mathrm{d}t$ 内电阻 R 上放出的焦耳热 $i^2R\mathrm{d}t$ 与克服自感电动势所做的功 $\mathrm{d}W=-\varepsilon_L i\mathrm{d}t$ 之和。

$$\begin{aligned}\varepsilon i\mathrm{d}t &= i^2R\mathrm{d}t+\mathrm{d}W=i^2R\mathrm{d}t-\varepsilon_L i\mathrm{d}t\\ &= i^2R\mathrm{d}t+Li\mathrm{d}i\end{aligned} \tag{13-15}$$

在电流从零增至稳定值 I 的过程中，电源反抗自感电动势所做的功为

$$W_{\mathrm{m}}=\int \mathrm{d}W_{\mathrm{m}}=\int_0^I Li\mathrm{d}i=\frac{1}{2}LI^2$$

由此可知，对自感系数为 L 的线圈，当其电流为 I 时，磁场的能量为

$$W_{\mathrm{m}}=\frac{1}{2}LI^2 \tag{13-16}$$

磁场的性质是用磁感应强度 B 来描述的，所以磁场能量也可用磁感应强度 B 来表示，为简便起见，现以长直密绕螺线管为例进行讨论。当长直螺线管通有电流 I 时，管中的磁感应强度 $B=\mu nI$，螺线管的自感系数 $L=\mu n^2V$。将它们代入式(13-16)中，可得螺线管内的磁场能量为

$$W_{\mathrm{m}}=\frac{1}{2}LI^2=\frac{1}{2}\mu n^2V\left(\frac{B}{\mu n}\right)^2=\frac{1}{2}\frac{B^2}{\mu}V$$

式中，V 为长直螺线管的体积，由此可得单位体积内的磁能，即磁场能量密度为

$$w_{\mathrm{m}}=\frac{W_{\mathrm{m}}}{V}=\frac{1}{2}\frac{B^2}{\mu} \tag{13-17}$$

因为 $B=\mu H$，上式还可写为

$$w_{\mathrm{m}}=\frac{1}{2}\mu H^2=\frac{1}{2}BH \tag{13-18}$$

应当明确，式(13-17)虽然是从长直螺线管这一特例导出的，但可以证明，该式对任意磁场都是适用的。

对于非均匀磁场，在有限空间 V 内的磁场能量为

$$W_{\mathrm{m}}=\int_V w_{\mathrm{m}}\mathrm{d}V=\frac{1}{2}\int_V \frac{B^2}{\mu}\mathrm{d}V=\frac{1}{2}\int_V BH\mathrm{d}V \tag{13-19}$$

例 13-9 由两个"无限长"的同轴圆筒状导体组成的电缆，沿内圆筒和外圆筒流动的电流方向相反而强度 I 相同。若内圆筒截面半径分别为 R_1 和 R_2，如图 13-17 所示，求长为 L 的一段电缆内的磁能。

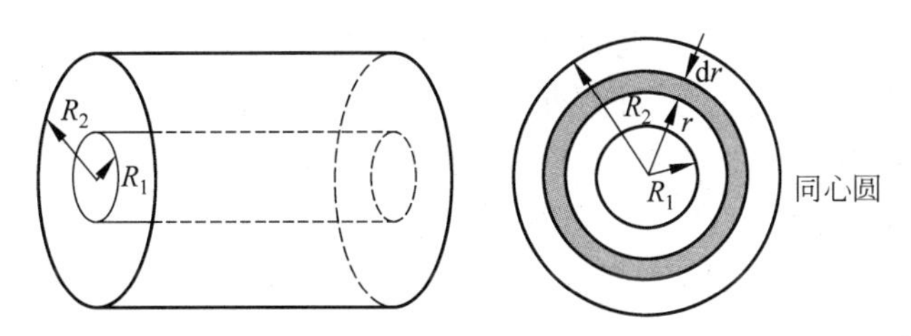

图 13-17 例 13-9 图

解 由安培环路定理可知，在内外圆筒间的距轴线为 r 处的磁场强度为

$$H=\frac{1}{2\pi r}$$

在该处的磁场能量密度为

$$w_m = \frac{1}{2}\frac{B^2}{\mu} = \frac{1}{2\mu}\left(\frac{\mu I}{2\pi r}\right)^2 = \frac{\mu I^2}{8\pi^2 r^2}$$

在由半径为 r 和 $r+\mathrm{d}r$,长为 l 的两个圆柱面所组成的体积元 $\mathrm{d}V$ 中的磁场能为

$$\mathrm{d}W_m = w_m \mathrm{d}V = \frac{\mu I^2}{8\pi^2 r^2}\mathrm{d}V$$

总磁能应为

$$W_m = \int \mathrm{d}W_m = \int_V w_m \mathrm{d}V = \int_{R_1}^{R_2} \frac{\mu I^2 l}{8\pi^2 r^2} 2\pi r \,\mathrm{d}r = \frac{\mu I^2 l}{4\pi}\ln\frac{R_2}{R_1}$$

13.6 位移电流　麦克斯韦方程组

科学家简介:詹姆斯·克拉克·麦克斯韦

前文已经介绍了电磁学的一些实验定律,麦克斯韦系统总结了从库仑、高斯、安培、法拉第、诺埃曼、汤姆孙等的电磁学说的全部成就,特别是把法拉第的力线和场的概念用数学方法加以描述、论证、推广和提升,提出了有旋电场和位移电流的假说。他指出:不但变化的磁场可以产生(有旋)电场,而且变化的电场也可以产生磁场。在相对论出现之前,麦克斯韦就揭示了电场和磁场的内在联系,把电场和磁场统一为电磁场,归纳出了电磁场的基本方程——麦克斯韦方程组,建立了完整的电磁场理论体系。1862 年,麦克斯韦从他建立的电磁理论出发,预言了电磁波的存在,并论证了光是一种电磁波。1888 年,赫兹(H. R. Hertz,1857—1894 年)在实验上证实了麦克斯韦的这一预言。

即使在相对论和量子力学建立之后,麦克斯韦方程组实质上还是使用原来的形式,它们正确地描写了所有的电磁现象。然而,现代物理学对麦克斯韦方程组的解释发生了变化。运用量子场论的语言,可以说麦克斯韦方程组描写的是称为光子的电磁量子在空间的传播,而带电体之间的电磁相互作用也可以用交换光子这种方式来描述。

本节将介绍麦克斯韦的电磁场基本方程,为此首先介绍位移电流假设。

13.6.1　位移电流

如图 13-18 所示,电容器在放电时,电路导线中的电流 I 是非稳恒电流,它随时间而变化。先在极板 A 附近取一个闭合回路 L,并以 L 为边界作两个曲面 S_1 和 S_2,其中 S_1 与导线相交,S_2 在两极板之间不与导线相交;S_1 和 S_2 构成一个闭合曲面。对曲面 S_1 来说,由于它与导线相交,通过 S_1 面的电流为 I,所以由安培环路定理有

$$\oint_L \boldsymbol{H}\cdot \mathrm{d}\boldsymbol{l} = I$$

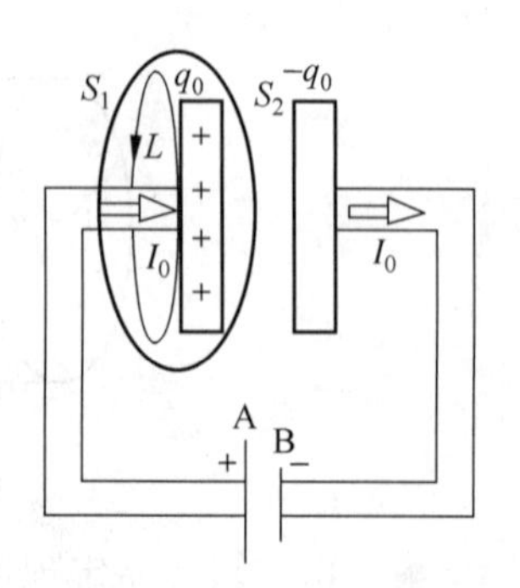

图 13-18　含有电容的电路

而对于曲面 S_2 来说,则没有电流通过 S_2,由安培环路定理则有

$$\oint_L \boldsymbol{H}\cdot \mathrm{d}\boldsymbol{l}=0$$

上述结果表明，在非稳恒电流的磁场中，选取不同的曲面，磁场强度的环流有不同的值，安培环路定理失效。如果以位移电流的假设，安培环路定理则可适合非稳恒电流的情况。

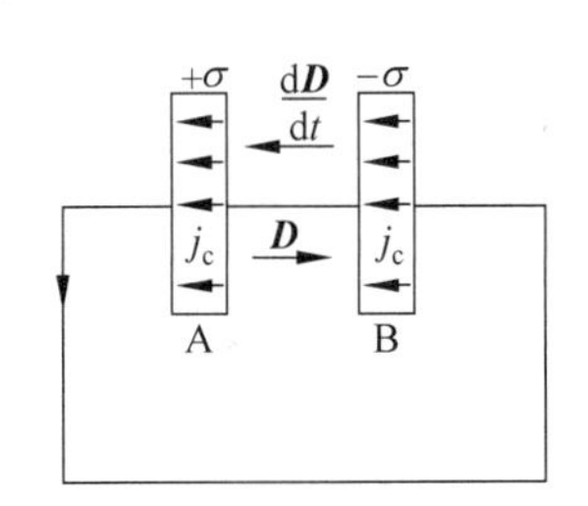

图 13-19　位移电流

在如图 13-19 所示的电容器放电电路中，设某一时刻板 A 上有电荷$+q$，其中电荷由板 A 沿导线向板 B 流动。若板的面积为 S，其中传导电流 I_{c} 为

$$I_{\mathrm{c}}=\frac{\mathrm{d}q}{\mathrm{d}t}=\frac{\mathrm{d}(S\sigma)}{\mathrm{d}t}=S\,\frac{\mathrm{d}\sigma}{\mathrm{d}t}$$

传导电流密度的大小 j_{c} 为

$$j_{\mathrm{c}}=\frac{\mathrm{d}\sigma}{\mathrm{d}t}$$

在电容器两极板之间，由于没有自由电荷的移动，传导电流为零，所以对整个电路来说，传导电流是不连续的。

但是，在电容器放电过程中，极板上的电荷密度 σ 随时间变化，极板间电场中电位移矢量的大小 $D=\sigma$ 和电位移通量 $\Phi_{\mathrm{e}}=SD$ 也随时间而变化。它们随时间的变化率分别为

$$\frac{\mathrm{d}D}{\mathrm{d}t}=\frac{\mathrm{d}\sigma}{\mathrm{d}t},\quad \frac{\mathrm{d}\Phi_{\mathrm{e}}}{\mathrm{d}t}=S\,\frac{\mathrm{d}\sigma}{\mathrm{d}t}$$

上述结果说明，极板间电通量的变化率为 $\mathrm{d}\Phi_{\mathrm{e}}/\mathrm{d}t$，在数值上等于板内传导电流 I_{c}；极板间电位移矢量的变化率 $\mathrm{d}D/\mathrm{d}t$ 在数值上等于板内传导电流密度 j_{c}。而且，电容器放电时，由于 σ 减小，极板间电场减弱，所以 $\mathrm{d}D/\mathrm{d}t$ 的方向与 D 的方向相反。在图 13-19 中 D 方向由左向右，而 $\mathrm{d}D/\mathrm{d}t$ 表示某种电流密度，它就可以代替极板间中断的传导电流密度，从而构成电流的连续性。

为此，麦克斯韦引入位移电流，并定义：电场中某一点位移电流密度 j_{d} 等于该点电位移矢量对时间的变化率；通过电场中某一截面位移电流 I_{d} 等于通过该截面电位移通量 Φ_{e} 对时间的变化率，即

$$j_{\mathrm{d}}=\frac{\mathrm{d}D}{\mathrm{d}t},\quad I_{\mathrm{d}}=\frac{\mathrm{d}\Phi_{\mathrm{e}}}{\mathrm{d}t} \tag{13-20}$$

麦克斯韦假设位移电流和传导电流一样，在其周围空间要产生磁场。要明确，位移电流并非是电荷的定向移动，它的本质是随时间变化的电场。当电路中同时存在传导电流 I_{c} 和位移电流 I_{d} 时，它们之和为 $I_{\mathrm{s}}=I_{\mathrm{c}}+I_{\mathrm{d}}$。$I_{\mathrm{s}}$ 称为全电流。

这样，在非稳恒电流的情况下，安培环路定理可修改为

$$\oint_L \boldsymbol{H}\cdot \mathrm{d}\boldsymbol{l}=I_{\mathrm{s}}=I_{\mathrm{c}}+\frac{\mathrm{d}\Phi}{\mathrm{d}t}\quad 或\quad \oint_L \boldsymbol{H}\cdot \mathrm{d}\boldsymbol{l}=\int_S\left(\boldsymbol{j}_{\mathrm{c}}+\frac{\mathrm{d}\boldsymbol{D}}{\mathrm{d}t}\right)\cdot \mathrm{d}\boldsymbol{S} \tag{13-21}$$

式(13-21)称为全电流安培定理。式(13-21)的右边第一项为传导电流对磁场的贡献，第二项为位移电流即变化的电场对磁场的贡献。

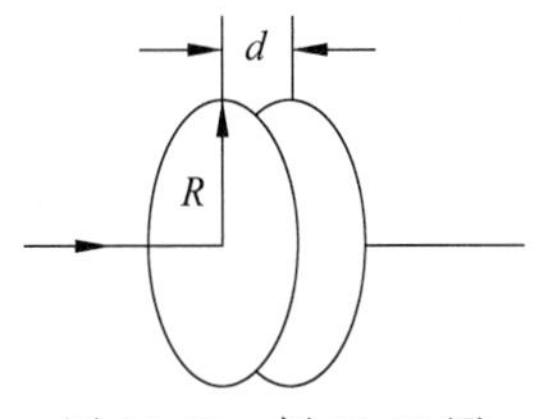

图 13-20　例 13-10 图

例 13-10　如图 13-20 所示半径为 R 两板相距为 d 的平行板电容器，从轴线接入圆频率为 ω 的交流电，板间的电场 E 为多少？板间的电场 E 与磁场 H 的相位差为多少？（忽略边缘效应）

解 设交流电为 $i=i_0\cos(\omega t+\varphi)$，传导电流均匀。极板上自由电荷均匀，由全电流闭合，则

$$j_{\mathrm{d}}=\frac{i}{A},\quad \sigma_0=\frac{Q_0}{A}$$

式中，$A=\pi R^2$，

$$Q_0=\int_0^t i\,\mathrm{d}t=\frac{i_0}{\omega}\sin(\omega t+\varphi)$$

则

$$E=\frac{D}{\varepsilon_0}=\frac{\sigma_0}{\varepsilon_0}=\frac{Q_0}{A\varepsilon_0}=\frac{i_0}{\omega A\varepsilon_0}\sin(\omega t+\varphi)$$

$$=\frac{i_0}{\omega A\varepsilon_0}\cos\left(\omega t+\varphi-\frac{\pi}{2}\right)$$

板间的电场 E 与磁场 H 的相位差为 $\frac{\pi}{2}$，如图 13-21 所示。

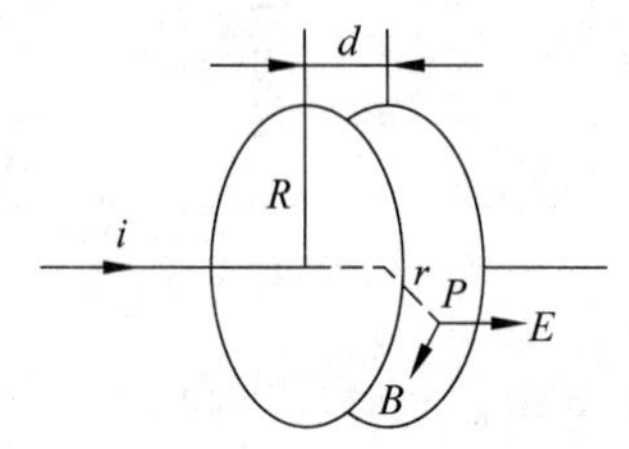

图 13-21 例 13-10 解图

13.6.2 麦克斯韦方程组的积分形式

位移电流的假设指出变化的电场激发有旋磁场，前面讨论的感应电场的假设指出变化的磁场激发有旋电场。这两个假设揭示了电磁场之间的内在联系。存在变化电场的空间必存在变化磁场，而存在变化磁场的空间也必然存在变化电场，它们构成一个统一的电磁场整体。这就是麦克斯韦关于电磁场的基本概念。

我们在研究电场和磁场的过程中，曾分别得出有关静电场和稳恒磁场的一些基本方程：

静电场的高斯定理

$$\oint_S \boldsymbol{D}\cdot\mathrm{d}\boldsymbol{S}=q=\int_V\rho\,\mathrm{d}V$$

静电场的环路定理

$$\oint_L \boldsymbol{E}\cdot\mathrm{d}\boldsymbol{l}=0$$

磁场的高斯定理

$$\oint_S \boldsymbol{B}\cdot\mathrm{d}\boldsymbol{S}=0$$

安培环路定理

$$\oint_L \boldsymbol{H}\cdot\mathrm{d}\boldsymbol{l}=I_{\mathrm{c}}=\oint_S \boldsymbol{j}\cdot\mathrm{d}\boldsymbol{S}$$

麦克斯韦引入有旋电场和位移电流两个重要概念后，将 $\oint_L \boldsymbol{E}\cdot\mathrm{d}\boldsymbol{l}=0$ 修改为

$$\oint_L \boldsymbol{E}\cdot\mathrm{d}\boldsymbol{l}=-\frac{\mathrm{d}\Phi}{\mathrm{d}t}=-\oint_S\frac{\partial \boldsymbol{B}}{\partial t}\cdot\mathrm{d}\boldsymbol{S}$$

将 $\oint_L \boldsymbol{H}\cdot\mathrm{d}\boldsymbol{l}=I_{\mathrm{c}}=\oint_S \boldsymbol{j}\cdot\mathrm{d}\boldsymbol{S}$ 修改为

$$\oint_L \boldsymbol{H}\cdot\mathrm{d}\boldsymbol{l}=I_{\mathrm{c}}+I_{\mathrm{d}}=\oint_S\left(\boldsymbol{j}_{\mathrm{c}}+\frac{\partial \boldsymbol{D}}{\partial t}\right)\cdot\mathrm{d}\boldsymbol{S} \tag{13-22}$$

使它们能适用于一般的电磁场。麦克斯韦还认为，式(11-7)和式(12-16)不仅适用于静电场和稳恒电流的磁场，也适用于一般的电磁场。这样，由式(11-7)、式(13-8)、式(12-16)和式(13-22)组成电磁场的四个基本方程

$$\left.\begin{aligned}&\oint_S \boldsymbol{D}\cdot \mathrm{d}\boldsymbol{S}=q=\int_V \rho \mathrm{d}V\\&\oint_L \boldsymbol{E}\cdot \mathrm{d}\boldsymbol{l}=-\oint \frac{\partial \boldsymbol{B}}{\partial t}\cdot \mathrm{d}\boldsymbol{S}\\&\oint_S \boldsymbol{B}\cdot \mathrm{d}\boldsymbol{S}=0\\&\oint_L \boldsymbol{H}\cdot \mathrm{d}\boldsymbol{l}=\int_S\left(\boldsymbol{j}_{\mathrm{c}}+\frac{\partial \boldsymbol{D}}{\partial t}\right)\cdot \mathrm{d}\boldsymbol{S}\end{aligned}\right\}\tag{13-23}$$

式(13-23)就是麦克斯韦方程组的积分形式。

阅读材料12 电磁感应定律在生活中的实际应用

1. 涡流

将整块金属放在变化的磁场中，穿过金属块的磁通量发生变化，金属块内部就会产生感应电流。这种电流在金属块内部形成闭合回路，就像旋涡一样，我们把这种感应电流叫做涡电流(eddy current)，简称涡流。如图13-22所示，把绝缘导线绕在块状铁芯上，当交变电流通过导线时，铁芯中会产生图中虚线所示的涡流。在以上实验中，小铁锅的电阻很小，穿过铁锅的磁通量变化时产生的涡流较大，足以使水温升高；而玻璃杯是绝缘体，电阻很大，不产生涡流。

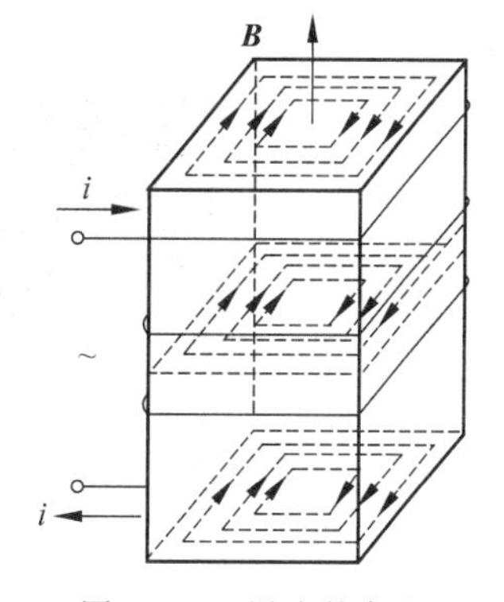

图13-22 涡流的产生

2. 电磁炉

电磁炉的工作原理与涡流有关。如图13-23所示，当50Hz的交流电流入电磁炉时，经过整流变为直流电，再使其变为高频电流(20k～50kHz)进入炉内的线圈。由于电流的变化频率较高，通过铁质锅底的磁通量变化率较大，根据电磁感应定律可知，产生的感应电动势也较大；铁质锅底是整块导体，电阻很小，所以在锅底能产生很强的涡电流，使锅底迅速发热，进而加热锅内的食物。

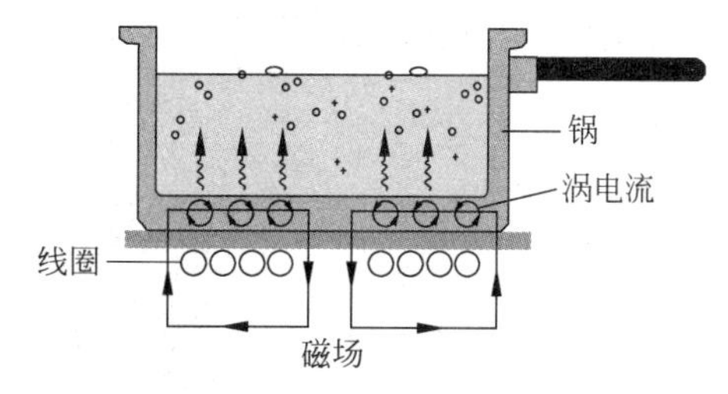

图13-23 电磁炉及其加热原理

与煤气灶、电饭锅等炊具相比，电磁炉具有很多优点：电磁炉利用涡流使锅直接发热，减少了能量传递的中间环节，能大大提高热效率；电磁炉使用时无烟火、无毒气、废气；电

磁炉只对铁质锅具加热，炉体本身不发热……由于以上种种优点，电磁炉深受消费者的喜爱，被称为“绿色炉具”。

涡流既有利，也有害。例如，变压器、电动机和发电机的铁芯常会因涡流损失大量的电能并导致设备发热。为了减少发热，降低能耗，提高设备的工作效率，一般先把硅钢轧制成很薄的板材，板材外涂以绝缘材料，再把板材叠放在一起，形成铁芯(图 13-24)。这样，涡流被限制在薄片之内，由于回路的电阻很大，涡流大为减弱，涡流损失大大降低。另外，硅钢电阻率大，也可以进一步减少涡流损失(只有普通钢涡流损失的 1/5～1/4)。

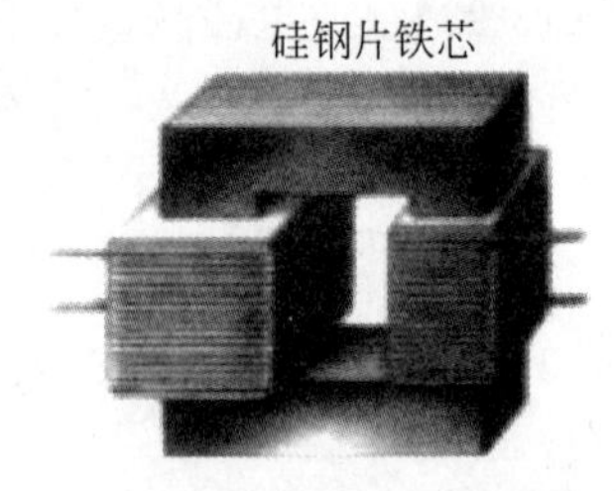

图 13-24 利用多层绝缘硅钢片铁芯减小涡流

3. **磁卡**

磁卡机记录信息的工作原理如图 13-25 所示。磁卡机的记录磁头由有空隙的环形铁芯与绕在铁芯上的线圈构成，磁卡上涂有磁性材料。记录信息时，磁卡的磁性面(或记录磁头)以一定的速度移动，磁性面与记录磁头的空隙接触。磁头的线圈一旦通以数据信号电流，就在环形铁芯的空隙处产生随电流变化的磁场，磁卡通过时便被不同程度地磁化；离开空隙时，磁卡的磁性层就留下相应于电流变化的磁信号，数据就这样被记录在磁卡上了。

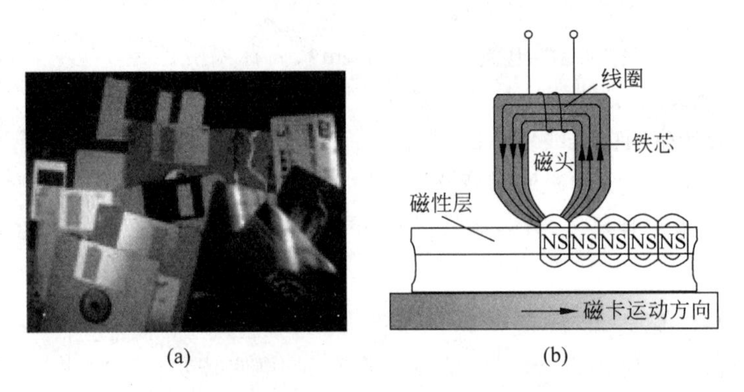

图 13-25 利用电磁感应记录信息

(a) 磁卡和磁盘；(b) 利用电磁感应记录信息

读取磁卡的信息则是一个相反的过程(图 13-26)。读取数据时，磁卡以一定的速度通过读取磁头，磁卡上变化的磁通的绝大部分进入磁头铁芯，在磁头的线圈上感应出电动势。感应电动势的变化规律与记录的磁信号相同，再经读取设备分析，就可还原出相应的数据。

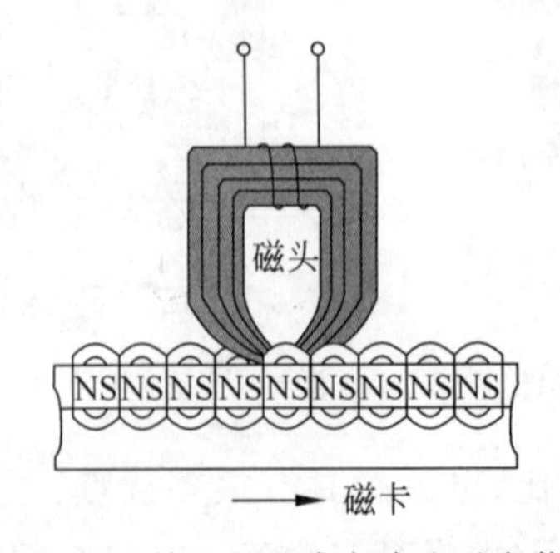

图 13-26 利用电磁感应读取磁卡信息

本章要点

1. 法拉第电磁感应定律

$$\varepsilon_i = -\frac{\mathrm{d}\Phi}{\mathrm{d}t}$$

2. 动生电动势

$$\varepsilon_{ab} = \int_a^b (\boldsymbol{v} \times \boldsymbol{B}) \cdot \mathrm{d}\boldsymbol{l}$$

3. 感生电动势和感生电场

$$\varepsilon = \oint_L \boldsymbol{E} \cdot \mathrm{d}\boldsymbol{l} = -\frac{\mathrm{d}\Phi}{\mathrm{d}t}$$

4. 互感系数

$$M = \frac{\Phi_{12}}{I_2} = \frac{\Phi_{21}}{I_1}$$

5. 互感电动势

$$\varepsilon_{21} = -M\frac{\mathrm{d}I_1}{\mathrm{d}t}$$

6. 自感系数

$$L = \frac{\Phi}{I}$$

7. 自感电动势

$$\varepsilon_L = -L\frac{\mathrm{d}I}{\mathrm{d}t}$$

8. 自感磁能

$$W_m = \frac{1}{2}LI^2$$

9. 磁场能量密度

$$w_m = \frac{B^2}{2\mu} = \frac{1}{2}BH$$

10. 位移电流密度和位移电流

$$j_d = \frac{\partial D}{\partial t}, \quad I_d = \frac{\mathrm{d}\Phi_e}{\mathrm{d}t}$$

11. 全电流安培定律

$$\oint_L \boldsymbol{H} \cdot \mathrm{d}\boldsymbol{l} = I_c + I_d = \oint_S \left(\boldsymbol{j}_c + \frac{\partial \boldsymbol{D}}{\partial t}\right) \cdot \mathrm{d}\boldsymbol{S}$$

12. **麦克斯韦方程组**

$$\left.\begin{aligned}&\oint_S \boldsymbol{D}\cdot \mathrm{d}\boldsymbol{S}=q=\int_V \rho \mathrm{d}V\\&\oint_L \boldsymbol{E}\cdot \mathrm{d}\boldsymbol{l}=-\oint \frac{\partial \boldsymbol{B}}{\partial t}\cdot \mathrm{d}\boldsymbol{S}\\&\oint_S \boldsymbol{B}\cdot \mathrm{d}\boldsymbol{S}=0\\&\oint_L \boldsymbol{H}\cdot \mathrm{d}\boldsymbol{l}=\int_S\left(\boldsymbol{j}_{\mathrm{c}}+\frac{\partial \boldsymbol{D}}{\partial t}\right)\cdot \mathrm{d}\boldsymbol{S}\end{aligned}\right\}$$

习题 13

13-1 将形状完全相同的铜环和木环静止放置,并使通过两环面的磁通量随时间的变化率相等,则不计自感时,(　　)。

A. 铜环中有感应电动势,木环中无感应电动势

B. 铜环中感应电动势大,木环中感应电动势小

C. 铜环中感应电动势小,木环中感应电动势大

D. 两环中感应电动势相等

13-2 如图所示,匀强磁场 $\boldsymbol{B}$ 垂直于纸面向内,一个半径为 r 的圆形线圈在此磁场中变形成正方形线圈。若变形过程在 1s 内完成,则线圈中的平均感生电动势的大小为(　　)。

A. $\left(\pi r^2-\frac{\pi^2}{4}r^2\right)B$　　B. $\left(\pi r^2-\frac{\pi^2}{3}r^2\right)B$

C. $\left(2\pi r^2-\frac{\pi^2}{4}r^2\right)B$　　D. $\left(2\pi r^2-\frac{\pi^2}{3}r^2\right)B$

13-3 在无限长载流导线附近有一个球形闭合曲面 S,当 S 垂直于导线电流方向向长直导线靠近时,穿过 S 面的磁通量 Φ_{m} 和面上各点的磁感应强度的大小将(　　)。

A. Φ_{m} 增大,B 也增大　　B. Φ_{m} 不变,B 也不变

C. Φ_{m} 增大,B 不变　　D. Φ_{m} 不变,B 增大

13-4 在无限长的载流直导线附近放置一矩形闭合线圈,开始时线圈与导线在同一平面内,且线圈中两条边与导线平行。当线圈以相同的速率作如图所示的三种不同方向的平动时,线圈中的感应电流(　　)。

A. 以情况Ⅰ中为最大　　B. 以情况Ⅱ中为最大

C. 以情况Ⅲ中为最大　　D. 在情况Ⅰ和Ⅱ中相同

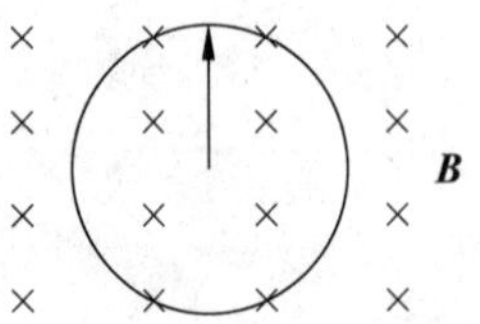

B

习题 13-2 图

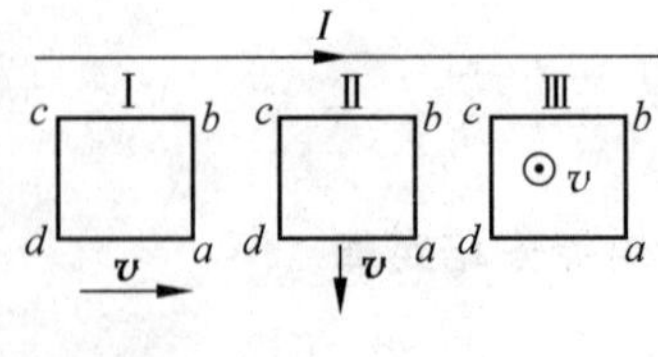

习题 13-4 图

13-5　铜圆盘水平放置在均匀磁场中，$\boldsymbol{B}$ 的方向垂直向上。当铜盘绕通过中心垂直于盘面的轴沿如图所示方向转动时，（　　）。

A. 铜盘上有感应电流产生，沿着铜盘转动的相反方向流动

B. 铜盘上有感应电流产生，沿着铜盘转动的方向流动

C. 铜盘上有感应电动势产生，铜盘边缘处电势高

D. 铜盘上有感应电动势产生，铜盘中心处电势高

13-6　如图所示，导体棒 AB 在均匀磁场 $\boldsymbol{B}$ 中绕通过 C 点的垂直于棒长且沿磁场方向的轴 OO' 转动（角速度 ω 与 $\boldsymbol{B}$ 同方向），BC 的长度为棒长的 1/3，则（　　）。

A. A 点比 B 点电势高　　　B. A 点与 B 点电势相等

C. A 点比 B 点电势低　　　D. 无法判断

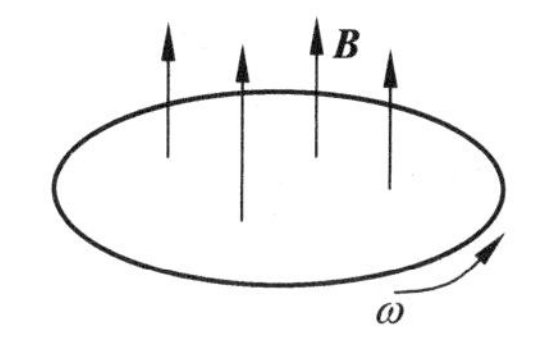

习题 13-5 图

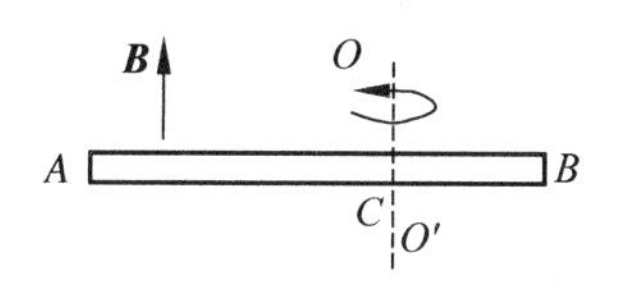

习题 13-6 图

13-7　如图所示，直角三角形金属框架 abc 放在均匀磁场中，磁场 $\boldsymbol{B}$ 平行于 ab 边，bc 边长度为 l。当金属框架绕 ab 边以匀角速度转动时，abc 回路中的感应电动势 ε 和 a、c 两点间的电势差 V_a-V_c 为（　　）。

A. $\varepsilon=0, V_a-V_c=\frac{1}{2}B\omega l^2$　　　B. $\varepsilon=0, V_a-V_c=-\frac{1}{2}B\omega l^2$

C. $\varepsilon=B\omega l^2, V_a-V_c=\frac{1}{2}B\omega l^2$　　　D. $\varepsilon=B\omega l^2, V_a-V_c=-\frac{1}{2}B\omega l^2$

13-8　一根长为 $2a$ 的细金属杆 MN 与载流长直导线共面，导线中通过的电流为 I，金属杆 M 端距导线距离为 a，如图所示。金属杆 MN 以速度 $\boldsymbol{v}$ 向上运动时，杆内产生的电动势为（　　）。

A. $\varepsilon=\frac{\mu_0}{2\pi}Iv\ln 2$，方向由 N 到 M　　　B. $\varepsilon=\frac{\mu_0}{2\pi}Iv\ln 2$，方向由 M 到 N

C. $\varepsilon=\frac{\mu_0}{2\pi}Iv\ln 3$，方向由 N 到 M　　　D. $\varepsilon=\frac{\mu_0}{2\pi}Iv\ln 3$，方向由 M 到 N

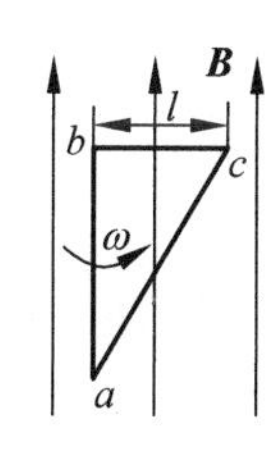

习题 13-7 图

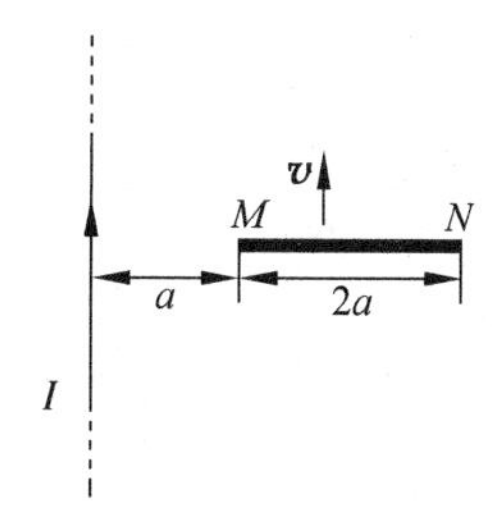

习题 13-8 图

13-9　如图所示,在圆柱空间内有一磁感应强度为 $\boldsymbol{B}$ 的均匀磁场,$\boldsymbol{B}$ 的大小以速率 $\mathrm{d}B/\mathrm{d}t$ 变化,有一长度为 l_0 的金属棒先后放在磁场的两个不同位置,则金属棒在这两个位置 1(ab)和 2($a'b'$)时感应电动势的大小关系为(　　)。

A. $\varepsilon_1=\varepsilon_2\neq0$　　B. $\varepsilon_2>\varepsilon_1$

C. $\varepsilon_2<\varepsilon_1$　　D. $\varepsilon_1=\varepsilon_2=0$

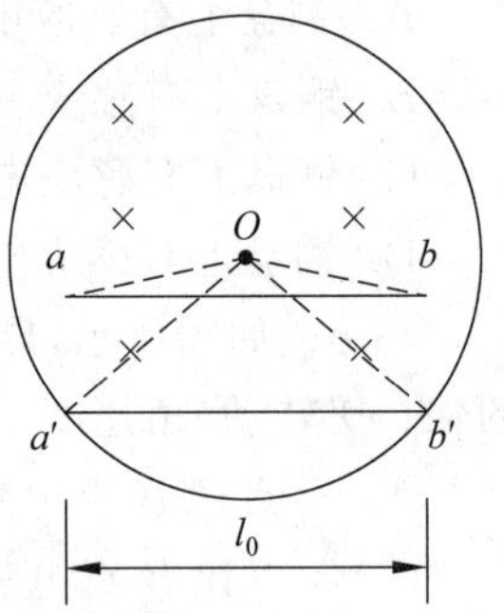

习题 13-9 图

13-10　长为 l 的单层密绕螺线管,共绕有 N 匝导线,螺线管的自感为 L,下列哪种说法是错误的。(　　)

A. 将螺线管的半径增大一倍,自感为原来的四倍

B. 换用直径比原导线直径大一倍的导线密绕,自感为原来的四分之一

C. 在原来密绕的情况下,用同样直径的导线再顺序密绕一层,自感为原来的二倍

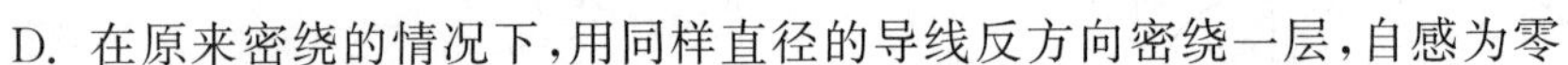

D. 在原来密绕的情况下,用同样直径的导线反方向密绕一层,自感为零

13-11　对于单匝线圈取自感系数的定义式为 $L=\dfrac{\varphi}{I}$。当线圈的几何形状、大小及周围磁介质分布不变,且无铁磁性物质时,若线圈中的电流强度变小,则线圈的自感系数(　　)。

A. 变大,与电流成反比　　B. 变小

C. 不变　　D. 变大,但与电流不成反比

13-12　如图所示,两线圈 A、B 相互垂直放置。当通过两线圈中的电流 I_1、I_2 均发生变化时,则(　　)。

A. 线圈 A 中产生自感电流,线圈 B 中产生互感电流

B. 线圈 B 中产生自感电流,线圈 A 中产生互感电流

C. 两线圈中同时产生自感电流和互感电流

D. 两线圈中只有自感电流,不产生互感电流

13-13　面积为 S 和 $2S$ 的两圆线圈 1、2 如图放置,通有相同的电流 I,线圈 1 的电流所产生的通过线圈 2 的磁通用 Φ_{21} 表示,线圈 2 的电流所产生的通过线圈 1 的磁通用 Φ_{12} 表示,则 Φ_{21} 和 Φ_{12} 的大小关系为(　　)。

A. $\Phi_{21}=2\Phi_{12}$　　B. $2\Phi_{21}=\Phi_{12}$　　C. $\Phi_{21}=\Phi_{12}$　　D. $\Phi_{21}>\Phi_{12}$

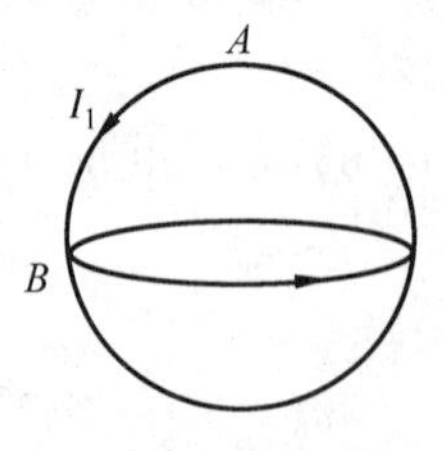

习题 13-12 图

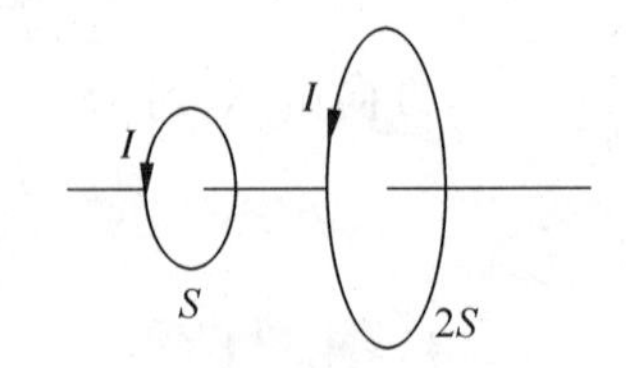

习题 13-13 图

13-14　真空中一根无限长直细导线上通电流 I,则距导线垂直距离为 a 的空间某点处的磁能密度为(　　)。

A. $\dfrac{1}{2}\mu_0\left(\dfrac{\mu_0 I}{2\pi a}\right)^2$　　B. $\dfrac{1}{2\mu_0}\left(\dfrac{\mu_0 I}{2\pi a}\right)^2$　　C. $\dfrac{1}{2}\left(\dfrac{2\pi a}{\mu_0 I}\right)^2$　　D. $\dfrac{1}{2\mu_0}\left(\dfrac{\mu_0 I}{2a}\right)^2$

13-15　真空中两根很长的相距为 $2a$ 的平行直导线与电源组成闭合回路，如图所示。已知导线中的电流为 I，则在两导线正中间某点 P 处的磁能密度为(　　)。

A. $\frac{1}{\mu_0}\left(\frac{\mu_0 I}{2\pi a}\right)^2$　　B. $\frac{1}{2\mu_0}\left(\frac{\mu_0 I}{2\pi a}\right)^2$　　C. $\frac{1}{2\mu_0}\left(\frac{\mu_0 I}{\pi a}\right)^2$　　D. 0

13-16　设位移电流激发的磁场为 $\boldsymbol{B}_1$，传导电流激发的磁场为 $\boldsymbol{B}_2$，则有(　　)。

A. $\boldsymbol{B}_1$、$\boldsymbol{B}_2$都是保守场　　B. $\boldsymbol{B}_1$、$\boldsymbol{B}_2$都是涡旋场

C. $\boldsymbol{B}_1$ 是保守场，$\boldsymbol{B}_2$是涡旋场　　D. $\boldsymbol{B}_1$ 是涡旋场，$\boldsymbol{B}_2$ 是保守场

13-17　如图所示，平行板电容器(忽略边缘效应)充电时，沿环路 L_1、L_2磁场强度 H 的环流中，必有(　　)。

A. $\oint_{L_1} \boldsymbol{H}\cdot \mathrm{d}\boldsymbol{l} > \oint_{L_2} \boldsymbol{H}\cdot \mathrm{d}\boldsymbol{L}$　　B. $\oint_{L_1} \boldsymbol{H}\cdot \mathrm{d}\boldsymbol{l} = \oint_{L_2} \boldsymbol{H}\cdot \mathrm{d}\boldsymbol{L}$

C. $\oint_{L_1} \boldsymbol{H}\cdot \mathrm{d}\boldsymbol{l} < \oint_{L_2} \boldsymbol{H}\cdot \mathrm{d}\boldsymbol{L}$　　D. $\oint_{L_1} \boldsymbol{H}\cdot \mathrm{d}\boldsymbol{l} = 0$

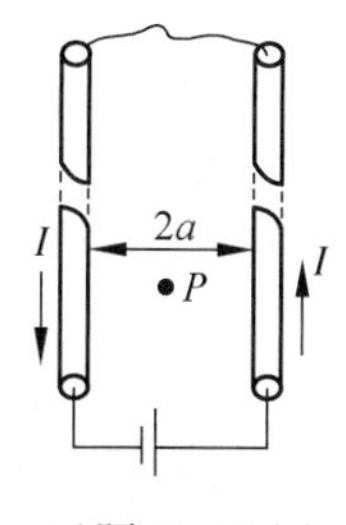

习题 13-15 图

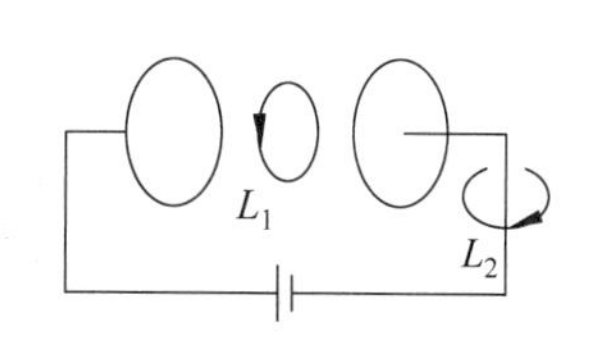

习题 13-17 图

13-18　判断下列说法哪一个正确。(　　)

A. 位移电流由电荷作定向运动而产生

B. 位移电流只能在导体中通过

C. 位移电流的大小与变化的电场有关

D. 位移电流是虚拟的电流，不能激发磁场

13-19　判断在下述情况下，线圈中有无感应电流，若有，在图中标明感应电流的方向。

(1) 两圆环形导体互相垂直地放置。两环的中心重合，且彼此绝缘，当 B 环中的电流发生变化时，在 A 环中________；

(2) 无限长载流直导线处在导体圆环所在平面并通过环的中心，载流直导线与圆环互相绝缘，当圆环以直导线为轴匀速转动时，圆环中________。

13-20　如图所示，在一长直导线 L 中通有电流 I，$ABCD$ 为一矩形线圈，它与 L 皆在纸面内，且 AB 边与 L 平行。

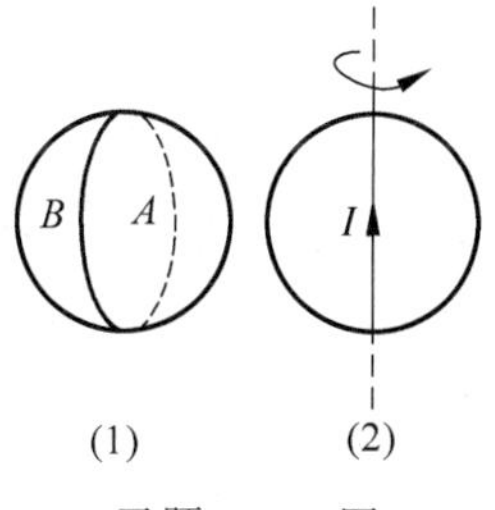

习题 13-19 图

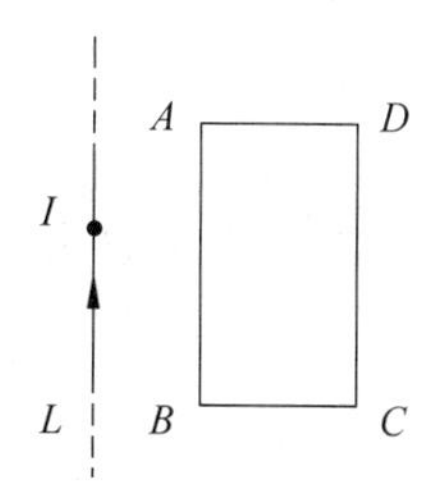

习题 13-20 图

(1) 矩形线圈在纸面内向右移动时,线圈中感应电动势方向为________;(填“顺时针”或“逆时针”)

(2) 矩形线圈绕 AD 边旋转,当 BC 边已离开纸面正向外运动时,线圈中感应动势的方向为________。(填“顺时针”或“逆时针”)

13-21 如图所示,均匀磁场 $\boldsymbol{B}$ 垂直于纸面向内,一根金属细棒 OA 以角速度 ω 垂直磁场、绕定点 O 点水平逆时针转动,设 $OA=L$,则棒 OA 的感应电动势的大小为________;棒 OA 的感应电动势的方向为________。

13-22 如图所示,一半径为 r 的很小的金属圆环,在初始时刻与一半径为 $a(a\gg r)$ 的大金属圆环共面且同心。在大圆环中通以恒定的电流 I,方向如图。如果小圆环以匀角速度 ω 绕其任一方向的直径转动,并设小圆环的电阻为 R,则任一时刻 t 通过小圆环的磁通量________;小圆环中的感应电流________。

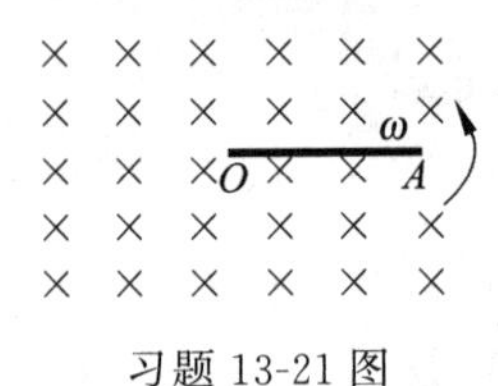

习题 13-21 图

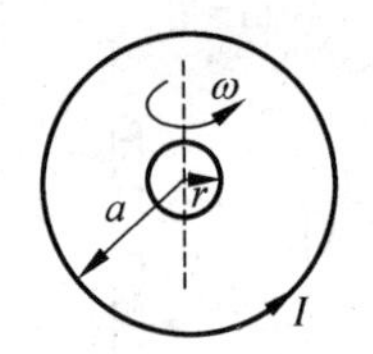

习题 13-22 图

13-23 长直螺线管的长度为 l、截面积为 S、线圈匝数为 N,管内充满磁导率为 μ 的均匀磁介质。当线圈通以电流 I 时,管内磁感应强度的大小为________,管内储存的磁场能为________。

13-24 反映电磁场基本性质和规律的积分形式的麦克斯韦方程组为

$$\oint_S \boldsymbol{D}\cdot \mathrm{d}\boldsymbol{S}=\sum_{i=1}^{n} q_i \tag{1}$$

$$\oint_l \boldsymbol{E}\cdot \mathrm{d}\boldsymbol{l}=-\int_S \frac{\partial \boldsymbol{B}}{\partial t}\cdot \mathrm{d}\boldsymbol{S} \tag{2}$$

$$\oint_S \boldsymbol{B}\cdot \mathrm{d}\boldsymbol{S}=0 \tag{3}$$

$$\oint_l \boldsymbol{H}\cdot \mathrm{d}\boldsymbol{l}=\sum_{i=1}^{n} I_i+I_{\mathrm{d}} \tag{4}$$

试判断下列结论是包含于或等效于哪一个麦克斯韦方程式的,将你确定的方程式用代号填在相应结论后的空白处。

(1) 变化的磁场一定伴随有电场:________。

(2) 磁感应线是无头无尾的:________。

(3) 电荷总伴随有电场:________。

13-25 自由空间(即无自由电荷与传导电流的空间)麦克斯韦方程组的积分形式为:

$\oint_S \boldsymbol{D}\cdot \mathrm{d}\boldsymbol{S}=$________;$\oint_l \boldsymbol{E}\cdot \mathrm{d}\boldsymbol{l}=$________;

$\oint_S \boldsymbol{B}\cdot \mathrm{d}\boldsymbol{S}=$________;$\oint_l \boldsymbol{H}\cdot \mathrm{d}\boldsymbol{l}=$________。

13-26　如图所示，载有电流 I 的长直导线附近，放一导体半圆环 MeN 与长直导线共面，且端点 MN 的连线与长直导线垂直。半圆环的半径为 b，环心 O 与导线相距 a。设半圆环以速度 $\boldsymbol{v}$ 平行于导线平移，求半圆环内感应电动势的大小和方向，以及 MN 两端的电压。

13-27　两相互平行无限长的直导线载有大小相等、方向相反的电流，长度为 b 的金属杆 CD 与两导线共面且垂直，相对位置如图所示。CD 杆以速度 $\boldsymbol{v}$ 平行于直线电流运动，求 CD 杆中的感应电动势________，并判断 C、D 两端哪端电势较高________。

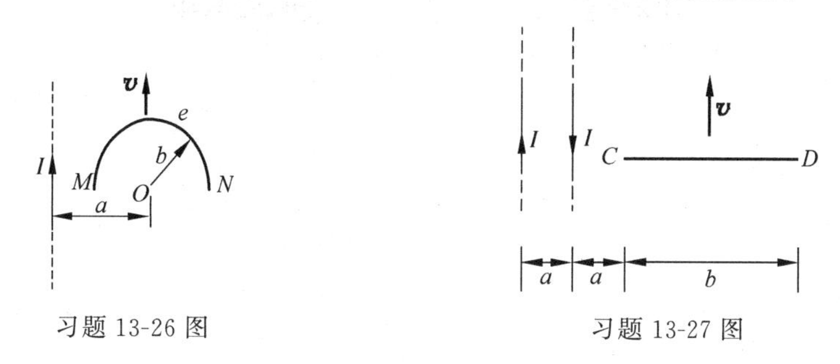

习题 13-26 图　　　　习题 13-27 图

13-28　如图所示，真空中两根无限长平行直导线载有大小相等、方向相反的电流 I。电流随时间变化，$\mathrm{d}I/\mathrm{d}t=k<0$，一单匝矩形线圈位于导线平面内，且线圈的一边与导线平行，图中 a、l 均为已知量。计算线圈内感应电动势及方向。

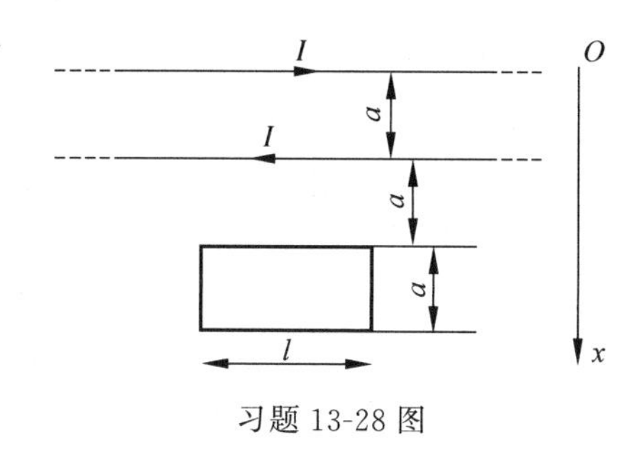

习题 13-28 图

13-29　一长直导线载有 10A 的电流，有一矩形线圈与通电导线共面，且一边与长直导线平行，具体放法如图所示。$l_1=0.9\mathrm{m}$，$l_2=0.2\mathrm{m}$，$a=0.1\mathrm{m}$。线圈以速率 $v=2.0\mathrm{m}\cdot\mathrm{s}^{-1}$ 沿垂直于 l_1 方向向上匀速运动。求线圈在图示位置时的感应电动势。

13-30　如图所示，小线圈半径为 a，大线圈半径为 R，小线圈和大线圈共面且 $R\gg a$，通电流 $I=b+kt$，a 内各点磁场均匀，求：

(1) t 时刻小线圈中的感生电动势；

(2) 两线圈的互感。

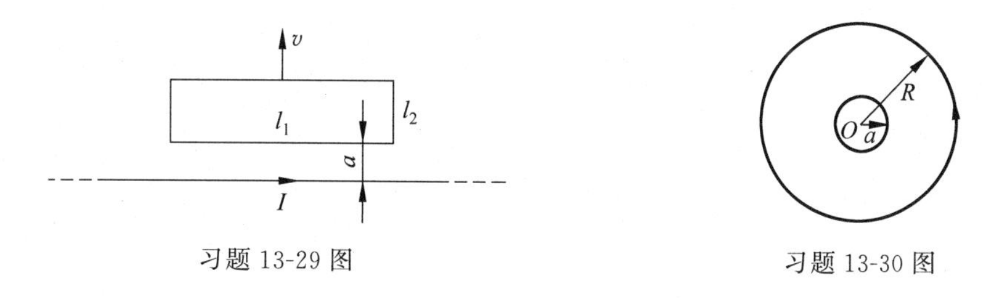

习题 13-29 图　　　　习题 13-30 图

13-31　一个中空的螺绕环上每厘米绕有20匝导线,当通以电流$I=3\mathrm{A}$时,求环中磁场能量密度。

自测题和能力提高题

自测题和能力提高题答案

第6篇

量子物理基础

第14章

量子力学的诞生

19世纪末20世纪初，经典物理学已经发展得相当完善，但在生产与科学实验面前遇到了不少严重的困难。在解释光电效应和氢原子的光谱等实验事实时，爱因斯坦、玻尔等物理学家意识到在微观世界中存在一种新的效应，这就是量子效应。从此，一种不同于宏观理论的量子论逐步建立起来。尽管这种早期的量子理论不尽完善，在很大程度上是经典概念和量子假设的混合物，但这是物理学发展中的一个里程碑。1924年德布罗意提出物质波概念后，人们认识到微观粒子具有波粒二象性，在此基础上逐步建立了描述微观世界的量子力学理论。

14.1 经典物理学的困境

14.1.1 黑体辐射问题

1. 热辐射

冶金高温测量技术和天文学的发展，推动了热辐射的相关研究。实验发现，任何物体（固体和液体）在任何温度下都在不断地向外发射电磁波。例如加热铁块时，起初看不出它发光（红外光），但随着温度的升高，它会陆续发出暗红、赤红、橙色，最后发出黄白色的光。生活中还可以发现电炉的炉丝随着温度升高也会呈现不同的颜色。事实上，实验证明，在任何温度下，物体都向外发射各种波长的电磁波，只是在不同的温度下各种电磁波的能量按波长有不同的分布，因此才会呈现出不同的颜色。这种辐射能按波长的分布（能谱分布）随温度而不同的电磁辐射叫做热辐射。室温下，物体辐射的能量大多分布在肉眼看不到的红外或波长更长的区域，人们能看到物体是靠它们反射光，而不是它们自身的辐射，只有在高温下物体才发射可见光，例如实验室里经常使用的光源就是高温下的热辐射体。另外，红外追踪、遥感、夜视、热像等也是应用热辐射的技术。

物体发射电磁波的同时，也吸收电磁波。入射到物体的电磁波，一部分被物体吸收，另一部分被物体反射，对透明体来说还会发生部分透射。实验表明，物体向外辐射电磁波的能力与它吸收外来电磁波的能力之间有这样一种规律：对某一波长范围内的电磁波吸收能力强的物体，对该波长范围内的电磁波的辐射能力必定也强。如果在同一时间内物体辐射的电磁波的能量和它吸收的电磁波的能量相等,物体便可以保持恒定的温度,处于热平衡状态,称为平衡热辐射。

2. 基尔霍夫定律

为了定量描述物体的热辐射能量按波长的分布规律,需要引入以下几个物理量。

(1) 单色辐出度:温度为 T(热力学温度)时,在单位时间内物体单位表面积发射的、波长在 $\lambda \to \lambda + \mathrm{d}\lambda$ 范围内的辐射能 $\mathrm{d}E_\lambda$ 与波长间隔 $\mathrm{d}\lambda$ 之比称为单色辐出度,用 $M_\lambda(T)$ 表示,即

$$M_\lambda(T) = \frac{\mathrm{d}E_\lambda}{\mathrm{d}\lambda} \tag{14-1}$$

单色辐出度的单位是 $\mathrm{W \cdot m^{-3}}$。实验指出,它与物体的材料、表面状况、温度、波长都有关系。对于给定的物体,在一定温度时,单色辐出度 $M_\lambda(T)$ 随辐射波长 λ 而变化,它描述物体热辐射的能谱分布。

(2) 辐出度:温度为 T(热力学温度)时,在单位时间内物体单位表面积发射的各种波长的辐射能的总和,称为该物体在温度 T 时的辐出度,用 $M(T)$ 表示,即

$$M(T) = \int_0^\infty M_\lambda(T)\mathrm{d}\lambda \tag{14-2}$$

辐出度的单位是 $\mathrm{W \cdot m^{-2}}$。

(3) 单色吸收比:温度为 T(热力学温度)时,被物体吸收的波长在 $\lambda \to \lambda + \mathrm{d}\lambda$ 范围内的电磁波的能量与从外界入射到物体表面上的电磁波的总能量之比称为单色吸收比,用 $\alpha(\lambda, T)$ 表示。

1860 年,基尔霍夫(Kirchhoff Gustav Robert,1824—1887 年)发现,对于不同材料和不同表面结构的物体,$M_\lambda(T)$ 和 $\alpha(\lambda, T)$ 都是不同的,但它们的比值却是仅取决于温度和波长的一个恒量,即

$$\frac{M_\lambda(T)}{\alpha(\lambda, T)} = M_{0\lambda}(T) \tag{14-3}$$

称为基尔霍夫定律。对任何材料和任何表面情况的物体来说,$M_{0\lambda}(T)$ 都只是波长和温度的函数。

3. 黑体 黑体辐射实验规律

如果在任何温度下,对任一波长都有 $\alpha(\lambda, T) = 1$ 成立,则称此种物体为绝对黑体(简称黑体)。也就是说,黑体可以将投射到其表面的各种波长的电磁波全部吸收而完全不发生反射和透射。在式(14-3)中 $\alpha(\lambda, T) = 1$ 时,则 $M_\lambda(T) = M_{0\lambda}(T)$,即 $M_{0\lambda}(T)$ 就是黑体的单色辐出度 $M_\lambda(T)$,也就是说,黑体的单色辐出度仅与温度和波长有关,而与其材料、表面状况无关。

19 世纪末,黑体热辐射的研究成为当时物理学家最关注的问题,然而自然界中黑体并不存在,只是一个理想模型。最黑的煤炭对入射到其上的辐射能的吸收率也只有 95%,达不到 100%。朗默尔首先提出了一个黑体模型,用不透明的材料制成一个空腔,空腔壁上开一个小孔,小孔的表面就可认为是近似黑体。如图 14-1 所示,从小孔入射的电磁波在腔内历经多次反射,很难再从小孔中逃逸出来。假如从小孔射入的电磁辐射为 1,电磁辐射在空腔内经历 100 次反射才从小孔射出来,若每次反射时腔壁吸收 10%,则最后从小孔射出的

电磁辐射的数量级仅为 10^{-5}。

在一定温度下，腔壁的原子向腔内发射电磁波，也吸收其他原子射来的电磁波，最终达到发射和吸收平衡，腔内电磁场达到稳定分布。此时，从小孔逸出的电磁波就是此黑体在该温度下的电磁辐射。由实验可以测得不同温度下黑体辐射的能量随波长分布的曲线，如图 14-2 所示。曲线的纵坐标为单色辐出度 $M_\lambda(T)$，横坐标为波长 λ。很明显，在一定温度下，$M_\lambda(T)$ 随波长 λ 有一定的分布，在 $\lambda=\lambda_m$ 时有一极大值；对给定黑体而言，不同温度下的辐射曲线的 λ_m 随温度升高向短波方向移动；黑体辐出度即曲线下总面积随温度的升高而急剧增大。

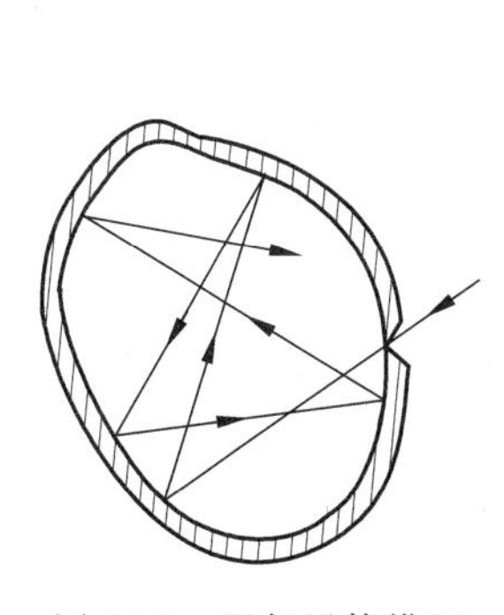

图 14-1 近似黑体模型

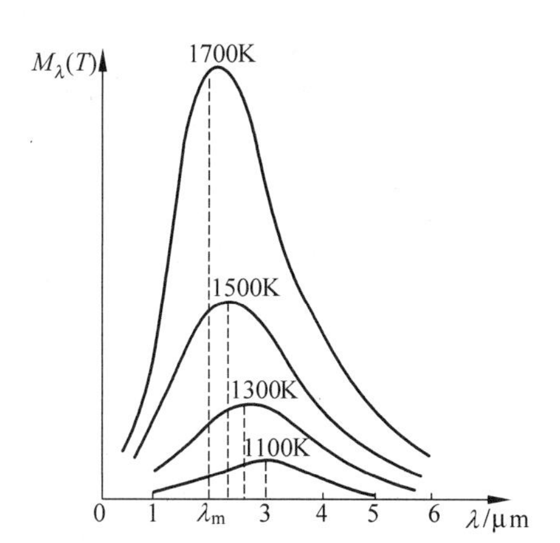

图 14-2 黑体辐射实验规律

定量地描述黑体辐射实验曲线的特点需介绍两个实验定律。

(1) 斯特藩-玻尔兹曼定律

$$M_0(T)=\int_0^\infty M_{0\lambda}(T)\mathrm{d}\lambda=\sigma T^4 \tag{14-4}$$

即黑体的辐出度与温度的四次方成正比，称为斯特藩-玻尔兹曼定律，其中 $\sigma=5.670\times10^{-8}\mathrm{W\cdot m^{-2}\cdot K^{-4}}$，称为斯特藩常量，$T$ 为黑体的热力学温度。

(2) 维恩位移定律

不同温度下能谱曲线的峰所对应的波长 λ_m 与温度 T 的乘积为一常量 b，即

$$\lambda_m T=b \tag{14-5}$$

称为维恩位移定律，其中 $b=2.897\times10^{-3}\mathrm{m\cdot K}$，称为维恩常量。

以上两个实验定律至今仍有广泛应用。例如，如果将太阳看作近似黑体，从太阳光谱中测得 $\lambda_m\approx0.49\mu m$，可由维恩位移定律算出太阳表面温度约为 6000K。日常观测到炉火中的焦炭温度不高时发出红光，高温时发出黄光，也可由维恩位移定律来解释。另外，大爆炸理论曾经预言，如今宇宙中应残留温度为 2.7K 的热辐射，称为宇宙微波背景辐射。1964 年，彭齐亚斯(Penzias Arno，1933—)和威尔逊(Wilson Robert Woodrow，1936—)首先发现这种宇宙微波背景辐射。此后，从 20 世纪 70 年代到 90 年代对背景辐射进行的精密观测都证实了大爆炸理论的预言。

19 世纪末，很多物理学家都企图在经典电磁理论和经典统计物理的基础上推导出黑体辐出度的数学表达式。如图 14-3 所示，1893 年维恩(Wilhelm Carl Werner Otto Fritz

Franz Wien,1864—1928 年)根据热力学和麦克斯韦分布律导出了维恩公式,然而这一公式只在短波区域与实验值相符。1900 年瑞利(Rayleigh 3rd Baron,1842—1919 年)和金斯(James Hopwood Jeans,1877—1946 年)根据能量均分定理、经典电磁理论和统计理论导出了瑞利-金斯公式,但此公式只在长波区域与实验值相符,并且当波长趋于零时,$M_\lambda(T)$将趋于无穷大,这一发散的结果宣告了在黑体辐射的研究中经典物理的失效。物理学界称之为"紫外灾难",经典物理学陷入了困境。

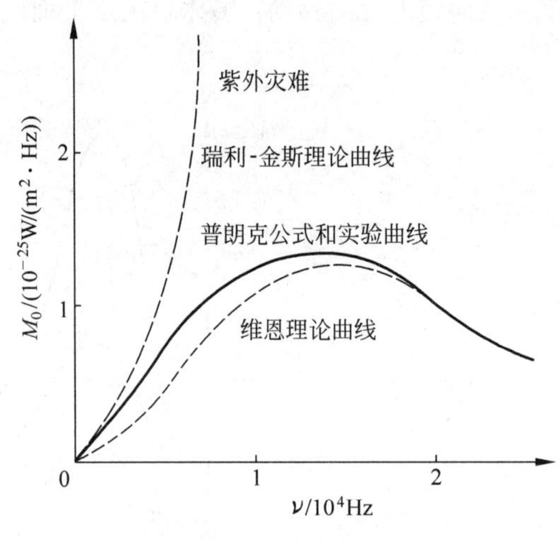

图 14-3 黑体辐射三种理论结果

1900 年 12 月 14 日,普朗克(Planck MaxKarl Ernst Ludwig,1858—1947 年)发表了普朗克公式,即

$$M_\nu = \frac{2\pi h\nu^3}{c^2(\mathrm{e}^{h\nu/kT}-1)} \tag{14-6}$$

这一公式在全部频率范围内都和实验值相符,如图 14-3 所示。如换成以波长为变量,则可写成

$$M_\lambda = \frac{2\pi hc^2}{\lambda^5}\frac{1}{\mathrm{e}^{\frac{hc}{k\lambda T}}-1} \tag{14-7}$$

式中,c 是光速,k 是玻尔兹曼常量,h 为一普适常量,称为普朗克常量,$h=6.626\times10^{-34}\,\mathrm{J\cdot s}$。科学家们认为,这样简单的公式与实验符合得如此之好,并非偶然,在这公式里一定蕴藏着一个人们未能揭示出来的科学原理。

例 14-1 在加热黑体的过程中,其单色辐出度最大值所对应的波长由 0.69μm 变化到 0.50μm,求辐射功率的变化比。

解 由式(14-5)可得两黑体的温度之比为

$$\frac{T_2}{T_1}=\frac{\lambda_{\mathrm{m1}}}{\lambda_{\mathrm{m2}}}$$

再由式(14-4)可得

$$\frac{M_0(T_2)}{M_0(T_1)}=\frac{T_2^4}{T_1^4}=\left(\frac{\lambda_{\mathrm{m1}}}{\lambda_{\mathrm{m2}}}\right)^4=\left(\frac{0.69}{0.50}\right)^4=3.63$$

14.1.2　光电效应

赫兹(Heinrich Rudolf Hertz,1857—1894年)在1888年发现了光电效应,当时人们对其机制还不清楚,直到1896年,汤姆孙(Joseph John Thomson,1856—1940年)通过气体放电现象以及阴极射线的研究发现了电子,人们才认识到光电效应是由于紫外线照射,大量电子从金属表面逸出引起的。

1. 光电效应的实验规律

金属在光照射下发射出电子,这个现象称为光电效应。从金属表面逸出的电子称为光电子,光电子运动形成光电流。研究光电效应的装置如图14-4所示,在一个真空管内装有阴极K和阳极A,阴极K为金属板,当单色光通过石英窗口射到金属板K上时,金属板便释放光电子。如果在A、K两端加上电压U,则光电子飞向阳极,回路中形成光电流,光电流的大小由电流表读出。实验结果如下。

(1) 光电流

对于一定强度的入射光,光电流i随加在两电极上电压U的增加先是增大,然后趋于一个饱和值i_s,如图14-5所示。当入射光频率和电压U固定时,饱和光电流i_s与入射光强度I成正比,这意味着单位时间内从阴极表面发射出的光电子数与入射光强成正比。

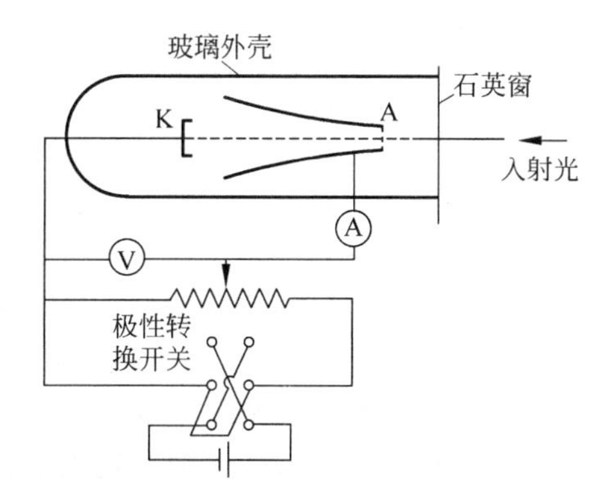

图14-4　光电效应实验装置

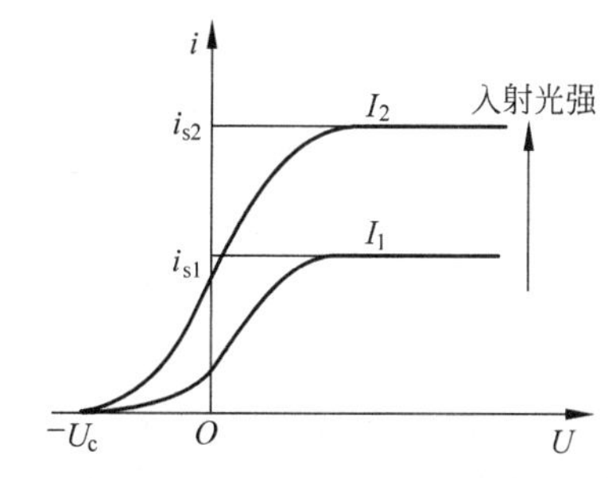

图14-5　光电效应的实验规律

(2) 光电子初动能

从阴极发射出来的光电子具有一定的初动能,它们可以克服反向电场力做功到达阳极。只有当反向电压为某个数值U_c时,光电流才减少为零。这个反向电压U_c称为光电效应的截止电压。实验表明,光电子的最大初动能与入射光强无关。eU_c是光电子克服截止电场力所做的功,设从阴极发射的光电子最大初速度为v_m,电子的质量为m_e,则有

$$\frac{1}{2}m_e v_m^2 = eU_c \tag{14-8}$$

(3) 截止频率

改变入射光的频率,光电效应的截止电压U_c则随之变化。实验发现:截止电压U_c与入射光频率之间具有如图14-6所示的线性关系

$$U_c = K\nu - U_0 \quad (14\text{-}9)$$

式中,K、U_0 都是正值,K 是普适恒量,对所有的金属都是相同的;U_0 则对不同金属有不同的值,对同一金属为恒量。利用式(14-8)得到

$$\frac{1}{2}m_e v_m^2 = eK\nu - eU_0 \quad (14\text{-}10)$$

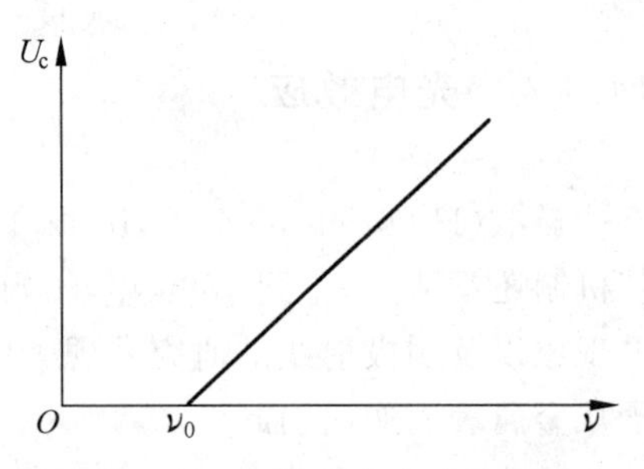

图 14-6　截止电压与频率成线性关系

这表明,光电子的最大初动能随入射光频率线性变化,而与入射光强无关。上式还给出了对入射光频率的约束条件

$$\nu \geqslant \frac{U_0}{K} \quad (14\text{-}11)$$

即 ν 必须满足上述条件,才能产生光电效应。定义一个与金属有关的恒量

$$\nu_0 = \frac{U_0}{K} \quad (14\text{-}12)$$

因此我们看到:对于用某种材料制成的金属,存在一个极限频率 ν_0,当入射光频率 $\nu<\nu_0$ 时,无论入射光强多大、照射时间多长,都不会产生光电效应,这个极限频率 ν_0 叫做光电效应的截止频率,又叫做红限频率。例如,钠的截止频率为 4.39×10^{14} Hz(绿光),有些金属的截止频率不在可见光波段。

(4) 瞬时效应

光电效应的发生是瞬时的,实际上几乎观察不到时间延迟(时间间隔小于 10^{-9} s)。

2. 光的波动说遇到的困难

光的波动理论仅能解释上述实验结果(1),即光电流随着光强的增大而增加。这是因为入射光强越大,金属接收到的能量越多,故发射出的电子就越多。而其他实验事实结果则完全不能用波动理论来解释。按照光的波动理论,入射光照射到金属上,连续地向金属输送能量,金属中的电子从入射光中吸收能量,作受迫振动,电子连续地吸收能量使振幅越来越大,当振动的能量积累到一定值时,电子才能逸出金属表面成为光电子。光波的能量取决于光波的强度,而后者与波的振幅平方成正比。不管入射光的频率多大,总可以通过增大波振幅的办法使入射光达到足够的强度,以便使金属中的电子获得足以逸出金属表面的能量。所以不应有截止频率来限制入射光的频率,任意频率的光波入射都能产生光电效应。逸出电子的初动能也将随入射光强的增大而增大,与入射光频率无关。

再研究一下光电效应的时间响应问题。设电子吸收能量的面积为原子半径平方的量级,以钾原子为例,原子半径取 $r=0.5\times10^{-10}$ m,已知一个电子脱离钾原子需要 1.8eV 的能量,按照经典电磁理论计算,一个距离功率为 1W 的光源 3m 处的原子积累到 1.8eV 能量大约要一个多小时。而实验事实是,只要光的频率超过红限,不论光怎样弱,光电子几乎是瞬时发射出来的。

14.1.3　原子光谱及其规律

氢原子光谱的规律性

原子发光是原子的重要特性,而光谱学的数据对研究物质结构具有重要的意义。在

19世纪末，已有很多分析气体放电时产生的分立光谱的实验工作。最轻、最简单的原子就是氢原子，它由一个质子和一个电子组成，氢原子具有最简单的光谱。利用非常精密的分光镜测量，人们找到了氢原子在可见光和不可见光范围内的谱线序列。1885年，巴尔末(Balmer Johann Jakob，1825—1898年)应用归纳法，将氢原子的光谱波长用下列经验公式表示：

$$\lambda = B\frac{n^2}{n^2-4} \tag{14-13}$$

式中，$B=365.47\text{nm}$，n为正整数，当$n=3,4,5,\cdots$时，上式给出$H_\alpha, H_\beta, H_\gamma, \cdots$谱线的波长。

光谱学中也常用波数$\sigma=\frac{1}{\lambda}$这个物理量，σ的意义是单位长度内所含有的波的数目，用波数来表示式(14-13)

$$\sigma = \frac{1}{\lambda} = \frac{4}{B}\left(\frac{1}{2^2}-\frac{1}{n^2}\right) \tag{14-14}$$

此式称为巴尔末公式，在可见光范围内的谱线称为氢原子光谱的巴尔末系。

1889年，里德伯(Johannes Rober Rydberg Balmer，1854—1919年)提出了更一般的氢原子光谱序列的里德伯公式

$$\sigma = R_\infty\left(\frac{1}{k^2}-\frac{1}{n^2}\right) \tag{14-15}$$

$$k=1,2,3,\cdots; \quad n=k+1,k+2,k+3,\cdots$$

式中，$R_\infty=\frac{4}{B}=1.096\,775\,8\times10^7\text{m}^{-1}$，称为里德伯常量。这个公式与实验观测结果符合得很好，相当精确地反映了氢原子光谱的实验规律。公式中不同的k为不同的线系，对应于同一个k值、不同的n值构成线系中的不同谱线。氢原子光谱有以下线系：

$k=1$ 莱曼系(紫外)，$k=2$ 巴尔末系(可见)

$k=3$ 帕邢系(红外)，$k=4$ 布喇开系(远红外)

$k=5$ 普芳德系(远红外)，$k=6$ 哈弗莱系(远红外)

图14-7是用摄谱仪摄得的氢、氦和汞的光谱图(可见光部分)，它们是一系列线光谱。

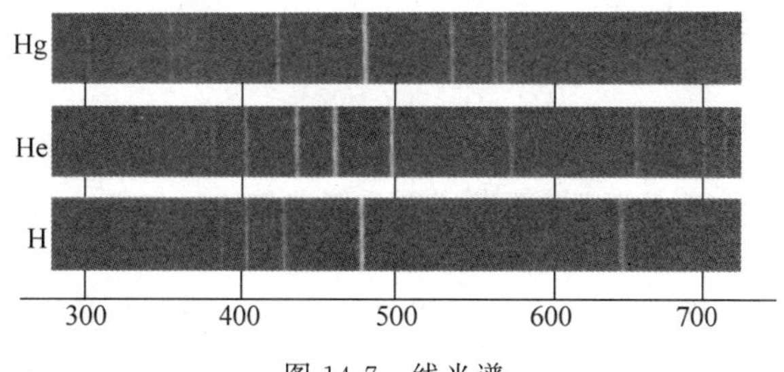

图14-7 线光谱

这样，人们自然会提出以下问题：原子光谱为什么是分立的线状谱而不是连续谱？这种线状谱的机制到底是什么？为什么谱线的波长会遵从这样简单的规律？

对原子光谱线系经验公式的解释，需要知道原子的内部结构。然而直到20世纪初，人

们对原子内部结构还不清楚,这个问题困扰着许多物理学家,他们提出了种种不同的原子模型。卢瑟福(Rutherford Ernest,1871—1937年)根据α粒子散射实验提出了原子结构的核式模型,但是根据经典物理理论和原子结构的核式模型却无法解释原子光谱。

按照卢瑟福的原子模型,在最简单的氢原子中,一个电子绕着带正电的原子核作圆周运动。由于匀速圆周运动是加速运动,而按照经典电磁场理论,一个作加速运动的带电粒子将发射电磁波,因此,电子在作圆周运动的过程中将发射电磁波。如果电子作圆周运动的周期是T,则它发射的电磁波的周期也是T。随着电子不断地发射电磁波,原子的能量不断地被消耗,使得电子的轨道半径连续不断地变小,因而运动的周期也在不断地变小,进而发射出的电磁波的频率($1/T$)也是连续变化的。所以在这个过程中,原子发射出的电磁波的频率在不断增大,而且频谱是连续的。更为关键的是,随着这样的辐射过程的进行,电子最终将与原子核相遇,因此,这样的原子在经典理论中是一个不稳定的系统。以氢原子为例,假定在$t=0$时刻,电子处在半径为10^{-10} m(原子半径的数量级)的轨道上,则到时刻$t=1.1\times10^{-10}$ s,电子的轨道半径就变为零,即落在原子核上。然而,物质世界中的原子却是稳定地存在着的。

从表面上看,原子结构的核式模型存在困难,它既无法说明原子的稳定结构,也不能解释原子光谱的线状分立谱特征。然而,原子结构的核式模型却被大量的实验所证实:至今仍然被认为是完全正确的。因此,以上困难实际上揭示了经典物理理论所描绘的原子内部运动图像是不正确的。

量子理论就是在解决这些生产实践和科学实验同经典物理学的矛盾中逐步建立起来的。

14.2 普朗克-爱因斯坦的光量子论

量子理论最早是通过黑体辐射问题突破的。我们在前面已经讲过,普朗克通过对维恩公式的修改,提出了著名的黑体辐射公式(普朗克公式)。1905年爱因斯坦(Einstein Albert,1879—1955年)将普朗克的量子假设加以发展,利用量子论成功地解释了著名的光电效应实验,从而使量子论得到进一步的发展。

14.2.1 普朗克量子假设

普朗克公式十分简单,而且和实验惊人的符合。为了找出公式的理论依据,普朗克尝试了所有可能的经典理论和方法,结果却发现不可能单纯由经典概念推出。因此,他大胆地提出了一系列假设:

(1) 黑体的腔壁由无数带电谐振子组成,它们不断发射和吸收电磁波,与周围电磁场交换能量。

(2) 频率为ν的谐振子的能量只能取某些特定的值,即谐振子的能量是量子化的:

$$\varepsilon=nh\nu,\quad n=1,2,3,\cdots \tag{14-16}$$

式中h为普朗克常量。

(3) 谐振子与周围电磁场交换能量时,能量的改变量也只能是最小能量$\varepsilon=h\nu$的整数倍，ε 称为能量子。

之后很多年，他总是企图将能量量子化纳入经典物理的框架之内，这些努力耗去了他很多精力。直到 1911 年，他才真正认识到量子化的真正意义。普朗克由于提出能量子这一革命性的概念而获得 1918 年的诺贝尔物理学奖。

14.2.2　爱因斯坦方程

爱因斯坦在 1905 年用普朗克的量子假设去解决光电效应问题，进一步提出了光量子的概念。他认为不仅发射光的振子具有量子性，发出的光也有量子性，即光在被发射、被吸收和传播时能量都是量子化的，可将光看作是一束以光速 c 运动的粒子流，这种粒子称为光量子或光子。每个光子的能量由光的频率决定，大小为

$$\varepsilon = h\nu \tag{14-17}$$

式中，h 为普朗克常量，它是一个很小的量，$h=6.626\times10^{-34}\,\mathrm{J\cdot s}$。普朗克常量是一个普适常量。

因此，光的能流密度 S 取决于单位时间内垂直通过单位面积上的光子数 N，即 $S=Nh\nu$。同普朗克的量子假设一样，爱因斯坦的光子假设在当时也是十分大胆的。

按照爱因斯坦的光子理论，光照射到金属阴极，光子一个一个地打在金属的表面，发生光子与金属中电子的碰撞，电子要么与光子发生碰撞吸收一个光子，要么因为没有发生碰撞而完全不吸收。如果电子吸收了一个光子，电子吸收的能量一部分用来提供解脱表面束缚所需的能量，另一部分变成从金属中射出后的电子动能。由于金属中的电子被表面束缚的程度各不相同，因此将电子从金属内移到表面外所需要的能量也是各不相同的，电子被束缚得越紧，这个能量就越大。移走束缚最小的电子所需要的能量称为金属的逸出功或功函数，用 A 表示。逸出功取决于金属材料的特性，常见金属逸出功的量级为 $10^0\,\mathrm{eV}$，例如钠的逸出功是 2.28eV，铜的逸出功是 4.70eV。

从以上分析可以看出，光照射后从金属表面射出的光电子带有不同的动能，其范围从零到某个最大值。根据能量守恒定律，光子携带的能量与逸出功(最小束缚能)之差等于发射出的电子最大初动能，即

$$h\nu = \frac{1}{2}m_e v_m^2 + A \tag{14-18}$$

式(14-18)称为光电效应的爱因斯坦方程。

爱因斯坦方程可以解释光电效应的所有实验结果。入射光强大，表明单位时间内垂直通过单位面积上的光子数 N 大，于是在金属中单位时间内吸收光子的电子数就多，从而饱和光电流 i_s 就大。但不论入射光强大小如何，一个电子一次只吸收一个光子，故从式(14-18)可以直接解释光电子的初动能与频率的线性关系，与入射光强无关。如果入射光的频率低，则光子的能量小，当光子的能量 $h\nu$ 小于金属的逸出功 A 时，电子吸收了这样的一份能量不足以克服金属表面的束缚，此时无论光强多大，也不会有光电子逸出。所以光电效应存在截止频率，令式(14-18)中的初动能为零，可求得用 A 和 h 表示的截止频率

$$\nu_0 = \frac{A}{h} \tag{14-19}$$

另外,光照射到金属阴极,实际上是单个能量为 $h\nu$ 的光子束入射到阴极,光子与阴极内的电子发生碰撞。当电子一次性地吸收了一个光子后,便获得了 $h\nu$ 的能量而立刻从金属表面逸出,没有时间延迟,即光电效应是瞬时的。

比较式(14-10)和式(14-18),还可以得到常量 K 和 U_0 的数值

$$K=\frac{h}{e},\quad U_0=\frac{A}{e} \tag{14-20}$$

利用光电效应中光电流与入射光强成正比的特性,可以制造光电转换器,实现光信号与电信号之间的相互转换。这些光电转换器如光电管等,广泛应用于光功率测量、光信号记录、电影、电视和自动控制等诸多方面。

14.2.3 光的波粒二象性

爱因斯坦提出,光子不仅具有能量,而且还有质量、动量等粒子共有的一般特性。根据相对论的质量能量关系,光子的质量为

$$m=\frac{\varepsilon}{c^2}=\frac{h\nu}{c^2} \tag{14-21}$$

光子以光速运动,因此光子的动量

$$p=mc=\frac{h\nu}{c}=\frac{h}{\lambda} \tag{14-22}$$

能量 ε 和动量 p 描述了光子的粒子性,而频率 ν 和波长 λ 描述了光子的波动性,这种双重性质称为光的波粒二象性,它们之间通过式(14-21)和式(14-22)由普朗克常量 h 联系起来。在光的干涉、衍射和偏振等现象中,光表现出明显的波动性,而在这里光却表现出粒子性,在经典理论中这种观点是无法接受的,如何理解光的这种波粒二象性呢?首先应该看到,这里所说的波或者粒子都是经典观念中对物质运动图像的一种抽象和近似,这种抽象和近似不能用来恰当地描述微观世界,微观世界的事物有着与宏观世界的事物不同的性质和规律,从这个意义上说,光既不是经典观念中的波,也不是经典观念中的粒子。另外,在对光的本性的理解上,不应在波动性和粒子性之间进行简单地非此即彼的取舍,而应将其视为光的本性在不同侧面的反应,一般来说,在光与物质的相互作用过程中,光的粒子性表现得较为显著;在光的传播过程中,光的波动性表现得较为明显。

光具有粒子性,那么受到光照射的物体就会感受到光压,就像雨点撞击伞面对雨伞施加压力一样。由于光子的能量和动量十分微小,因此光子对反射面的光压也是很微弱的。列别捷夫在 1900 年就精确测定了微小的光压,现在使用激光可以产生相当高的光压。存在光压这一事实本身意义很大,证明了光不仅具有能量,还具有质量和动量。在天体物理学中,光压能产生可观的效应,例如当彗星接近太阳时,它的尾巴总是朝着背向太阳的方向,就是因为尾部的微粒受到光压的推斥作用引起的。

爱因斯坦发展了普朗克的量子思想,提出了光量子学说,成功地说明了光电效应的实验规律,揭示了光既具有波动属性又具有粒子属性——波粒二象性,为此,他荣获 1921 年的诺贝尔物理学奖。

例 14-2 在一个光电效应实验中,以波长为 530nm 的光照射到一种金属的表面上,产

生的光电子的动能遍及 0 到 4.8×10^{-19}J。问欲阻止住最快的光电子到达阳极，需施加的最小电压为多大？

解 本题中所求的最小电压就是对于此种入射光的截止电压 U_c，因为最快的光电子具有最大的初动能，根据式(14-8)，有

$$U_c=\frac{m_e v_m^2}{2e}=\frac{4.8\times10^{-19}}{1.6\times10^{-19}}\text{V}=3.0\text{V}$$

例 14-3 一个光电管的发射极的截止波长为 500nm，如果某种入射光的截止电压是 2.5V，求此种入射光的波长。

解 利用式(14-19)可以算出发射极的逸出功 A

$$A=h\nu_0=\frac{hc}{\lambda_0}=\frac{6.626\times10^{-34}\times3.0\times10^{8}}{500\times10^{-9}}\text{J}=3.98\times10^{-19}\text{J}$$

根据光电效应的爱因斯坦方程(14-15)，并利用式(14-9)，得到

$$\frac{hc}{\lambda}=eU_0+A$$

$$\lambda=\frac{hc}{eU_0+A}=\frac{6.626\times10^{-34}\times3.0\times10^{8}}{1.6\times10^{-19}\times2.5+3.98\times10^{-19}}\text{m}$$

$$=2.491\times10^{-7}\text{m}=249.1\text{nm}$$

例 14-4 一种学生用激光器的波长为 633nm，激光器的输出功率为 3.0mW，光束横截面积为 2.0mm^2。试求：

(1) 每秒钟有多少光子通过光束的横截面？

(2) 若该光束垂直入射到一个面积为 2.0mm^2 的光滑表面并全部反射，则此表面受到的光压是多少？

解 (1) 每秒钟通过光束横截面的能量为 0.003J，而每个光子的能量为 $h\nu=hc/\lambda$，因此，每秒钟通过光束横截面的光子数为

$$N=\text{功率}/\text{一个光子能量}=\frac{0.003\times633\times10^{-9}}{6.626\times10^{-34}\times3.0\times10^{8}}\text{个}/\text{s}=9.55\times10^{15}\text{个}/\text{s}$$

(2) 每个光子的动量为

$$p=\frac{h}{\lambda}=\frac{6.626\times10^{-34}}{633\times10^{-9}}\text{kg}\cdot\text{m/s}$$

$$=1.047\times10^{-27}\text{kg}\cdot\text{m/s}$$

光子在表面反射时，其动量由 p 改变为 $-p$，故一个光子对表面的冲量大小为 $2p$，而每秒钟撞击表面的光子数为 N，因此，光束每秒钟作用在表面上的冲量，即作用在表面上的冲力的大小 F 为

$$F=2pN=2\times1.047\times10^{-27}\times9.55\times10^{15}\text{kg}\cdot\text{m/s}^2=2.00\times10^{-11}\text{kg}\cdot\text{m/s}^2$$

表面受到的光压

$$P=\frac{F}{S}=\frac{2.00\times10^{-11}}{2.0\times10^{-6}}\text{N/m}^2=1.0\times10^{-5}\text{N/m}^2$$

14.2.4 康普顿散射

康普顿散射是证明光的粒子性和光子能量假设的另一个有代表性的实验,是由美国物理学家康普顿(Compton Arthur Holly,1892—1962 年)和我国物理学家吴有训(1897—1977 年)共同完成的。这个实验还证实了在微观粒子相互作用过程中动量守恒定律和能量守恒定律仍然严格成立。

图 14-8 为康普顿散射实验装置图。X 射线源发射一束波长为 λ_0 的 X 射线,通过光阑后成为一束极其狭窄的 X 射线后投射到散射体石墨上,从石墨再出射的 X 射线是沿着各种方向的,故称为散射。θ 称为散射角。

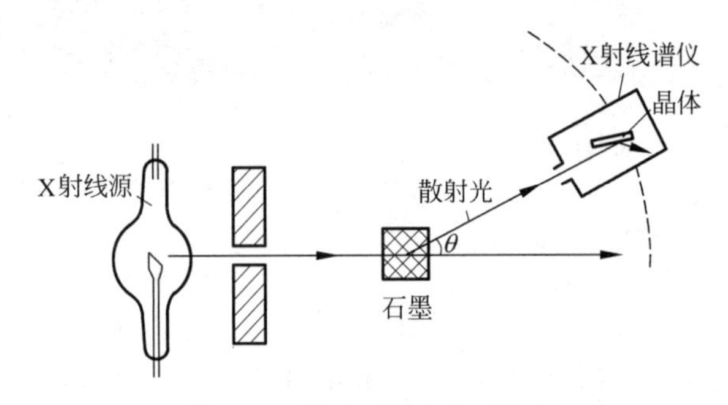

图 14-8 康普顿散射实验装置

用 X 射线谱仪可以探测到不同散射角 θ 的散射 X 射线的波长及相对强度 I。图 14-9 和图 14-10 为康普顿散射的实验结果,可概括为以下两点:

(1) 当固定在某散射角 θ 方向观察时,发现在散射 X 射线中,除有与入射 X 射线波长 λ_0 相同的散射线外,还有波长 $\lambda>\lambda_0$ 的散射线出现,这种波长变大的散射现象称为康普顿散射或康普顿效应。如果改变 θ,则波长的增量 $\lambda-\lambda_0$ 的大小以及波长为 λ 的散射光的光强都随 θ 的增大而增大,原波长 λ_0 的散射光的光强则随 θ 的增大而减小。

(2) 波长的增量 $\lambda-\lambda_0$ 与散射体无关,但原波长 λ_0 的散射光的光强随散射体的原子序数的增大而增大,波长为 λ 的散射光的光强则随之减小。

康普顿散射的实验结果与经典电磁理论是互为矛盾的。按照经典电磁波理论,当电磁波进入物质时,物质中的电子在入射电磁波的作用下作受迫振动,振动频率和波长与入射波相同,作受迫振动的电子发射的散射波的频率和波长也应与入射波相同。这就无法解释康普顿散射中还有波长 $\lambda>\lambda_0$ 的散射线出现的现象。

1922 年康普顿应用爱因斯坦的光子模型,在理论上推导出了与实验结果完全吻合的结论。康普顿认为入射 X 射线与散射物质的相互作用是 X 射线光子与散射体物质中束缚较弱的原子外层电子的碰撞。X 射线光子的能量为 $10^4\sim10^5$ eV,远大于轻元素原子中外层电子的结合能($10\sim10^2$ eV),也远大于电子自身热运动的能量(10^{-2} eV),因此相对于 X 射线光子,电子可看作是静止的自由电子。这样,康普顿散射可看作是入射光子与静止的自由电子的弹性碰撞。在碰撞过程中,光子、电子系统遵守动量与能量守恒。

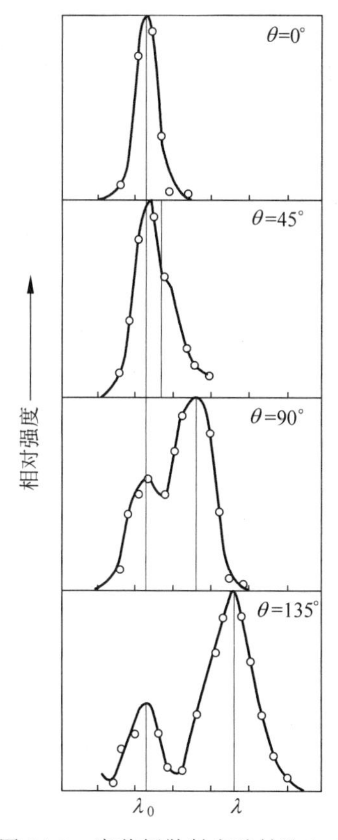

图 14-9　康普顿散射实验结论(一)

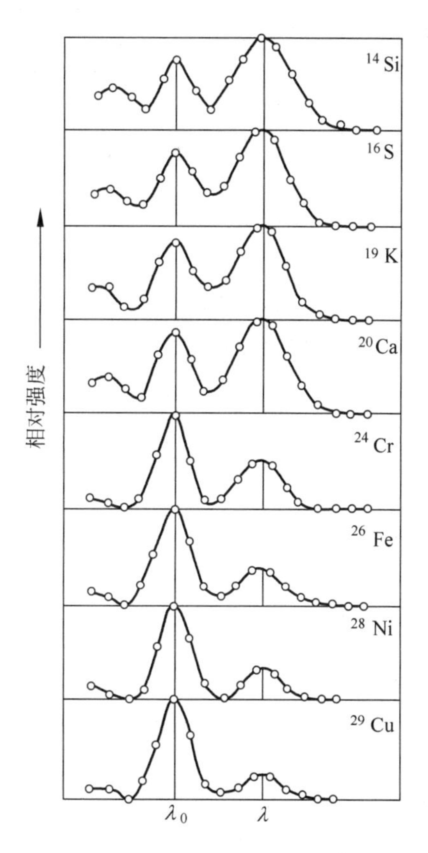

图 14-10　康普顿散射实验结论(二)

如图 14-11 所示,假设碰撞前入射光子的频率为 ν_0,其能量为 $h\nu_0$,动量为$\frac{h\nu_0}{c}e_0$,静止自由电子的能量为 m_0c^2,动量为零。碰撞后,假设散射光子频率为 ν,其能量为 $h\nu$,动量为$\frac{h\nu}{c}e$,方向与入射线夹角为 θ;电子的速度为 v,能量为 mc^2,动量为 mv,方向与入射线夹角为 φ,其中 $m=m_0\Big/\sqrt{1-\left(\frac{v}{c}\right)^2}$。

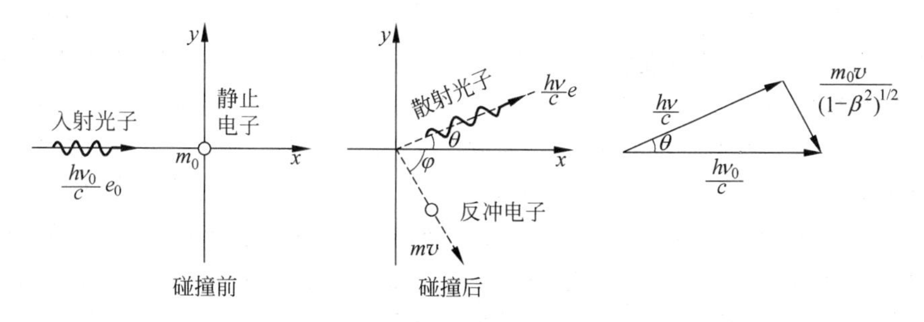

图 14-11　入射光子与静止的自由电子的弹性碰撞过程中动量与能量守恒

根据动量守恒定律可得

$$\frac{h\nu_0}{c}=\frac{h\nu}{c}\cos\theta+mv\cos\varphi \tag{14-23}$$

$$\frac{h\nu}{c}\sin\theta=mv\sin\varphi \tag{14-24}$$

由三角形关系可得

$$m^2v^2=\left(\frac{h\nu_0}{c}\right)^2+\left(\frac{h\nu}{c}\right)^2-2\left(\frac{h\nu_0}{c}\right)\left(\frac{h\nu}{c}\right)\cos\theta \tag{14-25}$$

根据能量守恒定律可得

$$h\nu_0+m_0c^2=h\nu+mc^2 \tag{14-26}$$

改写成

$$mc^2=h(\nu_0-\nu)+m_0c^2 \tag{14-27}$$

将 $mc^2=h(\nu_0-\nu)+m_0c^2$ 平方后与 $m^2v^2=\left(\frac{h\nu_0}{c}\right)^2+\left(\frac{h\nu}{c}\right)^2-2\left(\frac{h\nu_0}{c}\right)\left(\frac{h\nu}{c}\right)\cos\theta$ 相减，并应用狭义相对论的质量与速度的关系式，即碰撞后电子质量 $m=\frac{m_0}{\sqrt{1-\left(\frac{v}{c}\right)^2}}$，整理后得到

$$m_0c^2(\nu_0-\nu)=h\nu_0\nu(1-\cos\theta) \tag{14-28}$$

等式两边同除以 $m_0c\nu_0\nu$，可得

$$\lambda-\lambda_0=\frac{h}{m_0c}(1-\cos\theta) \tag{14-29}$$

上式也经常写成

$$\lambda-\lambda_0=\frac{2h}{m_0c}\sin^2\left(\frac{\theta}{2}\right)=2\lambda_c\sin^2\left(\frac{\theta}{2}\right) \tag{14-30}$$

式中，λ_0 为入射光的波长，λ 为散射光的波长。此结论表明波长的改变量 $\lambda-\lambda_0$ 只与散射角 θ 有关。当 $\theta=0$ 时，波长不变；当 θ 增大时，$\lambda-\lambda_0$ 也随之增大。这与实验结果是一致的。其中 λ_c 称为电子的康普顿波长，其值等于在 $\varphi=90°$ 的方向上测得的波长改变量，即

$$\lambda_c=\frac{h}{m_0c}=2.43\times10^{-12}\,\text{m}$$

散射光波长的改变量 $\lambda-\lambda_0$ 的数量级为 10^{-12} m。对于波长较长的可见光或波长更长些的无线电波来说，波长的改变量 $\lambda-\lambda_0$ 远远小于入射光的波长 λ_0，康普顿效应可以忽略。只有波长较短的电磁波，波长的改变量才与入射光的波长相当，康普顿效应才明显。

以上讨论了散射光中波长 λ 大于 λ_0 的散射光产生的原因，接下来分析一下波长与入射光相同的散射光产生的原因。当光子与散射体原子中受原子核束缚很紧的内层电子发生碰撞时，可以看作是光子与整个原子的碰撞。由于原子的质量远远大于光子的质量，因此碰撞后光子只改变运动方向而不会改变能量的大小，因此散射光中存在波长为原波长 λ_0 的散射光。当散射体原子序数增大时，电子被原子核束缚得越来越紧，因此波长为原波长 λ_0 的散射光的光强也随之增大。

由于康普顿在 X 射线散射的实验和理论方面的贡献，他获得了 1927 年的诺贝尔物理

学奖，中国物理学家吴有训在康普顿实验室中做了大量实验，排除了一些人对康普顿效应的怀疑。

例 14-5　波长为 0.400Å 的 X 射线对电子进行 90°的康普顿散射，求出它的波长的改变量。

解　根据式(14-37)，

$$\lambda-\lambda_0=2\lambda_c\sin^2\left(\frac{\theta}{2}\right)=2\times 2.43\times 10^{-12}\times\left(\frac{\sqrt{2}}{2}\right)^2\mathrm{m}=2.43\times 10^{-12}\mathrm{m}=0.0243\text{Å}$$

14.3　玻尔的量子理论

14.3.1　玻尔的量子理论简介

普朗克-爱因斯坦的光量子能量不连续的概念，必然会促进物理学其他重大疑难问题的解决。前面我们已经介绍过，原子结构的核式模型存在困难，它既无法说明原子的稳定结构，也不能解释原子光谱的线状分立谱特征。在这个发生矛盾的时刻，玻尔(Bohr Niels，1885—1962 年)把普朗克-爱因斯坦的概念创造性地用来解决原子结构和原子光谱的问题，他在卢瑟福的原子结构核式模型的基础上，仍然利用经典力学的概念，但把量子化的概念应用到原子系统的状态上，认为原子态是量子化的。他于 1913 年提出了下面两个基本假设，建立了氢原子的量子论，很好地解释了氢原子光谱的实验规律。

(1) 定态假设：原子系统只能处在一系列不连续的能量状态，在这些状态中，氢原子的核静止不动，电子绕核作匀速圆周运动。虽然电子绕核转动，具有加速度，但并不辐射电磁波，这些状态称为原子的定态，相应的能量为 $E_1,E_2,E_3,\cdots(E_1<E_2<E_3\cdots)$。通过吸收或发射电磁辐射，或者通过原子间的碰撞，原子从一个定态变成另一个定态，原子的能量相应地从一个值跃变到另一个值，而不能任意连续地变化。

(2) 跃迁假设：当原子从能量为 E_n 的定态跃迁到另一能量为 E_k 的定态时，就要吸收或放出一个光子，光子频率 ν_{kn} 由下式决定

$$\nu_{kn}=\frac{|E_n-E_k|}{h}\tag{14-31}$$

式中，h 为普朗克常量。上式又称为玻尔频率假设。

从原子的分立光谱事实和普朗克、爱因斯坦的光量子论，玻尔提出的这两条假设是十分自然的，然而却与经典物理学的概念和理论存在尖锐的矛盾。

氢原子中的电子绕核作匀速圆周运动所需的向心力是原子核对电子的静电吸引力，设电子的质量为 m_e，电子绕核转动的圆周轨道半径和速率分别为 r 和 v，根据牛顿运动定律有

$$\frac{e^2}{4\pi\varepsilon_0 r^2}=m_e\frac{v^2}{r}\tag{14-32}$$

电子的动能为 $E_k=\frac{1}{2}m_e v^2$，系统的势能为 $E_p=-\frac{e^2}{4\pi\varepsilon_0 r}$，利用式(14-32)得到原子的能量为

$$E=E_k+E_p=\frac{1}{2}m_e v^2-\frac{e^2}{4\pi\varepsilon_0 r}=-\frac{e^2}{8\pi\varepsilon_0 r}\tag{14-33}$$

根据玻尔的定态假设,原子系统只能处在一系列不连续的能量状态,从上式看出,电子绕核运动的轨道半径也只能取一些不连续的值。那么电子圆周轨道的半径究竟只能取哪些分立值呢?为此玻尔提出了另外一个确定原子定态的附加量子化条件:电子绕核作定态运动的轨道角动量 L 的大小只能是$\hbar\left(\hbar=\dfrac{h}{2\pi}\right)$的整数倍,即

$$L=n\hbar=n\frac{h}{2\pi},\quad n=1,2,3,\cdots \tag{14-34}$$

式中,$\hbar=1.054\times10^{-34}\,\mathrm{J\cdot s}$,称为约化普朗克常量,它是原子角动量的基本单元,式(14-34)称为角动量量子化条件。只有满足这个条件的圆周运动轨道才是允许存在的。因此,式(14-34)又称为玻尔轨道量子化条件。

按照经典力学,电子圆周运动的角动量大小为 $L=m_e vr$,根据角动量量子化条件式(14-34),利用式(14-32),消去 v 得

$$r_n=n^2\left(\frac{\varepsilon_0 h^2}{\pi m_e e^2}\right),\quad n=1,2,3,\cdots \tag{14-35}$$

利用式(14-33),求出原子定态的能量为

$$E_n=-\frac{1}{n^2}\left(\frac{m_e e^4}{8\varepsilon_0^2 h^2}\right),\quad n=1,2,3,\cdots \tag{14-36}$$

从以上两式可以看出,r_n 正比于 n^2,而 E_n 反比于 n^2,原子定态的轨道半径和能量都是一系列不连续的分立值,即原子内部的运动状态及其相应的能量是量子化的,正整数 $n=1,2,3,\cdots$,称为量子数。定态能量 E_n 对于所有量子数 n 的取值集合就构成了原子的分立能谱,而其中的每一个分立能量就是一个能级,如图 14-12 所示。以量子数 n 所表征的能级 E_n 和半径为 r_n 的轨道运动,就代表了原子内部运动的第 n 个量子化定态。

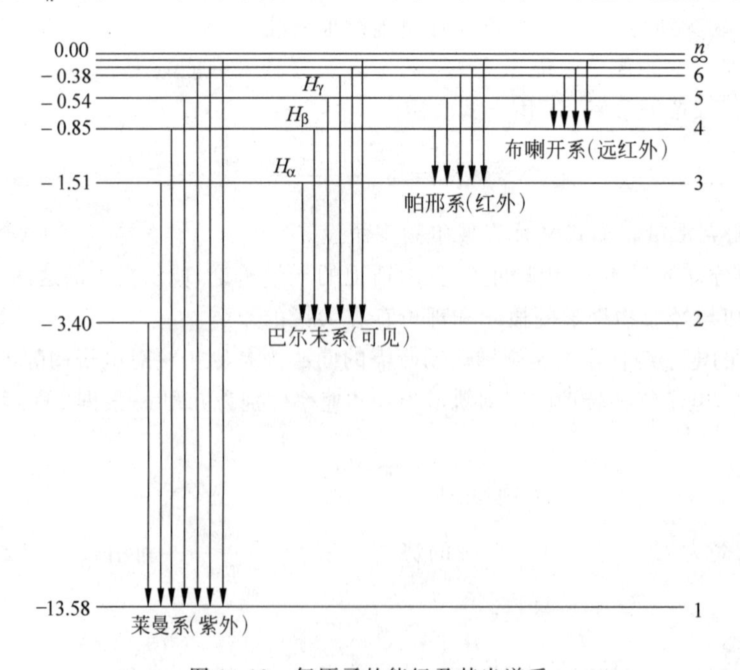

图 14-12　氢原子的能级及其光谱系

根据式(14-36)，$n=1$ 时原子定态的能量最低，这个定态称为原子的基态，其余的与 $n=2,3,4,\cdots$ 相应的那些定态，能量依次升高，分别称为第一、第二、第三、……激发态。当 $n\to\infty$ 时 $E_n\to 0$，能级趋于连续，$n=\infty$ 时达到最高能量——零。$E_n<0$ 说明原子的定态都是束缚态。若原子的能量 $E>0$，表明原子已发生电离，此时能量可连续变化。根据式(14-35)，从基态到各个激发态的相应轨道半径是逐渐增大的。可算出氢原子基态($n=1$)的能量和轨道半径分别为

$$E_1=-\frac{m_e e^4}{8\varepsilon_0^2 h^2}=-2.17\times 10^{-18}\,\mathrm{J}=-13.6\,\mathrm{eV}$$

$$a_0=\frac{\varepsilon_0 h^2}{\pi m_e e^2}=0.529\times 10^{-10}\,\mathrm{m}$$

a_0 称为氢原子第一玻尔轨道半径，简称玻尔半径。

按照玻尔的跃迁假设，当原子从高能级 E_n 向低能级 E_k 跃迁时，发射一个光子，其频率和波数为

$$\nu_{nk}=\frac{E_n-E_k}{h}$$

$$\sigma_{nk}=\frac{1}{\lambda}=\frac{\nu_{nk}}{c}=\frac{E_n-E_k}{hc}=\frac{m_e e^4}{8\varepsilon_0^2 h^3 c}\left(\frac{1}{k^2}-\frac{1}{n^2}\right)$$

$$k=1,2,3,\cdots;\quad n=k+1,k+2,k+3,\cdots$$

上式与氢原子光谱的实验规律式(14-15)一致，并由此得到氢原子里德伯常量的理论值为

$$R_H=\frac{m_e e^4}{8\varepsilon_0^2 h^3 c}=1.097\,373\,1\times 10^7\,\mathrm{m}^{-1}$$

R_H 与实验值 R_∞ 符合得相当好。然而 R_H 与 R_∞ 之间还是有一些差别，这主要是由于我们在前面假设了原子核静止不动，相当于将原子核的质量看成无限大(与电子的质量相比而言)。对此进行修正，得到的理论值 R_H 与实验值 R_∞ 符合得更好。

利用 R_H 就可将波数写成

$$\sigma=R_H\left(\frac{1}{k^2}-\frac{1}{n^2}\right)\tag{14-37}$$

$$k=1,2,3,\cdots;\ n=k+1,k+2,k+3,\cdots$$

就是氢原子光谱的实验规律式(14-15)。

这样，玻尔理论就成功地解释了氢原子光谱的规律性，并且从理论上导出了氢原子里德伯常量的正确表示式。但是，玻尔理论本身具有结构性的缺陷，没有逻辑上的统一性。它是经典理论与量子假设的混合物，既沿用了质点坐标、速度和轨道等经典力学概念来描述原子内部的运动，又人为地引入了两条量子假设和角动量量子化条件，而这些假设和条件缺乏令人信服的理论依据，然而玻尔理论中的原子定态、跃迁、轨道角动量量子化等概念现在仍然有效，它对量子力学的发展有很大贡献。

例 14-6　在气体放电管中，用能量为 12.5eV 的电子通过碰撞使氢原子激发，问受激发的氢原子向低能级跃迁时，能发射哪些波长的光谱线？

解　设氢原子全部吸收电子的能量后最高激发到第 n 个能级，此能级的能量为 $-\frac{13.6}{n^2}\,\mathrm{eV}$，

所以

$$E_n - E_1 = 13.6 - \frac{13.6}{n^2}$$

把 $E_n - E_1 = 12.5\text{eV}$ 代入上式，得

$$n^2 = \frac{13.6}{13.6 - 12.5} = 12.36$$

所以 $n=3.5$。因为 n 只能取整数，所以氢原子最高能激发到 $n=3$ 的能级，于是能产生 3 条谱线。

从 $n=3 \to n=1$

$$\sigma_1 = R_\infty\left(\frac{1}{1^2} - \frac{1}{3^2}\right) = \frac{8}{9}R_\infty$$

$$\lambda_1 = \frac{9}{8R_\infty} = \frac{9}{8 \times 1.096\ 776 \times 10^7}\text{m} = 102.6\text{nm}$$

从 $n=3 \to n=2$

$$\sigma_2 = R_\infty\left(\frac{1}{2^2} - \frac{1}{3^2}\right) = \frac{5}{36}R_\infty$$

$$\lambda_2 = \frac{36}{5R_\infty} = \frac{36}{5 \times 1.096\ 776 \times 10^7}\text{m} = 656.5\text{nm}$$

从 $n=2 \to n=1$

$$\sigma_3 = R_\infty\left(\frac{1}{1^2} - \frac{1}{2^2}\right) = \frac{3}{4}R_\infty$$

$$\lambda_3 = \frac{4}{3R_\infty} = \frac{4}{3 \times 1.096\ 776 \times 10^7}\text{m} = 121.6\text{nm}$$

14.3.2 弗兰克-赫兹实验

1914 年弗兰克(Franck James，1882—1964 年)和赫兹利用电场加速由热阴极发出的电子，使电子获得能量并与汞蒸气原子发生碰撞。该实验对原子量子理论的建立有重要意义，对玻尔理论给予了极大支持。由于这一研究成果，弗兰克和赫兹同获 1925 年的诺贝尔物理学奖。

实验发现，当电子能量未达到某一临界值时，电子不损失能量，电子与汞原子发生的是弹性碰撞。当电子能量达到某一临界值时，电子与汞原子发生的是非弹性碰撞，电子的定量能量传递给汞原子，汞原子被激发，实验还观察到了汞原子跃迁的发射谱线。弗兰克-赫兹实验的结果表明电子失去的能量是一系列分立值，因此说明汞原子的能级是分立的。

图 14-13 为弗兰克-赫兹实验的装置示意图，玻璃容器内的空气被抽出后注入一定温度、一定气压的汞蒸气。在阴极 K 与栅极 G 之间的电场的作用下，从阴极 K 发出的电子被加速，获得一定的速度后与 K、G 间的汞原子碰撞。在栅极 G 和阳极 A 之间加 0.5V 的反向电压。电压表显示加在阴极 K 与栅极 G 之间的电压(加速电压)的大小，电流表则可测出最后能够到达阳极的电子形成的电流(阳极电流)的大小。

图14-14为弗兰克-赫兹实验阳极电流和加速电压的实验曲线。阳极电流并不总是随加速电压的增大而增大，而是呈一定的周期性。在加速电压由零开始增大的过程中，阳极电流随加速电压的增大而增大，当阳极电流达到峰值后，随加速电压的增大，阳极电流急剧下降，然后阳极电流又随加速电压的增大而增大，此后阳极电流又出现第二个峰值，依此类推。

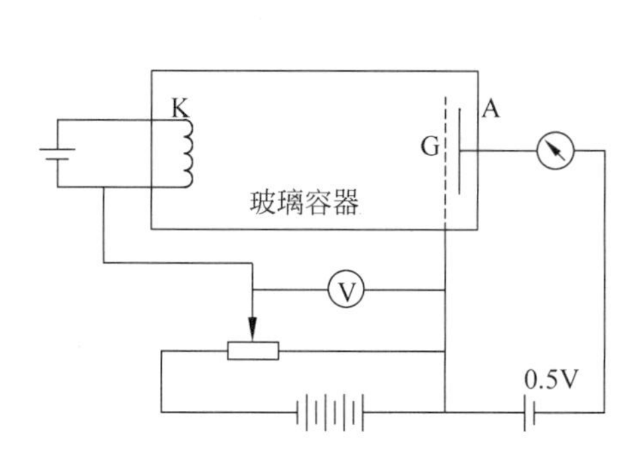

图14-13 弗兰克-赫兹实验装置示意图

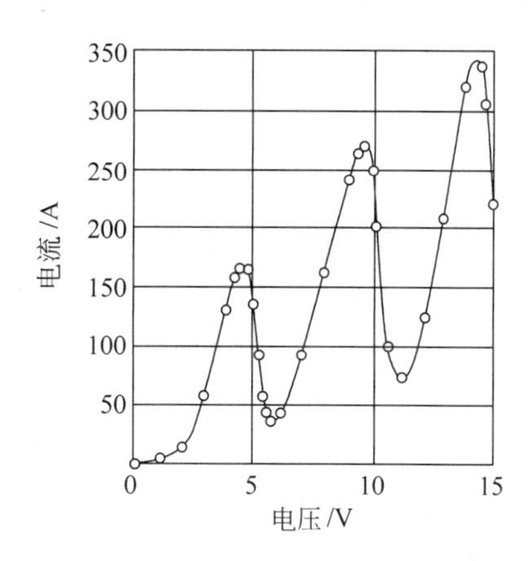

图14-14 弗兰克-赫兹实验结果

应用玻尔理论中对原子定态和跃迁的假设就可以解释上述实验结果。设汞原子的基态能量为E_1，第一激发态能量为E_2。如果与汞原子相碰撞的电子的动能E_k小于汞原子第一激发态能量E_2与基态能量E_1之差，即$E_k<E_2-E_1$时，电子不能激发汞原子，电子不会损失自身能量，此时电子与汞原子发生的是弹性碰撞。因此阳极电流随加速电压的增大而增大。当电子的动能等于或大于汞原子第一激发态能量与基态能量之差时，即$E_k\geqslant E_2-E_1$时，汞原子会从电子那里得到E_2-E_1的能量，从而从基态跃迁到激发态，这时电子与汞原子发生的是非弹性碰撞，电子把自身全部或部分的能量传递给了汞原子，电子的能量急剧减少，因此阳极电流也急剧减小。这就是图14-14中阳极电流第一个波谷出现的原因。当加速电压继续增大时，电子剩余的能量随之增大，因此阳极电流亦随之增大。当电子的动能等于或大于汞原子第一激发态能量与基态能量之差的两倍时，即$E_k\geqslant 2(E_2-E_1)$时，电子会连续与两个汞原子发生非弹性碰撞，使两个汞原子由基态跃迁到第一激发态，此时电子能量急剧减少，因此阳极电流急剧减小，这就是图14-14中阳极电流第二个波谷出现的原因。其他波谷的原因可类似推导出来。

实验还得到阳极电流的第一次峰值对应的加速电压为4.9V，第二次峰值对应的加速电压为9.8V，第三次峰值对应的加速电压为14.7V，即阳极电流两相邻峰值所对应的加速电压均为4.9V。因此，4.9eV是把汞原子从基态激发到第一激发态所需要的能量。4.9V又称为汞原子的第一激发电势。图14-14只测到汞原子从基态到第一激发态的跃迁的原因是汞的蒸气压较大，电子动能一旦达到4.9eV就会频繁地同汞原子发生非弹性碰撞而损失掉能量，因此自身能量无法累积到较高数值。对实验装置进行适当改进就可以测到汞原子从基态向更高激发态的跃迁。

处于激发态的原子是不稳定的，当它跃迁回基态时，会发射出光子。实验测得汞所发射光的波长为$\lambda=253.7\text{nm}$，相应光子的能量为$h\nu=h\dfrac{c}{\lambda}=4.89\text{eV}$，正好与实验曲线上第一个峰值所对应的电子能量相吻合。

例 14-7 在弗兰克-赫兹实验中,汞原子在放出它从电子那里吸收的 4.9eV 能量时,发射波长为 $\lambda=253.7\text{nm}$ 的共振谱线,试由此计算普朗克常量 h 的值。

解 由玻尔频率条件 $h\nu=4.9\text{eV}$ 可得

$$h=\frac{4.9\text{eV}}{\nu}=\frac{4.9\text{eV}}{\dfrac{c}{\lambda}}=\frac{4.9\times1.602\times10^{-19}\text{J}}{\dfrac{3.0\times10^{8}\text{m}\cdot\text{s}^{-1}}{253.7\times10^{-9}\text{m}}}=6.638\times10^{-34}\text{J}\cdot\text{s}$$

14.4 德布罗意的物质波 实物粒子的波粒二象性

14.4.1 德布罗意假设

玻尔理论成功地解释了氢原子光谱规律,揭示了原子内部状态的量子化,但面对稍微复杂一些的原子问题就不适用了,因此早期的量子论在处理微观粒子问题上充满了局限。1924 年德布罗意(de Broglie Louis Victor,1892—1987 年)受到光的波粒二象性以及自然界对称性的启发,在他的博士论文中提出了这样的问题:“整个世纪以来,在辐射理论上,比起波动的研究方法来,是过于忽略了粒子的研究方法;在实物理论上,是否发生了相反的错误呢?是不是我们关于‘粒子’的图像想得太多,而过分地忽略了波的图像呢?”他大胆地提出假设:不仅光具有波粒二象性,一切实物粒子如电子、原子、分子等也都具有波粒二象性。1927 年戴维孙-革末实验证实了这一假设。

德布罗意认为一个质量为 m、速度为 v 的实物粒子(其能量 $E=mc^2$,动量 $p=mv$)与一个频率为 ν、波长 λ 为的波相联系,这种波称为物质波或德布罗意波。它们之间的关系如下:

$$E=mc^2=h\nu \tag{14-38a}$$

$$p=mv=\frac{h}{\lambda} \tag{14-38b}$$

上式也可写成

$$\nu=\frac{E}{h}=\frac{mc^2}{h}=\frac{m_0c^2}{h\sqrt{1-v^2/c^2}} \tag{14-39a}$$

$$\lambda=\frac{h}{p}=\frac{h}{mv}=\frac{h}{m_0v}\sqrt{1-v^2/c^2} \tag{14-39b}$$

称为德布罗意公式或德布罗意假设。

根据德布罗意假设可估算动能约为 100eV 的电子的德布罗意波长。由于电子的动能远小于电子静能 $E_0=m_0c^2\approx0.5\text{MeV}$,可按非相对论动量计算:

$$\lambda=\frac{h}{p}=\frac{h}{\sqrt{2m_0E_\text{k}}}=\frac{6.626\times10^{-34}}{\sqrt{2\times9.11\times10^{-31}\times100\times1.6\times10^{-19}}}\text{m}=1.23\times10^{-10}\text{m}=1.23\text{Å}$$

如果电子在加速电势差 U 的作用下(假设获得的速度远小于光速),则电子的动能 $E_\text{k}=\dfrac{1}{2}m_0v^2=eU$,则 $\lambda=\dfrac{h}{\sqrt{2em_0}}\dfrac{1}{\sqrt{U}}$,将 h、e、m_0 代入上式,得

$$\lambda=\frac{12.2}{\sqrt{U}}\times 10^{-10}\,\text{m} \tag{14-40}$$

如果$U=150\text{V}$,则$\lambda=0.1\text{nm}$,这一波长值与X射线波长的数量级相同,所以实物粒子的德布罗意波长是很短的,其波动性在通常实验条件下表现不出来。但到了微观尺度范围,实物粒子的波动性就会显现出来。表14-1列出了一些粒子的德布罗意波长。

表14-1 一些粒子的德布罗意波长

粒 子	已 知 量	德布罗意波长/m
电子	1eV	12.3×10^{-10}
电子	100eV	1.2×10^{-10}
中子	1eV	0.29×10^{-10}
中子	1000eV	0.9×10^{-12}
He原子	100K	0.75×10^{-10}
微尘	$m=10^{-13}\text{kg},v\approx0.01\text{m}\cdot\text{s}^{-1}$	约6.6×10^{-17}
枪弹	$m=20\times10^{-3}\text{kg},v=500\text{m}\cdot\text{s}^{-1}$	6.6×10^{-35}

德布罗意根据其物质波假设,曾设想氢原子中电子的物质波为一绕原子核的圆轨道传播的环形波,如图14-15所示。物质波沿半径为r的圆周环行时,如果不满足$2\pi r=n\lambda$(n为正整数),则随着环行波在圆周上一圈一圈地传播,在各点激起的振动会相继削弱,从而使波动逐渐消失。仅当满足条件

$$2\pi r=n\lambda,\quad n=1,2,3,\cdots \tag{14-41}$$

时,物质波才能在圆周上持续地传播,并形成环行驻波,如图14-16所示。

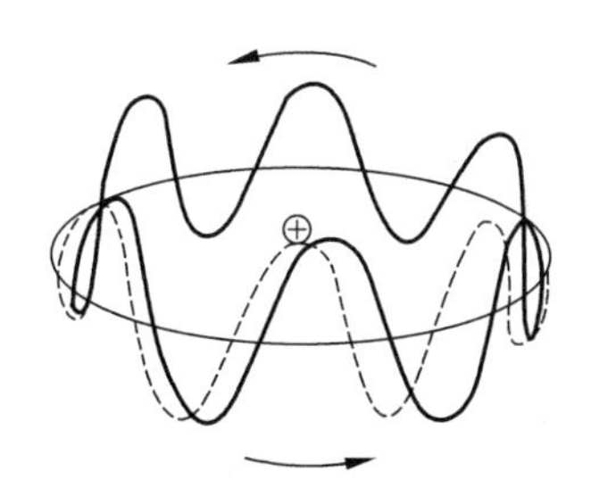

图14-15 德布罗意电子环形驻波(一)

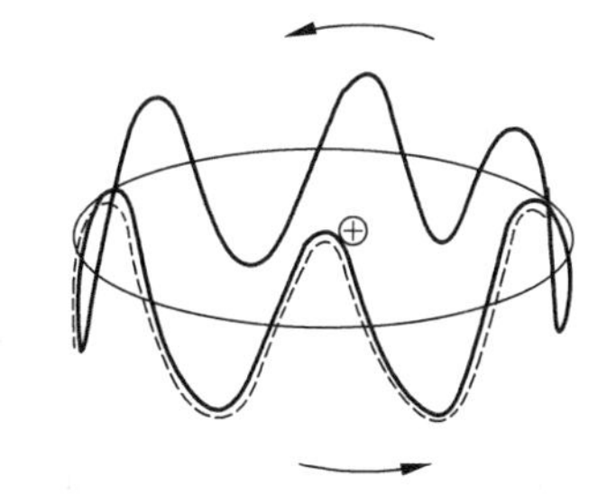

图14-16 德布罗意电子环形驻波(二)

将物质波波长的关系式$\lambda=\dfrac{h}{m_0 v}$代入式(14-41),得

$$m_0 vr=n\frac{h}{2\pi}=n\hbar,\quad n=1,2,3,\cdots \tag{14-42}$$

这正是玻尔假设中有关电子轨道角动量量子化的条件,因此德布罗意从物质波假设成功地导出了玻尔假设。

14.4.2 电子衍射实验

德布罗意假设是一个革命性的假设,超出了当时科学家们的思维方式和认识水平,只有

爱因斯坦慧眼有识,他相信德布罗意假设的意义远远超出了单纯的对比。果然德布罗意假设不久之后就得到了实验上的证实。电子的德布罗意波长接近于X射线的波长,如果电子确有波动性,则将电子束投射到晶体上时也会发生衍射现象。1927年戴维孙(Davisson Clinton Joseph,1881—1958年)和革末(L. H. Germer,1896—1971年),用一定的电势差U把从灯丝K发出的电子加速后经狭缝D形成细束平行电子射线,以一定的角度投射到镍单晶体M上,经晶面散射后用集电器B收集。进入集电器的电子流强度I,可用与B相连的电流计G来测量,如图14-17所示。实验时,使图中所示的两θ角相等,并保持不变;改变加速电势差U,测量相应的电子流强度I。实验发现,只有在$U=54$V,且$\theta=50°$时I才有极大值,如图14-18所示。

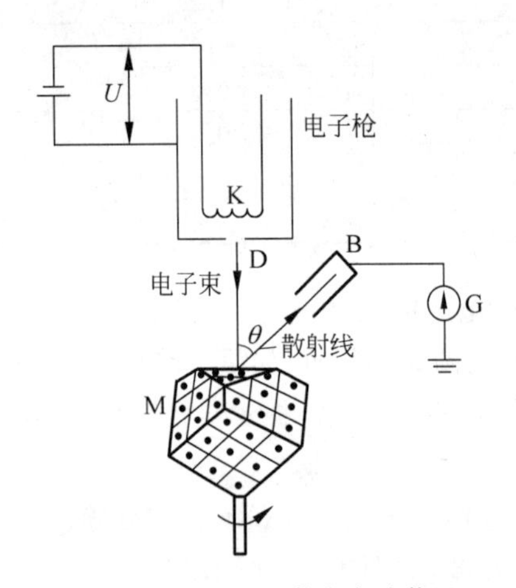

图14-17　戴维孙-革末实验装置

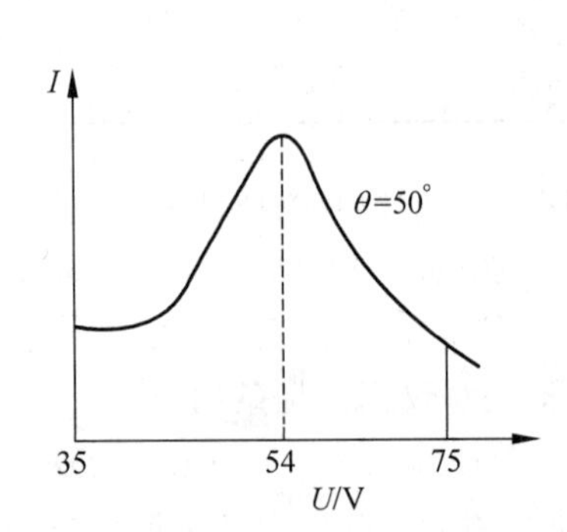

图14-18　戴维孙-革末实验结果

按照X射线在晶体表面衍射的规律,由图14-19可知,散射电子束极大的方向应满足下列条件:

$$d\sin\varphi=\lambda \tag{14-43}$$

已知镍晶面上原子间距为$d=2.15\times10^{-10}$ m,则电子波的波长应为

$$\lambda=d\sin\varphi=2.15\times10^{-10}\times\sin50°\text{m}=1.65\times10^{-10}\text{m}$$

按德布罗意假设,该电子波的波长应为

$$\lambda=\frac{h}{m_0v}=\frac{h}{\sqrt{2m_0E_\text{k}}}=\frac{6.626\times10^{-34}}{2\times0.91\times10^{-31}\times54\times1.6\times10^{-19}}\text{m}=1.67\times10^{-10}\text{m}$$

因此,λ的理论值和实验值符合得非常好。

同年,汤姆孙(Thomson Sir George Paget,1892—1975年)在高能电子束通过多晶薄膜的透射实验中也发现了电子衍射,实验装置如图14-20所示,结果获得了与X射线衍射图样十分相似的衍射图样。如图14-21所示,图(a)为X射线衍射图样,图(b)为汤姆孙电子衍射图样。1961年,德国的约恩孙做了电子的双缝、四缝等衍射实验。如图14-22所示,图(a)为双缝衍射结果,图(b)为四缝衍射结果。后来,中子、质子、原子甚至分子的衍射现象也观测到了衍射现象,德布罗意公式对这些粒子同样适用。所有此类实验的成功都证实了德布罗意的预言:一切微观粒子都具有波粒二象性,而且在实验中测得的物质波的波长与理论计算值一致。戴维孙和汤姆孙因为电子衍射实验的贡献而共同分享了1937年的诺贝尔物理学奖。

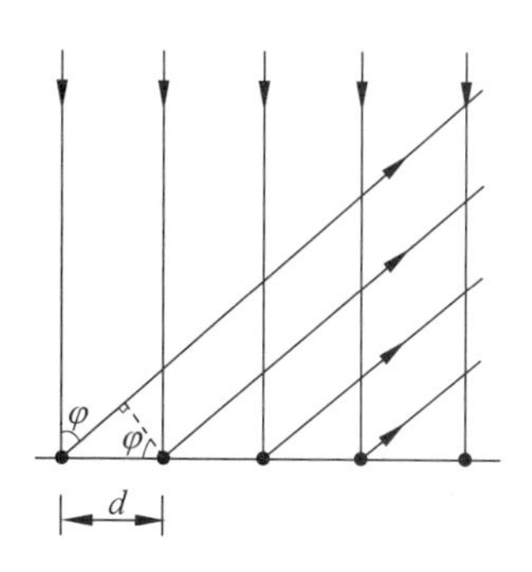

图 14-19　X射线衍射规律

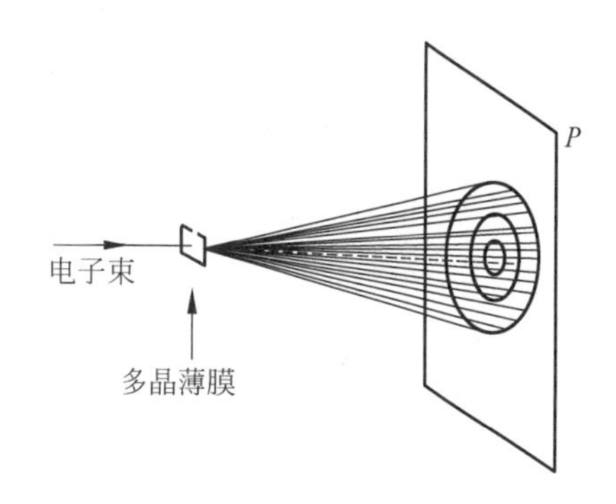

图 14-20　汤姆孙电子衍射实验装置

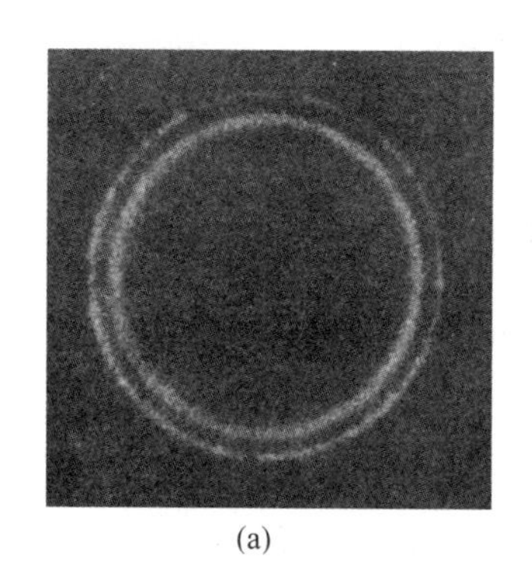

(a)　　(b)

图　14-21

(a) X射线衍射图样；(b) 汤姆孙电子衍射图样

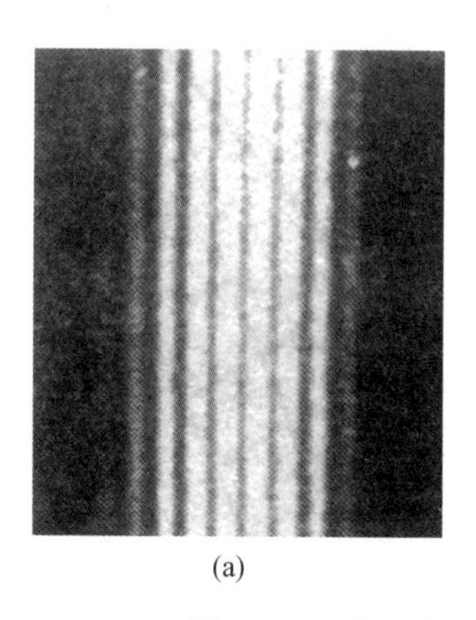

(a)

(b)

图 14-22　约恩孙电子衍射图样

(a) 双缝衍射结果；(b) 四缝衍射结果

例 14-8　在电子显微镜中，若要使电子波的波长为 0.07nm，求对电子的加速电压。

解　根据式(14-40)，电子波的波长 $\lambda=\dfrac{12.2}{\sqrt{U}}\times10^{-10}\,\text{m}$，因此，电子的加速电压为

$$U=\left(\frac{12.2\times10^{-10}\,\text{m}}{0.07\times10^{-9}\,\text{m}}\right)^2\text{V}=303\text{V}$$

阅读材料 13　庄子与惠子

《庄子·秋水》中有一篇语录体议论文《庄子与惠子游于濠梁》,记述了庄子与惠子二人在濠水桥上游玩时进行的一场辩论。原文如下：

庄子与惠子游于濠梁之上。庄子曰："鲦鱼出游从容,是鱼之乐也。"惠子曰："子非鱼,安知鱼之乐?"庄子曰："子非我,安知我不知鱼之乐?"惠子曰："我非子,固不知子矣；子固非鱼也,子之不知鱼之乐,全矣!"庄子曰："请循其本。子曰'汝安知鱼乐'云者,既已知吾知之而问我。我知之濠上也。"

这里包含着两种思维方法：一种是不相信任何未加证实的事物,另一种是不怀疑任何未经证明其不存在或不曾发生的事物。

很明显,这两种思维方法都是极端的,日本第一位获诺贝尔物理学奖的汤川秀树曾不止一次地引用这个故事,并询问几十位物理学家："您接近惠子还是接近庄子?"汤川认为："没有任何科学家会顽固地坚持其中任何一个极端观点,问题在于他更接近其中的哪一个","否则就不可能产生今天的科学"。

如果从惠子的观点出发,不相信任何未加证实的事物,那么就不会有玻尔的理论,玻尔的高明之处在于：从直觉出发,认定鱼是快乐的,然后,比庄子更进一步,证明了鱼是快乐的,并判断它快乐到什么程度。

本章要点

1. 黑体辐射规律

(1) 斯特藩-玻尔兹曼定律：

$$M_0(T)=\sigma T^4$$

式中 $\sigma=5.670\times10^{-8}\,\mathrm{W\cdot m^{-2}\cdot K^{-4}}$。

(2) 维恩位移定律：

$$\lambda_{\mathrm{m}}T=b$$

式中 $b=2.897\times10^{-3}\,\mathrm{m\cdot K}$。

(3) 普朗克公式

$$M_\lambda=\frac{2\pi hc^2}{\lambda^5}\frac{1}{\mathrm{e}^{\frac{hc}{k\lambda T}}-1}$$

2. 氢原子光谱的里德伯公式

$$\sigma=R_\infty\left(\frac{1}{k^2}-\frac{1}{n^2}\right),\quad k=1,2,3,\cdots;\quad n=k+1,k+2,k+3,\cdots$$

3. 谐振子的能量是量子化的：

$$\varepsilon=nh\nu,\quad n=1,2,3,\cdots$$

式中 h 为普朗克常量,$h=6.626\times10^{-34}\,\mathrm{J\cdot s}$。

4. **光电效应　光的波粒二象性**

(1) 光电效应是光子与金属中束缚电子的相互作用。

(2) 光子的能量：

$$\varepsilon = h\nu$$

(3) 爱因斯坦方程：$h\nu = \frac{1}{2}m_e v_m^2 + A$，式中 A 为逸出功，$\frac{1}{2}m_e v_m^2$ 为电子最大初动能。

(4) 截止频率(红限频率)：

$$\nu_0 = \frac{A}{h}$$

(5) 光子的质量和动量：

$$m = \frac{\varepsilon}{c^2} = \frac{h\nu}{c^2}, \quad p = mc = \frac{h\nu}{c} = \frac{h}{\lambda}$$

5. **康普顿散射公式**

$$\lambda - \lambda_0 = \frac{2h}{m_0 c}\sin^2\left(\frac{\theta}{2}\right) = 2\lambda_c \sin^2\left(\frac{\theta}{2}\right)$$

式中，θ 为散射角，m_0 为电子的静止质量，λ_c 称为电子的康普顿波长，即

$$\lambda_c = \frac{h}{m_0 c} = 2.43 \times 10^{-12}\,\text{m}$$

6. **玻尔氢原子量子论的假设：**

(1) 定态假设：原子系统只能处在一系列不连续的能量状态，即原子的定态，相应的能量为

$$E_1, E_2, E_3, \cdots (E_1 < E_2 < E_3 < \cdots)$$

(2) 跃迁假设：

$$\nu_{kn} = \frac{|E_n - E_k|}{h}$$

(3) 角动量量子化条件：

$$L = n\hbar = n\frac{h}{2\pi}, \quad n = 1, 2, 3, \cdots$$

(4) 氢原子定态的轨道半径：

$$r_n = n^2\left(\frac{\varepsilon_0 h^2}{\pi m_e e^2}\right) = n^2 a_0, \quad n = 1, 2, 3, \cdots$$

(5) 氢原子定态的能量：

$$E_n = -\frac{1}{n^2}\left(\frac{m_e e_0^2}{8\varepsilon_0^2 h^2}\right) = -\frac{E_1}{n^2}, \quad n = 1, 2, 3, \cdots$$

7. **弗兰克-赫兹实验**

实验结果说明了汞原子的能级是分立的，对原子的量子理论的建立有重要意义，对玻尔理论给予了极大支持。

8. **德布罗意波　实物粒子的波粒二象性**

所有实物粒子都具有波粒二象性。一个质量为 E、动量为 p 的粒子的德布罗意波的频

率ν和波长λ为

$$\nu=\frac{E}{h}$$

$$\lambda=\frac{h}{p}=\frac{h}{mv}$$

习题 14

14-1 关于光电效应有下列说法:

(1) 任何波长的可见光照射到任何金属表面都能产生光电效应;

(2) 若入射光的频率均大于一给定金属的红限,则该金属分别受到不同频率的光照射时,释出的光电子的最大初动能也不同;

(3) 若入射光的频率均大于一给定金属的红限,则该金属分别受到不同频率、强度相等的光照射时,单位时间释出的光电子数一定相等;

(4) 若入射光的频率均大于一给定金属的红限,则当入射光频率不变而强度增大一倍时,该金属的饱和光电流也增大一倍。

其中正确的是(　　)。

A. (1),(2),(3)　　B. (2),(3),(4)　　C. (2),(3)　　D. (2),(4)

14-2 用频率为ν的单色光照射某种金属时,逸出光电子的最大动能为E_k;若改用频率为2ν的单色光照射此种金属时,则逸出光电子的最大动能为(　　)。

A. $2E_k$　　B. $2h\nu-E_k$　　C. $h\nu-E_k$　　D. $h\nu+E_k$

14-3 按照玻尔理论,电子绕核作圆周运动时,电子的动量矩L的可能值为(　　)。

A. 任意值　　B. $nh, n=1,2,3,\cdots$

C. $2\pi nh, n=1,2,3,\cdots$　　D. $\frac{nh}{2\pi}, n=1,2,3,\cdots$

14-4 实物粒子(质子、电子……)也具有波动性,证明此论断的实验是(　　)。

A. 光电效应实验　　B. 康普顿效应实验

C. 迈克尔孙干涉实验　　D. 电子衍射实验

14-5 如果两种不同质量的粒子,其德布罗意波长相同,则这两种粒子的(　　)。

A. 动量相同　　B. 能量相同　　C. 速度相同　　D. 动能相同

14-6 低速运动的质子和α粒子,若它们的德布罗意波长相同,则它们的动量之比$P_p:P_\alpha$和动能之比$E_p:E_\alpha$分别为(　　)。

A. 1∶1,4∶1　　B. 1∶1,1∶4　　C. 1∶4,4∶1　　D. 1∶4,1∶4

14-7 普朗克常量的量纲为(　　)。

A. $kg\cdot m^2\cdot s^{-1}$　　B. $kg\cdot m^2\cdot s^{-2}$　　C. $kg\cdot m\cdot s^{-1}$　　D. $kg\cdot m\cdot s$

14-8 能量为5.0eV的光子入射某金属表面,测得光电子的最大初动能是1.5eV。为了使该金属能产生光电效应,则入射光子的最低能量为(　　)。

A. 1.5eV　　B. 2.5eV　　C. 3.5eV　　D. 5.0eV

14-9 在氢原子光谱的巴尔末系中,波长在656.2～377nm范围内,共有谱线(　　)。

A. 9 条　　B. 8 条　　C. 7 条　　D. 6 条

14-10　半径为 0.2mm，长为 40mm 的金属丝，若将其近似为黑体，当其温度为 1700K 时，辐射功率大约为(　　)。

A. 0.3W　　B. 3.2W　　C. 24W　　D. 210W

14-11　通常我们感觉不到电子的波动性，是因为(　　)。

A. 电子的能量太小　　B. 电子的质量太小

C. 电子的体积太小　　D. 电子的波长太短

14-12　戴维孙-革末实验证实了(　　)。

A. 光的量子性　　B. 原子的有核模型

C. 电子波动性　　D. 玻尔的能级量子化假设

14-13　在气体放电管中，用能量 12.1eV 的电子轰击处于基态的氢原子(氢原子的最低能级 $E_1=-13.6\text{eV}$)，使之激发，在自发辐射中，可能发射谱线的数目及所属的线系为(　　)。

A. 4 条，两条属莱曼系，两条属巴尔末系　　B. 3 条，一条属莱曼系，两条属巴尔末系

C. 3 条，两条属莱曼系，一条属巴尔末系　　D. 2 条，都属巴尔末系

14-14　弗兰克-赫兹实验证实了(　　)。

A. X 射线的存在　　B. 光的波粒二象性

C. 实物粒子的波粒二象性　　D. 玻尔的能级量子化假设

14-15　如图所示，被激发的氢原子跃迁到较低能态时，可发出波长为 λ_1、λ_2、λ_3 的辐射，可导出它们之间的关系为(　　)。

A. $\lambda_3=\lambda_1+\lambda_2$　　B. $\lambda_1=\lambda_2+\lambda_3$

C. $\lambda_2=\lambda_1+\lambda_3$　　D. $\dfrac{1}{\lambda_3}=\dfrac{1}{\lambda_1}+\dfrac{1}{\lambda_2}$

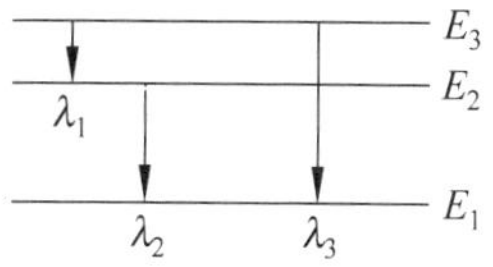

习题 14-15 图

14-16　光子波长为 λ，则其能量子＝________；动量的大小＝________；质量＝________。

14-17　当波长为 300nm 的光照射在某金属表面时，光电子的能量范围从 0 到 4.0×10^{-19}J。在做上述光电效应实验时截止电压为 $|U_c|=$________ V；此金属的红限频率 $\nu_0=$________ Hz。(普朗克常量 $h=6.626\times10^{-34}\text{J}\cdot\text{s}$，基本电荷 $e=1.60\times10^{-19}\text{C}$)

14-18　在康普顿效应中，波长为 λ_0 的入射光子与静止的自由电子碰撞后反向弹回，而散射光子的波长为 λ，反冲电子获得的动能为________。

14-19　处在第 5 激发态的氢原子向低能态跃迁时，可能发出________条谱线，其中巴尔末线系的谱线有________条。

14-20　要使处在第三激发态的氢原子电离，需要吸收外来光子能量的最小值为________ eV(即把氢原子中的电子由 $n=4$ 转移到 $n=\infty$ 所需的能量，称为电离能)。

14-21　某 X 射线的波长为 0.05nm，则光子的能量和动量分别为________。

14-22　波长为 0.0708nm 的 X 射线束在石蜡上受到康普顿散射，问与入射光方向成 90°方向观察散射线，其波长偏移________ nm。

14-23　电子显微镜中若电子枪的加速电压为 200kV，则电子的德布罗意波长为________ nm。

14-24　电子的运动速度达到光速的$\frac{1}{5}$时,其德布罗意波长为________ nm。

14-25　康普顿散射中,当散射光子与入射光子方向成夹角 ϕ = ________时,散射光子的频率小得最多;当 ϕ = ________时,散射光子的频率与入射光子相同。

14-26　在氢原子发射光谱的巴尔末线系中有一频率为 6.15×10^{14} Hz 的谱线,它是氢原子从能级 E_n = ________ eV 跃迁到能级 E_k = ________ eV 而发出的。

14-27　氢原子基态的电离能是________ eV。电离能为+0.544eV 的激发态氢原子,其电子处在 n = ________的轨道上运动。

自测题和能力提高题

自测题和能力提高题答案

第15章

量子力学基础

15.1 波函数和薛定谔方程

15.1.1 物质的粒子波动性

人们对物质粒子波动性的理解，曾经经历过一场激烈的争论。在量子理论发展的初期，曾有人认为电子就是经典意义上的粒子，也曾有人认为电子就是经典意义上的波。但很快就被理论和实验推翻了。波在入射到媒质分界面的时候会发生反射和折射，而电子遇到媒质分界面时，要么整个地返回，要么整个地透入，从没有发现一个电子分成反射和折射两部分。因此电子不是经典意义上的波。另外在进行电子双缝衍射时，即使将电子一个一个地依次通过双缝(间隔时间远大于电子从电子枪到屏的运动时间)，最后在屏上形成的衍射图样与大量电子短时间内通过双缝后所形成的衍射图样一样。因此电子衍射并非是电子束中电子与电子相互作用或电子同狭缝附近的原子发生作用的结果，而是单个电子的行为。因此电子也不是经典意义上的粒子。

如何理解电子的波动性与粒子性的关系问题？为了便于理解，先分析光波的单缝衍射。光波也具有波粒二象性，按照光的波动观点，衍射明条纹处光强大，暗条纹处光强小，光强与光波振幅的平方成正比；而按照光的粒子观点，光强强的地方是由于到达该处单位体积的光子数多，即光子密度大，反之光强弱的地方是由于到达该处的光子密度小。用统计学的观点可以理解成光子在明条纹处出现的概率高，在暗条纹处出现的概率低，即某处的光强正比于该处单位体积内光子出现的概率，亦即光子在某处单位体积内出现的概率与该处光强或光波的振幅的平方成正比。比较来看，对德布罗意物质波也可作上述理解。

15.1.2 概率波 多粒子体系的波函数

1926 年玻恩(Born Max，1882—1970 年)提出物质波是一种概率波，它描述了粒子在各处出现的概率。与经典的波用波函数描述类似，用一个时间空间的函数 $\Psi(r,t)$ 描述物质波,称为物质波波函数,一般为复数。由于这一贡献,玻恩获得了1954年的诺贝尔物理学奖。

波函数振幅的平方$|\Psi(r,t)|^2$表示粒子在r处单位体积内出现的概率(称为概率密度)。电子在t时刻,出现在x到$x+\mathrm{d}x$区间内的概率为

$$|\Psi(x,t)|^2\mathrm{d}x$$

电子在t时刻,出现在x到$x+\mathrm{d}x$,y到$y+\mathrm{d}y$,z到$z+\mathrm{d}z$的体积元内的概率为

$$|\Psi(x,y,z,t)|^2\mathrm{d}x\mathrm{d}y\mathrm{d}z \tag{15-1}$$

由于波函数的物理意义,显然它应具备以下几个特性,即波函数的标准条件:

(1) 单值性:t时刻在点(x,y,z)附近单位体积内粒子出现的概率$|\Psi(x,y,z,t)|^2\mathrm{d}x\mathrm{d}y\mathrm{d}z$应该有唯一的值,不会既是这个值,又是那个值。即波函数必须为单值函数。

(2) 有限性:t时刻在点(x,y,z)附近单位体积内粒子出现的概率$|\Psi(x,y,z,t)|^2\mathrm{d}x\mathrm{d}y\mathrm{d}z$应该为有限值,不会是无穷大。

(3) 连续性:粒子在某点出现的概率不会跳跃或突变,因此波函数应为连续函数。

由于粒子必定会在空间的某处出现,因此在整个空间粒子出现的概率必定为1。即波函数的归一化条件:

$$\iiint_{-\infty}^{+\infty}|\Psi(x,y,z,t)|^2\mathrm{d}x\mathrm{d}y\mathrm{d}z=1 \tag{15-2}$$

用概率波的概念可以很好地解释电子的单缝衍射。由于电子的波粒二象性,电子是作为一个个粒子打到屏上的,而它又不同于经典粒子,它没有确定的运动轨迹,因此概率波并不能预言电子何时到达屏上何处,而只能给出电子在屏上某处出现的概率。大量电子在屏上按概率规律分布,电子出现概率大的地方累积的电子多因此呈现亮条纹,而在电子出现概率小的地方累积的电子少因此呈现暗条纹。

综上所述,波粒二象性是电子等微观粒子的固有属性,它的粒子性在于它不可分割的整体性,但它无法像经典粒子那样受决定性规律(如牛顿定律)的支配,有确定的位置和动量、有确定的运动轨迹。波函数只能给出粒子空间位置和动量的概率分布。微观粒子对应的物质波与经典的波也有本质上的不同。经典的波表示某个实在的物理量(如位移、电场强度等)随时空的周期性变化,而物质波波函数$\Psi(r,t)$并无实在的物理意义,只有它的振幅的平方$|\Psi(r,t)|^2$才有意义。

15.1.3 自由粒子的一维波函数

在没有外力场的作用时,粒子作匀速直线运动,其能量和动量保持不变,这种粒子称为自由粒子。根据德布罗意公式,自由粒子德布罗意波的频率和波长也将保持不变,相当于一列单色平面波。

在经典力学中,一列频率为ν,波长为λ沿x方向传播的单色平面波波函数为

$$y=A\cos 2\pi\left(\nu t-\frac{x}{\lambda}\right)$$

式中A为振幅,或者写成复数形式(只取实数部分),

$$y=A\mathrm{e}^{-\mathrm{i}2\pi\left(\nu t-\frac{x}{\lambda}\right)}$$

可以通过类比的方式来表示沿 x 方向传播的自由粒子的德布罗意波波函数，并应用德布罗意假设，将频率 ν 和波长 λ 用能量 E 和动量 p 表示，则得到波函数如下：

$$\Psi(x,t)=\Psi_0 \mathrm{e}^{-\mathrm{i}\frac{2\pi}{h}}(Et-px)=\Psi_0 \mathrm{e}^{-\frac{\mathrm{i}}{\hbar}}(Et-px) \tag{15-3}$$

自由粒子物质波波函数是最简单的一种波函数，是一种理想情况。实际粒子一般处于外力场中，如原子中的电子，根据海森伯不确定关系理论，其能量和动量具有一定的不确定度，因此实际粒子物质波的频率和波长亦具有一定的不确定度，其物质波波函数不再是单色平面波，而是时间、空间的复杂函数，且为复数，因此实际粒子的德布罗意波波函数是不同波长的单色物质波的线性叠加，即实际粒子的德布罗意波函数是一个波包。

15.1.4　不确定关系

经典力学中，质点（宏观的物体或粒子）在任何时刻都有完全确定的位置、动量、能量、角动量等。与此不同，微观粒子具有明显的波动性，以至于它的某些成对的物理量不可能同时具有确定的数值，例如位置和动量、角坐标和角动量、能量和时间等。下面通过电子单缝衍射实验来进行说明，如图 15-1 所示。

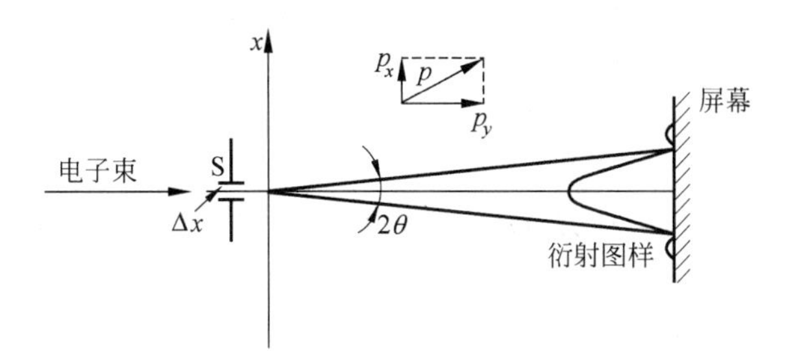

图 15-1　电子单缝衍射实验示意图

设一束德布罗意波长为 λ 的电子束，自左沿 y 轴射出，经缝 S 衍射后到达屏幕。设电子的动量为 p，缝宽 Δx。首先只考虑中央明条纹满足的条件，根据单缝衍射方程，可得中央明条纹两侧的两个（第一级）极小对应的衍射角 θ 与缝宽 Δx 和波长之间的关系为

$$\Delta x \cdot \sin\theta=\lambda$$

由图 15-1 可知，$-\theta\sim+\theta$ 的范围内，也就是中央明条纹出现的范围内都可能有电子出现，即动量在 x 方向的分量 p_x 的不确定度为

$$\Delta p_x=p\sin\theta=\frac{p\lambda}{\Delta x}$$

将 $\lambda=\dfrac{h}{p}$ 代入，可得

$$\Delta p_x=\frac{h}{\Delta x}\quad 或 \quad \Delta x\Delta p_x=h$$

式中，Δx 为在这个区域出现的电子的 x 方向位置坐标的不确定度，Δp_x 为电子的动量在 x 方向的不确定度。如果将其他次极大明条纹都考虑进来的话，可得

$$\Delta x\Delta p_x \geqslant h \tag{15-4}$$

这就是不确定关系，它说明位置坐标不确定量和同方向上的动量分量的不确定量之间

有一种互为制约的关系。其中一个量的准确度越高,另一个量的不确定程度就越高。就像衍射实验结果中,缝越窄,即 Δx 越小时,衍射现象越显著,即电子在屏上占据的区域越宽,也就是 Δp_x 越大。

德国物理学家海森伯(Heisenberg Werner Karl,1901—1976 年)1927 年根据量子力学严格推导出精确的不确定关系如下:

$$\Delta x \Delta p_x \geqslant \frac{\hbar}{2} \tag{15-5}$$

式中,$\hbar=\frac{h}{2\pi}=1.054\,588\,7\times10^{-34}\text{J}\cdot\text{s}$。当只作数量级的估算时,不确定关系也常简写成

$$\Delta x \Delta p_x \geqslant \hbar \tag{15-6}$$

同样在其他方向上这种不确定关系也存在:

$$\Delta y \Delta p_y \geqslant \hbar,\quad \Delta z \Delta p_z \geqslant \hbar \tag{15-7}$$

利用位置坐标和动量的不确定关系,并应用 $E=\frac{p^2}{2m}$,$\Delta E=\frac{p\Delta p}{m}=v\Delta p$,$\Delta t=\frac{\Delta x}{v}$,可以推出能量的不确定量 ΔE 和时间的不确定量 Δt 满足的不确定关系为

$$\Delta E \Delta t \geqslant \hbar \tag{15-8}$$

不确定关系是微观粒子具有波粒二象性的反映,是物理学中一个重要的基本规律。海森伯由于在不确定关系方面的重大贡献而获得了 1932 年诺贝尔物理学奖。

例 15-1 设子弹的质量为 0.01kg,枪口的直径为 0.5cm,试求子弹射出枪口时横向速率的不确定量。

解 枪口直径可以当作子弹射出枪口时位置的不确定量 Δx,由于 $\Delta p_x=m\Delta v_x$,由不确定关系式(15-6),得到子弹射出枪口时横向速率的不确定量

$$\Delta v_x \geqslant \frac{h}{m\Delta x}=\frac{6.626\times10^{-34}}{0.01\times0.5\times10^{-2}}\text{m/s}=1.33\times10^{-29}\text{m/s}$$

和子弹飞行速率每秒几百米相比,上述速率的不确定量是微不足道的,所以子弹的运动速率是确定的。本题表明,对于宏观物体完全不必考虑其波动性。

例 15-2 设电视显像管中电子的加速电压为 10kV,电子枪口直径为 0.01cm,电子横向位置不确定量为 $\Delta x=0.01\text{cm}$。试求电子速率的不确定值。

解 根据式(15-6)可以算出电子速度的不确定值为

$$\Delta v_x \geqslant \frac{h}{m_e\Delta x}=\frac{6.626\times10^{-34}}{9.11\times10^{-31}\times10^{-4}}\text{m/s}=7.27\text{m/s}$$

电子经过 10kV 的电压加速后,其速率约为 $6\times10^7\text{m/s}$,故 $\Delta v_x \ll v$,所以不确定关系对电子速率的影响很小,电子的速度仍然是相当确定的,波动不起什么实际影响,电子的粒子性特征明显,电子运动仍可按经典力学处理。

例 15-3 设原子的线度为 10^{-10}m,求原子中电子速率的不确定值。

解 本题中 $\Delta x\approx10^{-10}$m,根据式(15-6)可以算出原子中电子速率的不确定值为

$$\Delta v_x \geqslant \frac{h}{m_e\Delta x}=\frac{6.626\times10^{-34}}{9.11\times10^{-31}\times10^{-10}}\text{m/s}=7.27\times10^6\text{m/s}$$

按照玻尔理论可估算出氢原子中电子的轨道运动速率约为 10^6m/s,因此,原子中电子速率的不确定量与速度本身的大小可比,甚至还大。因此,对原子范围内的电子,谈论其速

度的大小没有什么实际意义，在任一时刻它都没有确定的位置和速率，也没有确定的轨道，这时电子的波动性十分显著，必须用波动性理论来处理。

15.1.5 薛定谔方程

1925年底到1926年初，薛定谔(Schrödinger Erwin，1887—1961年)建立了低速($v \ll c$)的实物粒子波函数所满足的动力学方程，即非相对论性波动方程，后来称之为薛定谔方程。薛定谔方程在量子力学中的地位与牛顿第二定律在经典力学中的地位相当。作为一个基本方程，它不可能由其他原理推导出来。它的正确性主要看所得的结论应用于实物粒子时是否与实验结果相符。

将自由粒子的一维波函数 $\Psi(x,t)=\Psi_0 \mathrm{e}^{-\frac{\mathrm{i}}{\hbar}(Et-px)}$ 对时间 t 求偏导，可得

$$\mathrm{i}\hbar\frac{\partial \Psi}{\partial t}=E\Psi$$

将自由粒子的一维波函数 $\Psi(x,t)=\Psi_0 \mathrm{e}^{-\frac{\mathrm{i}}{\hbar}(Et-px)}$ 对坐标 x 求偏导，可得

$$-\mathrm{i}\hbar\frac{\partial \Psi}{\partial x}=p\Psi$$

将自由粒子的一维波函数 $\Psi(x,t)=\Psi_0 \mathrm{e}^{-\frac{\mathrm{i}}{\hbar}(Et-px)}$ 对坐标 x 求二阶偏导，可得

$$-\hbar^2\frac{\partial^2 \Psi}{\partial x^2}=p^2\Psi$$

可见，在形式上可以将 E 和算符 $\mathrm{i}\hbar\frac{\partial}{\partial t}$ 相对应，将 p 和算符 $-\mathrm{i}\hbar\frac{\partial}{\partial x}$ 对应，将 p^2 和算符 $-\hbar^2\frac{\partial^2}{\partial x^2}$ 对应。

将上述推导过程推广到三维情形，将 p 和算符 $-\mathrm{i}\hbar\left(\frac{\partial}{\partial x}+\frac{\partial}{\partial y}+\frac{\partial}{\partial z}\right)$ 对应，p^2 和算符 $-\hbar^2\left(\frac{\partial^2}{\partial x^2}+\frac{\partial^2}{\partial y^2}+\frac{\partial^2}{\partial z^2}\right)$ 对应，即得

$$\hat{E}=\mathrm{i}\hbar\frac{\partial}{\partial t}$$

$$\hat{p}_x=-\mathrm{i}\hbar\frac{\partial}{\partial x},\quad \hat{p}_y=-\mathrm{i}\hbar\frac{\partial}{\partial y},\quad \hat{p}_z=-\mathrm{i}\hbar\frac{\partial}{\partial z},\quad \hat{p}=-\mathrm{i}\hbar\left(\frac{\partial}{\partial x}+\frac{\partial}{\partial y}+\frac{\partial}{\partial z}\right)$$

$$\hat{p}_x^2=-\hbar^2\frac{\partial^2}{\partial x^2},\quad \hat{p}_y^2=-\hbar^2\frac{\partial^2}{\partial y^2},\quad \hat{p}_z^2=-\hbar^2\frac{\partial^2}{\partial z^2},\quad \hat{p}^2=-\hbar^2\left(\frac{\partial^2}{\partial x^2}+\frac{\partial^2}{\partial y^2}+\frac{\partial^2}{\partial z^2}\right)$$

$$\nabla^2=\frac{\partial^2}{\partial x^2}+\frac{\partial^2}{\partial y^2}+\frac{\partial^2}{\partial z^2}$$

称为拉普拉斯算符。式中 $\hat{E}$ 是粒子的总能量 E 相对应的算符，$\hat{p}_x$、$\hat{p}_y$、$\hat{p}_z$ 分别表示动量 p 在 x、y、z 方向上的分量 p_x、p_y、p_z 对应的算符，$\hat{p}_x^2$、$\hat{p}_y^2$、$\hat{p}_z^2$ 分别代表 p_x^2、p_y^2、p_z^2 对应的算符。

由非相对论的能量-动量关系

$$E=T+V(r,t)=\frac{p^2}{2m}+V(x,y,z,t)=\frac{1}{2m}(p_x^2+p_y^2+p_z^2)+V(x,y,z,t)$$

式中,T 和 $V(r,t)$分别为粒子的动能和势能。将上式中的 E 和 T 用对应的算符代替,可得

$$\mathrm{i}\hbar\frac{\partial\Psi}{\partial t}=\left[-\frac{\hbar^2}{2m}\left(\frac{\partial^2}{\partial x^2}+\frac{\partial^2}{\partial y^2}+\frac{\partial^2}{\partial z^2}\right)+V(x,y,z,t)\right]\Psi=\left[-\frac{\hbar^2}{2m}\nabla^2+V(x,y,z,t)\right]\Psi$$

$\hat{H}=-\frac{\hbar^2}{2m}\nabla^2+V(x,y,z,t)$,称作哈密顿算符。则薛定谔方程可写作

$$\mathrm{i}\hbar\frac{\partial\Psi}{\partial t}=\hat{H}\Psi \tag{15-9}$$

这就是非相对论性三维实物粒子德布罗意波波函数的动力学方程——薛定谔方程。

很显然,当 $V(r,t)=0$ 时,即自由粒子物质波的薛定谔方程为

$$\mathrm{i}\hbar\frac{\partial\Psi}{\partial t}=-\frac{\hbar^2}{2m}\left(\frac{\partial^2}{\partial x^2}+\frac{\partial^2}{\partial y^2}+\frac{\partial^2}{\partial z^2}\right)\Psi=-\frac{\hbar^2}{2m}\nabla^2\Psi \tag{15-10}$$

实践证明,只有由自由粒子的一维波函数即单色平面波复数表达式得到的薛定谔方程与实验事实是一致的,而如果由单色平面波的正弦或余弦的实数表达式得到的波动方程则与实验事实不符。

例 15-4 设在$-\frac{a}{2}\leqslant x\leqslant\frac{a}{2}$范围内运动的粒子波函数为 $\varphi(x)=C\cos\left(\frac{n\pi x}{a}\right)$,$n=1,3,5,\cdots$,求常数 C。

解 由波函数的归一化条件:

$$\int_{-\frac{a}{2}}^{\frac{a}{2}}\left|C\cos\frac{n\pi x}{a}\right|^2\mathrm{d}x=1$$

完成左边的积分得

$$\frac{|C|^2a}{2}=1$$

解得

$$C=\sqrt{\frac{2}{a}}$$

例 15-5 设作一维运动的粒子波函数为 $\varphi(x)=Cx\mathrm{e}^{-ax^2}$,$a>0$,试求测到粒子概率最大处的位置,以及在这一位置处单位距离内测到粒子的概率。

解 由波函数的归一化条件:

$$\int_{-\infty}^{\infty}|\varphi(x)|^2\mathrm{d}x=\int_{-\infty}^{\infty}C^2x^2\mathrm{e}^{-2ax^2}\mathrm{d}x=C^2\frac{1}{4a}\sqrt{\frac{\pi}{2a}}=1$$

解得

$$C=\sqrt{4a\sqrt{\frac{2a}{\pi}}}=\left(\frac{32a^3}{\pi}\right)^{1/4}$$

根据波函数的统计诠释,确定粒子概率取极值处位置的条件是

$$\frac{\mathrm{d}}{\mathrm{d}x}|\varphi(x)|^2=\frac{\mathrm{d}}{\mathrm{d}x}(C^2x^2\mathrm{e}^{-2ax^2})$$

$$=C^2(2x-4ax^3)\mathrm{e}^{-2ax^2}$$
$$=0$$

这个方程有两个解 $x=0$ 和 $x=\sqrt{\frac{1}{2a}}$，它们分别是粒子概率取极小值(0)和极大值处的位置。在粒子概率极大值 $x=\sqrt{\frac{1}{2a}}$ 处单位距离内测到粒子的概率为

$$|\varphi(x)|^2_{x=\sqrt{1/2a}}=C^2\frac{1}{2a}\mathrm{e}^{-2a\cdot\frac{1}{2a}}=\frac{2}{\mathrm{e}}\sqrt{\frac{2a}{\pi}}$$

15.2　定态问题求解

15.2.1　定态薛定谔方程

如果 $V(r,t)$ 仅与位置 r 有关，而与时间 t 无关，即 $V(r,t)=V(r)$，粒子的能量 $E\left(动能\frac{p^2}{2m}和势能 V(r)之和\right)$不随时间变化，是个常量，此时可将波函数 $\Psi(r,t)$ 分离变量，即改写成 $\Psi(r,t)=\psi(r)f(t)$。

代入薛定谔方程(15-4)，得

$$\mathrm{i}\hbar\frac{\partial\psi(r)f(t)}{\partial t}=\left[-\frac{\hbar^2}{2m}\nabla^2+V(r)\right]\psi(r)f(t)$$

整理得

$$\frac{\mathrm{i}\hbar\frac{\partial f(t)}{\partial t}}{f(t)}=\frac{\hat{H}\psi(r)}{\psi(r)}$$

上式中方程左边唯有变量 t，右边唯有变量 r，当且仅当它们等于同一个常量时才成立。设此常量为 E，则

$$\frac{\mathrm{i}\hbar\frac{\partial f(t)}{\partial t}}{f(t)}=\frac{\hat{H}\psi(r)}{\psi(r)}=E$$

即

$$\mathrm{i}\hbar\frac{\partial f(t)}{\partial t}=Ef(t)$$

$$\hat{H}\psi(r)=E\psi(r) \tag{15-11}$$

容易解出

$$f(t)=\mathrm{e}^{-\frac{\mathrm{i}}{\hbar}Et}$$

方程(15-11)称为定态薛定谔方程，或称不含时的薛定谔方程。$\psi(r)$称为定态波函数。只要势能 V 不随时间变化，粒子的波函数就可以写成 $\Psi(r,t)=\psi(r)\mathrm{e}^{-\frac{\mathrm{i}}{\hbar}Et}$。

粒子在空间各点出现的概率密度为

$$|\Psi(r,t)|^2=\Psi(r,t)\Psi^*(r,t)=\psi(r)\mathrm{e}^{-\frac{\mathrm{i}}{\hbar}Et}\psi^*(r)\mathrm{e}^{\frac{\mathrm{i}}{\hbar}Et}=\psi(r)\psi^*(r)=|\psi(r)|^2$$

概率密度只与空间位置 r 有关,与时间无关,即概率密度在空间形成稳定分布,称粒子处于定态,E 称为定态能量。

对于一维自由粒子,$V=0$,定态薛定谔方程

$$-\frac{\hbar^2}{2m}\frac{\mathrm{d}^2\psi(x)}{\mathrm{d}x^2}=E\psi(x)$$

可以解得

$$\psi(x)=A\mathrm{e}^{\frac{\mathrm{i}}{\hbar}px}$$

式中,

$$p=\sqrt{2mE}$$

波函数

$$\Psi(r,t)=\psi(x)f(t)=A\mathrm{e}^{\frac{\mathrm{i}}{\hbar}(px-Et)}$$

正是单色平面物质波的波函数,由此可知常量 E 为粒子的能量。

如果粒子在一维空间运动,定态薛定谔方程可简化为一维定态薛定谔方程

$$\frac{\mathrm{d}^2\Psi(x,t)}{\mathrm{d}x^2}+\frac{2m}{\hbar^2}(E-V)\Psi(x,t)=0 \tag{15-12}$$

在微观粒子的各种定态问题中,只要知道势能函数 $V(r)$的具体形式,代入定态薛定谔方程即可求得定态波函数 $\Psi(r,t)$,也就确定了概率密度的分布及能量等。一般情况下粒子处于束缚态,即只能在有限区域中运动,由于波函数必须满足标准条件,解出的能量等必然是不连续即量子化的。

15.2.2 无限深方势阱

如果势能随空间的分布曲线构成一个深阱状,则这种势能分布称为势阱。如果阱深为无限,则称为无限深势阱。例如金属中的电子、原子核中的质子就处在这样的势阱中。一维无限深方势阱的势能函数为

$$V(x)=\begin{cases}\infty, & x\leqslant 0\\ 0, & 0<x<L\\ \infty, & x\geqslant L\end{cases}$$

其势能曲线如图 15-2 所示。

因为势能与时间无关,粒子的波函数具有定态形式

$$\Psi(x,t)=\psi(x)\mathrm{e}^{-\frac{\mathrm{i}}{\hbar}Et}$$

只需由定态薛定谔方程解出 $\psi(x)$。

在阱外,$x\leqslant 0$ 或 $x\geqslant L$ 处,设波函数为 $\psi_{\mathrm{e}}(x)$,定态薛定谔方程为

$$-\frac{\hbar^2}{2m}\frac{\mathrm{d}^2\psi_{\mathrm{e}}(x)}{\mathrm{d}x^2}+V\psi_{\mathrm{e}}(x)=E\psi_{\mathrm{e}}(x)$$

式中 $V=\infty$,因为粒子的能量 E 为有限值,只有 $\psi_{\mathrm{e}}(x)=0$

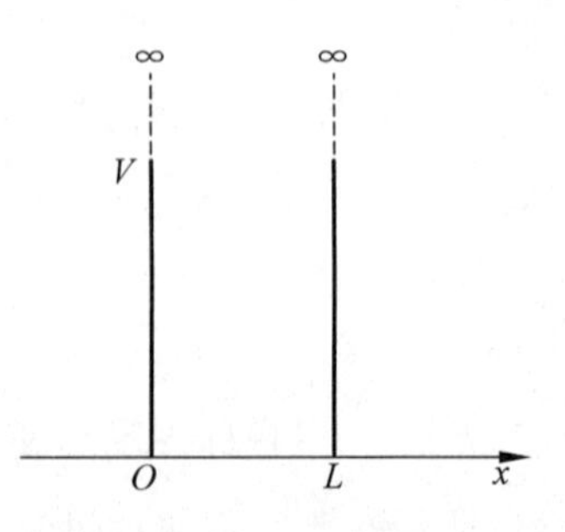

图 15-2 一维无限深方势阱的势能曲线

时，方程才能成立。因此粒子不会出现在 $x\leqslant 0$ 或 $x\geqslant L$ 处。在 $x=0$ 和 $x=L$ 处，势能突变为无穷大，粒子受到无穷大的指向阱内的力，粒子的位置被限制在一维阱内。

在阱内，$0<x<L$ 的范围内，$V=0$，设波函数为 $\psi_{\mathrm{i}}(x)$，定态薛定谔方程为

$$-\frac{\hbar^2}{2m}\frac{\mathrm{d}^2\psi_{\mathrm{i}}(x)}{\mathrm{d}x^2}=E\psi_{\mathrm{i}}(x)$$

接下来，求解此微分方程。整理得

$$\frac{\mathrm{d}^2\psi_{\mathrm{i}}(x)}{\mathrm{d}x^2}+\frac{2mE}{\hbar^2}\psi_{\mathrm{i}}(x)=0$$

取 $\frac{2mE}{\hbar^2}=k^2$，则 $k=\frac{p}{\hbar}=\frac{h}{\lambda\hbar}=\frac{2\pi}{\lambda}$，称为波数。方程改写为

$$\frac{\mathrm{d}^2\psi_{\mathrm{i}}(x)}{\mathrm{d}x^2}+k^2\psi_{\mathrm{i}}(x)=0$$

这与简谐振动的振动方程形式相同，它的通解为

$$\psi_{\mathrm{i}}(x)=A\sin(kx+\delta)$$

式中 A 和 δ 是由边界条件决定的积分常量。常量 A、δ、k 的数值可以借助于波函数的标准条件来确定。

在 $x=0$ 和 $x=L$ 处，波函数必须单值且连续，得

$$\psi_{\mathrm{i}}(0)=\psi_{\mathrm{e}}(0)=0$$

$$\psi_{\mathrm{i}}(L)=\psi_{\mathrm{e}}(L)=0$$

$$\psi_{\mathrm{i}}(0)=A\sin(\delta)=0 \quad\Rightarrow\quad \delta=0$$

$$\psi_{\mathrm{i}}(L)=A\sin(kL)=0 \quad\Rightarrow\quad kL=n\pi,\quad n=1,2,3,\cdots$$

$$\Rightarrow k=\frac{n\pi}{L},\quad n=1,2,3,\cdots$$

因此

$$\psi_{\mathrm{i}}(x)=A\sin\left(\frac{n\pi x}{L}\right),\quad n=1,2,3,\cdots$$

$\psi_{\mathrm{i}}(x)$ 应满足波函数的归一化条件，

$$\int_0^L|\psi_{\mathrm{i}}(x)|^2\mathrm{d}x=\int_0^L A^2\sin^2\left(\frac{n\pi x}{L}\right)\mathrm{d}x=1$$

求得

$$A=\sqrt{\frac{2}{L}}$$

于是得到定态波函数

$$\begin{cases}\psi_{\mathrm{i}}(x)=\sqrt{\frac{2}{L}}\sin\frac{n\pi x}{L},\quad n=1,2,3,\cdots\\ \psi_{\mathrm{e}}(x)=0\end{cases}\tag{15-13}$$

由 $\frac{2mE}{\hbar^2}=k^2$ 和 $k=\frac{n\pi}{L}$ 可得粒子的能量

$$E_n=\frac{n^2\pi^2\hbar^2}{2mL^2},\quad n=1,2,3,\cdots \tag{15-14}$$

n 为什么没有从零开始取呢？如果 $n=0$，则 $\psi_i(x)=A\sin 0\equiv 0$，意味着在 $0<x<L$ 的范围内粒子永远不会出现，这显然是与事实不符的。因此 n 不能为零。n 最小取 1，对应的能量为 $E_1=\frac{\pi^2\hbar^2}{2mL^2}$，$E_1$ 是粒子的最低能量，称为粒子的基态能量。基态能量并不为零，即阱内没有静止的粒子。

$$E_2=\frac{4\pi^2\hbar^2}{2mL^2}=4E_1$$

$$E_3=\frac{9\pi^2\hbar^2}{2mL^2}=9E_1$$

$$E_4=\frac{16\pi^2\hbar^2}{2mL^2}=16E_1$$

其他可类推，如图 15-3 所示。

由此可见粒子的能量是不连续的，这是由薛定谔方程自然而然推导出来的，再也不是停留在假设阶段时强加给微观粒子的了。

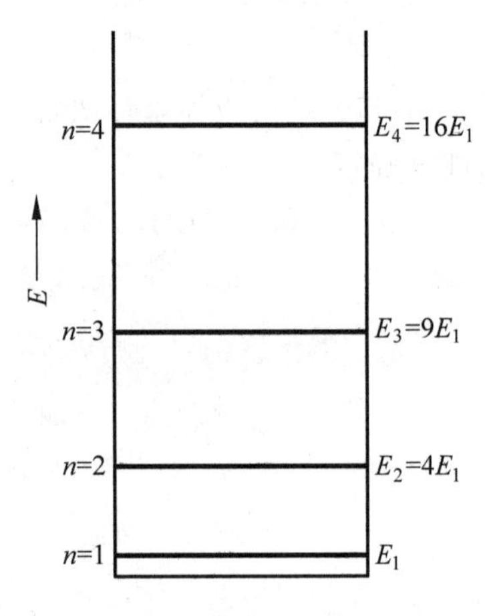

图 15-3　一维无限深势阱中粒子的能量

最终得到阱内粒子的物质波波函数为

$$\Psi(x,t)=\psi(x)\mathrm{e}^{-\frac{\mathrm{i}}{\hbar}Et}=\sqrt{\frac{2}{L}}\sin kx\,\mathrm{e}^{-\frac{\mathrm{i}}{\hbar}Et}$$

$$=\sqrt{\frac{2}{L}}\sin\left(\frac{n\pi x}{L}\right)\mathrm{e}^{-\frac{\mathrm{i}}{\hbar}Et} \tag{15-15}$$

由 $\mathrm{e}^{\mathrm{i}kx}=\cos kx+\mathrm{i}\sin kx$，$\mathrm{e}^{-\mathrm{i}kx}=\cos kx-\mathrm{i}\sin kx$，可得

$$\sin kx=\frac{\mathrm{e}^{\mathrm{i}kx}-\mathrm{e}^{-\mathrm{i}kx}}{2\mathrm{i}}$$

于是，

$$\Psi(x,t)=\sqrt{\frac{2}{L}}\frac{1}{2\mathrm{i}}(\mathrm{e}^{\mathrm{i}kx}-\mathrm{e}^{-\mathrm{i}kx})\mathrm{e}^{-\frac{\mathrm{i}}{\hbar}Et}$$

由 $k=\frac{p}{\hbar}$，可得

$$\Psi(x,t)=\sqrt{\frac{2}{L}}\frac{1}{2\mathrm{i}}(\mathrm{e}^{\mathrm{i}kx}-\mathrm{e}^{-\mathrm{i}kx})\mathrm{e}^{-\frac{\mathrm{i}}{\hbar}Et}$$

$$=\sqrt{\frac{2}{L}}\frac{1}{2\mathrm{i}}(\mathrm{e}^{\frac{\mathrm{i}}{\hbar}px}-\mathrm{e}^{-\frac{\mathrm{i}}{\hbar}px})\mathrm{e}^{-\frac{\mathrm{i}}{\hbar}Et}$$

$$=\sqrt{\frac{2}{L}}\frac{1}{2\mathrm{i}}(\mathrm{e}^{-\frac{\mathrm{i}}{\hbar}(Et-px)}-\mathrm{e}^{-\frac{\mathrm{i}}{\hbar}(Et+px)})$$

阱内粒子的波函数为沿 x 正方向传播的单色平面波与沿 x 负方向传播的单色平面波的叠加，由 $kL=n\pi$ 及 $k=\frac{2\pi}{\lambda}$ 可得

$$\frac{2\pi}{\lambda}L = n\pi \quad \Rightarrow \quad L = n\,\frac{\lambda}{2}, \quad n = 1,2,3,\cdots \tag{15-16}$$

即阱内粒子的物质波在阱的两壁间形成稳定的驻波。根据经典力学的观点，任何波动如果被限定在空间某一有限区域都会形成驻波。由薛定谔方程也可推导出，微观粒子德布罗意物质波如果被限定在一个有限的区域内也会形成驻波。

$$n = 1\text{ 时}, \psi_{\mathrm{i}}(x) = \sqrt{\frac{2}{L}}\sin\left(\frac{\pi x}{L}\right), \quad |\psi_{\mathrm{i}}(x)|^2 = \frac{2}{L}\sin^2\left(\frac{\pi x}{L}\right)$$

$$n = 2\text{ 时}, \psi_{\mathrm{i}}(x) = \sqrt{\frac{2}{L}}\sin\left(\frac{2\pi x}{L}\right), \quad |\psi_{\mathrm{i}}(x)|^2 = \frac{2}{L}\sin^2\left(\frac{2\pi x}{L}\right)$$

$$n = 3\text{ 时}, \psi_{\mathrm{i}}(x) = \sqrt{\frac{2}{L}}\sin\left(\frac{3\pi x}{L}\right), \quad |\psi_{\mathrm{i}}(x)|^2 = \frac{2}{L}\sin^2\left(\frac{3\pi x}{L}\right)$$

$$n = 4\text{ 时}, \psi_{\mathrm{i}}(x) = \sqrt{\frac{2}{L}}\sin\left(\frac{4\pi x}{L}\right), \quad |\psi_{\mathrm{i}}(x)|^2 = \frac{2}{L}\sin^2\left(\frac{4\pi x}{L}\right)$$

图 15-4 和图 15-5 分别为上述四种定态波函数和粒子的概率密度 $|\psi_{\mathrm{i}}(x)|^2$ 的分布曲线。

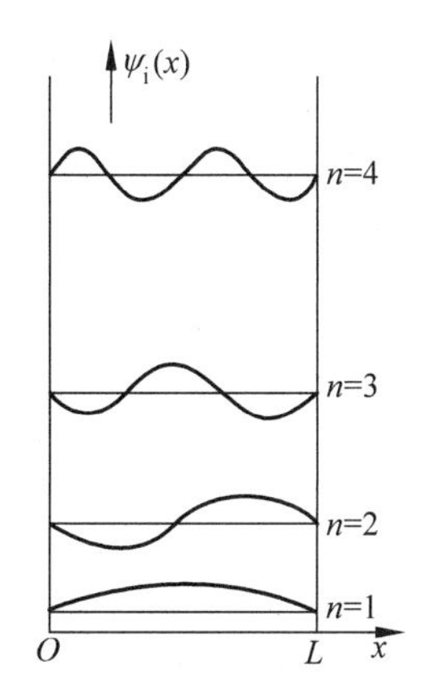

图 15-4　一维无限深方势阱中粒子的定态波函数

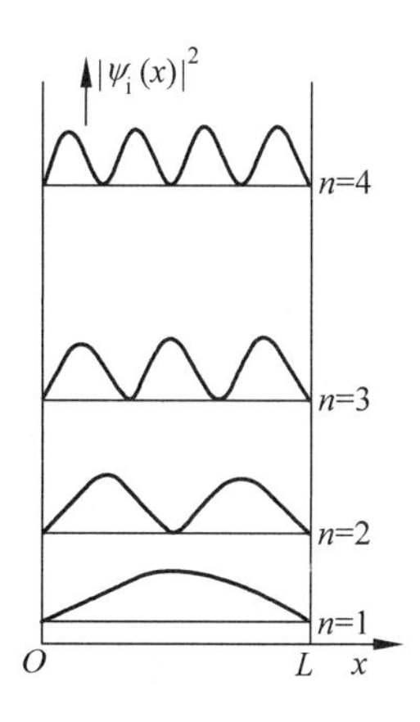

图 15-5　一维无限深方势阱中粒子的概率密度

如果无限深方势阱是二维或三维的，也可用同样的方法求解粒子的波函数和能量，这里只给出结论。

$$\psi(x,y,z) = \sqrt{\frac{8}{L_1 L_2 L_3}}\sin\frac{n_1 \pi x}{L_1}\sin\frac{n_2 \pi y}{L_2}\sin\frac{n_3 \pi z}{L_3} \tag{15-17}$$

$$E = \frac{n_1^2 \pi^2 \hbar^2}{2mL_1^2} + \frac{n_2^2 \pi^2 \hbar^2}{2mL_2^2} + \frac{n_3^2 \pi^2 \hbar^2}{2mL_3^2}, \quad n_1, n_2, n_3 = 1,2,3,\cdots \tag{15-18}$$

式中，L_1、L_2、L_3 分别为三维无限深方势阱的长、宽、高，n_1、n_2、n_3 分别为 x、y、z 方向上的量子数。

15.2.3　势垒中的粒子

如果势阱为有限深度，粒子的能量 E 低于阱壁的深度 V_0，其势能函数为

$$V(x)=\begin{cases}0, & x<0\\ V_0, & x\geqslant 0\end{cases}$$

其势能分布曲线如图 15-6 所示。

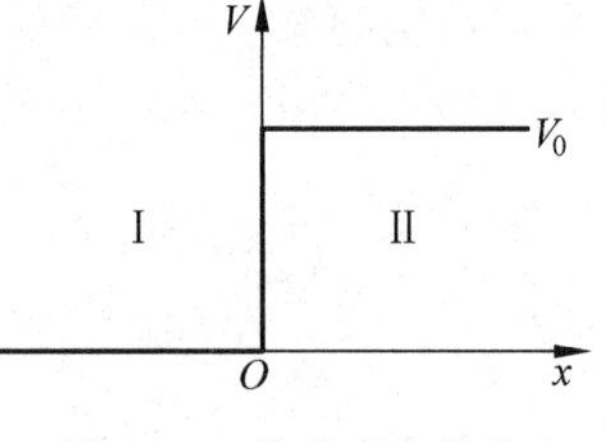

图 15-6 单壁直角势垒

这种势垒称为单壁直角势垒。势能函数中不含时,为定态问题。

在Ⅰ区,$x<0$,设波函数为 $\psi_1(x)$,定态薛定谔方程为

$$-\frac{\hbar^2}{2m}\frac{\mathrm{d}^2\psi_1(x)}{\mathrm{d}x^2}=E\psi_1(x)$$

取$\dfrac{2mE}{\hbar^2}=k_1^2$,整理得

$$\frac{\mathrm{d}^2\psi_1(x)}{\mathrm{d}x^2}+k_1^2\psi_1(x)=0 \tag{15-19}$$

在Ⅱ区,$x>0$,设波函数为 $\psi_2(x)$,定态薛定谔方程为

$$-\frac{\hbar^2}{2m}\frac{\mathrm{d}^2\psi_2(x)}{\mathrm{d}x^2}+V_0\psi_2(x)=E\psi_2(x)$$

取$\dfrac{2m(V_0-E)}{\hbar^2}=k_2^2$,整理得

$$\frac{\mathrm{d}^2\psi_2(x)}{\mathrm{d}x^2}-k_2^2\psi_2(x)=0 \tag{15-20}$$

方程(15-19)和方程(15-20)的通解分别为

$$\psi_1(x)=A\mathrm{e}^{\mathrm{i}k_1x}+B\mathrm{e}^{-\mathrm{i}k_1x}$$

$$\psi_2(x)=C\mathrm{e}^{k_2x}+D\mathrm{e}^{-k_2x}$$

根据波函数的标准条件,当 $x\to\infty$,$C\mathrm{e}^{k_2x}\to\infty$,根据波函数的标准条件中的有限条件,$C$ 必须等于零,因此

$$\psi_2(x)=D\mathrm{e}^{-k_2x}$$

根据波函数的标准条件中的单值条件可得

$$\psi_1(0)=\psi_2(0)\quad\Rightarrow\quad A+B=D$$

根据波函数的标准条件中的连续条件可得

$$\left.\frac{\mathrm{d}\psi_1(x)}{\mathrm{d}x}\right|_{x=0}=\left.\frac{\mathrm{d}\psi_2(x)}{\mathrm{d}x}\right|_{x=0}\quad\Rightarrow\quad A-B=\mathrm{i}\frac{k_2}{k_1}D$$

可解出

$$B=\frac{\mathrm{i}k_1+k_2}{\mathrm{i}k_1-k_2}A,\quad D=\frac{2\mathrm{i}k_1}{\mathrm{i}k_1-k_2}A$$

A 可以由波函数的归一化条件来确定,一旦 A 确定下来,B 和 D 也就可以确定下来。于是得到波函数 $\psi_1(x)$和 $\psi_2(x)$为

$$\psi_1(x)=A\left(\mathrm{e}^{\mathrm{i}k_1x}+\frac{\mathrm{i}k_1+k_2}{\mathrm{i}k_1-k_2}\mathrm{e}^{-\mathrm{i}k_1x}\right) \tag{15-21}$$

$$\psi_2(x)=\frac{2ik_1}{ik_1-k_2}Ae^{-k_2x} \tag{15-22}$$

从经典力学的观点看,如果粒子的总能量 E 低于Ⅱ区的势能 V_0 时,粒子是不可能出现在Ⅱ区的。然而微观粒子的波动性使得粒子可以出现在Ⅱ区。只是 $\psi_2(x)$ 不是周期性的波,而是呈指数衰减的波。

如果势垒有一定的宽度 L,则称为双壁势垒,如图 15-7 所示。理论上可以证明,Ⅰ区、Ⅱ区、Ⅲ区的波函数都不为零,即粒子可以从Ⅰ区穿过Ⅱ区到达Ⅲ区。

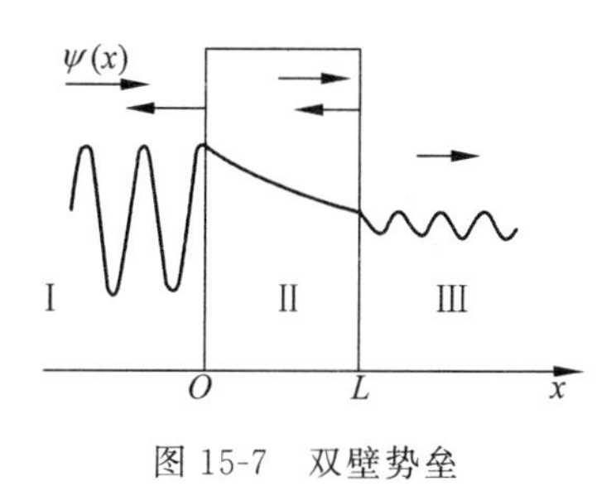

图 15-7 双壁势垒

在粒子总能量低于势垒壁高的情况下,粒子能越过垒壁甚至能穿透有一定宽度的势垒而逃逸出来,这种现象称为隧道效应。微观粒子具有穿透势垒的能力已被很多实验事实证实,其中最著名的一个应用技术是 1981 年美国 IBM 公司的宾尼希(Binnig Gerd)和他的老师罗雷尔(Rohrer Heinrich)发明的扫描隧道显微镜(scanning tunneling microscopy,STM)。

例 15-6 设一维箱宽 $a=0.2\text{nm}$,试计算其中电子最低的三个能级值。

解 设一维箱沿 x 轴,边界为 $x=0$ 和 $x=a$。粒子在箱内自由运动,但不能到箱外。所以,在箱内($0<x<a$)波函数可以写成频率相同的正反两个方向德布罗意波的叠加,在边界上($x=0$ 和 $x=a$)波函数为 0。满足这个条件的波是以边界处为节点的驻波,即波在边界上来回反射。由式(15-16),得

$$a=n\cdot\frac{\lambda}{2},\quad n=1,2,3,\cdots$$

代入德布罗意关系 $p=\frac{h}{\lambda}$,可得

$$p=\frac{h}{\lambda}=\frac{h}{\frac{2a}{n}}=\frac{hn}{2a}$$

电子的能级为

$$E_n=\frac{p^2}{2m}=\frac{h^2n^2}{8a^2m}=\frac{(6.626\times10^{-34})^2n^2}{8\times(0.2\times10^{-9})^2\times9.1\times10^{-31}\times1.602\times10^{-19}}\text{eV}=9.41n^2\text{eV}$$

于是

$$E_1=9.41\text{eV},\quad E_2=2^2\times9.41\text{eV}=37.6\text{eV},\quad E_3=3^2\times9.41\text{eV}=84.7\text{eV}$$

一维箱是一个简化的理想模型,实际的微观体系不可能有这样明晰的锐边界,波函数多多少少总会有一些传播到边界以外的区域。不过这个模型反映了某些物理体系的基本特征,突出了这些体系的主要特点,所以在一些实际问题中起着重要的作用。

15.3 粒子在电磁场中的运动

带电粒子在磁场中运动时,会呈现不同的运动情况,从而可以用来解释各种现象,例如原子谱线分裂、量子霍尔效应,等等。

15.3.1 电磁场中带电粒子的薛定谔方程

考虑质量为 m_0、电荷为 q 的粒子在电磁场中的运动。在经典力学中,其哈密顿量表示为

$$H=\frac{1}{2m_0}\left(\hat{P}-\frac{q}{c}\boldsymbol{A}\right)+q\phi \tag{15-23}$$

式中,$\boldsymbol{A}$ 和 ϕ 分别是电磁矢势和标势,$\hat{P}=-\mathrm{i}\hbar\nabla$,从而得到薛定谔方程为

$$-\mathrm{i}\hbar\frac{\partial}{\partial t}\psi=\left[\frac{1}{2m_0}\left(\hat{P}-\frac{q}{c}\boldsymbol{A}\right)+q\phi\right] \tag{15-24}$$

当取电磁场的横波条件$\nabla\cdot\boldsymbol{A}=0$ 时,该方程也可以表示为

$$-\mathrm{i}\hbar\frac{\partial}{\partial t}\psi=\left[\frac{1}{2m_0}\widehat{P}^2-\frac{q}{m_0c}\boldsymbol{A}\cdot\hat{P}+\frac{q^2}{2m_0c^2}\boldsymbol{A}^2+q\phi\right] \tag{15-25}$$

15.3.2 正常塞曼效应

原子光谱实验发现,如果把原子放置在强磁场中,原子发出的每条光谱线会分裂成三条,这就是正常塞曼效应。光谱线的分裂反映的是原子简并能级发生分裂,即能级简并被解除或者部分解除。在原子尺度范围内,实验室的磁场都可以视为是均匀的,如果我们取磁场沿 z 轴方向,根据 $\boldsymbol{B}=\nabla\times\boldsymbol{A}$ 则可以取对称的矢势为

$$A_x=-\frac{1}{2}B_y,\quad A_y=\frac{1}{2}B_x,\quad A_z=0$$

考虑简单情况,以碱金属原子为例,略去电场的平方项 B^2 这个小量后,可以给出系统的哈密顿量为

$$H=\frac{1}{2m_0}\widehat{P}^2+V(r)+\frac{eB}{2m_0c}l_z \tag{15-26}$$

式中,$l_z=(xP_y-yP_x)$是角动量的 z 分量,那么上式右侧最后一项可以视为电子轨道磁矩 $\mu_z=-\frac{e}{2m_0c}l_z$ 与沿 z 方向外磁场的相互作用。

求解该哈密顿量所对应的薛定谔方程,可以得到其能量本征值为

$$E_{nlm}=E_{nl}+\frac{eB}{2m_0c}m\hbar \tag{15-27}$$

$$n,l=0,1,2,\cdots,\quad m=l,l-1,\cdots,-l$$

E_{nl} 是中心力场 $V(r)$中粒子的薛定谔方程 $\left[-\frac{\hbar^2}{2m_0}\nabla^2+V(r)\right]\psi=E\psi$ 的能量本征值。该薛定谔方程在 15.4.1 节中将有详细求解过程。

能量本征函数可以表示为

$$\psi_{nlm}(r,\theta,\varphi)=R_{nl}(r)Y_{lm}(\theta,\varphi) \tag{15-28}$$

我们可以看到,当原子处于外磁场中时,原来能量的球对称性被破坏,能级简并解除,能

量本征值与 n、l、m 都有关系，能级 E_{nl} 分裂成 $(2l+1)$ 条，分裂后的能级间距为 $\hbar\omega_{\mathrm{L}}=\frac{eB}{2m_0c}$，$\omega_{\mathrm{L}}$ 称为拉莫频率。

能级分裂后相应的光谱线也发生分裂，如图 15-8 所示，为钠原子光谱在强磁场中的正常塞曼分裂，原来的一条钠黄线分裂成三条，角频率为 ω，$\omega\pm\omega_{\mathrm{L}}$，所以外磁场越强，分裂越大。

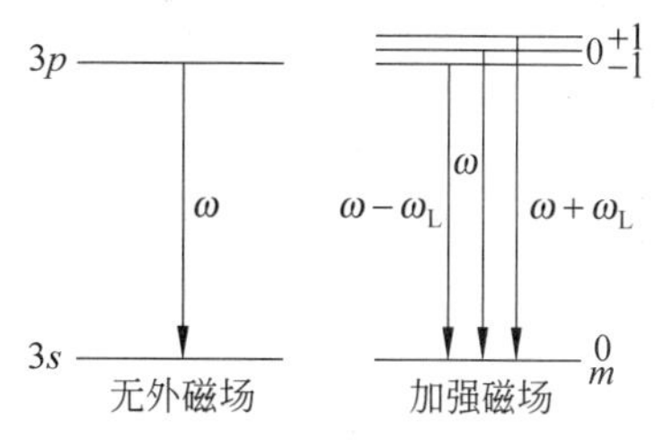

图 15-8 钠原子光谱在强磁场中的正常塞曼分裂

15.3.3 朗道能级

15.3.2 节我们讨论的是原子置于磁场中，电子局限在原子内运动的情况。本节我们来讨论自由电子在磁场中的运动。假设质量为 M、电荷为 $-e$ 的电子处于均匀的沿 z 方向的磁场 B 中，如果取朗道规范，把矢势取为

$$A_x=-B_y,\quad A_y=A_z=0$$

则电子的哈密顿量表示为

$$H=\frac{1}{2M}\left[\left(\hat{p}_x-\frac{eB}{c}y\right)^2+\hat{p}_y^2+\hat{p}_z^2\right] \tag{15-29}$$

为了方便，下面把沿 z 轴的自由运动分离出去，只讨论电子在 xy 平面中的运动。此时

$$H=H_0+H_z$$

$$H_0=\frac{1}{2M}\left[\left(\hat{p}_x-\frac{eB}{c}y\right)^2+\hat{p}_y^2\right] \tag{15-30}$$

求解该哈密顿量对应的薛定谔方程，可以得到其能量本征值为

$$E=E_n=\left(n+\frac{1}{2}\right)\hbar\omega_{\mathrm{c}},\quad n=0,1,2,\cdots \tag{15-31}$$

式中，$\omega_{\mathrm{c}}=\frac{eB}{Mc}=2\omega_{\mathrm{L}}$ 称为回旋角频率。

相应的本征波函数为

$$\chi_{y_0n}(y)\propto \mathrm{e}^{-\alpha^2(y-y_0)^2/2}\mathrm{H}_n[\alpha(y-y_0)] \tag{15-32}$$

$$\alpha=\sqrt{M\omega_c/\hbar}$$

式中 H_n 是厄米多项式，该波函数依赖于 n 和 $y_0(=cP_x/eB)$，y_0 可以取 $(-\infty,+\infty)$ 中一切实数值，但能级 E_n 不依赖于 y_0，因而能级是无穷度简并。这里我们注意到一个有意思的现象，在均匀磁场中运动的电子，可以出现在无穷远处 $(y_0\rightarrow\pm\infty)$，即为非束缚态，但电子的能级却是分立的。

15.4 自旋角动量

15.4.1 氢原子中电子的运动

氢原子只有一个核外电子，是最简单的原子。在氢原子中，电子在原子核的库仑场中运

动,处于束缚状态。假定原子核静止,以原子核为坐标原点,无穷远为势能零点,电子具有的势能为

$$V(r)=-\frac{e^2}{4\pi\varepsilon_0 r} \tag{15-33}$$

r 为电子到原子核的距离。势能函数中不含时,属于定态问题。其薛定谔方程为

$$\frac{\partial^2\Psi(x,y,z)}{\partial x^2}+\frac{\partial^2\Psi(x,y,z)}{\partial y^2}+\frac{\partial^2\Psi(x,y,z)}{\partial z^2}+\frac{2m}{\hbar^2}\left(E+\frac{e^2}{4\pi\varepsilon_0 r}\right)\Psi(x,y,z)=0 \tag{15-34}$$

由于势能分布具有球对称性,用球坐标系比较方便。设电子位置的球坐标为 $P(r,\theta,\varphi)$,如图 15-9 所示。

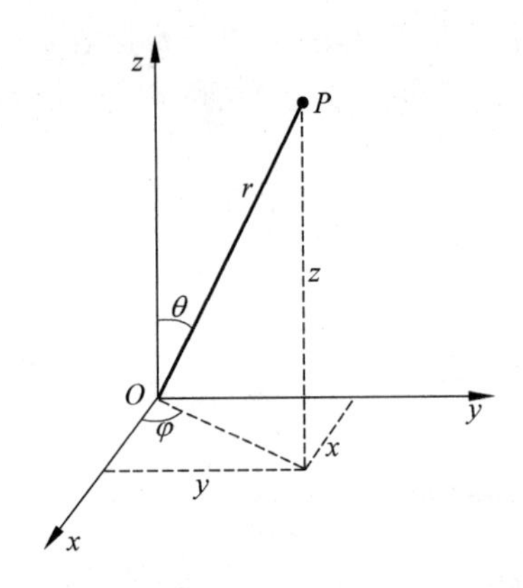

图 15-9　氢原子中电子位置的球坐标系

设电子的波函数为 $\Psi(r,\theta,\varphi)$,球坐标系中薛定谔方程为

$$\frac{1}{r^2}\frac{\partial}{\partial r}\left(r^2\frac{\partial\Psi}{\partial r}\right)+\frac{1}{r^2\sin\theta}\frac{\partial}{\partial\theta}\left(\sin\theta\frac{\partial\Psi}{\partial\theta}\right)+\frac{1}{r^2\sin^2\theta}\frac{\partial^2\Psi}{\partial\varphi^2}+\frac{2m}{\hbar^2}\left(E+\frac{e^2}{4\pi\varepsilon_0 r}\right)\Psi=0 \tag{15-35}$$

可以用分离变量法来求解,即令

$$\Psi(r,\theta,\varphi)=R(r)\Theta(\theta)\Phi(\varphi) \tag{15-36}$$

代入球坐标薛定谔方程(15-20)并整理可得三个变量各自独立的常微分方程,即

$$\frac{1}{r^2}\frac{\mathrm{d}}{\mathrm{d}r}\left(r^2\frac{\mathrm{d}R}{\mathrm{d}r}\right)+\left[\frac{2m}{\hbar^2}\left(E+\frac{e^2}{4\pi\varepsilon_0 r}\right)-\frac{l(l+1)}{r^2}\right]R=0 \tag{15-37a}$$

$$\frac{1}{\sin\theta}\frac{\mathrm{d}}{\mathrm{d}\theta}\left(\sin\theta\frac{\mathrm{d}\Theta}{\mathrm{d}\theta}\right)+\left[l(l+1)-\frac{m_l^2}{\sin^2\theta}\right]\Theta=0 \tag{15-37b}$$

$$\frac{\mathrm{d}^2\Phi}{\mathrm{d}\varphi^2}+m_l^2\Phi=0 \tag{15-37c}$$

由方程(15-37c)可解出

$$\Phi_{m_l}(\varphi)=\frac{1}{\sqrt{2\pi}}\mathrm{e}^{\mathrm{i}m_l\varphi},\quad m_l=-l,-(l-1),\cdots,0,1,2,\cdots,(l-1),l \tag{15-38}$$

式中,l 和 m_l 均为常数。

如果能再解出微分方程(15-37a)和(15-37b)即可求出 $R(r)$、$\Theta(\theta)$ 的具体形式,然后将

$R(r)$、$\Theta(\theta)$和$\Phi(\varphi)$的具体形式代入式(15-36)，即可求出$\Psi(r,\theta,\varphi)$的具体形式，这样就可以得到电子在原子核周围的概率分布。为了使电子的波函数满足单值、有限、连续等条件，可自然地导出电子的能量、电子绕核运动角动量及其投影的量子化结果。即氢原子中电子的状态由3个量子数决定，见表15-1。由于求解的过程和$\Psi(r,\theta,\varphi)$的具体形式比较复杂，只有关于$\Phi(\varphi)$的方程容易求解，下面只给出波函数$\Psi(r,\theta,\varphi)$的一些结论。

表15-1　氢原子的量子数

名　称	符号	可能取值
主量子数	n	$1,2,3,4,5,\cdots$
轨道量子数	l	$0,1,2,3,4,\cdots,n-1$
轨道磁量子数	m_l	$-l,-(l-1),\cdots,0,1,2,\cdots,(l-1),l$

(1) 主量子数　能量的量子化

主量子数n和波函数的径向成分$R(r)$有关，它决定电子的能量，或者说决定整个氢原子在其质心坐标系中的能量。其表达式为

$$E_n=-\frac{me^4}{2(4\pi\varepsilon_0)^2\hbar^2}\frac{1}{n^2},\quad n=1,2,3,4,5,\cdots \tag{15-39}$$

m为电子的质量，e为电子电量，这就是氢原子量子化的能量公式。E_n还可以写成

$$E_n=-\frac{e^2}{2(4\pi\varepsilon_0)a_0}\frac{1}{n^2} \tag{15-40}$$

式中，$a_0=\dfrac{4\pi\varepsilon_0\hbar^2}{me^2}$称作玻尔半径，其值为$a_0=0.0529\text{nm}$。

$n=1$时，氢原子处于基态，其能量为

$$E_1=-\frac{me^4}{2(4\pi\varepsilon_0)^2\hbar^2}=-13.6\text{eV}$$

称为氢原子的基态能量。

$n>1$的所有状态统称为激发态。在没有扰动的情况下，氢原子通常处在基态。一旦有了外界的扰动，例如光照等，氢原子吸取外界能量后就会跃迁到某一激发态。处于激发态的原子极不稳定，经过约10^{-8}s就又会跃迁回能量较低的激发态或基态。

(2) 轨道量子数　轨道角动量的量子化

轨道量子数l和波函数的$\Theta(\theta)$成分有关，它决定了电子的轨道角动量的大小。电子绕核运动的角动量的大小为

$$L=\sqrt{l(l+1)}\,\hbar,\quad l=0,1,2,3,4,\cdots,n-1 \tag{15-41}$$

因电子带负电，其轨道运动必产生"轨道"磁矩

$$\mu=-\frac{e}{2m}L$$

"轨道"磁矩μ的大小为

$$\mu=\sqrt{l(l+1)}\frac{e\hbar}{2m}=\sqrt{l(l+1)}\mu_B \tag{15-42}$$

式中，$\mu_B=\dfrac{e\hbar}{2m}=0.927\times10^{-27}\text{A}\cdot\text{m}^2$，称为玻尔磁矩。

一般用 $s,p,d,f,g,\cdots$ 字母来表示 $l=0,1,2,3,\cdots$ 状态，例如 $n=3,l=0$、1 或 2 的电子分别称为 $3s$、$3p$ 或 $3d$ 电子。

(3) 轨道磁量子数　空间的量子化

轨道磁量子数 m_l 和波函数的 $\Phi(\varphi)$ 成分有关，它决定了电子的轨道角动量 L 在空间某一方向(如 z 方向)的投影。通常取外磁场方向为 z 方向，则 m_l 决定了轨道角动量在外磁场方向的投影是量子化的(这也就是 m_l 叫做磁量子数的原因)，这就意味着不仅仅电子的轨道角动量的大小是量子化的($L=\sqrt{l(l+1)}\hbar$)，其方向也是量子化的，因此称为空间量子化，其取值为

$$L_z=m_l\hbar,\quad m_l=-l,-(l-1),\cdots,0,1,2,\cdots,(l-1),l \tag{15-43}$$

图 15-10 给出了 $l=1$ 和 $l=2$ 时 L 的空间取向。

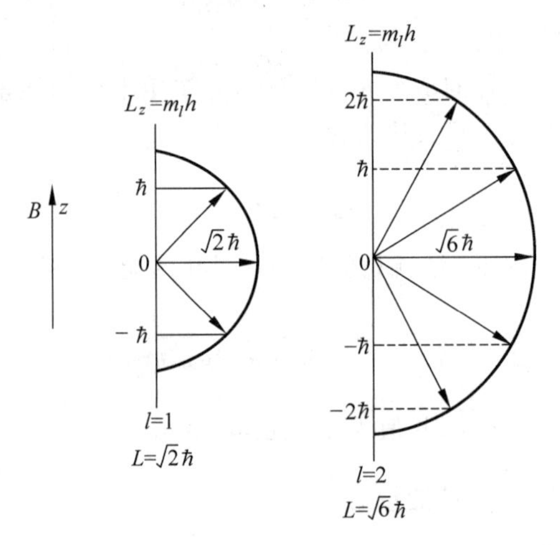

图 15-10　氢原子中电子轨道角动量的空间量子化

(4) 氢原子核外电子的概率分布

有确定量子数(n,l,m_l)的电子状态的波函数记作 $\psi_{n,l,m_l}=R_{n,l}(r)\Theta_{l,m_l}(\theta)\Phi_{m_l}(\varphi)$，表 15-2 给出了一些 n、l、m_l 取不同值的定态波函数 $\psi_{n,l,m_l}(r,\theta,\varphi)$ 的具体形式。

电子在核外的概率密度为

$$|\psi_{n,l,m_l}(r,\theta,\varphi)|^2=R^2_{n,l}(r)\Theta^2_{l,m_l}(\theta)\Phi_{m_l}(\varphi)\Phi^*_{m_l}(\varphi)=\frac{1}{2\pi}R^2_{n,l}(r)\Theta^2_{l,m_l}(\theta) \tag{15-44}$$

可见，电子的概率分布仅与 r 和 θ 有关，与 φ 无关，即概率密度的分布关于 z 轴对称。图 15-11 给出了几种概率密度分布示意图，当 $l=0$ 时的概率分布具有球对称性。这种图常被叫做“电子云”。量子力学对电子绕核运动的描述只是给出这个疏密分布，即只能说电子在空间某处小体积内出现的概率多大，电子的运动并不遵循确定的轨道，因而没有轨道的概念。

有时提到电子的轨道角动量只是沿用以往的词，不应认为是电子沿某封闭轨道运动的角动量。还有一个原因就是为了和下面要讨论的自旋角动量相区别。$n=1$ 时电子在 $r=a_0$ 附近出现的概率最大，$n=2$ 时电子在 $r=4a_0$ 附近出现的概率最大，$n=3$ 时电子在 $r=9a_0$ 附

近出现的概率最大，这些概率极大值对应的是早期量子论玻尔用半经典理论求出的氢原子中电子绕核运动的量子化圆轨道。

表 15-2　n、l、m_l 取不同值的定态波函数

量子数			$\psi_{n,l,m_l}(r,\theta,\varphi)=R_{n,l}(r)\Theta_{l,m_l}(\theta)\Phi_{m_l}(\varphi)$	
n	l	m_l	$R_{n,l}(r)$	$\Theta_{l,m_l}(\theta)\Phi_{m_l}(\varphi)$
1	0	0	$2\left(\frac{1}{a_0}\right)^{\frac{3}{2}}\mathrm{e}^{-\frac{r}{a_0}}$	$\frac{1}{4\pi}$
2	0	0	$\frac{1}{\sqrt{2}}\left(\frac{1}{a_0}\right)^{\frac{3}{2}}\left(1-\frac{r}{2a_0}\right)\mathrm{e}^{-\frac{r}{2a_0}}$	$\frac{1}{\sqrt{4\pi}}$
	1	0	$\frac{1}{2\sqrt{6}}\left(\frac{1}{a_0}\right)^{\frac{3}{2}}\frac{r}{a_0}\mathrm{e}^{-\frac{r}{2a_0}}$	$\sqrt{\frac{3}{4\pi}}\cos\theta$
		±1		$\mp\sqrt{\frac{3}{8\pi}}\sin\theta\mathrm{e}^{\pm\mathrm{i}\varphi}$
3	0	0	$\frac{2}{3\sqrt{3}}\left(\frac{1}{a_0}\right)^{\frac{3}{2}}\left[1-\frac{2r}{3a_0}+\frac{2}{27}\left(\frac{r}{a_0}\right)^2\right]\mathrm{e}^{-\frac{r}{3a_0}}$	$\frac{1}{\sqrt{4\pi}}$
	1	0	$\frac{8}{27\sqrt{6}}\left(\frac{1}{a_0}\right)^{\frac{3}{2}}\frac{r}{a_0}\left(1-\frac{r}{6a_0}\right)\mathrm{e}^{-\frac{r}{3a_0}}$	$\sqrt{\frac{3}{4\pi}}\cos\theta$
		±1		$\mp\sqrt{\frac{3}{8\pi}}\sin\theta\mathrm{e}^{\pm\mathrm{i}\varphi}$
	2	0	$\frac{4}{81\sqrt{30}}\left(\frac{1}{a_0}\right)^{\frac{3}{2}}\left(\frac{r}{a_0}\right)^2\mathrm{e}^{-\frac{r}{3a_0}}$	$\sqrt{\frac{5}{16\pi}}(3\cos^2\theta-1)$
		±1		$\mp\sqrt{\frac{15}{8\pi}}\cos\theta\sin\theta\mathrm{e}^{\pm\mathrm{i}\varphi}$
		±2		$\sqrt{\frac{15}{32\pi}}\sin^2\theta\mathrm{e}^{\pm2\mathrm{i}\varphi}$

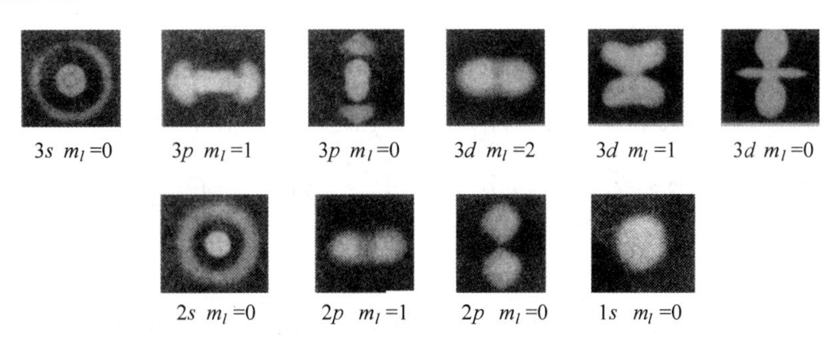

图 15-11　氢原子的“电子云”

15.4.2　电子的自旋　第四个量子数

1921 年，施特恩(Stern Otto，1888—1969 年)和格拉赫(W. Gerlach，1899—1979 年)合作运用分子束方法首先证明原子磁矩的存在，即在实验上证实原子在磁场中的取向是空间量子化的，这就是科学史上著名的施特恩-格拉赫实验。施特恩-格拉赫实验装置、实验中所用的磁场和实验结果如图 15-12 所示。使银原子在电炉 O 内蒸发，通过狭缝 S_1、S_2 形成细束,经过一个抽成真空的不均匀的磁场区域(磁场方向与细束的入射方向垂直),最后到达照相底片P上。根据实验中制备的原子来看,原子束中绝大多数原子均处在基态,且 $l=0$,即处于轨道角动量和相应的磁矩皆为零的状态,原子的总角动量为零,通过磁场的原子束理应不发生任何偏转,可是显像后的底片上出现了两条黑斑,表示银原子经过不均匀磁场区域时分成了两束。直到1925年乌伦贝克(G. Uhlenbeck,1900—1974年)和古兹密特(S. Goudsmit,1902—1979年)在分析原子光谱的一些实验结果的基础上,提出电子具有自旋的假设:电子除了轨道运动外,还有自旋运动,并且指出电子自旋角动量和自旋磁矩在外磁场中只有两种可能取向,实验结果才得到全面的解释。微观粒子都具有自旋角动量,所谓"自旋"并非指粒子是自转着的小球体。自旋是微观粒子的一种内禀属性,所以又称内禀角动量,它的微观图像以及产生原因目前尚不清楚。

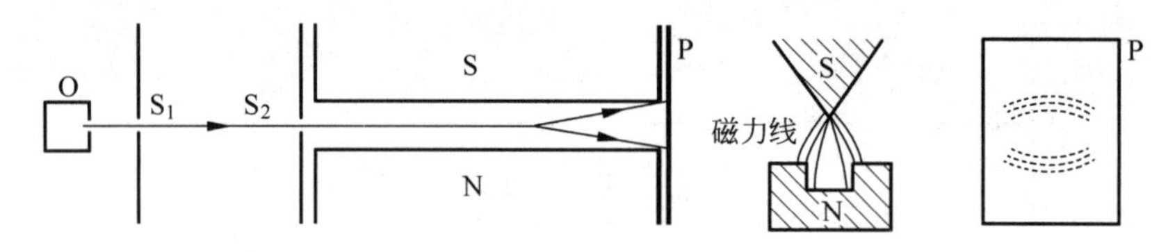

图15-12 施特恩-格拉赫实验装置、实验中所用的磁场和实验结果

假设电子自旋角动量的大小 S 和它在外磁场方向的投影 S_z 可以用自旋量子数 s 和自旋磁量子数 m_s 表示为

$$S=\sqrt{s(s+1)}\,\hbar \tag{15-45}$$

$$S_z=m_s\hbar \tag{15-46}$$

且当 s 一定时,m_s 可取 $(2s+1)$ 个值。由实验知,m_s 只有两个值,即 $2s+1=2$,所以

$$s=\frac{1}{2}$$

$$m_s=\pm\frac{1}{2}$$

所以电子自旋角动量的大小 S 及其在外磁场方向的投影 S_z 分别为

$$S=\sqrt{s(s+1)}\,\hbar=\sqrt{\frac{1}{2}\left(\frac{1}{2}+1\right)}\,\hbar=\sqrt{\frac{3}{4}}\,\hbar \tag{15-47}$$

$$S_z=\pm\frac{1}{2}\hbar \tag{15-48}$$

图15-13和图15-14分别为电子自旋角动量及电子自旋的量子化示意图。

例15-7 用一束电子轰击氢(H)样品,如要发射巴尔末系的第一条谱线,试问加速电子的电压应多大?

解 H原子光谱巴尔末系的第一条谱线是从 $n=3$ 到 $n=2$ 的跃迁。为了能发射这条谱线,需要把H原子从 $n=1$ 的基态激发到 $n=3$ 的第二激发态。

由式(15-39),可得

$$E_3=-13.6\times\frac{1}{3^3}\text{eV}$$

$$E_1=-13.6\text{eV}$$

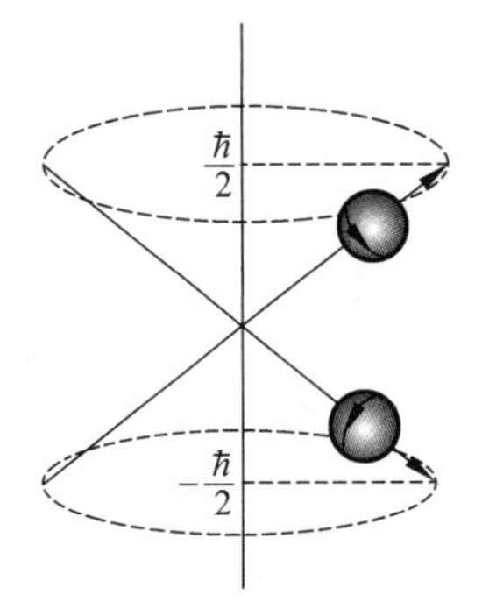

图 15-13　电子自旋角动量示意图

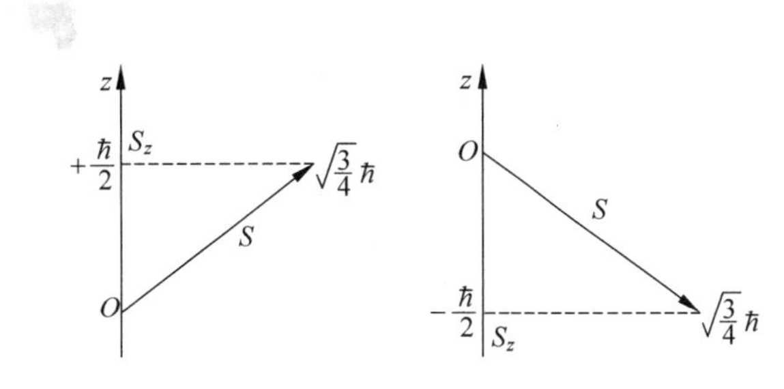

图 15-14　电子自旋的量子化

把 H 原子从 $n=1$ 的基态激发到 $n=3$ 的第二激发态需要的能量为

$$E_3-E_1=13.6\times\left(1-\frac{1}{9}\right)\mathrm{eV}=12\mathrm{eV}$$

所以加速电子的电压应为 12V。

例 15-8　如果定义轨道角动量与 z 轴的夹角 θ 为 $\cos\theta=\frac{L_z}{L}$，试计算 $l=3$ 时可能有的夹角 θ。

解　由式(15-41)和式(15-43)，可得

$$\cos\theta=\frac{L_z}{L}=\frac{m_l}{\sqrt{l(l+1)}}=\frac{m_l}{\sqrt{3(3+1)}}=\frac{m_l}{\sqrt{12}}$$

式中，

$$m_l=-3,-2,-1,0,1,2,3$$

则

$$\cos\theta=-\frac{\sqrt{3}}{2},-\frac{\sqrt{3}}{3},-\frac{\sqrt{3}}{6},0,\frac{\sqrt{3}}{6},\frac{\sqrt{3}}{3},\frac{\sqrt{3}}{2}$$

则

$$\theta=150^\circ,125.3^\circ,106.8^\circ,90^\circ,73.2^\circ,54.7^\circ,30^\circ$$

15.4.3　原子的壳层结构

对于有两个或两个以上电子的多电子原子系统，每个电子除受到原子核势场的引力作用外，还受到其他电子的排斥作用，电子与电子之间的相互作用使得薛定谔方程更为复杂，更加难以精确求解。可以近似认为电子都是各自独立的，来自其他电子的排斥作用可看作对核电场存在一种平均的屏蔽作用(使核电场减小一个常数因子)。因此，每个电子的波函数与氢原子波函数相同，仍能用四个量子数(n、l、m_l、m_s)来确定电子的状态，不同的是，这时原子中每个电子的能量不仅取决于 n，也取决于 l 的取值。

1916 年，柯塞尔提出多电子原子中核外电子按壳层分布的形象化模型。他认为主量子数 n 相同的电子，组成一个主壳层，n 越大的主壳层离原子核的平均距离越远，$n=1,2,3,4,5,6,\cdots$的各主壳层分别用大写字母 $K,L,M,N,O,P,Q,\cdots$表示。在一个主壳层内，又按

角量子数 l 分为若干个支壳层,因为给定 n,$l=0,1,2,3,4,\cdots,n-1$,共有 n 种可能的取值,因此主量子数为 n 的主壳层包含 n 个支壳层。$l=0,1,2,3,4,5,\cdots$ 的各支壳层分别用小写字母 $s,p,d,f,g,h,\cdots$ 表示。一般来说,n 越大的主壳层,其能级越高,同一主壳层中,角量子数 l 越大的支壳层能级越高。支壳层通常表示为这样的方式:把 n 的数值写在前面,把 l 的符号写在后面,例如 $1s,2s,2p,3s,3p,3d$ 等。核外电子在不同壳层上的分布情况由泡利不相容原理和能量最小原理决定。

1. 泡利不相容原理

自旋为 $\frac{1}{2}$ 或其他半整数的粒子统称为费米子,如电子、质子、中子都是费米子。而自旋为整数的粒子统称为玻色子,如光子、π 介子等。1925 年奥地利物理学家泡利在分析了大量原子能级数据的基础上,为解释化学元素周期性提出不相容原理(后称为泡利不相容原理),即全同费米子体系中不能有两个或两个以上的粒子同时处于相同的状态,也即该原子内不可能有四个量子数完全相同的两个电子。玻色子体系则完全不受泡利不相容原理限制。

根据泡利不相容原理可以得到每个主壳层最多可容纳的电子数目 Z_n 和每个支壳层最多可容纳的电子数目 Z_l。对于主量子数为 n 的主壳层,因为 n 已经给定,则 l 有 n 个可能的取值,$l=0,1,2,3,4,\cdots,n-1$,对于每个给定的 l,m_l 有 $(2l+1)$ 个可能的取值,对于每个给定的 m_l,m_s 有两个可能的取值,即对于每个给定的 l,可以有 $2(2l+1)$ 个可能的状态,因此

$$Z_l=2(2l+1) \tag{15-49}$$

$$Z_n=\sum_{l=0}^{n-1}2(2l+1)=2n^2 \tag{15-50}$$

见表 15-3。

表 15-3 各主壳层和支壳层可容纳的最多电子数

n \ l	0 (s)	1 (p)	2 (d)	3 (f)	4 (g)	5 (h)	6 (i)	$Z_n=2n^2$
1(K)	2(1s)							2
2(L)	2(2s)	6(2p)						8
3(M)	2(3s)	6(3p)	10(3d)					18
4(N)	2(4s)	6(4p)	10(4d)	14(4f)				32
5(O)	2(5s)	6(5p)	10(5d)	14(5f)	18(5g)			50
6(P)	2(6s)	6(6p)	10(6d)	14(6f)	18(6g)	22(6h)		72
7(Q)	2(7s)	6(7p)	10(7d)	14(7f)	18(7g)	22(7h)	26(7i)	98

2. 能量最小原理

能量最小原理是物理学的普遍原理,即当原子处于稳定状态时,它的每个电子总是尽可能占据最低的能量状态,从而使整个原子体系的能量最低。因此,能级越低即离核越近的壳层先被电子填满。能量不仅与主量子数 n 有关,还和轨道量子数 l 有关,所以有时候 n 较小的壳层尚未填满时,下一个壳层就开始有电子填入了。关于壳层的能量高低问题,我国学者徐光宪总结出一条规律,对于核外电子,能级的高低由 $(n+0.7l)$ 决定,该值越大的能级能

量越高。例如，$3d$ 态能量比 $4s$ 态高，因此钾的第 19 个电子不是占据 $3d$ 态，而是 $4s$ 态。表 15-4 为原子中电子按壳层排布表。

表 15-4　原子中电子按壳层排布表

周期	原子序数	元素名称	化学符号	各壳层的电子数											
				K	*L*		*M*			*N*				*O*	
				$1s$	$2s$	$2p$	$3s$	$3p$	$3d$	$4s$	$4p$	$4d$	$4f$	$5s$	$5p$
Ⅰ	1	氢	H	1											
	2	氦	He	2											
Ⅱ	3	锂	Li	2	1										
	4	铍	Be	2	2										
	5	硼	B	2	2	1									
	6	碳	C	2	2	2									
	7	氮	N	2	2	3									
	8	氧	O	2	2	4									
	9	氟	F	2	2	5									
	10	氖	Ne	2	2	6									
Ⅲ	11	钠	Na	2	2	6	1								
	12	镁	Mg	2	2	6	2								
	13	铝	Al	2	2	6	2	1							
	14	硅	Si	2	2	6	2	2							
	15	磷	P	2	2	6	2	3							
	16	硫	S	2	2	6	2	4							
	17	氯	Cl	2	2	6	2	5							
	18	氩	Ar	2	2	6	2	6							
Ⅳ	19	钾	K	2	2	6	2	6		1					
	20	钙	Ca							2					
	21	钪	Sc	2	2	6	2	6	1	2					
	22	钛	Ti						2	2					
	23	钒	V						3	2					
	24	铬	Cr						5	1					
	25	锰	Mn						5	2					
	26	铁	Fe						6	2					
	27	钴	Co						7	2					
	28	镍	Ni						8	2					
	29	铜	Cu	2	2	6	2	6	10	1					
	30	锌	Zn							2					
	31	镓	Ga	2	2	6	2	6	10	2	1				
	32	锗	Ge							2	2				
	33	砷	As							2	3				
	34	硒	Se							2	4				
	35	溴	Br							2	5				
	36	氪	Kr							2	6				

续表

周期	原子序数	元素名称	化学符号	各壳层的电子数											
				K	*L*		*M*			*N*				*O*	
				1*s*	2*s*	2*p*	3*s*	3*p*	3*d*	4*s*	4*p*	4*d*	4*f*	5*s*	5*p*
V	37	铷	Rb	2	8	18	2	6			1				
	38	锶	Sr								2				
	39	钇	Y	2	8	18	2	6	1		2				
	40	锆	Zr						2		2				
	41	铌	Nb						4		1				
	42	钼	Mo						5		1				
	43	锝	Tc						5		2				
	44	钌	Ru						7		1				
	45	铑	Rh						8		1				
	46	钯	Pd						10						
	47	银	Ag	2	8	18	2	6	10		1				
	48	镉	Cd								2				
	49	铟	In	2	8	18	2	6	10		2	1			
	50	锡	Sn								2	2			
	51	锑	Sb								2	3			
	52	碲	Te								2	4			
	53	碘	I								2	5			
	54	氙	Xe								2	6			
Ⅵ	55	铯	Cs	2	8	18	2	6	10		2	6			1
	56	钡	Ba								2	6			2
	57	镧	La	2	8	18	2	6	10		2	6	1		2
	58	铈	Ce							1	2	6	1		2
	59	镨	Pr							3	2	6			2
	60	钕	Nd							4	2	6			2
	61	钷	Pm							5	2	6			2
	62	钐	Sm							6	2	6			2
	63	铕	Eu							7	2	6	1		2
	64	钆	Gd							7	2	6			2
	65	铽	Tb							9	2	6			2
	66	镝	Dy							10	2	6			2
	67	钬	Ho							11	2	6			2
	68	铒	Er							12	2	6			2
	69	铥	Tm							13	2	6			2
	70	镱	Yb							14	2	6			2
	71	镥	Lu							14	2	6	1		2
	72	铪	Hf							14	2	6	2		2
	73	钽	Ta	2	8	18	32	2	6	3		2			
	74	钨	W							4		2			
	75	铼	Re							5		2			

续表

周期	原子序数	元素名称	化学符号	各壳层的电子数											
				K	L		M			N				O	
				1s	2s	2p	3s	3p	3d	4s	4p	4d	4f	5s	5p
Ⅵ	76	锇	Os							6		2			
	77	铱	Ir							7		2			
	78	铂	Pt							9		1			
	79	金	Au	2	8	18	32	2	6	10		1			
	80	汞	Hg									2			
	81	铊	Tl	2	8	18	32	2	6	10		2	1		
	82	铅	Pb									2	2		
	83	铋	Bi									2	3		
	84	钋	Po									2	4		
	85	砹	At									2	5		
	86	氡	Rn									2	6		
Ⅶ	87	钫	Fr	2	8	18	32	2	6	10		2	6		1
	88	镭	Ra									2	6		2
	89	锕	Ac	2	8	18	32	2	6	10		2	6	1	2
	90	钍	Th									2	6	2	2
	91	镤	Pa								2	2	6	1	2
	92	铀	U								3	2	6	1	2
	93	镎	Np								4	2	6	1	2
	94	钚	Pu								6	2	6		2
	95	镅	Am								7	2	6		2
	96	锔	Cm								7	2	6	1	2
	97	锫	Bk								9	2	6		2
	98	锎	Cf								10	2	6		2
	99	锿	Es								11	2	6		2
	100	镄	Fm								12	2	6		2
	101	钔	Md								13	2	6		2
	102	锘	No								14	2	6		2
	103	铹	Lr								14	2	6	1	2

例 15-9　在宽度为 a 的一维箱中每米有 5×10^9 个电子，如果所有的单电子最低能级都被填满，试求能量最高的电子的能量。

解　例 15-6 中已经得出一维箱中电子的能级公式

$$E_n=\frac{h^2n^2}{8a^2m}$$

式中，m 是电子的质量，a 是箱宽。根据泡利不相容原理，在每个能级上可以存在自旋投影不同的两个电子。已知所有的单电子最低能级都被填满，从 $n=1$ 的基态填起，填到量子数

为 n 的第 n 个态,一共填了 $2n$ 个电子,所以能量最高的电子的量子数 n 满足

$$2n = 5 \times 10^9 \mathrm{m}^{-1} \times a$$

所以

$$\frac{n}{a} = 2.5 \times 10^9 \mathrm{m}^{-1} = 2.5 \mathrm{nm}^{-1}$$

代入能级公式得

$$E_n = \frac{h^2 n^2}{8a^2 m} = \frac{(6.626 \times 10^{-34})^2 \times (2.5 \times 10^9)^2}{8 \times 9.1 \times 10^{-31} \times 1.602 \times 10^{-19}} \mathrm{eV} = 2.35 \mathrm{eV}$$

每纳米有几个电子,这大约是金属中自由电子密度的量级,所以本题可以看作是金属中自由电子的一个简化模型。其中能量最高的电子能量大约为几个电子伏特,这也正是金属自由电子逸出功的量级。

例 15-10 在宽度为 a 的一维箱中每飞米有一个中子,试求此中子的体系处于基态时中子的最高能量。

解 中子自旋为 $\frac{1}{2}$,是费米子,受泡利不相容原理的限制。与例 15-9 同理,中子的质量为

$$m = 1.67 \times 10^{-27} \mathrm{kg}, 1\mathrm{fm} = 10^{-15} \mathrm{m}$$

$$2n = \mathrm{m}^{-15} \times a$$

$$\frac{n}{a} = 0.5 \mathrm{m}^{-15} = 0.5 \mathrm{fm}^{-1}$$

$$E_n = \frac{h^2 n^2}{8a^2 m} = \frac{(6.626 \times 10^{-34})^2 \times (0.5 \times 10^{15})^2}{8 \times 1.67 \times 10^{-27} \times 1.602 \times 10^{-19}} \mathrm{eV} = 51 \times 10^6 \mathrm{eV} = 51 \mathrm{MeV}$$

中子半径大约是零点几个飞米。每飞米有一个中子,则这个体系的中子基本上是一个挤着一个排列,这大致上就是中子星中中子物质的情形。所以本题可以看作是中子物质或者核物质的一个简化模型。其中能量最高的中子能量大约为几十兆电子伏特,这也正是原子核中核子能量的量级。

阅读材料 14　量子物理与经典物理

量子力学的两条基本原理,与波粒二象性、不确定关系有机地结合在一起反映了量子物理与经典物理的根本区别。

这个区别首先表现在:量子物理的基本规律是统计规律,而经典物理的基本规律是决定论、严格的因果律。哥本哈根学派认为:大自然的一切规律都是统计性的,经典因果律只是统计规律的极限。

这个区别还表现在:量子物理的统计规律与经典物理中熟知的统计规律截然不同。在经典物理中,"几率"是统计规律的关键概念;而在量子物理中,"几率幅"才是最核心的概念。在经典物理中,根本的规律是决定论,统计规律只是对待多粒子体系的一种方法、一种工具、一种权宜之计;而在量子物理中,根本规律就是统计规律,个别粒子都体现出统计属性。

正是在这些原则性的观点上，爱因斯坦与玻尔持有完全不同的看法，展开了著名的论战。爱因斯坦和玻尔的论战可分为两个阶段，1930 年第六届索尔维会议标志着第一阶段的结束。在此之前，爱因斯坦针对不确定关系、互补原理提出了种种非难，力图指出量子力学在逻辑上的错误，认为它是一个不自洽的理论。在这次会议上，爱因斯坦提出了著名的光子箱理想实验，结果被玻尔击败，从而迫使爱因斯坦承认量子力学是一种正确的统计理论。于是开始了论战的第二阶段，直到 1955 年爱因斯坦逝世为止，争论的焦点是理论的完备性。爱因斯坦认为：量子力学的统计理论只是一种权宜之计，并非最终的理论，而以玻尔、海森伯为首的哥本哈根学派从一开始就认为：量子力学是一种完备的理论，其数学物理基础不容作进一步的修改。

到目前为止，争论还在进行。费恩曼在他的讲义中写道："我们必须强调经典力学和量子力学的一个重要差别，我们一直在讨论某情况下电子到达的几率。即使在最好的实验中也无法准确预料将会发生什么事情，我们只能预料其几率。如果这些都是正确的话，这就表示物理学已放弃了准确预料事情的理想，而且相信这是不可能的，唯一得到的只是预料各种事件发生的几率。虽然这不符合我们早期企图了解自然的理想，可以说是退了一步，但没有人能够避免。""目前只能讨论几率，虽然是'目前'，但非常可能永远如此，非常可能永远无法解决这个疑难，非常可能自然界就是如此。"

狄拉克在 1972 年的一次关于量子力学发展的会议上作的闭幕词中这样说道："在我看来，很显然，我们还没有量子力学的基本定律。我们现在正在使用的定律需要作重要的修改，只有这样，才能使我们具有相对论性的理论。非常可能，从现在的量子力学到将来的相对论性量子力学的修改，会像从玻尔轨道理论到目前的量子力学的那种修改一样剧烈。当我们作出这样剧烈的修改之后，当然，我们用统计计算对理论作出物理解释的观念可能会被彻底地修改。"

本章要点

1. 波函数和薛定谔方程

(1) 物质波的本质：微观粒子不是经典意义上的波，也不是经典意义上的粒子，波粒二象性是微观粒子的固有属性。

(2) 波函数的物理意义：波函数振幅的平方 $|\Psi(r,t)|^2$ 表示粒子在 r 处单位体积内出现的概率(称为概率密度)。

(3) 波函数必须满足单值、有限、连续、归一化。

(4) 不确定关系

① 粒子在某个方向上的动量和位置坐标满足的不确定关系为

$$\Delta x \Delta p_x \geqslant h$$

② 能量的不确定量 ΔE 和时间的不确定量 Δt 满足的不确定关系为

$$\Delta E \Delta t \geqslant \hbar$$

(5) 薛定谔方程是量子力学的基本方程

$$\mathrm{i}\hbar\frac{\partial \Psi}{\partial t}=\hat{H}\Psi$$

2. 定态薛定谔方程

(1) 定态：概率密度只与空间位置 r 有关,与时间无关,称粒子处于定态。

(2) 定态薛定谔方程

$$\hat{H}\psi(r)=E\psi(r)$$

(3) 一维无限深势阱中的粒子波函数

$$\begin{cases}\psi_{\mathrm{i}}(x)=\sqrt{\dfrac{2}{L}}\sin\dfrac{n\pi x}{L}, & n=1,2,3,\cdots \\ \psi_{\mathrm{e}}(x)=0\end{cases}$$

能级

$$E_n=\frac{n^2\pi^2\hbar^2}{2mL^2},\quad n=1,2,3,\cdots$$

(4) 隧道效应：在粒子总能量低于势垒壁高的情况下,粒子能越过垒壁甚至能穿透有一定宽度的势垒而逃逸出来的现象。

3. 粒子在电磁场中的运动

(1) 电磁场中带电粒子的薛定谔方程

$$-\mathrm{i}\hbar\frac{\partial}{\partial t}\psi=\left[\frac{1}{2m_0}\hat{P}^2-\frac{q}{m_0c}\mathbf{A}\cdot\hat{P}+\frac{q^2}{2m_0c^2}\mathbf{A}^2+q\phi\right]$$

(2) 塞曼效应的能级劈裂

$$E_{nlm}=E_{nl}+\frac{eB}{2m_0c}m\hbar,\quad n,l=0,1,2,\cdots;\quad m=l,l-1,\cdots,-l$$

(3) 朗道能级

$$E=E_n=\left(n+\frac{1}{2}\right)\hbar\omega_{\mathrm{c}},\quad n=0,1,2,\cdots$$

$\omega_{\mathrm{c}}=\dfrac{eB}{Mc}=2\omega_{\mathrm{L}}$ 称为回旋角频率。

4. 表征氢原子中电子状态的四个量子数

(1) 主量子数 n：决定电子的能量。

$$E_n=-\frac{me^4}{2(4\pi\varepsilon_0)^2\hbar^2}\frac{1}{n^2},\quad n=1,2,3,4,5,\cdots$$

(2) 轨道量子数 l：决定电子的轨道角动量的大小。

$$L=\sqrt{l(l+1)}\,\hbar,\quad l=0,1,2,3,4,\cdots,n-1$$

(3) 轨道磁量子数 m_l：决定电子的轨道角动量 L 在空间某一方向(如 z 方向)的投影。

$$L_z=m_l\hbar,\quad m_l=-l,-(l-1),\cdots,0,1,2,\cdots,(l-1),l$$

(4) 自旋量子数 s：决定电子自旋角动量 S 的大小。

$$S=\sqrt{s(s+1)}\,\hbar=\sqrt{\frac{3}{4}}\hbar,\quad s=\frac{1}{2}$$

(5) 自旋磁量子数 m_s：决定电子自旋角动量在外磁场方向的投影 S_z。

$$S_z=m_s\hbar=\pm\frac{1}{2}\hbar,\quad m_s=\pm\frac{1}{2}$$

5. **表征氢原子中电子状态的四个量子数**

(1) 泡利不相容原理：全同费米子体系中不能有两个或两个以上的粒子同时处于相同的状态。

每个主壳层最多可容纳的电子数目

$$Z_n=\sum_{l=0}^{n-1}2(2l+1)=2n^2$$

每个支壳层最多可容纳的电子数目

$$Z_l=2(2l+1)$$

(2) 能量最小原理：当原子处于稳定状态时，它的每个电子总是尽可能去占据最低的能量状态，从而使整个原子体系的能量最低。核外电子能级的高低由$(n+0.7l)$决定，该值越大的能级能量越高。

习题 15

15-1　描述粒子运动的波函数为$\psi(r,t)$，则$\psi\psi^*$表示________，$\psi(r,t)$需要满足的条件为________，其归一化条件是________。

15-2　限定在1nm范围内的电子和质子，速度的不确定值分别为________。

15-3　如图所示的一维无限深势阱中运动的粒子，其定态能量为________，定态波函数为________，当粒子处于$n=6$的量子态时，概率密度极大值处的x坐标为________，概率密度极小值处的x坐标为________。

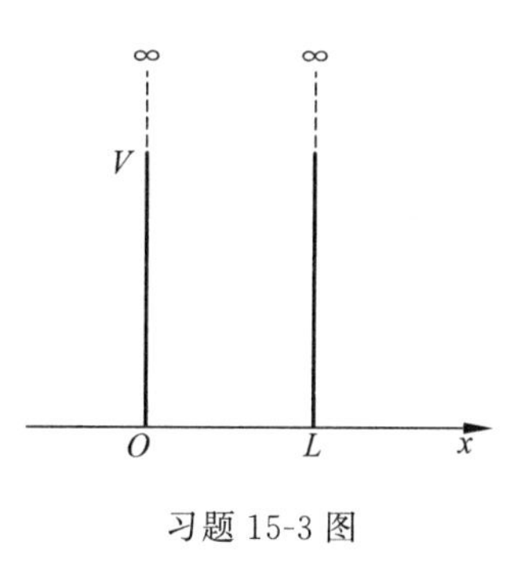

习题 15-3 图

15-4　按量子力学理论，若氢原子中电子的主量子数$n=3$，那么它的轨道角动量可能有________个取值；若电子的角量子数$l=2$，则电子的轨道角动量在磁场方向的分量可能取的各个值为________。

15-5　已知粒子在一维矩形无限深势阱中运动，其波函数为$\psi(x)=\sqrt{\frac{2}{a}}\sin\frac{3\pi}{a}x\,(0\leqslant x\leqslant a)$，那么粒子在$x=\frac{a}{6}$处出现的概率密度为________。

15-6　一粒子被禁闭在长度为a的一维箱中运动，其定态为驻波，试根据德布罗意关系式和驻波条件证明：该粒子定态动能是量子化的，求出量子化能级和最小动能公式(不考虑相对论效应。顺便指出，所得结果与严格求解量子力学方程所得结果恰好完全相同)。

15-7　一维无限深势阱中粒子的定态波函数为$\psi_n(x)=\sqrt{\frac{2}{a}}\sin\frac{n\pi}{a}x$，试求粒子在$x=0$到$x=\frac{a}{3}$之间被找到的概率，当

(1) 粒子处于基态时；

(2) 粒子处于$n=2$的激发态时。

15-8 试证明:

(1) 在氢原子中距原子核为 r 到 $r+\mathrm{d}r$ 之间找到电子的概率为 $r^2|R_{nl}|^2\mathrm{d}r$;

(2) 对于 1s 电子,$r^2|R_{nl}|^2\mathrm{d}r$ 在 $r=a$(玻尔半径)处有极大值。

15-9 求出能够占据一个 d 支壳层的最多电子数,并写出这些电子的 m_l 和 m_s 值。

15-10 试写出 $n=4,l=3$ 壳层所属各态的量子数。

15-11 已知一原子具有最大 $m_l=\pm4$,你能对其他量子数作何说明?

15-12 $n=5$ 壳层中电子可能的状态有哪些?

自测题和能力提高题

自测题和能力提高题答案

第7篇

专题选读

专题 I

激光技术

随着1960年世界上第一台激光器的问世，激光技术成为20世纪60年代最重大的科学成就，并渐渐走向实用化。激光器的发明开创了一个光学新时代，使光波通信成为现实；开发了信息存储技术；还广泛应用于机械加工、生物学、化学、医学、军事、农业、商业等领域。本章简要介绍激光器的工作原理以及它在生产、生活和国防中所发挥的至关重要的作用。

Ⅰ.1 激光器概述

1. 激光器的由来

雷达的空间分辨本领，即能区分的最小物体长度，与使用的电磁波波长有关。而电磁波的衍射角θ和波长λ的关系为

$$\theta = 1.22\frac{\lambda}{D} \tag{Ⅰ-1}$$

式中，D是电磁波束的半径。λ越小，衍射角θ越小，能区分的物体的长度就越小，即空间分辨力越高。比如用波长为1m的电磁波的雷达可以区分长度为10m的物体，用波长为1mm的电磁波的雷达就可以分辨长度为1cm的物体。然而要得到波长为厘米或毫米量级的单色电磁波，在制作工艺上是非常困难的。

1954年美国哥伦比亚大学汤斯(Townes Charles Hard，1915—2015年)制成第一台微波(波长范围为0.1mm～1m的电磁辐射)激射器——氨分子振荡器，产生出波长为1.25cm的微波，这种振荡器被命名为Maser，是英文microwave amplification by stimulated emission of radiation中每个单词的首字母，译为微波受激发射放大，简称微波激射器。1958年，在美国贝尔电话实验室工作的肖洛(Schawlow Arthur Leonard，1921—1999年)和汤斯合作，提出设计激光器初步方案及其研制的可能性和特性。1958年12月他们把研究成果写成论文，投寄给《物理学评论》，论文题目为“红外和光学激射器”。之后科学家们提出制造激光器的方案有很多种，结果是休斯实验室的梅曼(C. M. Maman)的方案首先获得成功，在1960年5月制成了世界上第一台激光器——Laser(light amplification by stimulated emission of radiation)，是用红宝石作为工作物质的。我国第一台激光器也是红宝石激光器，是由中国科学院长春光学精密机械研究所王之江领导设计并和邓锡铭、汤星里、杜继禄

等共同实验研制成的,在1961年9月制成。由于一开始没有统一的名称,不便于学术交流,后来由钱学森教授将Laser译成"激光"和"激光器",此后,我国的各种媒体上统一使用激光、激光器这两个名称。

2. 激光的特性

1) 能量高度集中

激光光束的发散范围很小,在几千米以外,扩展范围不超过几个厘米,这是普通光源无法达到的,因此激光的能量在空间沿发射方向高度集中,亮度比普通光源有极大的提高。有些激光器发光的亮度可达到地球表面太阳光亮度的10^{14}倍。一个聚焦的几千瓦的连续CO_2激光光束可以在约10s内把一块厚约6.4mm的不锈钢板烧穿。激光的这个特性被用于切割、焊接材料等。

2) 单色性高

光源发射的光的波长范围叫做单色光的谱线宽度$\Delta\lambda$。很显然,$\Delta\lambda$越小,光的单色性越好,它的颜色就越单纯。激光的谱线宽度很窄,如He-Ne激光的谱线宽度$\Delta\lambda$只有2×10^{-9}nm,而普通光源中单色性最好的氪灯发射的橘黄色谱线(605.7nm)的谱线宽度$\Delta\lambda$也有4.7×10^{-4}nm,比激光的单色性要低5个数量级。激光是目前世界上发光颜色最单纯的光源。

3) 相干性好

相干长度为$L=\dfrac{\lambda^2}{\Delta\lambda}$,激光的单色性好,$\Delta\lambda$很小,因此相干长度大,如He-Ne激光的相干长度可达200km,而有单色光之冠的氪灯的相干长度只有0.78m。激光是目前相干性最好的光源,所产生的干涉条纹非常清晰。

3. 激光的种类

激光器的分类方法很多。根据工作物质的形态可分为:固体激光器、气体激光器、液体激光器和半导体激光器等。根据激光的输出方式可分为连续激光器和脉冲激光器。另外还可根据激光器的结构、性能、发光频率和功率的大小以及谐振腔的类型等来分,但最常用的是从工作物质的形态来区分。

1) 固体激光器

采用晶体或玻璃为基质材料,并均匀掺入少量激活离子。一般是过渡族金属元素的离子(如铬离子)、稀土金属离子(如钶离子)等,这些激活离子和基质材料适当配比就能够形成三能级或四能级结构,达到粒子数反转条件。比较有代表性的固体激光器主要有红宝石激光器、钕玻璃激光器和钇铝石榴石激光器。

(1) 红宝石激光器:基质材料为红宝石晶体(三氧化二铝),激活离子为铬离子。

(2) 钕玻璃激光器:基质材料为玻璃,激活离子为钕离子。

(3) 钇铝石榴石激光器:基质材料为钇铝石榴石(YAG)晶体,激活离子为钕离子。

2) 气体激光器

气体激光器以气体或金属蒸气为工作物质,是利用气体原子、分子或离子的分离能级进行工作的,典型的气体激光器有He-Ne激光器、CO_2激光器等。

(1) He-Ne激光器:以惰性气体He和Ne的混合物为工作物质。

(2) CO_2 激光器：以 CO_2、He、N_2 和 Xe 的混合气体为工作物质。

3) 液体激光器

最常见的液体激光器是以有机溶液为工作物质的染料激光器，利用不同染料可获得在可见光范围内不同波长的光。例如若丹明 6G 的水溶液，用氙闪光灯或其他激光激发可以使它发出激光。

4) 半导体激光器

这类激光器分子激活介质是半导体材料，如砷化镓(GaAs)、掺铝砷化镓(AlGaAs)等。

Ⅰ.2 激光器工作原理

1. 爱因斯坦的辐射理论

1917 年爱因斯坦指出，原子能够通过两种途径发射光子而回到一个较低的态。一种是原子无规则地变到低能态，这称为自发辐射。另一种是一个具有能量等于二能级间能量差的光子与处于高能态的原子作用，使原子产生发射，这称为受激辐射。受激辐射具有两个特性，一是产生光子的能量几乎等于引起受激发射的光子的能量，所以有近似相同的频率；二是这两个光子相联系的光波是同相位的，偏振状态相同，传播的方向也相同，所以是相干的。

1) 自发辐射跃迁(spontaneous emission)

原子能级中基态最稳定，通常情况下绝大多数原子都处于基态，而处于激发态或亚稳态上的原子很少，而且寿命很短，处于激发态的原子寿命为 10^{-8}s，处于亚稳态的原子寿命为 10^{-2}s，很不稳定，即使没有受到任何外界作用，处于高能级(E_2)的原子也会跃迁到低能级(E_1)上，同时辐射出能量为 $h\nu=E_2-E_1$ 的光子，称为自发辐射跃迁，如图Ⅰ-1 所示。

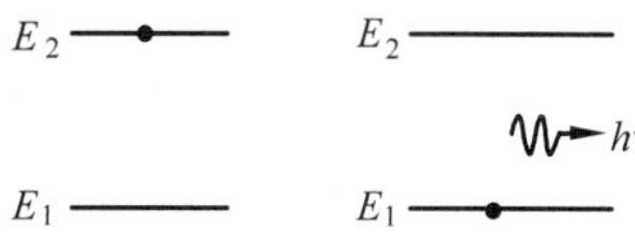

图Ⅰ-1 自发辐射跃迁

原子的自发辐射过程完全是一种随机过程，其发光过程各自独立，互无关联，处在高能级的原子什么时候自发辐射带有偶然性，辐射的光波在其位相、偏振状态、发射方向上都没有确定的关系。高能级向低能级跃迁的能量差不同，辐射的光子的频率就不同，因此自发辐射的单色性、方向性、亮度都是非常不理想的，是非相干的。自然光的发光机理就是自发辐射。例如太阳光、灯光、荧光都属于自发辐射光，包含多种波长成分。

假设 t 时刻，E_2 能级上的原子数密度为 $N_2(t)$，则在 $\mathrm{d}t$ 时间内，由 E_2 能级自发辐射到 E_1 能级的原子数密度为

$$\mathrm{d}N_{2\mathrm{sp}}=-A_{21}N_2(t)\mathrm{d}t \qquad (Ⅰ\text{-}2)$$

式中，A_{21} 称为爱因斯坦自发辐射系数。

可以推出

$$N_2(t)=N_2(0)\mathrm{e}^{-A_{21}t}=N_2(0)\mathrm{e}^{-\frac{t}{\tau}} \qquad (Ⅰ\text{-}3)$$

式中，$N_2(0)$为 $t=0$ 时刻 E_2 能级上的原子数密度，$\tau=\dfrac{1}{A_{21}}$为时间常数。如果没有其他过程，$N_2(t)$将按 $\mathrm{e}^{-\frac{t}{\tau}}$ 迅速衰减。

2) 受激吸收跃迁(stimulated absorption)

当处于低能级 E_1 上的原子从外界获得 E_2-E_1 的能量时,就会跃迁到高能级 E_2 上,这个过程称为受激吸收。要使处于基态的原子发光,必须由外界提供能量使原子跃迁到激发态,所以普通光源的发光包含了受激吸收和自发辐射两种过程,如图Ⅰ-2所示。

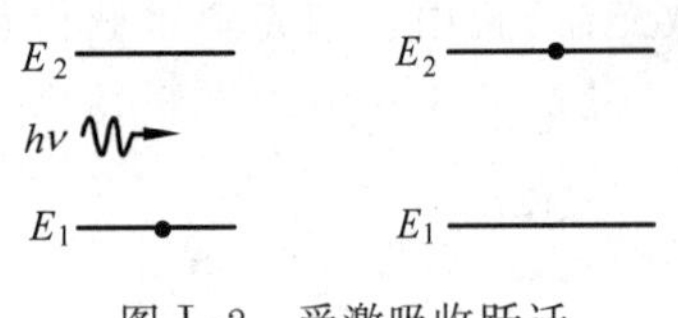

图Ⅰ-2 受激吸收跃迁

假设 t 时刻 E_1 能级上的原子数密度为 $N_1(t)$,$\rho(\nu)$ 为辐射场的能量密度,则在 $\mathrm{d}t$ 时间内由 E_1 能级跃迁到 E_2 能级的原子数密度为

$$\mathrm{d}N_{1ab}=-B_{12}N_1(t)\rho(\nu)\mathrm{d}t \tag{Ⅰ-4}$$

式中,B_{12} 称为爱因斯坦吸收系数。

3) 受激辐射跃迁(stimulated emission)

处于高能级 E_2 的原子,在满足频率为 $\nu=\dfrac{E_2-E_1}{h}$ 的外来光子的激励下被诱发,由高能级 E_2 向低能级 E_1 的状态跃迁,并发出一个同频率的光子来,这个过程称为受激辐射跃迁,如图Ⅰ-3所示。这种受激辐射的光子与诱发光子不仅有相同的频率,而且发射方向、偏振状态以及光波相位都完全一样。这样通过一个光子的作用,得到两个特征完全相同的光子,这两个光子可以再诱发其他原子产生受激辐射,这样在一个光子的作用下获得了大量特征完全相同的光子,使原来的光信号被放大了。受激辐射是产生激光的基础。由受激辐射所引起的能级 E_2 上的原子数密度的变化为

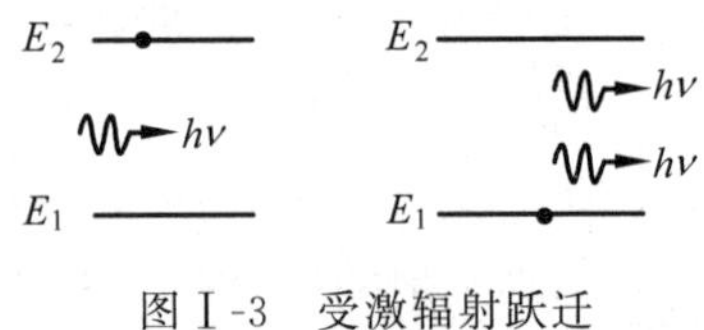

图Ⅰ-3 受激辐射跃迁

$$\mathrm{d}N_{2st}=-B_{21}N_2(t)\rho(\nu)\mathrm{d}t \tag{Ⅰ-5}$$

式中,B_{21} 称为爱因斯坦受激辐射系数。

在热平衡状态下,处于能级 E_1 和 E_2 上的原子数是保持稳定的,因此从能级 E_1 跃迁到能级 E_2 的原子数密度应与从能级 E_2 跃迁回能级 E_1 的原子数密度相等。

$$\mathrm{d}N_{1ab}=\mathrm{d}N_{2sp}+\mathrm{d}N_{2st} \tag{Ⅰ-6}$$

将方程(Ⅰ-2)、方程(Ⅰ-4)和方程(Ⅰ-5)代入方程(Ⅰ-6),得

$$\frac{N_2}{N_1}=\frac{B_{12}\rho(\nu)}{A_{21}+B_{21}\rho(\nu)} \tag{Ⅰ-7}$$

又由玻尔兹曼统计分布公式得

$$\frac{N_2}{N_1}=\frac{g_2}{g_1}\mathrm{e}^{-\frac{E_2-E_1}{kT}}=\frac{g_2}{g_1}\mathrm{e}^{-\frac{h\nu}{kT}} \tag{Ⅰ-8}$$

式中,g_1 和 g_2 分别为能级 E_1 和 E_2 的简并度,即对应于同一能量的原子的所有状态的数目。

联立方程(Ⅰ-7)和方程(Ⅰ-8),可得

$$\frac{g_2}{g_1}\mathrm{e}^{-\frac{h\nu}{kT}}=\frac{B_{12}\rho(\nu)}{A_{21}+B_{21}\rho(\nu)} \tag{Ⅰ-9}$$

由方程(Ⅰ-9),可解得

$$\rho(\nu)=\frac{A_{21}}{B_{21}}\frac{1}{\frac{g_1}{g_2}\frac{B_{12}}{B_{21}}\mathrm{e}^{\frac{h\nu}{kT}}-1} \tag{Ⅰ-10}$$

普朗克的黑体辐射公式为

$$\rho(\nu)=\frac{8\pi h\nu^3}{c^3}\frac{1}{\mathrm{e}^{\frac{h\nu}{kT}}-1} \tag{Ⅰ-11}$$

比较方程(Ⅰ-10)和方程(Ⅰ-11),可得

$$\frac{B_{12}}{B_{21}}=\frac{g_2}{g_1} \tag{Ⅰ-12}$$

$$\frac{A_{21}}{B_{21}}=\frac{8\pi h\nu^3}{c^3} \tag{Ⅰ-13}$$

可见,三个爱因斯坦系数 A_{21}、B_{21}、B_{12} 是相互关联的。知道其中的任一个,就可以求出其余两个。事实上,这些系数都是原子特征的表现。虽然它们是借助热平衡条件下的能量密度公式得到的,但理论与实验都证明,它们是普遍成立的,也适用于非热平衡状态。在常温下,受激辐射的概率比自发辐射的概率小得多,几乎可以忽略。因此,一般光源的辐射大都是自发辐射,其中的受激辐射使人无法察觉。但是受激辐射的光子具有很好的相干性,如果能使其占据辐射的优势,就可以大大提高光辐射的用途,这就是激光器形成的历史背景。

2. 粒子数反转

发射激光的材料称为激光的工作物质。当频率为 $\nu=\frac{E_2-E_1}{h}$ 的光子作用于工作物质的原子系统时,受激吸收和受激辐射这两个过程将同时发生。前一过程使入射光子数减少,后一过程使入射光子数得到放大。根据能量最小原理,在热平衡条件下,只有极少数原子处于 E_2 能级上,所以一般情况下,当光波通过热平衡介质时,总是受激吸收占优势,因此总是使得入射光有所衰减,并不能实现光放大。为了使受激辐射取得优势地位,必须使高能级的原子数超过低能级的原子数,这种分布称为粒子数反转或负温度分布。负温度是对处于高能态的原子数目比处于低能态的原子数目多的状态的表述。实现了粒子数反转的介质称为激活介质。要实现粒子数反转必须有两个条件。一是要有激励源,即从外界不断地给工作物质的原子系统输入能量,使物质中尽可能多的原子处于高能态,这个激励过程称为泵浦或抽运,其作用像水泵一样把低能态的原子抽运到高能态来,主要方法有:光泵浦、气体放电泵浦、粒子束泵浦、化学泵浦。二是工作物质的能级结构中存在亚稳态能级,亚稳态能级是能量较低的激发态能级,其特点是原子在其上的寿命较长。例如红宝石激光器的工作物质是一根红宝石棒(掺杂 Cr^{3+} 的三氧化二铝晶体),如图Ⅰ-4 所示。铬离子中涉及激发和发射激光的三能级系统,如图Ⅰ-5 所示。作为泵浦源的高压氙灯发出强光激发 Cr^{3+} 到达激发态 E_3,处于激发态的原子寿命极短,约 10^{-7}s 内无辐射跃迁到能级 E_2 上,E_2 是亚稳态能级,原子在其上停留的时间较长,约 10^{-3}s,只要激发足够强,原子就会在 E_2 上累积起来,而基态的原子数逐渐减少,从而实现了亚稳态能级 E_2 和基态能级 E_1 之间的粒子数反转,实现受激辐射。三能级激光器中,获得亚稳态和基态间粒子数反转的效率不是很高。因为

在开始抽运时亚稳态上实际是空的,最低限度要将基态原子数的半数以上抽运到亚稳态才可实现粒子数反转。有些工作物质的原子系统拥有四能级结构,如图Ⅰ-5所示。典型的代表是He-Ne激光器,它是一个四能级结构。处于基态 E_1 的原子被激发到最高能级 E_4,从 E_4 无辐射地跃迁到亚稳态 E_3,因为能级 E_2 实际上是空的,这样在 E_3 上只要有较少的粒子累积就可实现 E_3 和 E_2 之间的粒子数反转,因此比三能级结构更容易实现粒子数反转。

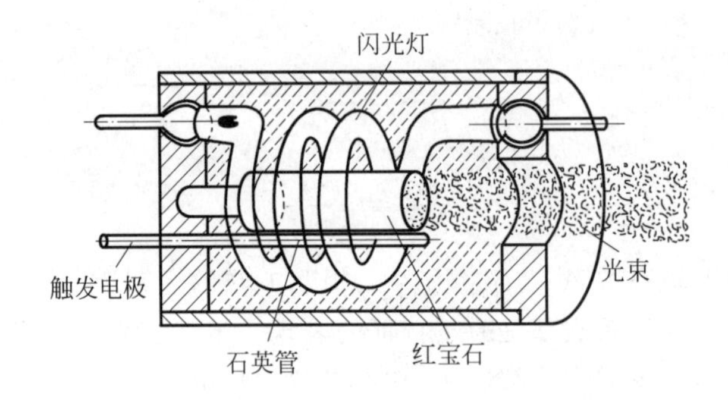

图Ⅰ-4　红宝石激光器结构图

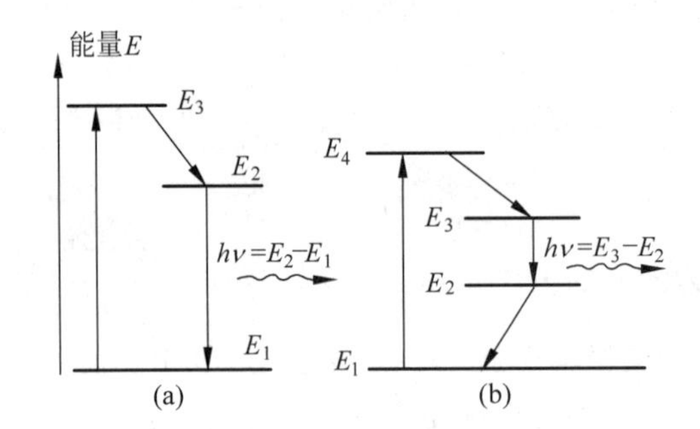

图Ⅰ-5　(a)三能级系统,(b)四能级系统

3. 光学谐振腔

产生激光需要两个条件,一是工作物质中的粒子数反转;二是要建立一个满足阈值条件的光学谐振腔。谐振腔是由放在工作物质两端的反射镜构成的光学系统,光子可以在其中来回反射振荡。谐振腔主要由两块互相平行的平面反射镜组成,其中一块反射镜对激光的反射率接近100%,另一块对激光有微小的透射率,在谐振腔中形成的激光有一部分从这块反射镜透射到腔外,如图Ⅰ-6所示。谐振腔有三个作用:

1) 放大

光在粒子数反转的工作物质中传播时,得到光放大。当光到达反射镜时,又反射回来穿过工作物质,进一步得到光放大,这样不断地反射的现象叫做光振荡,光在谐振腔内来回振荡,造成连锁反应,雪崩似的获得放大,因此从具有一定透过率的平面镜一端输出强烈的激光。

2) 选向

由于只有在谐振腔轴线方向上振荡的光才得到加强,偏离谐振腔轴线方向的光经过反射后会逸出腔外,所以激光的方向性好。

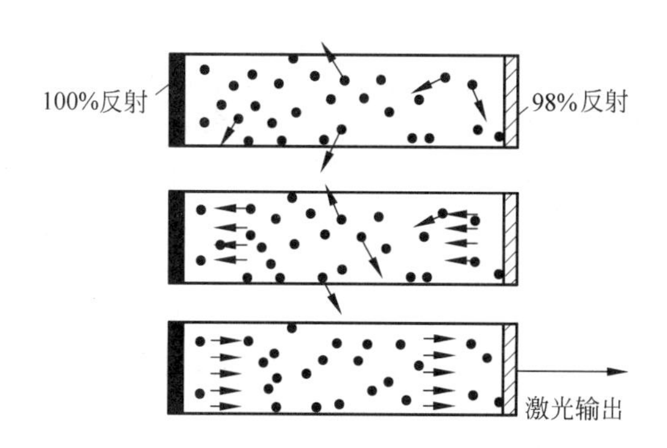

图Ⅰ-6　光学谐振腔

3）选频

组成谐振腔的反射镜都镀有多层反射膜，只要选择每层反射膜的厚度使之等于所要输出的激光在这膜中的波长的四分之一，就可以使所需要的波长得到最大限度的反射，而限制其他波长的光的反射。另外，光在谐振腔传播时形成驻波，只有满足驻波条件 $L=n\dfrac{\lambda}{2}$（L 为谐振腔长度，n 为正整数，λ 为激光的波长）的光才可以在腔内形成稳定的振荡而不断得到加强，而不满足此条件的光很快减弱而被淘汰，所以激光的单色性好。

在谐振腔内除了发生光放大作用（或称为增益）外，还存在由于工作物质对光的散射以及反射镜的吸收和透射等造成的各种损耗。只有当光在谐振腔内来回一次所得到的增益大于损耗时，才能形成激光。要使光在谐振腔内增益大于损耗，必须满足的阈值条件是

$$r_1 r_2 e^{2GL} > 1 \qquad (\text{Ⅰ-14})$$

式中，r_1、r_2 分别为两反射镜的反射率，G 为增益系数，L 为谐振腔长度。

Ⅰ.3　激光器的应用领域

激光的诸多特性使它在科学研究、工业、军事、信息技术、精密计量、医学，直至日常生活等方面都有重要应用。经过半个多世纪的发展，激光波长的覆盖范围已大为扩展，激光的各种性能也有很大的提高。许多应用已日趋成熟，应用的范围也日益扩大。作为一种有效的研究手段它已经在物理学、化学和生物学等学科的研究中发挥了重要作用。

1）激光测距仪

激光测距仪的基本原理与雷达相似，如图Ⅰ-7所示，激光测距仪对准目标发出脉冲激光信号，被目标反射回置于发出点的接收器，测出从开始发射到反射回来后所接收到的时间间隔 t，就能得出待测距离 s，即

$$s=\frac{1}{2}ct \qquad (\text{Ⅰ-15})$$

式中，c 为光速。因为 t 极短，精确测量 t 是准确测量距离的关键，所以激光测距仪中采用的是时标电脉冲振荡器的电子计时器，能精确记录光信号的往返时间。

激光测距仪测量精度高、可测距离远。如测量月球与地球表面之间的距离38万千米，精度可达到±2cm。目前，房屋面积丈量也常采用激光测距仪。另外由于激光具有极好的

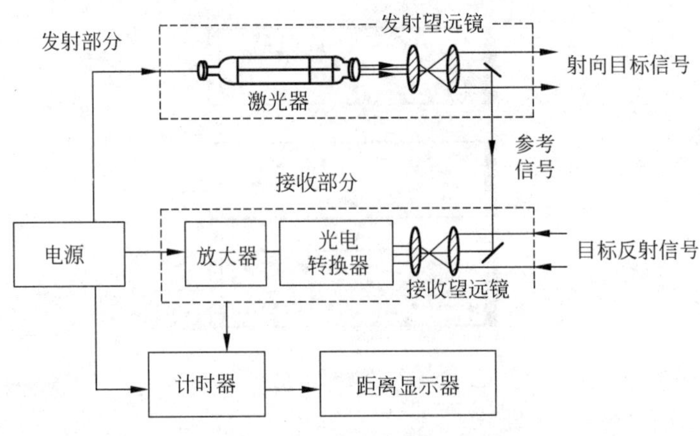

图Ⅰ-7　激光测距仪的基本原理

相干性,还可以用激光干涉法来测量微小长度。方法是:把激光器输出的激光在干涉仪中分成两束,其中一束在干涉仪中走过固定路程,另一束经靶棱镜后反射回干涉仪,两束光在会合处发生干涉。当靶棱镜相对于干涉仪移动时,光程差发生变化,干涉条纹移动,数出通过参考点的条纹移动数目 n,就可以由公式(Ⅰ-16)得到靶棱镜移动的长度。

$$L = n\frac{\lambda}{2} \tag{Ⅰ-16}$$

激光测距仪操作方便、速度快。一般几秒钟便可测得一个数据,而且它体积小、质量轻,最小的质量只有 0.45kg,形如一架小型望远镜,另外它的抗电磁干扰能力也很强。

随着激光技术的发展,测距仪也经历了很多变化,测距仪的这些优点使之广泛应用于各个领域,在军事上测距仪已普遍装备于坦克、火炮、导弹、飞机、军舰、潜艇等。目前第三代小型人眼安全激光测距仪已在很多国家的军事装备中使用。

2) 激光测速

激光测速是测量移动物体反射回来光的频率由于多普勒效应发生的偏离,或利用从运动物体表面散射回来的激光衍射花样发生的移动来确定物体的运动速度。由于激光多普勒效应测速是非接触式的,当被测物体是热的或者是易碎的不能用接触法时,这种方法是很有用的。测量过程中对物体的行为不会产生干扰,而且具有不怕腐蚀、不怕高温、高压的优点。已用此法测出轧钢机中炽热钢坯的移动速度。这种方法测量的速度范围很大,低的可测出 0.07mm/s 的速度,高的可测出几百米每秒的速度。

3) 激光准直导向

激光是良好的天然准直和导向指示线。光无重量,不产生重力弯曲,沿直线传播,准直精度高,完成准直花费的时间少。比如,造船时采用激光准直定中心线、桅杆的位置等,可将工效提高 10 倍以上,精度可提高 1 个数量级。此外,激光准直导向在飞机制造等方面也得到广泛应用。

4) 激光雷达

激光雷达是激光测距技术向多功能发展的产物。激光测距仪测的是固定点的目标,而激光雷达可测量运动目标或相对运动的目标,既能探测位置又能探测速度,是现代化战争必不可少的工具。激光雷达向目标发射的激光探测信号碰到目标后被反射回来成为回波,通过测量回波信号的时间、频率、方向变化就可以确定目标的距离、方位和速度等。激光雷达识别能力强,可识别空中较小的物体。由于大气对激光有较高的光学吸收和散射效应,它更适合于执行探测低空飞行的任务。激光雷达的测量精度高,可精确地探测1万千米以外两艘交会的飞船间的距离。另外,激光雷达的抗干扰性能好,可以排除背景和地面回波的干扰。

5) 激光制导

激光制导就是利用激光来控制导弹的飞行,以极高的精度将导弹、炸弹或炮弹引向目标。由于激光单色性好、方向性好、能量集中,使得激光制导武器有命中率高、抗干扰能力强、结构简单、成本低的特点。20世纪90年代爆发的海湾战争以及21世纪初的阿富汗战争和伊拉克战争,是近年来发生的规模最大、影响最广的高科技战争。多种先进的武器竞相登场,而激光制导武器更是出尽风头。

6) 激光捕获原子

激光捕获原子是将原子限制在自由空间中某个小范围内的光学方法。原子在电磁场中会被感应产生一个电偶极矩。电磁场作用在原子上的力就是电磁场作用在这个感生电偶极矩上的力。为了捕获飞行中的原子,除了电偶极矩力外,还需要利用散射力。将散射力和电偶极矩力结合起来就可捕获飞行中的原子。激光捕获原子这一方法可用于原子致冷。

7) 激光跟踪

以激光照射移动目标,利用从目标反射回来的激光信号与测量系统光轴的偏离作为反馈信号来操纵系统锁定目标的技术。向目标发射的激光信号经目标反射后,通过光学系统投射到探测器上。探测器一般为四象限光电探测器。如果反射信号的方向偏离测量系统的光轴,则投射在光电探测器上的光斑在四个象限上的积分强度不相等。以此作为反馈来调节伺服控制系统,使控制系统转向目标,从而实现激光跟踪。激光跟踪在导航、反导系统、武器精确制导等诸多领域都具有非常重要的意义。

8) 激光光谱学

激光光谱学以激光为光源的光谱学分支,是激光器发明以后开辟的新领域。

常规光谱学中,光谱线的宽度较宽,光源的强度较弱,限制了光谱学的深入发展。自激光器成为光谱学的研究工具以来,情况发生了突变。由于激光所具有的高亮度、单色性(相干性)、可调谐(频率和波长可变)和实现超短脉冲运行的特点,使光谱学的面貌发生了深刻的变化。激光光谱学具有很多优势,例如极高的光谱分辨率,极高的探测灵敏度,极高的时间分辨率等。运用激光光谱学方法可以深入研究物质的结构、能谱、瞬态变化和它们的微观动力学过程(包括弛豫规律),由此来获得用经典方法无法得到的信息。

9) 激光核聚变

激光核聚变是以高功率激光作为驱动器的惯性约束核聚变。在探索实现受控热核聚变反应过程中,随着激光技术的发展,1963年苏联科学家N.G.巴索夫和1964年中国科学家王淦昌分别独立提出了用激光照射在聚变燃料靶上实现受控热核聚变反应的构想,开辟了实现受控热核聚变反应的新途径——激光核聚变。

各国对激光核聚变研究的兴趣并不完全在于获取聚变功率,而是出自军事目的。激光核聚变可用于热核爆炸模拟中的核武器物理的模拟和核爆炸辐射效应的模拟。激光束以很高的功率密度将大量能量集中在靶丸上,能产生与热核爆炸时相应的高温、高压条件,因此利用激光驱动的靶丸爆聚可用于研究核爆炸动力学、爆炸稳定性以及其他物理规律,为核武器的设计和验证数值计算提供有价值的数据。核武器爆炸时会发射大量的X射线、γ射线、中子等,这些辐射造成的破坏效应及其同物质的相互作用,对核武器研究是十分重要的。现在核爆炸辐射效应的研究主要通过地下核试验进行,但试验受到全面禁止核武器试验条约的约束。激光核聚变能产生与核爆炸相应的辐射环境,可当成热核爆炸的小型辐射场,在一定程度上可用来替代地下核试验。

10)激光的危害与防护

激光还有很多有价值的应用,这里不再一一列举。值得注意的是,激光对人体和工作环境可能造成的有害作用也不得不引起我们的警惕。进行激光加工和激光治疗时,可能产生有害的烟雾、蒸气和噪声等。大功率激光辐射会破坏某些精密仪器,甚至引起火灾。激光器电源的高压也可能造成危害。激光辐射能对人眼和皮肤造成严重伤害。人眼对不同波长激光的投射和吸收不同,不同波长激光对人眼伤害的部位也不同。激光辐射造成的眼部伤害主要有由紫外线导致的光致角膜炎(又称电光性眼炎或雪盲),由可见光导致的视网膜烧伤凝固、穿孔、出血和爆裂,以及由红外光导致的晶状体混浊、角膜凝固等。激光辐射造成的皮肤伤害主要有色素沉着、红斑和水泡等。伤害程度取决于辐射剂量的大小,而这与激光器的输出能量、工作波长和工作状态有关,其中能量是最主要的因素。因此需要对激光源、操作人员和工作环境分别采取相应的保护措施。比如,有激光的工作场所应张贴醒目的警告牌,设置危险标志;工作人员应先接受激光防护的培训,进入工作场所应带激光防护眼镜;激光不用时,应在输出端加防护盖,应尽量让光路封闭,避免人员暴露于激光束范围内;应保持光路高于或低于人眼高度,这对可见光波段以外的激光显得尤其重要;在激光运行空间内应保证足够的照明使眼睛的瞳孔保持收缩状态;对激光操作人员应进行定期体检等。

专题 Ⅱ

光纤　光纤通信

20 世纪初人类发明了电子通信，即利用无线电波段的电磁波传输各种信息，如电话、电报、广播、电视等。电子通信的弊端是容量不可能无限制地增大，其极限信息带宽大约是 50GHz(5×10^{10} Hz)，称为电子通信的带宽瓶颈。克服这个瓶颈的办法就是光通信。因为光通信的信息带宽可达 200THz(2×10^{14} Hz)以上，约为电子通信的 4000 倍。1960 年发明的激光，尤其是半导体激光器的发明，为光通信提供了非常理想的光源。1966 年华裔学者高锟(Kao Charles)等建议采用光学纤维进行光信号的远距传输，这样可以克服通过大气传输的种种不利因素，奠定了光纤通信的基础。如今，光纤通信已在大部分通信干线及网络中取代了电子电缆通信，成为全世界的信息基础设施。我们常说的信息高速公路就是指各个国家的信息基础设施，也就是一个国家的高速通信网。目前我国已建成自己的“信息高速公路”并与世界联网，我们每个人可以从任一地方与亲友进行可视通话，收看任一地方的电视节目，查阅任一图书馆的藏书，接受任一大学的远程教育，远距离控制家中的电器。所有这一切均得益于信息技术的发展，其核心则是光通信技术。本章简要介绍光纤的工作原理、应用以及光纤通信技术。

1. 光纤的结构

用于传导光的人造纤维称为光导纤维或光学纤维，简称光纤。它的基本结构是圆柱形的细长丝，直径在 1～100μm 之间，与头发丝粗细差不多。最常用的材料是二氧化硅(石英)，也有用多组分玻璃或有机玻璃的。光纤的材料都要高度透明，对材料的纯度要求非常高，如通信用的光纤其材料纯度有的要求达到“八个 9”(99.999 999%)以上。如果材料的纯度低，光在传输过程中的衰减就会很快。光纤的制造过程是将材料放在高温炉中熔化，经高速拉制成细丝。拉制工艺要求拉出的丝粗细均匀，符合光学要求。

光纤有两种类型：一种是反射型光纤，由均匀透明介质构成，利用光的全反射使光沿折线路径在光纤内传播。另一种是折射型光纤，由非均匀介质构成，利用折射率逐渐变化使光沿曲线路径在光纤内传播。

1) 反射型光纤

反射型光纤又称阶跃折射率光纤，结构如图Ⅱ-1 所示，一根纤维由两种均匀介质组成，内层为纤芯，外层包住纤芯的叫做包层，纤芯和包层的主体材料都是石英玻璃，但两区域中掺杂情况不同，因而折射率不同。纤芯的折射率 n 比包层的折射率 n' 稍微大一些。包层的作用是减少损失和保护纤芯,因为光在全反射时在界面外虽没有折射波,但有一层贴着界面的隐失波(又称衰逝波或指数衰减波),如果没有包层,隐失波会被界面上和附近的微粒所散射,造成光的能量损失。包层外面还有一层硅橡胶类材料制成的保护层用来保护光纤免受污染和机械损伤。

下面讨论位于过光纤对称轴线的截面内的光线,相当于共轴系统中的子午光线。设光纤纤芯的折射率为 n,包层材料的折射率为 n',并且 $n>n'$,光纤所在空间介质的折射率为 n_0,如图Ⅱ-2 所示。

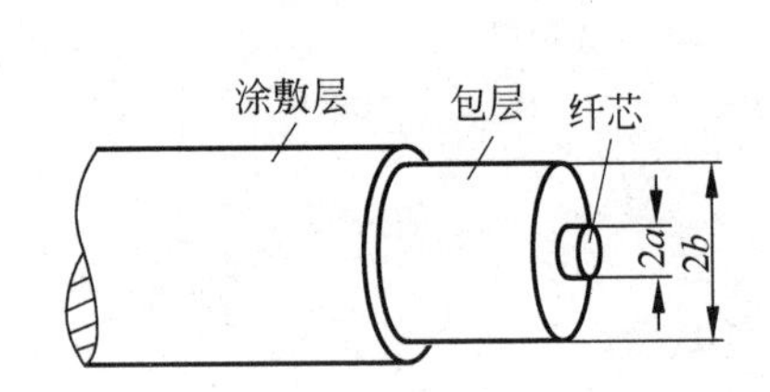

图Ⅱ-1　反射型光纤的基本结构

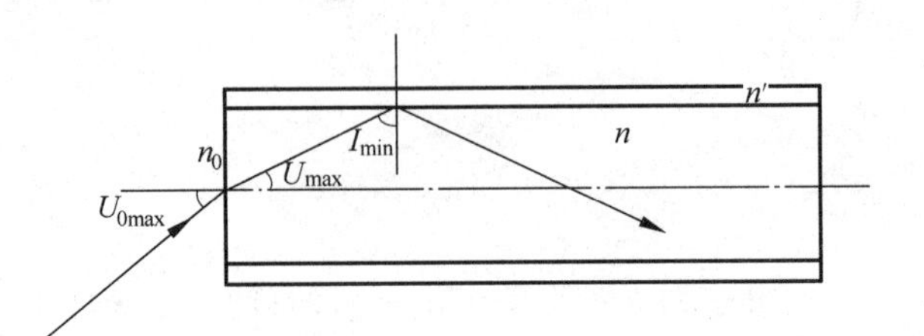

图Ⅱ-2　光线在光纤中传播

光线在光纤的内外介质分界面上发生全反射,则入射角 I 必须大于或等于临界角 I_{min},即

$$\sin I \geqslant \sin I_{min} \tag{Ⅱ-1}$$

$$\sin I_{min} = \frac{n'}{n} \tag{Ⅱ-2}$$

由图中的几何关系可知

$$U_{max} = \frac{\pi}{2} - I_{min} \tag{Ⅱ-3}$$

由方程(Ⅱ-2)和方程(Ⅱ-3),可得

$$\sin U_{max} = \sin\left(\frac{\pi}{2} - I_{min}\right) = \cos I_{min} = \sqrt{1-\sin^2 I_{min}} = \sqrt{1-\left(\frac{n'}{n}\right)^2}$$

整理得

$$n\sin U_{max} = \sqrt{n^2 - n'^2} \tag{Ⅱ-4}$$

光线在光纤入射端面上发生折射,根据折射定律有

$$n_0\sin U_{0max} = n\sin U_{max} = \sqrt{n^2 - n'^2} \tag{Ⅱ-5}$$

式中,U_{0max} 为光线在光纤入射端面与光纤轴线的夹角,$n_0\sin U_{0max}$ 或 $n\sin U_{max}$ 称为光纤的数值孔径。数值孔径用 N. A. (numerical sperture)表示,即

$$\text{N. A.} = n_0\sin U_{0max} = n\sin U_{max} = \sqrt{n^2 - n'^2} \tag{Ⅱ-6}$$

数值孔径越大,能够进入光纤并被传输的光就越多。当 N. A. $=1$ 时,如果 $n_0=1$,则 $U_{0max}=90°$,即以任何角度入射到光纤端面上的光,都能进入光纤被传输。光纤的数值孔径仅由纤芯和包层的折射率 n 和 n' 决定,而与光纤的尺寸无关。因此,选用适当的 n 和 n' 值,可制成数值孔径大而半径又很小的光纤,这样的光纤既便于光的传输,又柔软易于弯曲。

2) 折射型光纤

折射型光纤又叫做变折射率光纤或梯度折射率光纤,它的折射率在轴线上最大,离轴线越远就越小，如图Ⅱ-3 所示。根据折射定律，光从折射率较大的介质进入折射率较小的介质时，光会偏离交界面的法线；反之，光从折射率较小的介质进入折射率较大的介质时，光会靠近交界面的法线。因此，光进入折射型光纤后，所走的路径便是一条如图Ⅱ-4 所示的周期性曲线。光到轴线的最大距离 R_s 相当于反射型光纤中纤芯的半径，光在该处被全反射回来。但由于光不到达边界，因此就没有全反射损耗。

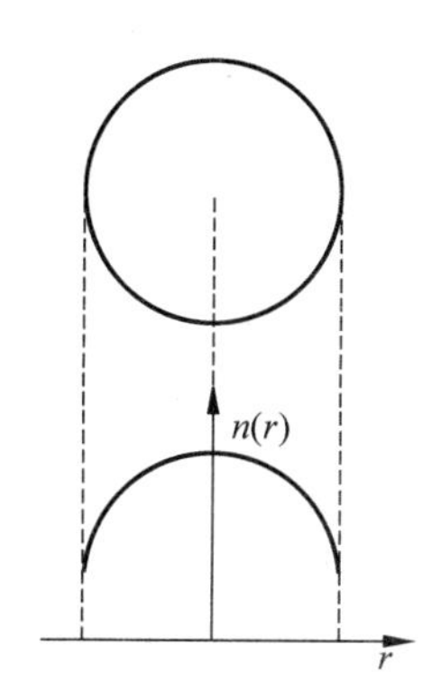

图Ⅱ-3 折射型光纤的折射率随半径 r 的变化

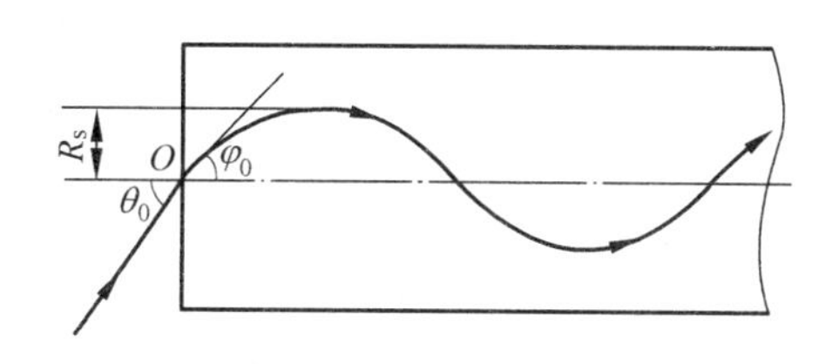

图Ⅱ-4 折射型光纤中光线的路径是一条曲线

折射率分布近似符合以下关系：

$$n^2(r)=n_0^2(1-\alpha^2 r^2) \tag{Ⅱ-7}$$

式中，n_0 为光纤中心的折射率，α 为常数，r 为光纤截面内的半径。

折射率满足一定的条件，折射型光纤可使光线聚焦，如图Ⅱ-5 所示。从 O 点发出的光前进一段距离后，又会聚于一点，这种光纤称为自聚焦光纤，可以用来成像，如图Ⅱ-6 所示。

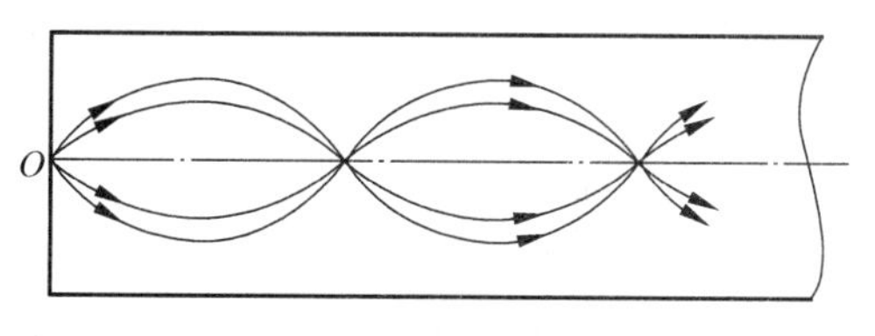

图Ⅱ-5 自聚焦光纤

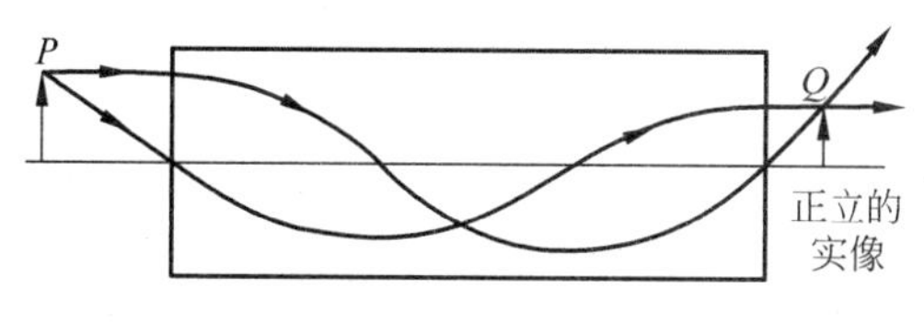

图Ⅱ-6 光纤成像

2. 传播模式

光波在光纤中传播时，由于纤芯边界的存在，其电磁场解是不连续的。这种不连续的场解称为模式。从几何光学的角度看，以某一角度射入光纤端面，并能在其中传播的一条光线，称为一个传播模式。在纤芯中只能传输一种模式的光纤称为单模光纤；在纤芯中可以有多种不同的传输模式的光纤称为多模光纤。

3. 光纤的损耗和色散

光在光纤中传播的过程中存在材料色散和模间色散。这会影响光纤传输的速度和大容量的通信。采用折射型光纤可以消除这种损耗。而对于材料色散,可以采用石英材料的光纤,选用波长为 1.3μm 的光波作载波,这样可以把损耗降到最低,因为石英材料对波长为 1.3μm 的光波的色散几乎为零。

4. 光纤的应用

全反射光纤主要有两方面的应用价值,一是传递光能,称为非相关传光束;二是传递图像,称为相关传光束。

1) 非相关传光束

将多根光纤捆成一束用于传光,就成为传光束。仅用于传光时,输出端面上各根光纤的排列并不需要与输入端面上的排列一一对应,这种传光束称为非相关传光束。例如用一个点光源去照明一个竖直长狭缝,可以把传光束的输入端排成圆形,通过透镜把光源发出的光聚焦在传光束的输入端面上,把传光束的输出端排列成线状,以照明整个竖直长狭缝。如果用一般光学系统,如图Ⅱ-7 所示,直接把点光源经透镜聚焦后照射在狭缝上,则聚焦后的光源直径必须大于狭缝长度,由图Ⅱ-7 可见,大部分光能都被浪费了。

2) 相关传光束

光束中的光纤都平行排列,每根光纤两端在光束端面上的位置相对应,这样的传光束就称为相关传光束。传光时每根光纤单独传递一个信息元,合起来就能将图像从一端传到另一端。如图Ⅱ-8 所示,这样的传光束又称为传像束。用于传像束的光纤必须有很好的外包层以避免像的失真,并且输入端和输出端的排列顺序应完全相同。传像束最常见的用途就是内窥镜。内窥镜的主要结构是在光纤输入端前面用一个物镜把观察目标成像在光纤束的输入端面上,通过光纤束把像传至输出端,然后通过目镜来观察输出端的像,或者通过透镜组把像成在感光底片上。由于光纤束能任意弯曲,可以用来观察人眼无法直接看到的目标。例如检查涡轮发动机的叶片,观察人体内部的组织和器官。这些内窥镜往往还需要同时进行照明,可用另一条传光束,把光从外部引入到内部目标上。一般把传光束和传像束装在同一根软管里。

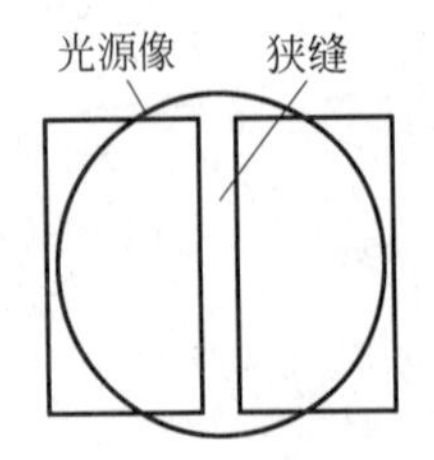

图Ⅱ-7　一般光学系统光源照射在狭缝上

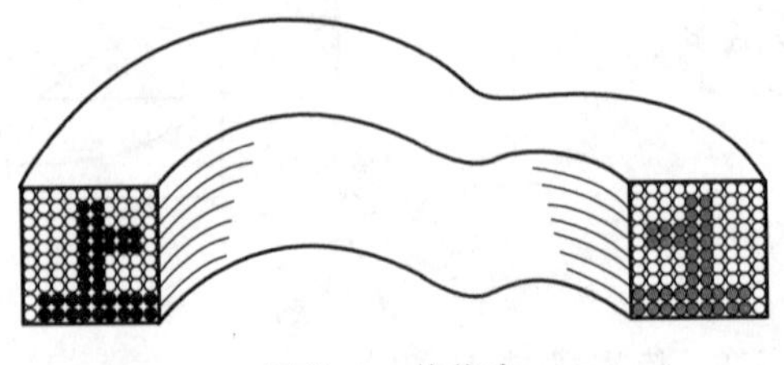

图Ⅱ-8　传像束

3) 光纤面板

光纤面板是将多根光纤聚配成一定的几何结构,经热熔、加压、切断和研磨而成,被广泛用作各种阴极射线管和摄像管的面板。它有很高的集光能力,可消除用普通玻璃面板对成像所造成的变形。

4）光纤通信

光纤通信就是用光波经过光纤通话、传输电视或其他如信函、数据文件等多媒体信息。光纤通信具有很多电子通信无可比拟的优势。例如通信容量大，一条光纤中可同时传输一万多路电话；与同轴电缆相比，光缆的尺寸小、重量轻；传输损耗低。同轴电缆的传输损耗为5～10dB/km，中继距离仅数千米。而光纤的传输损耗约0.2dB/km，中继距离可达50km至100km。随着光纤放大器的应用光通信可实现无中继通信；由于石英为绝缘体材料，光纤不怕外部电磁干扰，光缆内各路光纤之间也不会相互串扰；光纤内部光信号不会泄漏到外面，因此用于电子通信的电磁感应窃听对光纤通信不再有效，即保密性好；光纤的原料是二氧化硅，价格便宜，储量足，即光通信成本低；光纤的耐腐蚀性强，能自由弯曲传输；用金属或塑料将多根光纤或多组光纤绞合在一起，加上包带和护层而成的光缆，已逐渐取代了传统的电缆，发展成为通信的重要工具。

5. 光纤通信技术简介

光纤通信属于有线光通信，其系统结构如图Ⅱ-9所示，主要包含光发送机、中继机和光接收机三部分。它的工作过程与有线电子通信相同，不同之处在于以光波为信息载体并通过光纤传输。

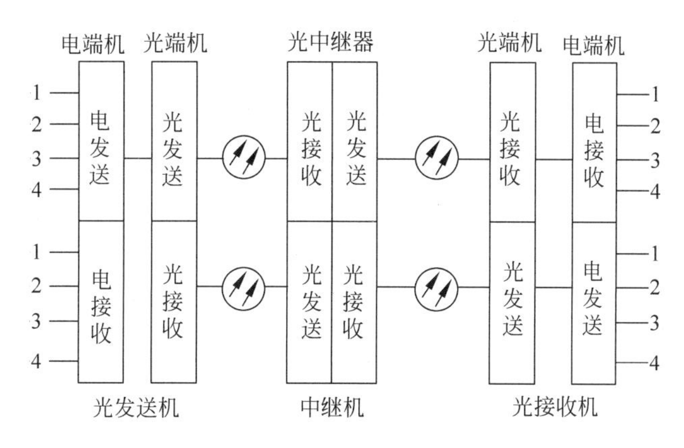

图Ⅱ-9 光纤通信系统简图

1）光发送机

光发送机实现电光转换，其中电端机包括电发送机和电接收机。发送机的任务是将模拟信号（话音、图像等）转换为数字信号，完成编码，然后由电接收机将数字信号进行分解，还原成模拟信号。光端机包括光发送机和光接收机，前者是将传来的电信号变成适合驱动光源发光的信号，使激光光源发光，这就实现了电光转换，然后将接受的光信号耦合进光纤，传输出去。光源一般采用半导体发光二极管（LED）或半导体激光二极管（LD）。LD适合用于传输容量大的远程信息系统。LED适合用于短程较小容量的信息系统，但LED价格便宜，且可靠性好。光发送机的重要参数之一是输出光功率，输出光功率越大，输出的光信号损耗越小。

2）中继机（光纤放大器）

信号在光纤中传输，由于光纤的色散、吸收等使信号衰减、变形，所以必须每隔几十千米就需要有一个中继机把减弱、畸变的光信号复原。中继机中的光探测器把已变弱和畸变的光信号变成电信号,经判断再生装置复原处理,再驱动光源再生出复原的光信号,送入光纤继续传播。在现代光纤通信中,一般用光纤放大器代替上述的中继机。研制成功的掺铒光纤放大器,用它替代中继机是光纤通信技术中的一项重大突破。

3) 光接收机

光接收机把接收到的光信号经光探测器转换成电信号,经过放大器放大,送入电接收机进行解码和重建,使之恢复成原来的信号,传送给电接收机。通信都是双向的,即一方发出信号,同时也接收对方发来的信号,所以,光端机和电端机一一对应,组成光纤通信系统。

专题 Ⅲ

半 导 体

物质具有三种状态，即气态、凝聚态(包括固态、液态及非晶态)和等离子态。与人类社会关系最密切的物质形态是由近似自由运动的原子和分子构成的气态，以及由原子和分子"凝聚"在一起构成的凝聚态。固态是凝聚态物质中比较重要的一种形态，原子和分子之间有较强的作用，因此有确定的形状。半导体是指导电能力介于金属和绝缘体之间的固体材料。而且它的电学性质对材料中微量杂质的含量极其敏感，这一特点使得人为控制半导体材料的物理性质成为可能。人们利用半导体材料制造出形形色色的电子器件和大规模集成电路，从而使电子工业和计算机工业发生了革命性的变化。本章简要介绍半导体技术的发展历史、基本概念以及未来发展的方向。

Ⅲ.1 半导体概述

1. 半导体技术的发展概况

19 世纪是电磁学大发展的时代。美国大发明家爱迪生(T. A. Edison，1847—1931 年)在致力于研究如何延长碳丝白炽灯寿命时，发现当灯丝比周围导体电势低时，在灯丝与导体间会出现电流，这是后来电子管的基础，称为爱迪生效应。1899 年，J. J. 汤姆孙揭示出爱迪生效应是一种热电子发射现象。在此基础上，1904 年，英国物理学家弗莱明(J. A. Fleming，1849—1945 年)发明了电子二极管，首先把爱迪生效应付诸实用，为无线电报接收提供了一种灵敏可靠的检波器。1906 年，美国科学家德弗莱斯特(L. de Forest，1873—1961 年)发明了具有放大能力的电子三极管，为无线电通信提供了一种应用极其广泛的器件。在这样的背景下，理论研究应运而生。1911 年英国物理学家欧文 · 理查森(O. W. Richardson，1879—1959 年)提出了热电子发射的规律——理查森定律，后来荣获了 1928 年诺贝尔物理学奖。这个定律为电子管的设计和制造提供了理论指导。电子管作为第一代电子器件，在 20 世纪前半叶对人类社会发挥了难以估量的巨大作用，随后电子学取得的成就，如大规模无线电通信、电视、雷达、计算机的发明等，都和电子管分不开。直到现在，在电子学的某些特殊领域，大功率电子管、微波管、电子束管等依然大有用武之地。

电子管的缺点是体积大、耗电多、制作复杂、价格昂贵、寿命短、易破碎等。这一切促使人们设法寻求可以替代它的器件。20 世纪中期发明的晶体管克服了上述所有缺点。晶体管的诞生使电子学发生了根本性的变革,加快了自动化和信息化的步伐,为人类进入信息社会奠定了坚实的物质基础,影响不可估量。

晶体管的发明是固体物理学理论指导实践的产物,与其重要分支——半导体物理学的发展密不可分。1947年年底美国贝尔实验室的肖克莱(Shockley William Bradford,1910—1989年)、巴丁(Bardeen John,1908—1991年)和布拉坦(Brattain Walter Houser,1902—1987年)发明了世界上第一只点接触型晶体管。这种晶体管使用起来不太方便,但它却带来了现代电子学的革命,具有划时代的历史意义。现代晶体管的真正始祖应该是1950年肖克莱发明的以PNP结或NPN结为基本结构的结型晶体管。1954年出现硅晶体管,1958年集成电路问世,1960年出现平面晶体管,意味着现代集成电路的开端。1968年硅大规模集成电路实现产业化大生产,随后得到广泛应用,标志着进入以硅大规模集成电路为主的微电子学的时代。大规模集成电路的集成度一直以惊人的速度发展。表Ⅲ-1为动态随机存贮器(DRAM)的集成度的发展概况。由于集成电路向大规模甚至超大规模快速发展,电子元件的深刻变革使得电子产品的价格性能比急剧下降,并达到了空前普及。电子技术扶持了一大批高精尖技术的发展,其中包括航空航天技术、自动化技术、激光技术、电子计算机技术等。

表Ⅲ-1　动态随机存贮器的集成度发展概况

年度	1977	1979	1981	1983	1985	1987	1989	1991	1995
容量/bit	4k	16k	64k	256k	1M	4M	16M	64M	256M
规模	MSI 中规模		LSI 大规模		VLSI 超大规模		ULSI 甚大规模		GLSI 巨大规模
线宽/μm	7	4	3	2	1.2	0.8	0.6	0.35	0.25

1990年日立公司研制了64Mbit DRAM,集成密度达到70万元件/mm^2。1970年以后各种半导体光电器件的出现,使半导体光电技术在半导体技术中的地位日渐提高。20世纪80年代开始,半导体激光器在光通信和光盘等方面得到大量的应用,逐渐形成了以半导体激光器和探测器为主体的光电子学。光电子学在全球性的"信息高速公路"的建设中起着重要的作用。如果说20世纪是以微电子技术为基础的电子信息时代,则21世纪将是微电子与光子技术相结合的光电子信息时代。

2. 半导体物理的发展概况

20世纪40年代开始兴起的固体能带理论的发展奠定了晶体管的理论基础。随着晶体管的发明,在50和60年代,金属-半导体接触理论、半导体杂质态理论、PN结理论和隧道效应理论代表了这一时期研究的主导方向。70年代开始对半导体表面、界面物理的系统研究。1982年宾尼希等提出了扫描隧道显微镜技术,不仅可以直接观察物质表面原子的几何排列和表面形貌,还可以获得表面价键、能隙等电子结构信息。

70年代初期,江崎玲於奈(Esaki Leo)与朱兆祥首次提出半导体超晶格的概念。同时,美国贝尔实验室和IBM公司成功地开发了分子束外延技术,制成了第一类晶格匹配的组分型$Al_xGa_{1-x}As/GaAs$超晶格。1978年丁格尔(Dingle)等对异质结中二维电子气沿平行于界面的输运进行了研究,发现了电子迁移率增强现象。之后,出现了高电子迁移率晶体管,并为量子霍尔效应的发现创造了条件。1980年克利青(von Klitzing)发现了整数量子霍尔效应。1982 年，崔琦等又发现了分数量子霍尔效应。1984 年米勒(Miller)等发现了量子限制斯塔克效应以及激子光学非线性效应。1990 年，坎汉姆(Canham)观测到多孔硅的可见光光致发光。

近年来，随着微电子技术的发展和应用市场的开发，对集成电路的集成密度的要求越来越高，电子器件的特征尺寸从微米级到亚微米级再缩小至纳米级。利用纳米结构中电子所呈现的各种量子化效应，可以设计和制作各种量子功能器件。如单电子晶体管、单电子开关等单电子器件和量子线晶体管、量子干涉器件、谐振隧道二极管等量子化器件。特别是量子阱和超晶格、量子线、量子点，是半导体物理理论研究和半导体器件开发与应用最为活跃的领域。这些半导体量子器件的研制和开发已经成为 21 世纪半导体学科的发展方向和主旋律。

Ⅲ.2　半导体的基本概念

1. 固体能带

在自由电子近似中，认为金属中的价电子是自由的，完全忽略电子和离子实之间的相互作用。在这一近似中，金属中的离子对电子的运动完全没有影响，似乎离子实的作用就是保持电中性。

事实上，电子不是在一个空的空间运动，而是在一个离子有规则排列的周期晶格中运动。在单个原子中，电子的势能曲线如图Ⅲ-1 所示；在双原子分子中，每个价电子将同时受到两个离子实的电场作用，这时的势能曲线如图Ⅲ-2 中的实线所示；当大量原子规则排列形成晶体时，其势场则如图Ⅲ-3 所示。实际晶体是三维点阵，势场也具有三维周期性，可以写成

$$V(r)=V(r+R) \tag{Ⅲ-1}$$

式中，R 为任意晶格矢量。

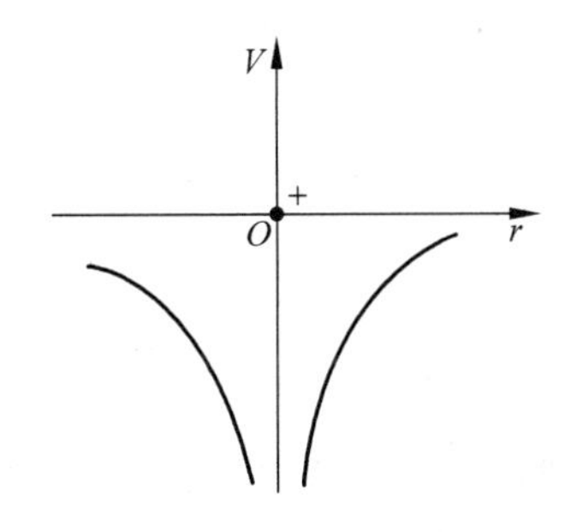

图Ⅲ-1　单个原子中电子的势能曲线

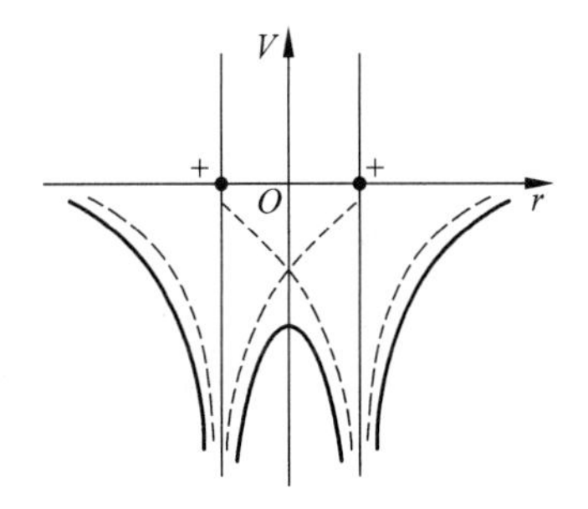

图Ⅲ-2　实线表示两个原子中电子的势能曲线

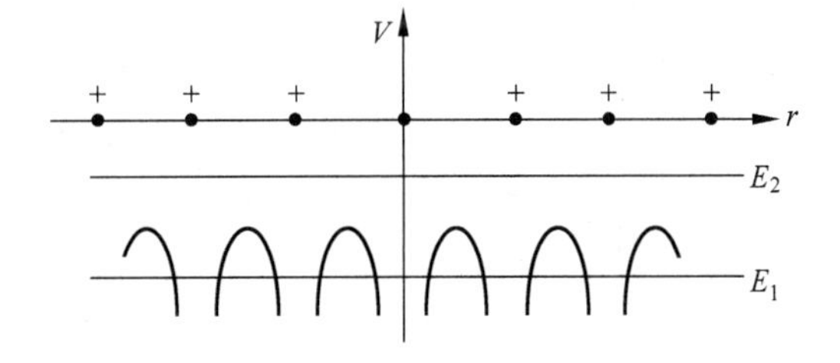

图Ⅲ-3　晶体中周期性势场

电子运动的波动方程为

$$\left[-\frac{\hbar^2}{2m}\nabla^2+V(r)\right]\psi=E\psi \qquad (Ⅲ\text{-}2)$$

对单个原子中的电子,能量曲线是连续的抛物线,但对晶格中的电子,假设晶格常数为 a,在 $k=n\dfrac{\pi}{a}$处,每一个 k 对应着两个不同的能量值,这样原来连续的抛物线 E-k 关系就分裂成一个个能带,能带之间隔着能隙 E_g。也就是说考虑到离子实的周期性势场的影响后,晶体中的电子能量不容许具有 E_g 范围的能量值。即晶体中原子的周期性排列形成了对自由电子运动有影响的周期性势场。在周期性势场中,电子占据的可能能级形成能带,能带间有一定的能隙,如图Ⅲ-4 所示。

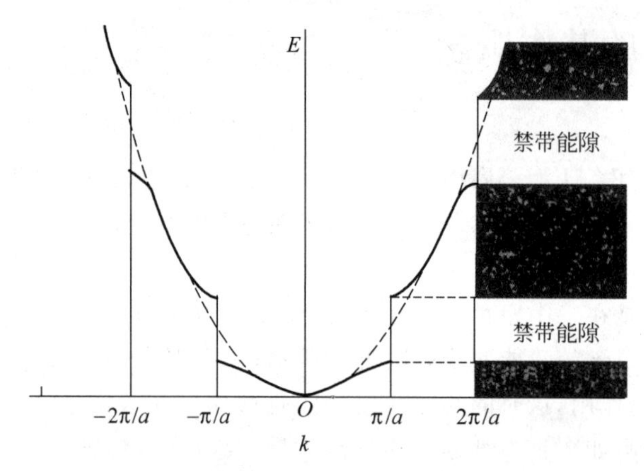

图Ⅲ-4　虚线为自由电子的 E-k 关系,实线为晶体中的近自由电子的 E-k 关系

当自由原子组成固体时,固体中的电子只能填充在这些能带上,能带与能带之间的禁带是禁止电子停留的能量区域。按照泡利不相容原理和能量最小原理,电子从最低能级到高能级依次占据能带中的各个能级,每个能级能填充 $2N$ 个电子,N 是固体中的原子数。在一个能带中如果所有能级都已被电子所占据,这个能带称为满带。其中最高的满带有时称为价带。满带中的电子不会导电。在一个能带中,部分能级被电子所占据,这种能带中的电子具有导电性,称为导带。当一个能带没有一个电子占据(在原子未被激发的正常态下),这种能带称为空带。空带中一旦存在电子就具有导电性质,所以空带也称为导带。图Ⅲ-5 为晶体能带结构示意图。能带理论可以解释金属、绝缘体和半导体的区别。对金属来说,内层电子能量较低,充满能带,不参与导电。多数金属是一价的,每个原子的外层轨道有一个价电子,故晶体中的 N 个价电子不能填满一个能带而形成导带。在外电场的作用下,导带中的自由电子可以从外电场吸收能量,跃迁到自身导带中未被占据的较高能级上。对晶态绝缘体来说,电子恰能填满能量最低的能带,其他的能带都是空带,即绝缘体中不存在导带,只有满带和空带,其禁带又较宽,为 3～6eV,电子很难在热激发或外电场的作用下获得足够的能量由满带跃迁到空带,所以绝缘体不容易导电。半导体的能带填充情况很像绝缘体,但半导体的空带与价带之间的禁带比绝缘体窄得多。因此可引入杂质或热激发,使空带出现少量电子或价带中出现少量空穴,或二者兼有,从而具有一定的导电性。

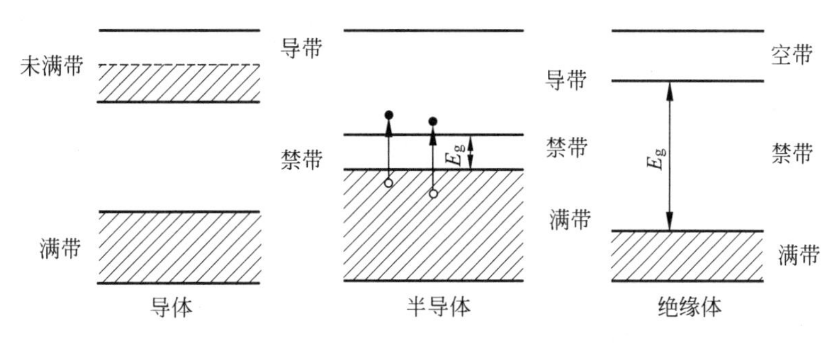

图Ⅲ-5 能带结构示意图

2. N型半导体和P型半导体

半导体中自由运动的电子数较少，容易通过外部电学作用来控制其中电子的运动，因此半导体比金属更适合作电子器件。常用的半导体材料有：元素半导体，如硅(Si)、锗(Ge)等；化合物半导体，如砷化镓(GaAs)等；以及掺杂或制成其他化合物半导体材料，如硼(B)、磷(P)、铟(In)和锑(Sb)等。其中硅是最常用的一种半导体材料。

能够荷载电流的粒子称为载流子，它们在电场作用下能作定向运动而形成电流。金属中只有电子一种载流子，在电介质中载流子是正、负离子。半导体的一大特点就是在半导体中有两种载流子参与导电，而且在金属和电介质中，载流子数目一般不变，而在半导体中载流子的数目会随其中的杂质含量和外界条件(如加热、光照等)的变化而显著变化。

在空带中若由于某种原因存在电子，则这种电子是载流子，就可以导电；在满带中，若某个能级是空的，即出现能级的空穴，则相邻电子可以占据其中而导电，因此空穴也是载流子，即在半导体中有两种载流子：电子和空穴。电子带负电，空穴带等效正电。在掺杂半导体中，居多数的一种载流子对导电起支配作用，称为多数载流子。在同一种半导体材料中，与多数载流子带相反电荷的载流子称为少数载流子。主要依靠电子导电的半导体称为N型半导体，主要依靠空穴导电的半导体称为P型半导体。因此在N型半导体中，电子是多数载流子，空穴是少数载流子，而在P型半导体中，空穴是多数载流子，电子是少数载流子。

完全不含杂质和缺陷的半导体称为本征半导体。半导体中每个原子平均有四个价电子，恰好能填满能带，因此只有满带和空带，此时它的能带结构跟绝缘体类似，所不同的是它的禁带较窄。在常温下，满带中少数电子在热、光、电场的激发下能够越过禁带而跃迁到空带中去，使空带变成导带。满带中跑掉一部分电子而在相应能级上留下一些空穴，从而使半导体导电能力增大，这个过程称为本征激发。本征激发所产生的电子和空穴数是相等的，其中没有哪一个占据优势，因此本征半导体中既有导带中的电子导电，又有满带中的空穴导电，这种混合导电机制，叫做本征导电。空穴和电子称为本征载流子。

实际半导体不能绝对地纯净。以硅材料为例，每个硅原子有四个价电子，它们分别与周围的硅原子共同组成了四个共价键。如果在硅中掺砷杂质，让一个砷原子取代一个硅原子。砷是五价，有五个价电子，其中四个价电子也与周围硅原子组成共价键，而剩下的一个价电子对于共价键的形成是多余的，它的能级非常靠近硅的导带的底部，只低大约0.04eV，因而电子很容易从这能级跃迁到硅的导带中去,类似这种杂质称为施主杂质,相应的能级称为施主能级。这种半导体中的载流子主要是电子,所以掺杂砷的硅材料是 N 型半导体,如图Ⅲ-6 所示。其中砷原子称为施主,意思是砷原子能给出价电子。如果在硅中掺硼杂质,使一个硼原子代替一个硅原子,硼是三价,只有三个价电子,与硅形成共价键时缺一个价电子,也就是说杂质的价电子能级上还有一个空位。这个能级位于硅的价带上面的禁带中,只比价带的能量略高一点点,价带中的电子很容易通过热激发跃迁到杂质能级上来,从而在价带中产生空穴。类似这种杂质称为受主杂质,相应的能级称为受主能级。这种半导体中空穴是多数载流子,所以掺杂硼的硅材料是 P 型半导体。其中硼原子称为受主,意思是它能得到一个价电子,如图Ⅲ-7 所示。

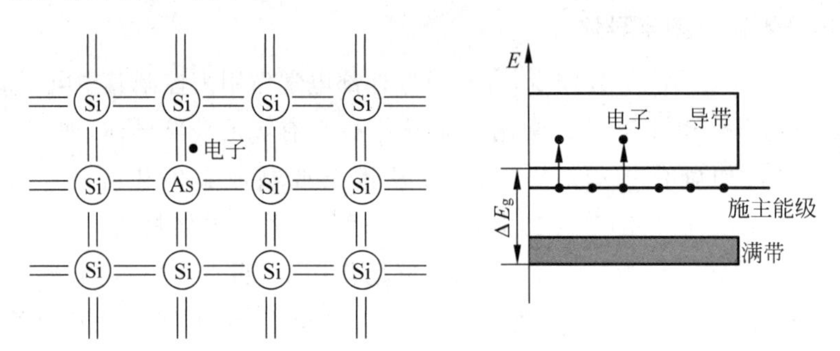

图Ⅲ-6　N 型半导体

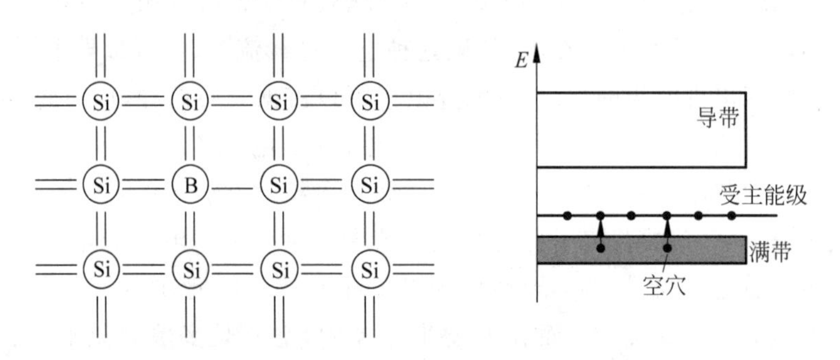

图Ⅲ-7　P 型半导体

3．PN 结

在一块 N 型(或 P 型)半导体单晶上,用适当的工艺方法(如合金法、扩散法、离子注入法等)把 P 型(或 N 型)杂质掺入其中,使这块单晶的不同区域分别具有 P 型和 N 型的导电类型,在二者的交界面处就形成了 PN 结。P 区和 N 区刚开始接触时,在 P 区多数载流子是空穴,而在 N 区多数载流子是电子。由于在界面处载流子浓度梯度的存在,载流子的扩散是不可避免的,它使得空穴从 P 区向 N 区扩散,在 N 区的边界附近与电子复合。P 区失去空穴,在其边界附近就剩下带负电的受主离子;同理,电子也从 N 区向 P 区扩散,在其边界附近剩下带正电的施主离子。结果在 P 区和 N 区的交界面的两侧形成带正、负电荷的区域,称为空间电荷区,这里正、负电荷总量相等,形成了由 N 区指向 P 区的电场,是 PN 结的自建电场,也称为内电场。平衡时内电场的大小正好能阻止边界附近空穴和电子的进一步扩散，使空间电荷区宽度保持一定。空间电荷区也称为耗尽区，因为内电场使得该区域无法存在运动的电子和空穴，如图Ⅲ-8 所示。

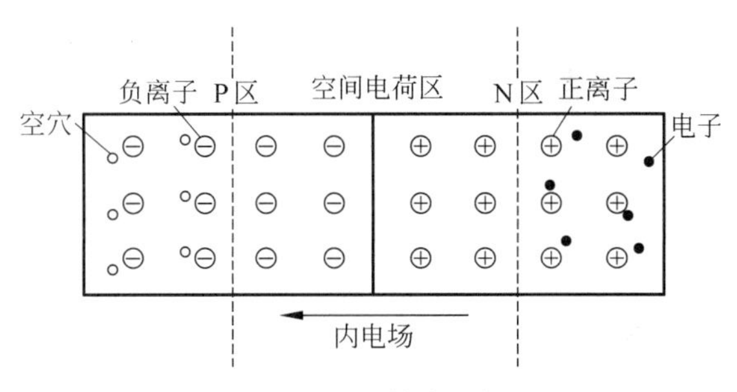

图Ⅲ-8　PN 结内电场

如果在 PN 结两端加正向电压，即电源的正极连接 P 区，电源的负极连接 N 区，如图Ⅲ-9 所示。外加电场使得内电场削弱，因此导致 P 区的空穴向 N 区的扩散以及 N 区的电子向 P 区的扩散增强，扩散的电子和空穴分别在 P 区和 N 区被复合掉，总的电流是这两部分电流之和，称为复合电流，因而电流较大，这时 PN 结称为正向偏置，电流也称为正向电流。

如果在 PN 结两端加反向电压，内电场增强，因此更加抑制了 P 区的空穴向 N 区的扩散以及 N 区的电子向 P 区的扩散，只有少数载流子(P 区的电子和 N 区的空穴)容易通过 PN 结，因而电流很小，这时 PN 结称为反向偏置，电流称为反向电流，如图Ⅲ-10 所示。这就是 PN 结的单向导电性，或称为 PN 结的整流。

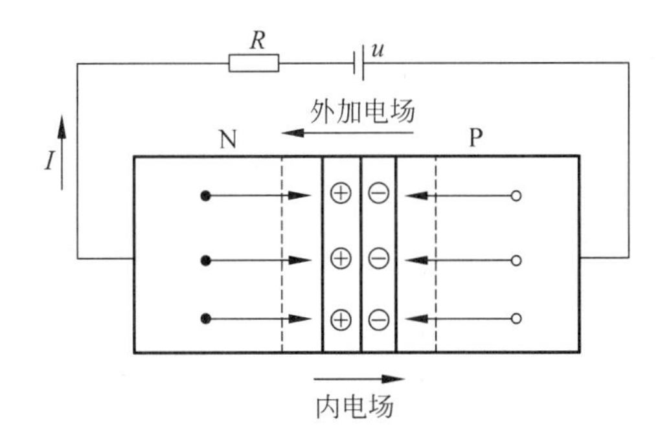

图Ⅲ-9　PN 结正向偏置

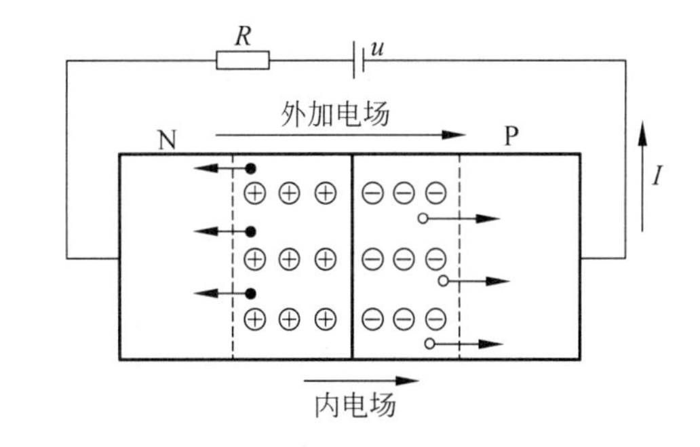

图Ⅲ-10　PN 结反向偏置

4. 晶体管

晶体管是组成电子电路的最基本和最重要的元件。当两侧用同一种类型的半导体(如 P 型半导体或 N 型半导体)，中间用另一种类型的半导体(如 N 型半导体或 P 型半导体，厚度非常薄，约几微米)，形成如同“三明治”结构，并且从每一层都引出一个电极，被夹在中间的电极叫做基极，夹住基极的两个半导体，一个称为集电极，另一个称为发射极，如此构成的器件称为晶体三极管，简称三极管。根据结构不同，晶体管一般可分成两种类型：NPN 型和 PNP 型。如图Ⅲ-11 和图Ⅲ-12 分别为两种类型晶体管的结构及元件符号。半导体的三个区域相应地分别称为发射区、基区和集电区。发射区与基区间的 PN 结称为发射结，基区与集电区间的 PN 结称为集电结。

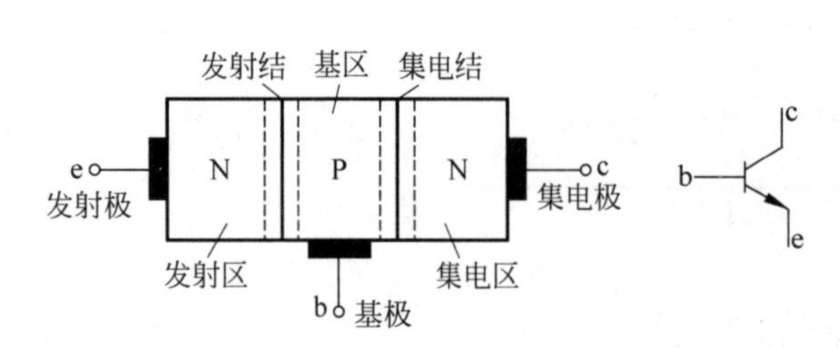

图Ⅲ-11　NPN 型晶体管结构示意图及元件符号

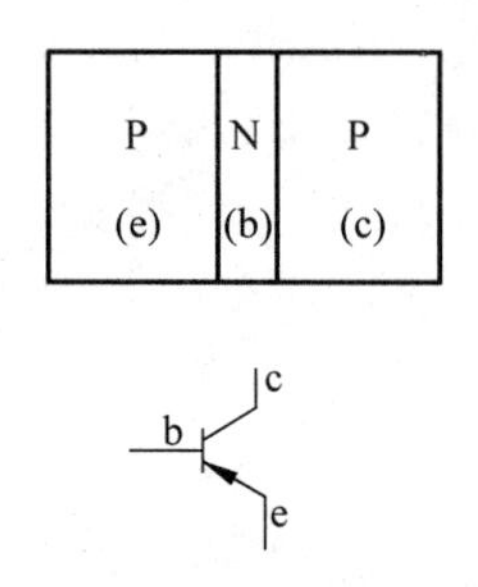

图Ⅲ-12　PNP 型晶体管结构示意图及元件符号

下面以 NPN 型晶体管为例讨论晶体管的工作原理。它的结构特点是发射区的杂质浓度很高，基区很薄且杂质浓度很低，即发射区的电子浓度远大于基区的空穴浓度。集电区面积很大。电压偏置如图Ⅲ-13 所示。在发射区与基区之间加正偏压，由于发射区的电子浓度远大于基区的空穴浓度，则电流主要是由从 N 区向 P 区的电子扩散形成的。由于基区很薄且掺杂浓度低，则在 P 区中电子只有少部分与空穴复合，形成基极电流 I_b，其余大部分电子都进入集电区。在集电区反向偏压的作用下，它们将扫过集电区形成集电极电流 I_c。因为电子带负电，因此电流方向将与电子运动方向相反。由上述讨论可知，$I_b \ll I_c$，通常用电流放大系数 β 作为晶体管的一个重要参量，其表达式为

$$\beta = \frac{\Delta I_c}{\Delta I_b} \tag{Ⅲ-3}$$

式中，ΔI_b 是基极电流的变化量，ΔI_c 是相对应的集电极电流变化，β 值通常在 100 左右。可见晶体管基极电流的较小变化可以引起集电极电流的显著变化，这就是晶体三极管的电流放大作用。

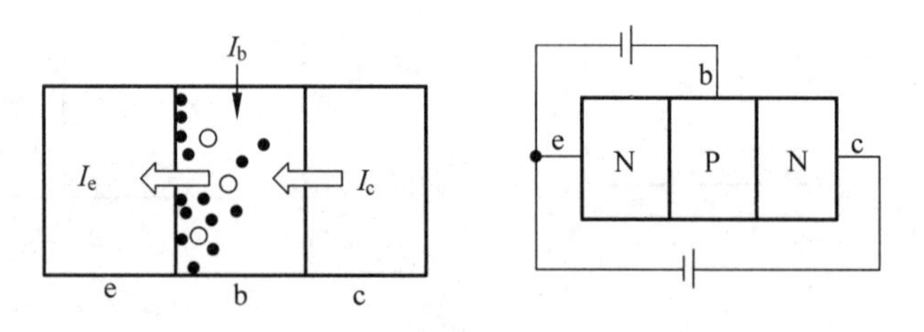

图Ⅲ-13　NPN 型晶体管的电压偏置及电流示意图

5. MOS 晶体管

MOS 晶体管是金属-氧化物-半导体场效应管（metal-oxide-semiconductor field transistor，MOSFET）的简称。MOS 晶体管有 N 沟道和 P 沟道之分，而每一类又分为增强型和耗尽型两种。一个集成电路由成千上万个 MOS 晶体管组成。下面以 N 沟道增强型 MOS 晶体管为例来说明它们的结构和工作原理。

图Ⅲ-14 和图Ⅲ-15 分别为 N 沟道增强型 MOS 管的结构及符号。N 沟道增强型 MOS 晶体管一共有三层：第一层是 P 型半导体，为衬底，它的掺杂浓度较低，在衬底上用光刻或其他工艺制作两个 N^+ 型区，N^+ 表示重掺杂，即掺杂浓度很高，这两个 N^+ 型区分别称为漏区和源区，由它们引出的电极分别称为漏极 d 和源极 s。第二层是一层很薄的二氧化硅绝

缘层，最上面一层为金属。在绝缘层开两个缺口，使得金属层能分别与源区和漏区相连。在源区和漏区中间的绝缘层上方安装一个铝电极，作为栅极 g，它很靠近源区和漏区，又与它们绝缘。另外在衬底上也引出一个电极 B，这就构成了一个 N 沟道增强型 MOS 晶体管。如果衬底是 N 型半导体，则可构成 P 型沟道的 MOS 晶体管。增强型和耗尽型的区别在于在栅—源电压为零时，增强型 MOS 管漏—源极之间没有导电沟道存在，而耗尽型 MOS 管漏—源极之间有导电沟道存在。

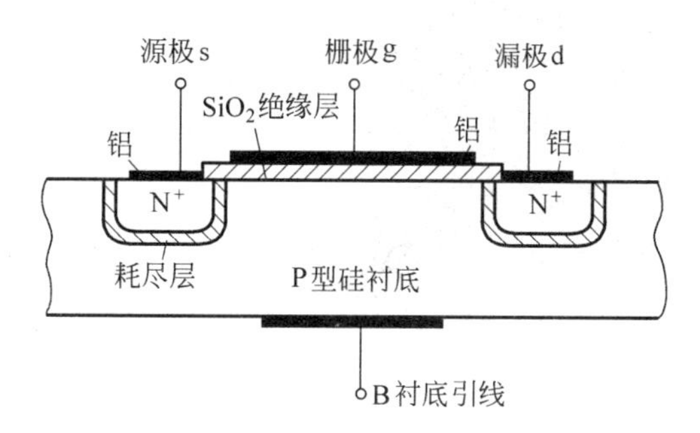

图Ⅲ-14 N 沟道增强型 MOS 管的结构

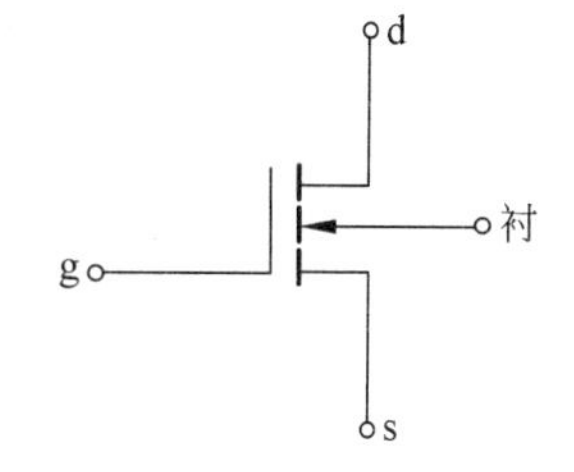

图Ⅲ-15 N 沟道增强型 MOS 管的符号

当栅极上不加电压时，源极和漏极之间由于被周围的结绝缘着，故不导通。当栅极加上电压，栅极下的氧化层中产生电场，其电力线由栅极指向衬底 P 区，外加电压将在衬底表面产生表面感应电荷。随着栅极电压的增加，源区和漏区之间的 P 区中的空穴将会被耗尽，当电压超过一阈值时（例如 10V），P 区中就会产生电子积累，形成一个 N 型的电子沟道，因为其导电类型与衬底的导电类型相反，故称此表面薄层为反型层。反型层成为连接源极和漏极的沟道。这时如果漏区相对于源区是正电势的话，电子就会通过电子沟道从源极流向漏极，产生电流。因此 MOS 管起一个开关的作用。改变栅极电压，可以改变沟道中的电子密度，从而改变沟道电阻。

Ⅲ.3 半导体技术的未来

晶体管的特性取决于半导体材料，而决定半导体材料中电子性能的最主要因素是半导体的能带结构。随着理论快速发展以及近年来高质量半导体薄膜的生长技术如分子束外延（molecular beam epitaxy，MBE）、金属有机化学气相淀积（metallorganic chemical vapor deposition，MOCVD）等的发展，人们已经可以按需要去创造特殊能带结构的材料，并且对薄膜单晶生长过程的控制可以精确到一个原子层。

1. 半导体微结构：量子阱和超晶格

1970 年江崎玲於奈和朱兆祥提出了半导体超晶格的概念。两年以后在 MBE 设备上得以实现。用两种晶格匹配很好的半导体材料交替地生长，形成一种周期性结构，每层材料的厚度在 100nm 以下，则电子沿生长方向的运动将会产生振荡。

量子阱是一种人工设计的采用外延方法生长的半导体微结构。其主要特性是电子（或空穴）在空间上被限制在一个很薄的区域内运动，该区域的厚度小于电子的德布罗意波长，电子（或空穴）的行为表现出二维特征。以 AlGaAs/GaAs/AlGaAs 为例来说明，如图Ⅲ-16

所示。当 AlGaAs、GaAs 层的厚度小至与电子波长相比拟时,在两个 AlGaAs 势垒间形成 GaAs 量子阱。半导体中的自由电子局限在一个平面内运动,称为二维电子气。由于提供自由电子的杂质和电子运动不在同一平面内,使得杂质对电子的散射作用大大减小。

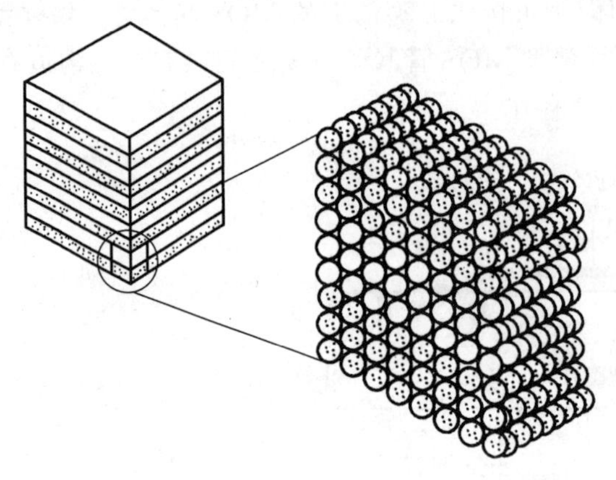

图Ⅲ-16 半导体超晶格的层状结构(两种颜色代表两种材料的原子)

2. 量子线和量子点器件

一维量子线和零维量子点是利用分子束外延、半导体微细加工技术等手段制成的。理想的量子阱、量子线和量子点如图Ⅲ-17 所示,其中阴影部分是为了区分不同的材料。量子线中的电子在横向两个方向的运动都受到限制,电子只能在一个方向上自由运动。在量子点中,电子运动在三个方向上都受到限制。

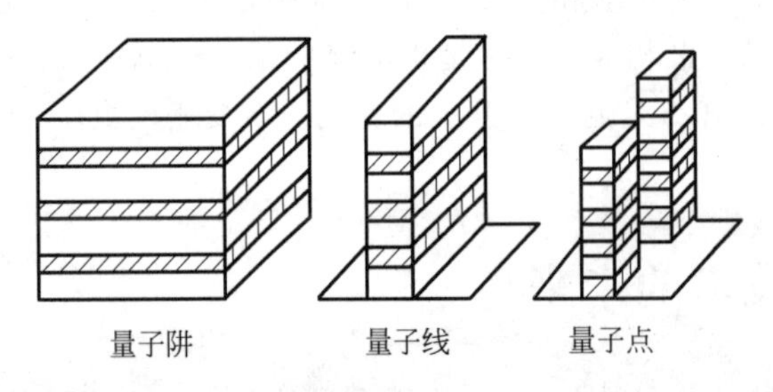

图Ⅲ-17 量子阱、量子线和量子点

量子阱结构主要用于发光器件和光电探测器件。它的发现导致了诸如光电集成、单电子晶体管、半导体微腔及自旋电子学的产生。利用量子点和量子线的一些特殊的物理性质可以制成许多性能更好的器件,如量子线激光器、量子点激光器等。它还可能导致“单电子”器件的发明。当器件的尺寸、维度进一步减小,预计可制造出超高速、超低电能消耗的开关器件。

专题Ⅳ

超导电性

Ⅳ.1 超导的发现及其电磁特性

1. 超导的发现

超导电性是在发展低温技术的过程中发现的。19世纪末，空气、氧气和氮气相继被液化。1898年杜瓦(J. Dewar)成功将氢气液化，获得了20K的低温。1908年，荷兰莱登实验室的物理学家开默林·昂内斯(Kamerlingh Onnes Heike，1853—1926年)经过长期努力，将最后一个“永久气体”——氦气液化，在一个大气压下获得了4.25K的低温。后来昂内斯使用减压降温法，获得了4.25～1.15K的低温，这是当时所能达到的最低温度。所有这些低温领域的成就为研究各种物质在极低温条件下的物理性质创造了条件。

19世纪末关于金属的电阻率随温度降低的变化规律还没有达成一个统一的结论。直到1911年，昂内斯得到了纯汞在液氦温区内电阻随温度的变化规律。他发现，当温度降低时，纯汞的电阻先是平缓地减小，但当温度降至4.2K附近时电阻突降至零。如图Ⅳ-1所示，当温度降至某一低温以下时，物质的电阻突然降为零而具有超传导电性，昂内斯将这种物质状态命名为超导态，并把电阻发生突变的温度称为超导临界温度或超导转变温度，用T_c表示。后来，他又发现了许多其他物质的超导电性，见表Ⅳ-1。

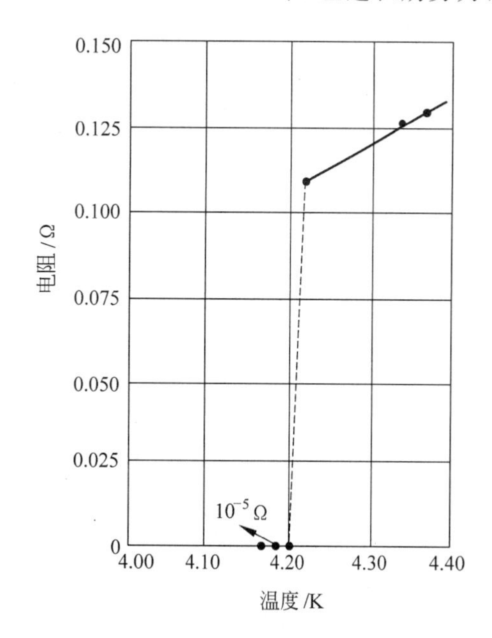

图Ⅳ-1 纯汞在液氦温区的电阻变化

2. 超导体的电磁性质

1) 零电阻效应(理想导电性)

超导态金属的电阻率小于$10^{-28}\,\Omega\cdot m$，远小于正常态金属的最小电阻率$10^{-15}\,\Omega\cdot m$，所以可以认为超导态金属的电阻率为零，即超导态金属具有理想导电性。图Ⅳ-2和图Ⅳ-3分别为正常金属和超导态金属的低温电阻率。

表Ⅳ-1 金属超导体的临界温度和发现时间

金　属	临界温度 T_c/K	发现时间/年
汞(Hg)	4.15	1911
锡(Sn)	3.69	1913
铅(Pb)	7.26	1913
钽(Ta)	4.38	1928
铌(Nb)	9.2	1930
铝(Al)	1.14	1933
钒(V)	4.3	1934

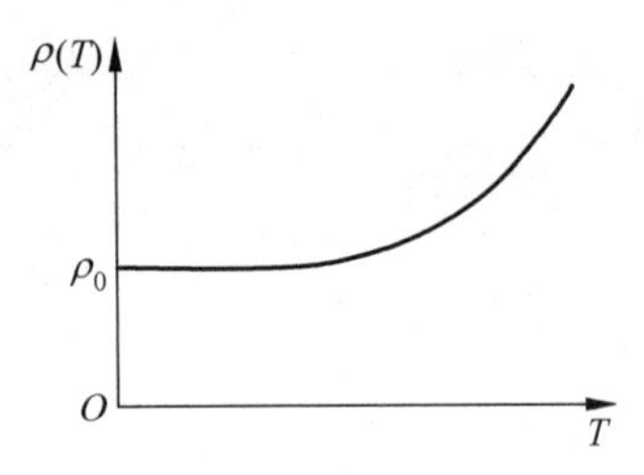

图Ⅳ-2 正常金属的低温电阻率

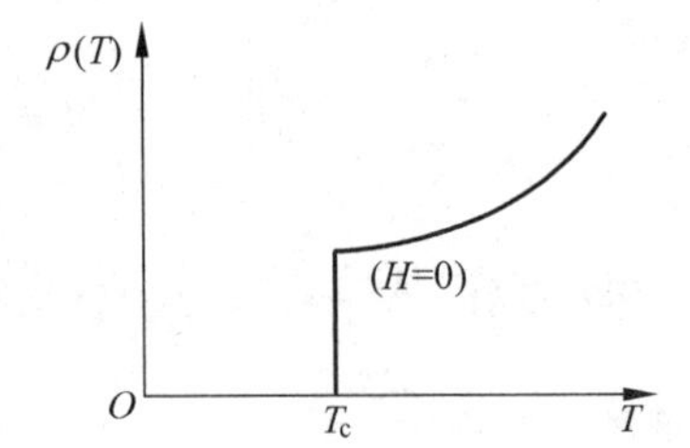

图Ⅳ-3 超导态金属的低温电阻率

为了证明超导态金属的零电阻现象,曾经有人尝试把一个超导金属制成的线圈放进磁场中,然后降温至临界温度以下,使金属处于超导态,再把磁场去掉。根据法拉第电磁感应定律的“动磁生电”原理,在超导线圈中会产生感应电流。在正常金属线圈中,由于有电阻,这个感应电流很快就会衰减为零。但是超导线圈中的这个感应电流居然在经过一年多的时间里未有任何衰减。如图Ⅳ-4和图Ⅳ-5所示,设环的电感为L,电阻为R,则线圈中电流衰减的时间常数为

$$\tau=\frac{L}{R}$$

线圈中电流的衰减规律为

$$I=I_0\mathrm{e}^{-\frac{t}{\tau}} \tag{Ⅳ-1}$$

1963年费尔(J. File)和米尔斯(R. G. Mills)利用核磁共振(nuclear magnetic resonance, NMR)方法测量超导金属中感应电流的磁场,由此间接估算出电流衰减的时间不少于十万年。

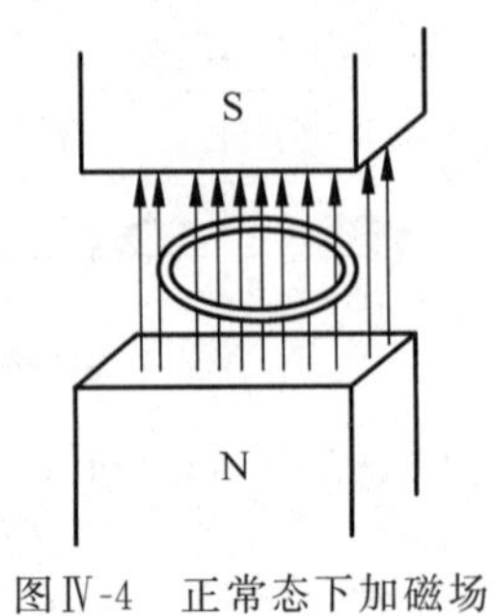

图Ⅳ-4 正常态下加磁场

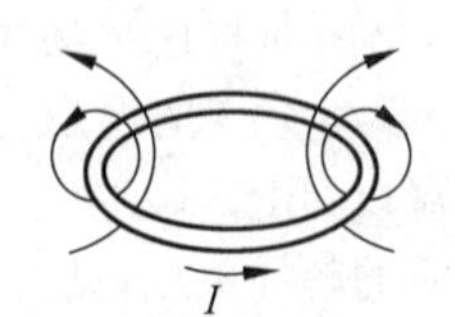

图Ⅳ-5 超导态下撤磁场

当温度高于T_c时,超导态被破坏而变回正常态,即由零电阻状态回归到有电阻的状态。此外,实验还发现,当外加磁场超过某一数值$H_c(T)$时,也会破坏超导态。对于给定的超导体,$H_c(T)$是温度T的函数,称为温度为T时的临界磁场,当$T=T_c$时,$H_c(T_c)=0$。

$H_c(T)$可近似地表示为

$$H_c(T) = H_c(0)\left(1 - \frac{T^2}{T_c^2}\right) \tag{Ⅳ-2}$$

其中 $H_c(0)$是绝对零度时所对应的临界磁场。图Ⅳ-6 分别为铅(Pb)、汞(Hg)、锡(Sn)、铟(In)和铊(Tl)的 $H_c(T)$-T 曲线。

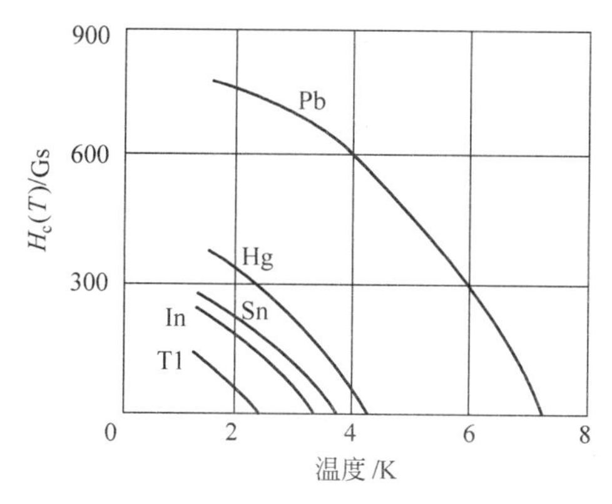

图Ⅳ-6 几种超导元素的临界磁场与温度的关系曲线

如果没有外加磁场,在超导体中通过某一电流 $I_c(T)$也会破坏超导态,$I_c(T)$称作临界电流。对于一给定超导体,$I_c(T)$也是温度 T 的函数,并且同样地,当 $T=T_c$ 时,$I_c(T_c)=0$。其实当在超导体中通过 $I_c(T)$时,电流在超导体表面产生的磁场正好为 $H_c(T)$,因此可以破坏超导电性。

2) 迈斯纳效应(完全抗磁体)

超导体的电阻等于零,但它不是电阻无限小的理想导体。对于理想导体,根据欧姆定律

$$E=\rho j$$

当电阻率 ρ 为零时,若 j 保持一恒定值,则 E 必须为零。根据麦克斯韦方程

$$\frac{\partial B}{\partial t} = -\nabla \times E$$

当 E 恒为零时,得到

$$\frac{\partial B}{\partial t} = 0$$

即磁感应强度 B 不会随时间变化,导体的磁感应强度由初始条件唯一决定。也就是说在理想导体内磁感应通量不可能改变。图Ⅳ-7 为先降温至理想导体状态,再加磁场,然后去掉磁场的过程;图Ⅳ-8 为先加磁场,再降温至理想导体状态,然后再去掉磁场的过程。可见,对理想导体而言,尽管最初条件和最终条件一致,但是最后留在体内的磁感应通量却是不同的。也就是说理想导体体内的磁感应通量和它所经历的过程有关。

1933 年德国物理学家迈斯纳(W. Meissner)和奥森菲尔德(R. Ochsenfeld)发现当在磁场中把锡单晶球冷却到超导态时,超导体内的磁感应线被排斥到体外,体内的磁感应强度为零。这一过程跟图Ⅳ-8 是一致的,但结果却大相径庭。意味着超导体不是理想导体。超导体的这一性质称为迈斯纳效应。实验表明,不论在进入超导态之前金属体内有没有磁感应线,当它进入超导态后,只要外加磁场低于临界磁场,超导体内磁感应强度总是等于零。即金属在超导状态的磁化率为

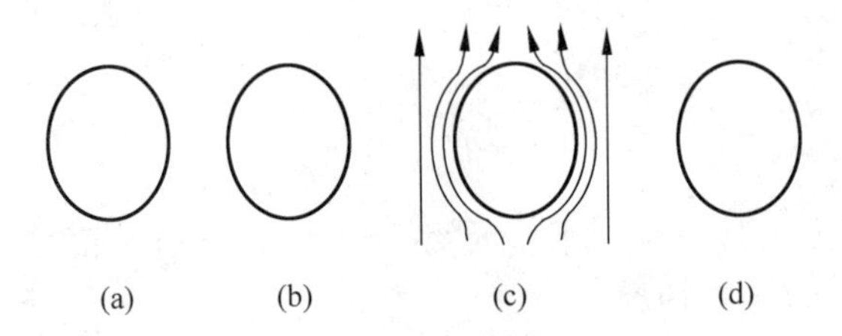

图Ⅳ-7 理想导体经历先降温后加磁场时的磁通变化

(a) $T>T_c$; (b) $T<T_c$; (c) $T<T_c$; (d) $T<T_c$

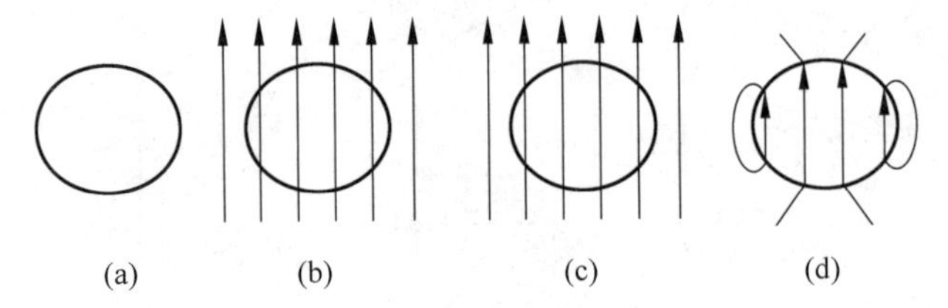

图Ⅳ-8 理想导体经历先加磁场后降温时的磁通变化

(a) $T>T_c$; (b) $T>T_c$; (c) $T<T_c$; (d) $T<T_c$

$$\chi=-1$$

超导体在静磁场中是"完全抗磁体"。

零电阻效应和迈斯纳效应是超导态的两个独立的基本属性,从零电阻效应出发得不到迈斯纳效应,从迈斯纳效应出发也得不到零电阻效应。衡量一种材料是否具有超导电性必须看是否同时具有零电阻效应和迈斯纳效应。

3. 两类超导体的基本特征

超导体按其磁化规律可分为两类:第Ⅰ类超导体和第Ⅱ类超导体。第Ⅰ类超导体只有一个临界磁场 H_c,其磁化曲线如图Ⅳ-9 所示。

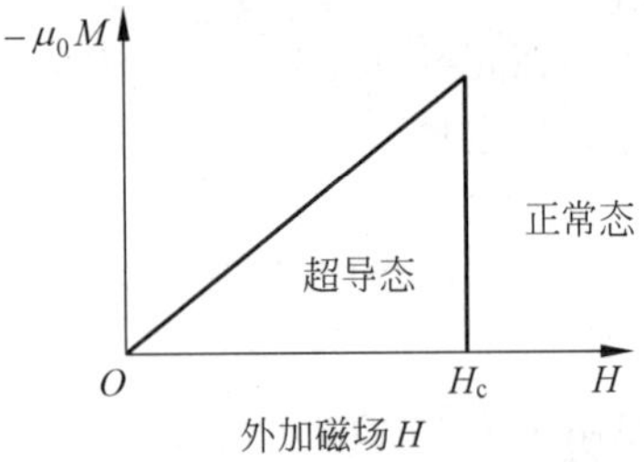

图Ⅳ-9 第Ⅰ类超导体的磁化曲线

第Ⅱ类超导体有两个临界磁场:下临界磁场 H_{c1} 和上临界磁场 H_{c2},其临界磁场随温度的变化关系和磁化曲线分别如图Ⅳ-10 和图Ⅳ-11 所示。对第Ⅱ类超导体,当外磁场小于下临界磁场 H_{c1} 时,样品内无磁场,即 $B=0$,是完全抗磁体。当外磁场大于上临界磁场 H_{c2} 时,样品处于正常态。当外磁场介于下临界磁场 H_{c1} 和上临界磁场 H_{c2} 之间时,样品内既有 $B=0$ 的超导态存在,又有 $B\neq 0$ 的正常态存在,称为混合态。当第Ⅱ类超导体处于混合态时,样品内将出现奇妙的微观结构。理论和实验都表明:在样品内,通过正常态的磁感应线周围是一个半径很小并以它为轴线的圆柱形正常区,各正常区之间是相互连通的超导区。需要特别指出的是,通过这些圆柱形正常区的磁感应通量是量子化的,称为磁通量子化,其最小单位称为磁通量子

$$\Phi_0=\frac{h}{2e}=2.0678\times 10^{-15}\,\mathrm{Wb}$$

并称这些圆柱形正常区为量子磁通线。由于每条量子磁通线周围都有涡旋电流起屏蔽作用以保证周围的超导区内无磁场,因此第Ⅱ类超导体的混合态又称为涡旋态,量子磁通线也称为涡旋线,如图Ⅳ-10 所示。

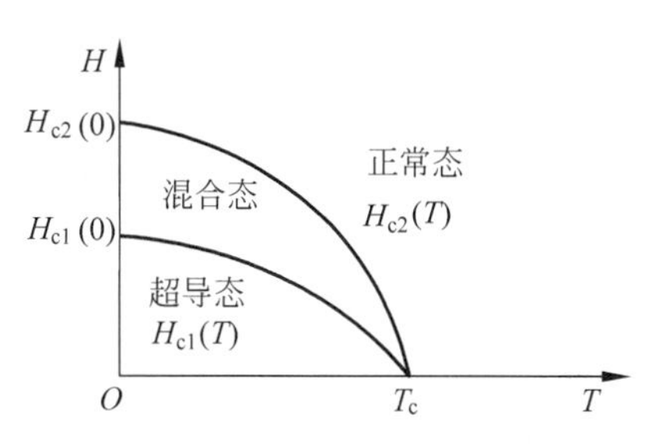

图Ⅳ-10　第Ⅱ类超导体的 H_c-T 关系

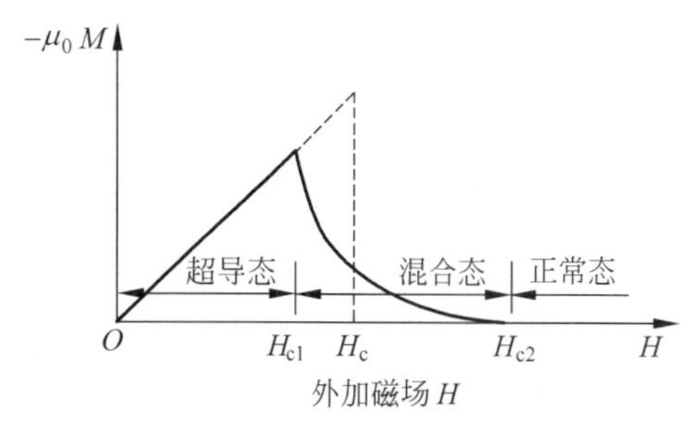

图Ⅳ-11　第Ⅱ类超导体的磁化曲线

4．**高温超导体**

自从1911年发现超导以来，科学家们一直在努力寻找高临界温度的超导材料。直到1942年发现NbN(氮化铌)的临界温度为15K，1973年发现Nb_3Ge(铌三锗)的临界温度为23.2K。直到1986年贝德诺尔茨(Bednorz Johannes Georg)和缪勒(Müller Karl Alexander)发现La-Ba-Cu-O(镧钡铜氧化物)系统中存在临界温度为35K的超导体。高T_c氧化物超导体的发现立刻引起了物理学界的重视，从而开始了超导研究的新纪元，并掀起了一场席卷世界的超导热。贝德诺尔茨和缪勒也因此荣获1987年的诺贝尔物理学奖。随后，1987年2月中国科学院物理研究所的赵忠贤、美国休斯敦大学的朱经武分别独立地发现了T_c为90K的Y-Ba-Cu-O(钇钡铜氧化物)超导体。很快，日本物理学家合成出T_c为110K的BiSrCaCuO(铋锶钙铜氧化物)体系。此后又发现了TlBaCaCuO(铊钡钙铜氧化物)系列氧化物，其超导转变温度提高到了125K。最近人们又合成了Hg系氧化物超导体，其超导转变温度达到133.8K，如图Ⅳ-13所示。

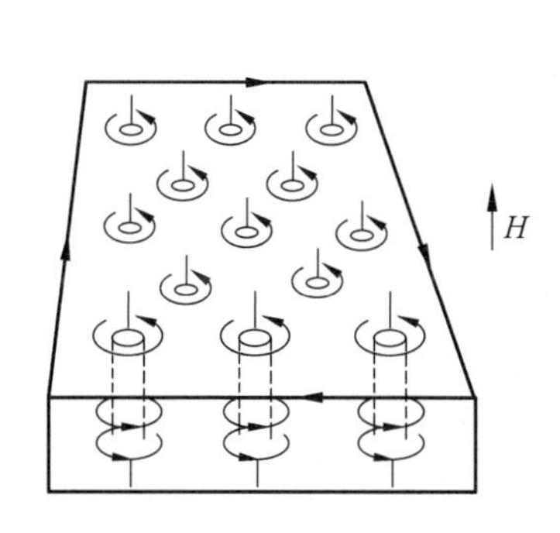

图Ⅳ-12　第Ⅱ类超导体混合态中的磁通点阵

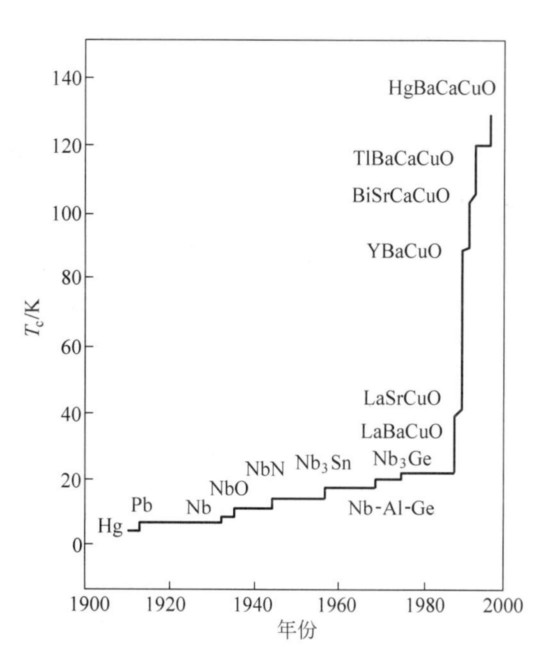

图Ⅳ-13　超导临界温度提高的历程

Ⅳ.2 超导体的微观理论

1. 二流体模型

1934 年戈特(C. J. Gorter)和卡西米尔(H. B. G. Casimir)提出了一个二流体模型：

(1) 处于超导态的金属，共有化的自由电子分为两部分：一部分叫做正常电子 n_n，占总数的$\frac{n_n}{n}$；剩下的部分叫做超流电子(即认为金属处于超导态时，这部分自由电子可以在晶格点阵中无阻地流动，因此称之为超流电子) n_s，占总数的$\frac{n_s}{n}$，$n=n_n+n_s$ 为自由电子总数。

(2) 正常电子 n_n 受到晶格振动的散射作杂乱运动，对熵有贡献。

(3) 超流电子 n_s 不受晶格散射，超导态是低能量状态，对熵没有贡献。

二流体模型的假设成功地解释了电子比热实验。比热定义为，当温度降低或升高 1℃ 时，每单位质量的物质放出或吸收的热量。如图Ⅳ-14 所示，其中 C_n 为正常态的比热，C_s 为超导态的比热。当温度到达临界温度时，金属比热发生了一个不连续的跳跃，比热随温度变化的关系发生了显著变化。根据二流体模型的假设，在温度不断降低的过程中，当温度高于临界温度时，金属中全部都是正常电子，比热来源于正常电子由于温度降低而释放出的内能；一旦温度降到临界温度，就有一部分正常电子释放出一定能量而转变为超流电子，因此在临界温度附近的比热除了来源于正常电子由于温度降低所释放出的能量外，还有正常电子转变为超流电子所释放出的能量，因此在临界温度附近比热发生激增。

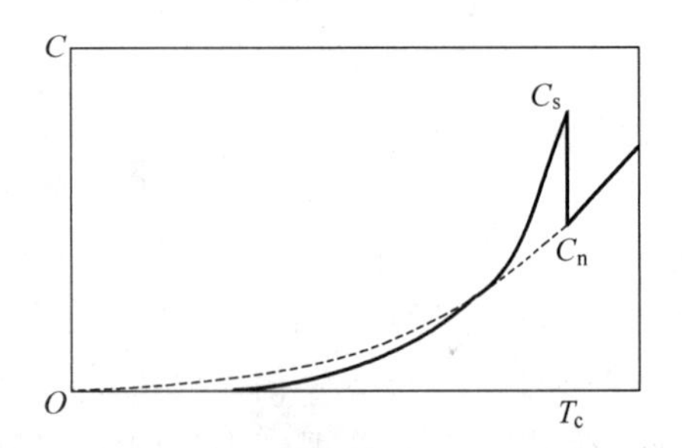

图Ⅳ-14 低温下正常电子和超导电子的比热

2. 伦敦方程

1935 年旅居英国的德国物理学家伦敦兄弟(Fritz London, 1900—1954 年和 Heinz London, 1907—1970 年)提出了两个著名的伦敦方程。

超导态时电阻为零，对于超导电子，在一定电场下并不会形成稳定的电流，而是作加速运动，即

$$m^* \frac{\mathrm{d}v_s}{\mathrm{d}t}=eE \tag{Ⅳ-3}$$

式中，m^* 为电子的有效质量，v_s 为超导电子的速度，超导电流密度 J_s 表示为

$$J_s=n_s e v_s \tag{Ⅳ-4}$$

n_s 为超导电子密度，整理方程(Ⅳ-3)和方程(Ⅳ-4)得

$$\frac{\partial}{\partial t}J_s=\frac{n_s e^2}{m^*}E \tag{Ⅳ-5}$$

令 $\Lambda=\frac{m^*}{n_s e^2}$，方程(Ⅳ-5)可表示为

$$\frac{\partial}{\partial t}J_{\mathrm{s}}=\frac{E}{\Lambda} \tag{Ⅳ-6}$$

式(Ⅳ-6)称为伦敦第一方程,它可以解释零电阻效应。

将伦敦第一方程代入麦克斯韦方程$\nabla\times\boldsymbol{E}=-\frac{\partial}{\partial t}\boldsymbol{B}$,得

$$\nabla\times\left(\Lambda\frac{\partial}{\partial t}J_{\mathrm{s}}\right)=-\frac{\partial}{\partial t}\boldsymbol{B}$$

或者写成

$$\frac{\partial}{\partial t}[\nabla\times(\Lambda J_{\mathrm{s}})+\boldsymbol{B}]=\boldsymbol{0} \tag{Ⅳ-7}$$

式(Ⅳ-7)称为伦敦第二方程,即$\nabla\times(\Lambda J_{\mathrm{s}})+\boldsymbol{B}$不随时间变化。由伦敦第二方程和另两个麦克斯韦方程$\nabla\times\boldsymbol{B}=\mu_0\boldsymbol{J}$以及$\nabla\cdot\boldsymbol{B}=0$,可推出

$$\nabla^2\boldsymbol{B}\equiv\frac{\mu_0}{\Lambda}\boldsymbol{B} \tag{Ⅳ-8}$$

方程(Ⅳ-8)的一维解为

$$\boldsymbol{B}(x)=\boldsymbol{B}(0)\mathrm{e}^{-x\sqrt{\mu_0/\Lambda}}=\boldsymbol{B}(0)\mathrm{e}^{\frac{-x}{\lambda_{\mathrm{L}}}} \tag{Ⅳ-9}$$

式中$\lambda_{\mathrm{L}}=\sqrt{\Lambda/\mu_0}=\sqrt{m^*/\mu_0 n_{\mathrm{s}}e^2}$。设超导体占据$x\geqslant 0$的空间,$x<0$的区域为真空。如图Ⅳ-15所示,$B(0)$表示超导体表面的磁感应强度,$B(x)$表示超导体内距离表面为$x$处的磁感应强度。

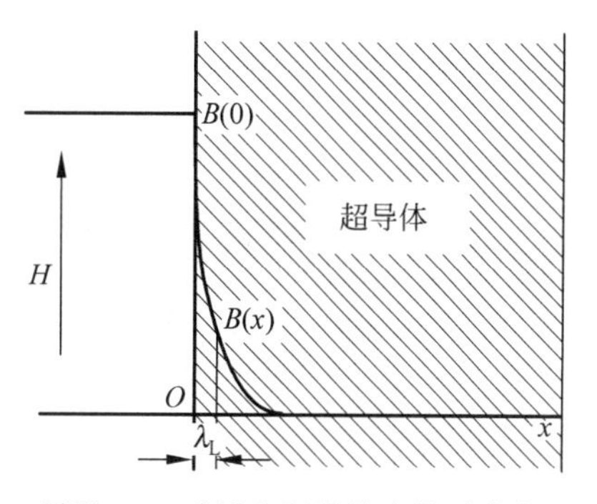

图Ⅳ-15 磁场在超导体中的磁感应强度分布和穿透深度

在$x\gg\lambda_{\mathrm{L}}$的区域,$B(x)\to 0$,即超导体内此区域的磁感应强度为零。

在$x=\lambda_{\mathrm{L}}$处,$B(x)=\frac{1}{e}\cdot B(0)$,磁感应强度$B$从$B(0)$衰减至$\frac{1}{e}\cdot B(0)$。

在$0<x<\lambda_{\mathrm{L}}$的区域,$\frac{1}{e}\cdot B(0)<B(x)<B(0)$,有磁感应线穿过这一区域,$\lambda_{\mathrm{L}}$的物理意义在于描述磁场穿透超导体的深度,称为伦敦穿透深度。

伦敦第一方程和第二方程可以很好地解释超导体的零电阻和迈斯纳效应。伦敦方程指出超导体表面的磁感应强度B以指数形式迅速衰减。迈斯纳效应指出超导体内部磁感应强度为零,但不意味着超导体表面的磁感应强度也为零。实际上,为了使体内的B为零,在超导体表面的一个薄层内必须有电流产生磁场以抵消外磁场,使得体内$\mu_0 M+H=0$。由于超导体的电阻为零,这个表面电流并不损耗能量,因此称之为超导电流或超流。在超导体表面上,流过超导电流的表面薄层的厚度称为磁场的穿透深度λ_{L},这个表面薄层称为穿透层,穿透深度λ_{L}定义为磁感应强度从$B(0)$衰减至$\frac{1}{e}\cdot B(0)$的距离。穿透深度的数量级约为10^{-8} m,已被实验验证。

3. 同位素效应

质子数相同而中子数不同(从而原子量不同)的元素在元素周期表中占同一位置,具有同样的核外电子层和几乎同样的化学性质,叫做该元素的同位素。例如汞(Hg)的质子数为80,它有七种天然稳定的同位素,原子量分别为196、198、199、200、201、202和204。1950年麦克斯韦(E. Maxwell)和雷诺(C. A. Raynold)各自独立地测量了汞同位素的临界温度,获得了原子量M和临界温度T_c的简单关系,如图Ⅳ-16所示。

$$M^{\alpha}T_c = 常量 \tag{Ⅳ-10}$$

式中,$\alpha=0.50\pm0.03$。这种临界温度依赖于同位素质量的现象称为同位素效应。

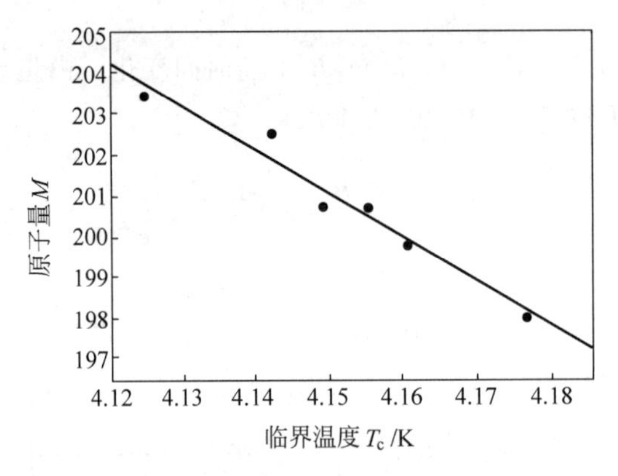

图Ⅳ-16 汞的同位素效应

构成晶格的离子如果其质量不同,在给定波长的情况下,晶格振动的频率会依离子质量不同而不同。离子质量反映晶格性质,临界温度反映电子性质,同位素效应把晶格与电子联系了起来。如果把描述晶格振动的能量子称为声子,则同位素效应揭示了电子-声子的相互作用与超导电性有密切关系。

1950年,弗洛里希(H. Frolich)提出电子-声子相互作用在高温下导致电阻,而在低温下导致超导电性。

图Ⅳ-17为电子-声子相互作用的简单模型。一个电子先与晶格相互作用而造成晶格变形,接着另一个电子遇到此变形的晶格随即调整其自身以利用此变形来降低能量。第二个电子通过变形的晶格与第一个电子相互作用,这种电子-晶格-电子相互作用与离子质量有关,因而很好地解释了超导态的同位素效应。

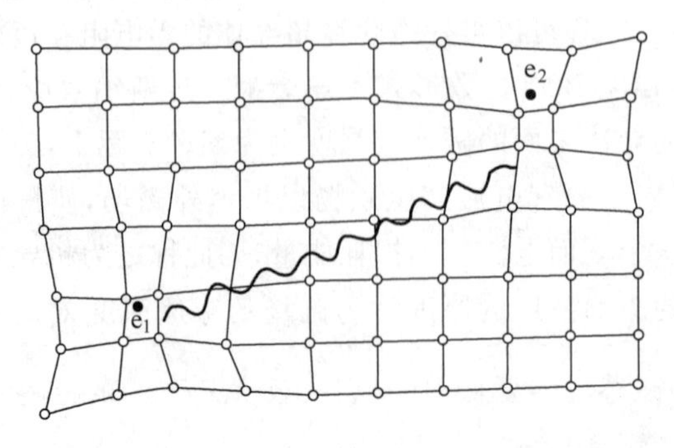

图Ⅳ-17 电子与晶格相互作用

如果忽略晶格变形这个中间过程，最后的结果就是第一个电子吸引了第二个电子。用电子、声子的语言可将这个过程描述为：动量为 P_1 的电子发射一个声子 q 后，动量变为 P_1'，当这个声子被另一个动量为 P_2 的电子吸收后，这个电子的动量变为 P_2'，如图Ⅳ-18 所示。这个电子-声子相互作用的过程造成了电子之间的相互吸引作用。

4．超导能隙

20 世纪 50 年代，许多实验表明，当金属处于超导态时，电子能谱与正常态不同。图Ⅳ-19 为绝对零度下的电子能谱示意图。在费米能 E_F 附近出现了一个宽度为 2Δ 的能量间隔，在这个能量范围内不能有电子存在，Δ 称为超导能隙，数量级为 $10^{-3}\sim10^{-4}$ eV。在绝对零度时，能量处于能隙下边缘以下的各态全被占据，而能隙以上的各态则全空着，这就是超导基态。

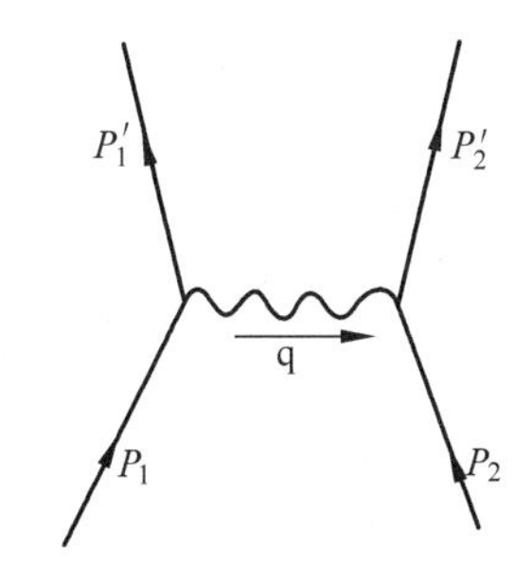

图Ⅳ-18 电子对的相互作用

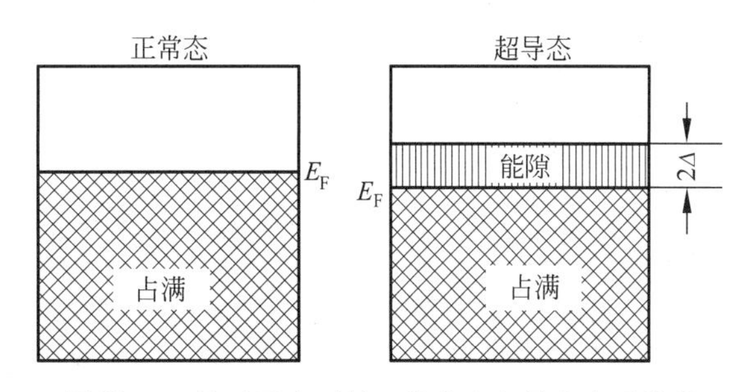

图Ⅳ-19 绝对零度下的正常态和超导态电子能谱

5．库珀电子对

通常电子间的库仑作用是互相排斥的，前面介绍了电子间交换声子能够产生吸引作用，当这种间接的吸引作用大于库仑斥力时，电子间的合力为相互间的引力。库珀（Leon Cooper，1930— ）证明了当电子间的合力为引力时，费米面附近的两个电子将形成束缚的电子对的状态，这种电子对的能量比两个独立的电子的能量和低，称为库珀对。最佳的配对方式是动量相反且自旋相反的两个电子组成库珀电子对，可表示为（$P\uparrow,-P\downarrow$）。

库珀对中两个电子的结合很松散，它们之间的距离可以达到微米（10^{-6} m）这一宏观数量级，因此不会受到晶格缺陷和杂质这种微观尺度（约为 10^{-10} m）结构的散射。另外，由于库珀对中两个电子的动量相反，库珀对的质心动量为零。有电流时，库珀对作为整体产生定向运动，质心的动量很小，波长很长，也不会被晶格振动、晶体缺陷和杂质散射，所以超导态以库珀对作为传导电流的载体，就没有电阻。

库珀对的结合能只有 10^{-3} eV 左右，当导体的温度大于临界温度 T_c 时，热运动使库珀对解体成为正常电子，超导态因此被破坏。

6．BCS 理论

超导电性的量子理论，是 1957 年由巴丁（John Bardeen，1908—1991 年）、库珀和施里弗（John Robert Schrieffer，1931—2019 年）提出的，就是后来著名的 BCS 理论。该理论指出电子通过交换声子而形成库珀对，并定量地描述了能隙、热学和一些电磁性质。

BCS 理论预测临界温度

$$T_c = 1.14\theta_D e^{-\frac{1}{UN(E_F)}} \qquad (\text{Ⅳ-11})$$

式中,θ_D 为德拜温度,$N(E_F)$为费米面附近电子能态密度,U 为电子-声子相互作用能。

由 BCS 理论计算出的电子的比热、临界磁场等和温度的关系都与实验吻合得相当好,同时它还可以导出伦敦方程。提出 BCS 理论的三位科学家因此获得了 1972 年的诺贝尔物理学奖,其中巴丁,曾因半导体的研究和发现晶体管效应获得了 1956 年的诺贝尔物理学奖。到目前为止,巴丁仍然是唯一一位两次获得诺贝尔物理学奖的科学家。

BCS 理论取得了巨大的成功,但它也只是一个相对真理。根据 BCS 理论,超导体的临界温度不可能超过 50K,而实际上后来发现的高温超导体的临界温度已超过 150K。

Ⅳ.3 超导的应用

1. 超导磁体

超导磁体就是超导线绕制的线圈。利用超导体电阻为零的特性,超导磁体可通以大电流,产生很强的磁场。由于超导体存在临界磁场 H_c、临界电流密度 J_c、临界温度 T_c,超过临界值的超导体从超导态转变成正常态,因此超导磁体产生的磁场不能随意提高,一般在几特斯拉到十几特斯拉。绕制超导磁体的材料要求有高的临界参数,通常是第Ⅱ类超导体,而且机械性能和加工性能也是选择用材的一个重要因素。制造超导磁体最常用的材料是铌钛(NbTi)合金,其次是金属间化合物铌三锡(Nb_3Sn)。高温超导体发现后,高温超导材料也在研究中。与常规磁体相比,超导磁体没有焦耳损耗,维持磁体正常工作温度(约 4.2K)所需制冷功率约比常规磁体损耗小 1～2 个数量级。超导磁体的电流密度比常规磁体高两个量级,也不用铁芯,因此超导磁体重量轻、体积小。超导磁体可用超导开关进行闭环电路运行,不受电源及外界干扰,达到极高的稳定性(10^{-7}/小时)。超导磁体有广泛的应用价值,特别是在高技术领域,超导磁体已应用在磁共振成像技术、高能加速器、核聚变装置、磁流体发电、磁悬浮列车及其他科学试验中所用的强场设备。超导磁体在电力工业中有很诱人的应用前景,超导电机、超导储能、超导变压器和超导限流器的性能已远优于常规器件。

2. 超导磁悬浮

超导体中的磁通线被冻结,与外部磁力线达到稳定状态而悬浮的现象称为超导磁悬浮。对于可承载很大电流的第Ⅱ类超导体,外加磁场超过一定值后,磁场会以磁通线的形式穿透进去,加上缺陷的钉扎作用,磁通线可稳定的存在。当超导体在外磁场中被冻结,超导体内部的磁通线和外部的磁力线会达到相对稳定的状态,改变超导体的位置和角度必须付出能量,因此超导体就会稳定悬浮在空中。在超导体形状和外磁场非常对称的情况下,超导体可沿轴心旋转,如果没有空气阻尼,超导体中的磁通线也钉扎不动,旋转会永远持续下去,这就是超导陀螺的工作原理。超导体在旋转和运动过程中,不会出现对磁力线的切割过程,因为随超导体一起运动的磁通线弥散开来形成磁力线,与外界随时保持平衡。但当超导体从一种磁场位型变化到另外一种磁场位型(包括角度和位置)时需要做功,这是超导磁悬浮具有高度稳定特点的原因。超导磁悬浮不能解释成是由于超导体的抗磁能力,如果仅仅是抗磁,把超导体从磁场中移开时应该不需要做功,而实际上把超导体从一种磁场位型变化到另外一种磁场位型时需要做功。超导磁悬浮具有其他技术所难以达到的稳定性,因此在制造磁悬浮列车方面有非常大的优势。

3. 约瑟夫森效应

1962 年,约瑟夫森(Josephson Brian David)钻研两块超导体之间的结的性质。在两块超导体中间夹一很薄(厚度约为 1nm)的绝缘层,就形成一个超导-绝缘-超导结(S-Ⅰ-S 结),如图Ⅳ-20 所示,这个结后来被称为约瑟夫森结。他计算了超导结的隧道效应,并从理论上预言:如果两个超导体距离足够近,电子可以作为一种辐射波穿透超导体之间的极薄绝缘层而形成无损耗的超流电流,即超导电子对的隧道效应,而超导结上并不出现电压;如果超导结上加有电压,电流就停止流动并产生高频振荡,这就是约瑟夫森效应。此时,约瑟夫森刚满 22 岁。1963 年,美国贝尔实验室的安德森(Anderson Philip Warren)和夏皮罗(S. Shapiro)等从实验上证明了约瑟夫森的预言。由此,一门新的学科——超导电子学创立。尤其是伴随着根据约瑟夫森效应原理制成的超导量子干涉器件(superconducting quantum interference device,SQUID)的问世,相应的超导体的另一大类应用,即弱电(弱磁)应用也拉开了序幕。由于这些效应在理论上和实际上的重要意义,约瑟夫森获得了 1973 年诺贝尔物理学奖的一半,另一半由半导体隧道效应的发现者江崎玲於奈、超导体隧道效应的发现者贾埃沃(Giaever Ivar)共同获得。

4. 超导量子干涉器件

超导量子干涉器件是根据嵌入约瑟夫森结的超导环中电子对电流随结的量子位相差相干的原理制成的磁场敏感器件。按其结构和工作条件可分为直流 SQUID 和射频 SQUID 两种。图Ⅳ-21 为直流 SQUID 示意图。它是由两个完全相同的约瑟夫森结并联而成的一个环路。a、b 是两个完全相同的约瑟夫森结。在与环面垂直的方向加一外磁场。由于从 1 处通过结 a 到达 2 处的超导电流与从 1 处通过结 b 到达 2 处的超导电流相对于通过环面的磁通的环绕方向相反,因而经过 a、b 两结到达 2 处的库珀对的相位也不同。这和双缝干涉现象非常相似。因此外加磁场极其微小的变化就会引起电流的变化。

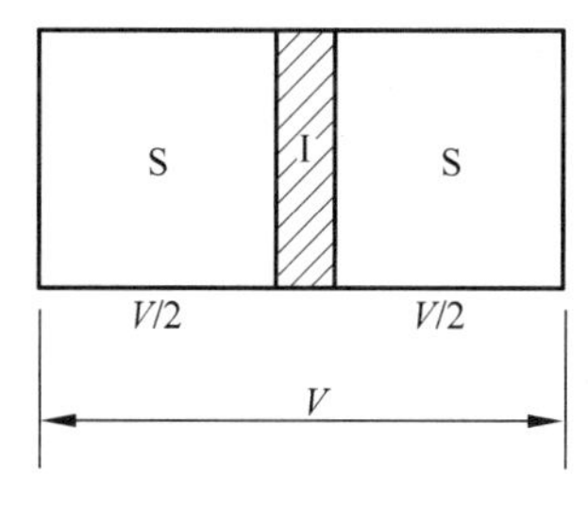

图Ⅳ-20　约瑟夫森结示意图

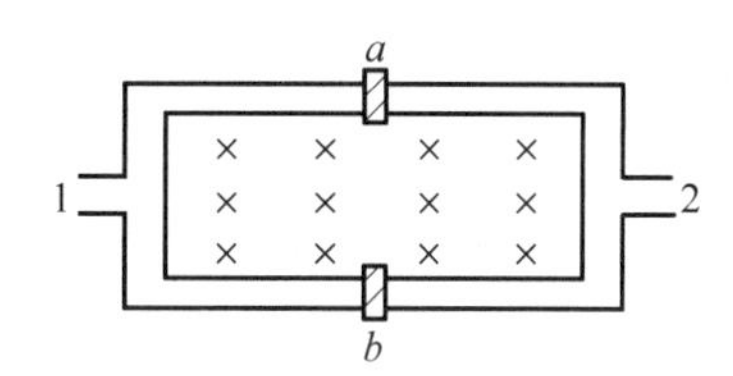

图Ⅳ-21　直流 SQUID 器件示意图

SQUID 可对磁场或磁通作直接测量,其磁场分辨率可优于 $10^{-14}\,\mathrm{T/Hz^{1/2}}$,磁通分辨率优于 10^{-5} 磁通量子$/\mathrm{Hz^{1/2}}$,可用来检测人体中微弱的心磁和脑磁信号及其他弱磁信号,还可用于对电流、电压、电阻、磁化率、位移等多种物理量作间接测量。高灵敏度是其突出的优点,如用窄带技术测量交流电流,灵敏度可达 10^{-15} A 量级。除高灵敏度外,SQUID 器件还有高的响应速度(10ps)和低的功耗(μW)。

由于氧化物超导薄膜工艺和高温 SQUID 理论的进展,再加上使用液氮冷却带来的极大便利,除脑磁测量等少数特殊应用外,在常规测量中高温 SQUID 大有替代传统的低温器件的趋势,但在灵敏度和稳定性方面还有待提高,其性能的改善将来自对此类新材料中相关物理过程更深入的了解。

专题 V

新材料技术

材料是人类用于制造生活和生产用的机器、构件、器件和产品的物质，是人类赖以生存和发展的物质基础。每一种主要材料的发现、发明和使用，都会把人类支配和改造自然的能力提高到一个新水平。人类历史已经证明材料是人类社会发展的物质基础和先导，是人类进步的里程碑。

从材料的发展进程可以看出，随着人类社会的进步和科学技术的发展，会不断出现新材料；反之新材料发明与应用又促进了科学技术发展和人类社会进步。可以肯定地说，无论哪一代新技术的形成与发展都依赖于材料工业的发展。现代文明社会中，高新技术的发展更是紧密依赖新材料的发展。因此，新材料的研究开发与应用反映了一个国家的科学技术与工业水平。到了20世纪60年代，人们把材料、信息与能源誉为当代文明的三大支柱，70年代，又把新材料、信息技术和生物技术认为是新技术革命的主要标志。可以预料，谁掌握了新材料，谁就掌握了未来高新技术竞争的主动权。

近代世界已经历了两次工业革命，都是以新材料的发现和应用为先导的。钢铁工业的发展，为18世纪以蒸汽机的发明和应用为代表的第一次世界工业革命奠定了物质基础。20世纪中叶以来，以电子技术特别是微电子技术的发明和应用为代表的第二次工业革命，硅单晶材料则起着先导和核心作用。新材料的研究开发与应用和一个国家的工业活力及军事力量的增长都有着十分密切的关系，如新型半导体材料、光导纤维和新的光电器件的出现，使通信技术从铜为主的金属电缆跨入了光纤通信的新时代。世界各国特别是工业发达国家非常重视新材料的研究与开发，投入大量人力和资金。我国政府历来重视新材料的发现与研究。自1956年以来，历次国家科技发展规划中都包含了新材料技术的研究与开发。第一期“863”计划中新材料技术就是七大重点研究领域之一。第二期“863”计划又把新材料及其制备技术列为重点支持和强化的领域，这将会牵引和带动大批相关新技术领域的跨越发展，支撑国家支柱产业发展和重点工程实施，增强我国的综合实力。

新材料的生产具有三个基本特点：①综合利用现代的先进科学技术成就，多学科交叉，知识密集，投资量大；②往往在特定的条件下(如高温、高压、低温、急冷、超净等)才能完成，没有新技术、新工艺，没有精确地控制和检测，就不能够生产高质量的新材料；③新材料的生产规模一般都比较小，品种比较多，更新换代快，价格昂贵，技术保密性强。因此，新材料产业属于难度较大的产业。

当代材料科学技术正面临新的突破,诸如高温超导材料、纳米材料、先进复合材料、生物医用材料,以及材料的分子、原子设计等,正处于日新月异的发展之中。材料品种多,涉及面广,内容十分丰富,本章将简要介绍纳米材料、液晶的基础知识。

Ⅴ.1 纳米材料技术

1. 纳米材料概述

纳米材料技术是20世纪80年代末迅速发展起来的一门交叉性很强的综合学科。1nm就是10^{-9}m,相当于头发丝直径的十万分之一。纳米科技是指以0.1～100nm尺度的超细微材料为研究对象的新学科,可以是金属、陶瓷、聚合物或复合材料,也可以是晶态或非晶态。处于这种尺寸的物质有很多既不同于宏观物质也不同于单个孤立原子的奇异性质。纳米科技以其新颖性、独特的思路和首批研究成果在科技界产生了巨大影响,受到广泛关注。自20世纪末以来,许多国家先后投入巨资组织力量加紧研究,以期抢占纳米技术的战略高地。欧盟在1995年发表的一份研究报告曾预测,10年后,纳米技术的开发将成为仅次于芯片制造业的第二大制造业。更有人预言,纳米技术将成为21世纪信息时代的核心,甚至引起又一次工业革命,它的发展对诸多领域将产生重大影响。

天然纳米材料在自然界中广泛存在,如牙齿、蛋白质、陨石碎片都是由纳米微粒构成的,海洋中存在着大量小于120nm的海洋胶体纳米粒子。

人工制备纳米材料的历史也很早。1000多年前,我国古代用蜡烛燃烧的烟雾制成炭黑,古人在铜镜表面镀的二氧化锡薄膜防锈层也是纳米材料。1861年,化学家开始研究1～10nm的微粒胶体,并建立起胶体化学学科。1963年,正式把纳米微粒作为专门研究对象,通过人工制造获得纳米颗粒。1984年,德国制出了纳米晶体铅、纳米晶体铜和纳米晶体铁。1987年,美国制造出纳米二氧化钛多晶体,1991年,制造出二维纳米碳管,其密度为钢的1/6,而强度比钢高100倍。我国20世纪80年代中期也开始了对纳米材料的研究,1997年,中国科学院解思深等创造了一种制备碳纳米管陈列的新方法。美国、日本、德国、俄罗斯、法国、比利时、中国和印度是纳米材料研究的强国。

构成纳米材料的基本颗粒称为纳米结构基元,按维数可分为零维、一维和二维。

(1) 零维　指其空间三维尺度均在纳米尺度,如原子团簇、纳米颗粒等;

(2) 一维　指其空间有二维处于纳米尺度,如纳米管、纳米丝、纳米棒等;

(3) 二维　指在三维空间中有一维在纳米尺度,如超薄膜、多层膜等。

纳米管、纳米丝、纳米棒和同轴纳米电缆均属于准一维材料,可用作扫描隧道显微镜的针尖,纳米器件和超大集成电路中的连线,光导纤维、微电子学方面的微型钻头及复合材料的增强剂,因而具有重要的应用前景。

原子团簇是20世纪80年代发现的、粒径小于或等于1mm,由几个或几百个原子组成的一类聚集体。原子簇的形状多种多样,已知有线状、层状、管状、洋葱状、骨架状、球状等。目前能大量制备和分离的团簇是C_{60}和其他富勒烯。

纳米微粒与病毒大小相当,是肉眼与一般显微镜看不见的微小粒子,只能用高倍电子显微镜进行观察。日本名古屋大学上田良二教授下的定义为:用电子显微镜能看到的微粒称为纳米颗粒。

1970年，法国奥林大学的安多(Endo)首次制成直径为7nm的碳纤维。1991年1月，日本科学家饭岛澄男发现了多层同轴的碳纳米管。单壁碳纳米管是美国IBM Almaden公司实验室的伯森(Bethune)等首先发现的，如图Ⅴ-1所示。1996年，发现C_{60}的斯莫利等合成了成行排列的单壁碳纳米管束。中国科学院物理研究所解思深等实验了碳纳米管的定向生长，成功地合成了超长(毫米级)的碳纳米管。

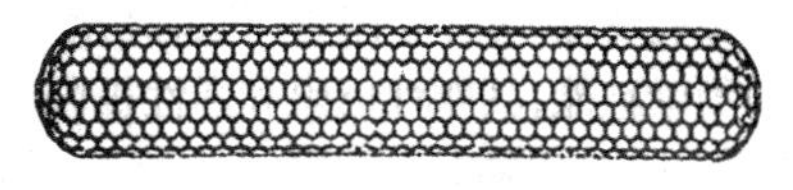

图Ⅴ-1 碳纳米管

1997年，法国科学家柯里克斯(Colliex)等在分析电弧放电获得的产物中，发现了两种类似于同轴电缆，直径又为纳米级物质几何结构，故称其为同轴纳米电缆。1998年，日本NEC工司张跃刚等用激光烧蚀法合成了直径几十纳米、长度为50μm的同轴纳米电缆。

2. 纳米材料的基本物理性能

从材料的角度出发，当组成材料微粒的尺寸进入纳米数量级(1～100nm)时，其本身就具有了一些完全新的效应，从而展现出许多特有的性质。在催化、滤光、光吸收、医药、磁介质以及新材料方面有着广阔的应用前景，同时也将推动基础研究的发展。纳米材料具有以下四种基本效应。

(1) 小尺寸效应。当超细微粒的尺寸与光波长、德布罗意波长以及超导态的相干长度相当或更小时，晶体周期性的边界条件将被破坏，非晶态纳米微粒的颗粒表面附近原子密度减小，导致声、光、电、磁、热力学等物性呈现新的小尺寸效应。比如，光的吸收显著增加并产生吸收峰的等离子共振频移。当用高倍电子显微镜对超细金颗粒的结构进行观察时，发现其颗粒形态在单晶与多晶、孪晶之间连续地转变。这种小尺寸效应为实用技术的开发开辟了新的领域。例如，纳米尺度的强磁性颗粒(Fe-Co合金等)，当颗粒尺寸为单磁畴临界尺寸时，具有很高的矫顽力，可以制成磁性信用卡、磁性钥匙、磁性车票、磁性液体等，广泛用于电声器件、阻尼器件、润滑、选矿等。纳米微粒的熔点可以远低于块状金属。例如，2nm的金颗粒熔点为600K，而块状时为1337K，这一特性为粉末冶金提供了新的工艺。

(2) 表面效应。纳米微粒尺寸小、表面能高，位于表面的原子占相当大的比例。微粒越小，表面原子数就越多。如果用比表面积表示，粒径为10nm时，比表面积为$90m^2/g$；粒径为5nm时，比表面积为$180m^2/g$；粒径为2nm时，比表面积为$450m^2/g$。这样高的比表面积造成表面能迅速增加，从而造成表面的原子具有很高的活性，极不稳定，容易与其他原子结合。

(3) 量子尺寸效应。当粒子尺寸小到某一值时，金属费米能级附近的电子能级由准连续变为离散能级的现象，以及纳米半导体微粒存在不连续的最高被占据的分子轨道和最低未被占据的分子轨道能级，而使能隙变宽的现象，均称为量子尺寸效应。按照能带理论，金属费米能级附近电子能级一般是连续的。这一点只在高温或宏观尺寸时成立。对于只有有限个导电电子的超微粒子来说，低温下能级是离散的。对于宏观物体，原子数无限多，能级间距趋于零。而对于纳米微粒，能包含的原子数有限能级间距有一定值，也就是能级间距发生分裂，当能级间距大于热能、磁能、静磁能、静电能、光子能量或超导态的凝聚能时，就必须考虑量子尺寸效应了。它将导致纳米颗粒磁、光、声、热、电以及超导电性与宏观特性有明显的差异。

(4) 宏观量子隧道效应。隧道效应是指微观粒子具有贯穿势垒的能力。近年来，人们发现一些宏观量,例如微粒的磁化强度、量子相干器件中的磁通量等具有隧道效应,称为宏观量子隧道效应。宏观量子隧道效应的研究对基础研究和实用研究都有重要的意义。正是它限定磁带、磁盘进行信息存储的时间极限。宏观尺寸效应和隧道效应将是未来微电子器件的基础。

3. 纳米材料的应用

1) 结构材料

20世纪80年代开始研究纯金属纳米材料,现在则是向多元合金及纳米复合材料方向发展。纳米金属有很多优异的性质,如纳米铁的抗断裂压力高于普通铁12倍;粒径为6nm的铜的硬度比粗晶试样增长了500%。纳米材料中存在大量界面,因此具有较高的扩散率,而较高的扩散率对蠕变、超塑性等力学性能有显著影响,有利于在较低温度下使不相溶金属形成新的合金相。纳米金属表面能高,表面原子数多,因而纳米微粒的熔点急剧下降。纳米晶金属材料在液氦温度下(4K),仍有极高的延展性。

陶瓷材料已发展到新一代纳米陶瓷。用纳米级超细微粉体制成的纳米陶瓷,具有延展性,甚至具有超塑性,如纳米二氧化钛陶瓷可以弯曲,其塑性变形高达100%,韧性极好。在常规粉体中加入纳米粉体,提高了致密度、韧性、热导性与耐热疲劳性能,而且降低了陶瓷的烧结温度。

常规复合材料也发展到纳米复合材料。加了纳米氮化铝粒子的橡胶可提高介电性和耐磨性。纳米复合材料玻璃,既能保证透明度,又能提高玻璃的高温冲击韧性。纳米复合材料有机玻璃表现出良好的宽频带红外吸收性能。现在制成的有机和无机交替的多层膜(可达百层),其强度、韧性、硬度都达到与天然贝壳相似,可用于耐磨涂层、机械部件等。

碳纳米管具有特别优异的力学性能,其刚性极限和弹性极限都很高,已成功地用单根纳米碳管制成了世界上最小的秤,最小可以称量一个病毒。单壁纳米碳管带有不同电荷内、外层,在电解液中施加一定电压会发生弯曲,现已制成世界上最小的、可夹住纳米颗粒的纳米钳。

碳纳米管具有极高的强度和极大的韧性。约为钢的100倍,密度却只有钢的1/6,比其他纤维强度高200倍。可用这种既轻、又软且非常结实的材料做防弹背心。

2) 磁性材料

(1) 磁性液体　1963年,美国国家航空航天局的巴本(Papen)用油酸作表面活性剂包覆10nm超细的四氧化三铁微粒,并大量弥散于煤油中,形成一种稳定的胶体体系。由于磁性作用,磁性粒子带动表面活性剂和液体一起运动,成为磁性液体。磁性液体在磁场中可被磁化,可在磁场中运动,又具有液体的流动性。可用于高速、高真空条件下旋转轴的动密封,具有无磨损、寿命长的优点。计算机中,为防止尘埃进入硬盘中损坏磁头与磁盘,在转轴处已普遍采用磁性液体作防尘密封。磁性液体还可用于磁液扬声器,并可作为不损耗、无污染的新型润滑剂等。

(2) 巨磁电阻材料　磁性材料的交流阻抗随外磁场发生急剧变化的特性是巨磁电阻效应。1988年,在铁/铬多层膜中发现了巨磁电阻效应。磁性超微粒尺寸小,具有单磁畴结构,矫顽力很高的特性,已被用作高储存密度的磁记录磁粉,大量应用于磁带、磁盘、磁卡等。1994年,IBM公司制造出具有巨磁电阻效应的磁头,将磁盘记录密度提高了17倍。随着纳米电子学的飞快发展,电子元件微型化和高度集成化要求测量系统也微型化。瑞士苏黎世高等工业学校在实验室中成功地研制出纳米尺寸的巨磁电阻丝,可用于探测 10^{-11}T 的磁通密度。

磁性纳米微粒除了上述应用外,还可作光快门、光调节器、病毒检测仪等仪器仪表材料,抗癌药物磁性载体、细胞磁分离介质材料,复印机墨粉材料以及磁墨水和磁印刷材料等。

3) 光学材料

纳米微粒具有光学非线性、光吸收、光反射、光传输能量损耗等光学特性,因此用纳米材料制备的光学材料在日常生活和高科技领域得到广泛的应用,在现代通信和光传输方面占有极其重要的地位。

(1) 吸收材料　纳米粒子对紫外线的强吸收性能可用于改进防晒油、化妆品及油漆性能。另外,涂在汽车、船舰表面以氯丁橡胶、双酚树脂或环氧树脂为原料的底漆,在太阳光紫外线照射下,很容易老化变脆甚至脱落。在油漆中加入能强烈吸收紫外线的纳米微粒,就能起到保护底漆的作用。

纳米粒子对红外线有强吸收性能,可用作隐身材料。将具有很强吸收中红外波段特性的纳米颗粒加到纤维中做成军服不仅隐身,而且可以保暖。把强烈吸收微波和红外线的超微粒子涂在飞机、坦克表面,可摆脱雷达与红外探测器的监视,已用于高科技的现代战争中。

(2) 红外反射材料　纳米微粒用于红外反射材料多制成薄膜和多层膜,有透明导电膜、多层干涉膜。纳米微粒组成的反射膜材料在照明工业上有很好的应用前景。用纳米微粒制成总厚度在微米级的多层干涉膜衬在有灯丝灯泡罩的内壁,不但透光性好,而且有很强的红外反射能力。在亮度相同的情况下,可节电 15%。

4) 电子学材料

(1) 传感器材料　传感器是超微粒最有前途的应用领域之一。用纳米二氧化锡膜制成的传感器,可用于可燃性气体泄露报警器和湿度传感器。金的超微粒膜对可见光至红外范围的吸收率很高,可制成辐射热测量器。

(2) 微电子器件材料　碳纳米管有导体的,也有半导体的,甚至同一根纳米管的不同部位,结构变化也可呈现出不同的导电性。IBM 的柯林斯(P. C. Collins)等用单根半导体碳纳米管和它两端的金属电极做成了一种场效应晶体管。1995 年,美国赖斯大学的研究人员发现:当碳纳米管直立并通电时,可以像避雷针一样使电场集中在尖端,并从尖端高速发射电子。由于碳纳米管尖端很细,所以发射电子所需的电压低于其他材料制成的电极,而且碳纳米管电极的使用寿命更长。北京大学的研究人员用单壁碳纳米管做出了世界上最细、性能最好的扫描探针,获得了精美的热解石墨的原子形貌像。利用单壁短管作为场电子显微镜(FEM)的电子发射源,拍摄到了过去认为不可能的原子图像。用碳纳米管发射电子可用来取代笨重的阴极射线管。日本的 Ise 电子公司用纳米管复合材料做成 6 种颜色的真空管灯,亮度比一般灯管高一倍,不仅寿命长,而且能效至少高十倍。韩国三星公司的科学家在控制电子器件上覆盖一层极薄的纳米管,然后把涂有发光体的玻璃放在上面,制成了原型平板显示器,亮度可与阴极射线管媲美,功耗只有前者的十分之一。现在已经能够做出一种完全用纳米管做成的纳米电路,包括纳米导线、纳米开关和记忆元件。

利用纳米管中的库仑阻塞效应,可制成电子器件中灵敏度最高的单电子晶体管。

作为跨世纪的新材料,纳米材料制造的微电子器件使未来的电脑、电视、卫星、机器人等变得越来越小。

5)生物反应与催化材料

纳米材料的表面效应是随着粒径的减小,表面积急剧变大。超微粒的表面有效活性中心多,为做催化剂提供了基本条件。纳米催化剂将会成为催化反应的主要角色。

通常的金属催化剂制成纳米微粒可大大改善催化效应。粒径为30nm的催化剂可使有机化合物的加氢和脱氢反应速度提高15倍。纳米二氧化钛在可见光照射下,对碳氢化合物有催化作用,在玻璃、瓷砖表面涂上一层纳米二氧化钛薄层,就制成自洁玻璃和自洁瓷砖。粘在表面的油污与细菌在光照下,由于纳米二氧化钛的催化作用而氧化成气体或易被擦掉的物质,将使高层建筑的玻璃窗与厨房里瓷砖的保洁变得容易。日本已用保洁瓷砖装饰了一家医院的墙壁,经使用证明这种保洁瓷砖有明显的杀菌作用。二氧化钛粒子表面用银离子、铜离子修饰,杀菌效果更好,在电冰箱、空调、医疗器械、医院手术室装修方面有着广阔的应用前景。纳米金属、半导体粒子具有热催化作用,在火箭燃料中加入1%(质量)的纳米银和纳米镍粉,燃烧效率可提高一倍。在汽车尾气净化处理过程中,纳米铜粉作为催化剂可以用来部分代替贵金属铂和铑。近年来国际上对超微粒催化剂十分重视。

6)复合材料

纳米材料在复合材料的制备方面也有广泛的应用。普通陶瓷中加入金属纳米颗粒,可大大改善材料的力学性能。合成纤维中掺入金属超微粒可防止带静电。塑料中掺入金属超微粒可不改变其强度而控制电磁性质。超微粒制成的陶瓷与金属的复合梯度功能材料可用于温差达1000℃的航天飞机隔热材料、核聚变反应堆的结构材料等。

Ⅴ.2 液晶

1. 液晶的发现

物质的状态分为固态、液态和气态。当物质处于固态时,其原子或分子间距较小,相互束缚较紧,排列相对整齐,原子或分子不能自由运动,只能在平衡位置附近作微小的振动;当物质处于液态时,分子间距要比其处于固态时大一些,分子间的束缚较弱,分子可以在一定体积范围内自由运动,因此,液体具有流动性;当物质处于气态时,分子间束缚很弱,分子排列完全无序。在各向异性的固相和各向同性的液相之间存在一个具有各向异性的液态,这个各向异性的液态中介相称为液晶相。凡是能出现液晶相的物体统称为液晶。液晶可以处在固相,也可以处在液晶相,或者是处在各向同性液相,根据它所处的物理条件而定,因此液晶是一个不严格的名称。由于液晶相具有各向异性,而且是液态,所以液晶必然是由各向异性的分子构成的,而且分子倾向于定向排列。各向同性分子构成的液态是不可能出现各向异性的。一般来讲,液晶都是由有机分子构成。到目前还未能合成无机分子液晶。这仍然是一个有待研究的课题。

早在1888年,奥地利植物学家莱尼兹(F. Reinitzer)把$C_6H_5CO_2C_{27}H_{45}$晶体加热到145.5℃时,它熔融成为浑浊液体。继续加热到178.5℃,浑浊液体突然变成清亮液体。而且这个由浑浊到清亮的过程是可逆的,即出现了相变。由浑浊液体变为清亮各向同性液体的温度称为该物体的清亮点。从熔点到清亮点的温度范围内物质处于液晶态。1889年德国物理学家雷曼(O. Lehmann)用自己设计的附有加热装置的偏光显微镜对这些酯类化合物进行观察,结果发现莱尼兹提到的浑浊液体具有各向异性晶体所特有的双折射性。经过系统研究，雷曼还发现很多有机化合物也都有类似的性质。这些有机化合物在熔点到清亮点的温度范围内，其机械性能与各向同性液体相似，但光学性质却与各向异性晶体相似。雷曼将此种液相晶体简称为“液晶”。此后20年的时间里该领域没有更深入的进展，直到20世纪60年代末期发现了液晶的动态光电效应，液晶的理论和实验研究才得到迅速发展。

2. 液晶的种类

1）按形成条件分类

按液晶的形成条件，可将液晶分成热致液晶（thermotropic）和溶致液晶（lytropic）两类。由于加热破坏结晶晶格而形成的液晶称为热致液晶，热致液晶是单成分的纯化合物或均匀混合物在温度变化下出现的液晶相。莱尼兹最初发现的液晶就属于热致液晶。由于溶剂破坏结晶晶格而形成的液晶称为溶致液晶，是两种或两种以上组分形成的液晶，其中一种是水或其他的极性溶剂。大多数溶致液晶具有双亲性分子结构，是两性分子，一端带有极性，能与水和极性溶剂分子相结合，称为亲水端；另一端则不带极性，称为疏水端。

2）按分子结构分类

（1）近晶相液晶（smectic）　分子呈棒状或条状，分子重心形成层状结构，每层分子的长轴相互平行，但与层面垂直或成一定角度。各层分子间的相互作用力较弱，因而容易产生相对滑动，各层中的分子只能在本层内活动，因而又称为层型液晶。

（2）向列相液晶（nematic）　分子呈棒状或条状，分子的长轴相互平行，但分子的位置是随机的，因此形成层。这种液晶的分子容易顺着长轴方向自由移动，因此流动性更强。

（3）胆甾相液晶（cholesteric）　具有层状结构，每层中分子长轴相互平行，且与层面平行，但每层中的分子没有位置有序。胆甾相液晶是向列相液晶的一种畸变态，这种液晶相邻两层间分子轴向逐层改变一个固定级角度。因此，各层分子长轴的排列方向逐渐扭转成螺旋结构。

3. 液晶的物理性质

1）液晶的异向性

液晶分子一般是刚性棒状的，由于分子头尾所接的分子团不同，使分子在轴向和径向上具有不同的性质。液晶的分子排列不管是哪种形式，其自然状态总是轴向相互平行。正因为如此，液晶的折射率、介电常数、磁化率、电导率、黏滞系数等均沿轴向和径向具有不同的性质，即各向异性。液晶的这种异向性又由于液晶本身的弹性系数很小而使其分子排列在外电场、磁场、应力和热能等作用下极易发生变动。

2）液晶的光学性质

绝大多数液晶都呈现光学各向异性，即它们都有双折射性质。从而使液晶具有下列特别有用的光学性质：①使入射光的前进沿分子轴向偏转；②使入射光的偏振状态发生变化；③使入射的左旋或右旋偏振光产生对应的反射或透射。

由于胆甾相液晶的螺距会随温度、电场、磁场、应力、试样的成分等发生变化而变化，因此，胆甾相液晶薄层的干涉色也会发生变化，这就为这类液晶的实际应用提供了多种可能性。

3）电学和磁学性质

液晶分子在径向和轴向的磁化率是不一样的。在磁场中，液晶分子的长轴会平行于磁场方向排列,形成一种液相单晶。这样就可以对介电常数、电导率、黏度等物理量进行测量,并可以进行X射线衍射研究。由于液晶分子在径向和轴向的介电常数不同,如果在液晶上施加一个电场,根据液晶分子在径向和轴向的介电常数大小的不同,液晶分子的长轴将沿电场方向平行排列或垂直于电场方向正交排列。

4）液晶的弹性连续体性质

液晶的弹性系数很小,分子排列很容易受电场、磁场、应力和热能等外部影响而发生畸变,可呈现展曲、扭曲及弯曲三种基本畸变。这三种畸变总伴随液晶分子的重新排列。另外,在不同的取向,液晶有不同的弹性系数。液晶的弹性系数还取决于分子的结构及外部温度,当温度上升时,弹性系数迅速降低。一般而言,弹性系数越大,则阈值电压越大,同时响应速度加快。

5）液晶的电光效应

液晶在外电场的作用下分子的排列状态发生变化,从而引起液晶盒光学性质也随之变化的一种电的光调制现象。外加电场能使液晶分子的排列发生变化,进行光调制,同时由于双折射性,可以显示出旋光、干涉、散射等光学性质。根据电光效应(electro-optic effect)可表现出扭曲向列效应、电控双折射效应、相变效应、铁电效应、超扭曲效应、宾主效应、动态散射效应、近晶热效应和热光学效应等。

附　　录

附录 A　量纲

本书根据我国计量法，物理量的单位采用国际单位制，即 SI。SI 以长度、质量、时间、电流、热力学温度、物质的量及发光强度这 7 个最重要的相互独立的基本物理量的单位作为基本单位，称为 SI 基本单位。

物理量是通过描述自然规律的方程或定义新物理量的方程而彼此联系着的，因此，非基本量可根据定义或借助方程用基本量来表示，这些非基本量称为导出量，它们的单位称为导出单位。

某一物理量 Q 可以用方程表示为基本物理量的幂次乘积：

$$\dim Q = \mathrm{L}^{\alpha}\mathrm{M}^{\beta}\mathrm{T}^{\gamma}\mathrm{I}^{\delta}\Theta^{\varepsilon}\mathrm{N}^{\xi}\mathrm{J}^{\eta}$$

这一关系式称为物理量 Q 对基本量的量纲。式中 α、β、γ、δ、ε、ξ 和 η 称为量纲的指数，L、M、T、I、Θ、N、J 则分别为 7 个基本量的量纲。下表列出几种物理量的量纲。

物理量	量　　纲	物理量	量　　纲
速度	$\mathrm{LT^{-1}}$	磁通	$\mathrm{L^2MT^{-2}I^{-1}}$
力	$\mathrm{LMT^{-2}}$	亮度	$\mathrm{L^{-2}J}$
能量	$\mathrm{L^2MT^{-2}}$	摩尔熵	$\mathrm{L^2MT^{-2}\Theta^{-1}N^{-1}}$
熵	$\mathrm{L^2MT^{-2}\Theta^{-1}}$	法拉第常数	$\mathrm{TN^{-1}}$
电势差	$\mathrm{L^2MT^{-3}I^{-1}}$	平面角	1
电容率	$\mathrm{L^{-3}M^{-1}T^4I^2}$	相对密度	1

所有量纲指数都等于零的量称为量纲一的量。量纲一的量的单位符号为 1。导出量的单位也可以由基本量的单位(包括它的指数)的组合表示，因为只有量纲相同的物理量才能相加减；只有两边具有相同量纲的等式才能成立，故量纲可用于检验算式是否正确，对量纲不同的项相乘除是没有限制的。此外，三角函数和指数函数的自变量必须是量纲一的量。

在从一种单位制向另一单位制变换时，量纲也是十分重要的。

附录 B　国际单位制(SI)的基本单位和辅助单位

1. 国际单位制的基本单位

物理量	单位名称	单位符号	单位的定义
长度	米	m	光在真空中(1/299 792 458)s 时间间隔内所经路径的长度
质量	千克(公斤)	kg	千克是质量单位,等于国际千克原器的质量
时间	秒	s	秒是铯-133 原子基态的两个超精细能级之间跃迁所对应的辐射的 9 192 631 770 个周期的持续时间
电流	安[培]	A	在真空中截面积可忽略的两根相距 1m 的无限长平行圆直导线内通以等量恒定电流时,若导线间相互作用力在每米长度上为 2×10^{-7}N,则每根导线中的电流为 1A
热力学温度	开[尔文]	K	开尔文是水的三相点热力学温度的 1/273.16
物质的量	摩[尔]	mol	摩尔是一系统的物质的量,该系统中所包含的基本单元数与 0.012kg 碳-12 的原子数目相等。在使用摩尔时,基本单位应予指明,可以是原子、分子、离子、电子及其他粒子,或是这些粒子的特定组合
发光强度	坎[德拉]	cd	坎德拉是一光源在给定方向上的发光强度,该光源发出频率为 540×10^{12} Hz 的单色辐射,且在此方向上的辐射强度为 (1/683) W/sr

2. 国际单位制的辅助单位

物理量	单位名称	单位符号	定　义
[平面]角	弧度	rad	弧度是一圆内两条半径之间的平面角,这两条半径在圆周上截取的弧长与半径相等
立体角	球面度	sr	球面度是一立体角,其顶点位于球心,而它在球面上所截取的面积等于以球半径为边长的正方形面积

附录 C　希腊字母

小写	大写	英文名称	小写	大写	英文名称
α	A	Alpha	ν	N	Nu
β	B	Beta	ξ	Ξ	Xi
γ	Γ	Gamma	ο	O	Omicron
δ	Δ	Delta	π	Π	Pi
ε	E	Epsilon	ρ	P	Rho
ζ	Z	Zeta	σ	Σ	Sigma

续表

小写	大写	英文名称	小写	大写	英文名称
η	H	Eta	τ	T	Tau
θ	Θ	Theta	υ	Υ	Upsilon
ι	I	Iota	$\varphi(\phi)$	Φ	Phi
κ	K	Kappa	χ	X	Chi
λ	Λ	Lambda	ψ	Ψ	Psi
μ	M	Mu	ω	Ω	Omega

附录 D 物理量的名称、符号和单位(SI)

物理量		单位	
名称	符号	名称	符号
长度	l, L	米	m
质量	m	千克	kg
时间	t	秒	s
速度	v	米每秒	$\mathrm{m \cdot s^{-1}}$, m/s
加速度	a	米每二次方秒	$\mathrm{m \cdot s^{-2}}$, $\mathrm{m/s^2}$
角	$\theta, \alpha, \beta, \gamma$	弧度	rad
角速度	ω	弧度每秒	$\mathrm{rad \cdot s^{-1}}$, rad/s
(旋)转速(度)	n	转每秒	$\mathrm{r \cdot s^{-1}}$, r/s
频率	ν	赫[兹]	Hz, $\mathrm{s^{-1}}$; Hz, 1/s
力	F	牛[顿]	N
摩擦因数	μ		
动量	p	千克米每秒	$\mathrm{kg \cdot m \cdot s^{-1}}$, $\mathrm{kg \cdot m/s}$
冲量	I	牛[顿]秒	$\mathrm{N \cdot s}$
功	A	焦[耳]	J
能量,热量	E, E_k, E_p, Q	焦[耳]	J
功率	P	瓦[特]	$\mathrm{W(J \cdot s^{-1})}$, W(J/s)
力矩	M	牛[顿]米	$\mathrm{N \cdot m}$
转动惯量	J	千克二次方米	$\mathrm{kg \cdot m^2}$
角动量	L	千克二次方米每秒	$\mathrm{kg \cdot m^2 \cdot s^{-1}}$, $\mathrm{kg \cdot m^2/s}$
劲度系数	k	牛顿每米	$\mathrm{N \cdot m^{-1}}$, N/m

续表

物理量		单位	
名称	符号	名称	符号
压强	p	帕[斯卡]	Pa
体积	V	立方米	m^3
热力学能	U	焦[耳]	J
热力学温度	T	开[尔文]	K
摄氏温度	t	摄氏度	℃
物质的量	ν, n	摩尔	mol
摩尔质量	M	千克每摩尔	$kg \cdot mol^{-1}$, kg/mol
分子自由程	λ	米	m
分子碰撞频率	Z	次每秒	s^{-1}
黏度	η	帕[斯卡]秒,千克每米秒	$Pa \cdot s$, $kg \cdot m^{-1} \cdot s^{-1}$, $kg/(m \cdot s)$
热导率	κ	瓦每米开	$W \cdot m^{-1} \cdot K^{-1}$, $W/(m \cdot K)$
扩散系数	D	平方米每秒	$m^2 \cdot s^{-1}$, m^2/s
比热容	c	焦[耳]每千克开	$J \cdot kg^{-1} \cdot K^{-1}$, $J/(kg \cdot K)$
摩尔热容	$C_m, C_{V,m}, C_{p,m}$	焦[耳]每摩尔开	$J \cdot mol^{-1} \cdot K^{-1}$, $J/(mol \cdot K)$
摩尔热容比	$\gamma = C_{p,m}/C_{V,m}$		
热机效率	η		
制冷系数	ε		
熵	S	焦[耳]每开	$J \cdot K^{-1}$, J/K
电荷	q, Q	库[仑]	C
体电荷密度	ρ	库[仑]每立方米	$C \cdot m^{-3}$, C/m^3
面电荷密度	σ	库[仑]每平方米	$C \cdot m^{-2}$, C/m^2
线电荷密度	λ	库[仑]每米	$C \cdot m^{-1}$, C/m
电场强度	E	伏[特]每米	$V \cdot m^{-1}$, V/m
真空电容率	ε_0	法拉每米	$F \cdot m^{-1}$, F/m
相对电容率	ε_r		
电场强度通量	Ψ_e	伏[特]米	$V \cdot m$
电势能	E_p	焦[耳]	J
电势	V	伏[特]	V
电势差	$V_1 - V_2$	伏[特]	V
电偶极矩	p	库[仑]米	$C \cdot m$

续表

物理量		单位	
名称	符号	名称	符号
电容	C	法拉	F
电极化强度	P	库[仑]每平方米	$C \cdot m^{-2}$, C/m^2
电位移	D	库[仑]每平方米	$C \cdot m^{-2}$, C/m^2
电流	I	安[培]	A
电流密度	j	安[培]每平方米	$A \cdot m^{-2}$, A/m^2
电阻	R	欧[姆]	Ω
电阻率	ρ	欧[姆]米	$\Omega \cdot m$
电动势	$\mathscr{E}$	伏[特]	V
磁感应强度	B	特[斯拉]	T
磁矩	m	安[培]平方米	$A \cdot m^2$
磁化强度	M	安[培]每米	$A \cdot m^{-1}$, A/m
真空磁导率	μ_0	亨[利]每米	$H \cdot m^{-1}$, H/m
相对磁导率	μ_r		
磁场强度	H	安[培]每米	$A \cdot m^{-1}$, A/m
磁通[量]	Φ_m	韦[伯]	Wb
磁通匝链数	Ψ	韦[伯]	Wb
自感	L	亨[利]	H
互感	M	亨[利]	H
位移电流	I_d	安[培]	A
磁能密度	ω_m	焦[耳]每立方米	$J \cdot m^{-3}$, J/m^3
周期	T	秒	s
频率	ν, f	赫[兹]	Hz
振幅	A	米	m
角频率	ω	弧度每秒	$rad \cdot s^{-1}$, rad/s
波长	λ	米	m
角波数(波数)	k	每米	m^{-1}, $1/m$
相位	φ	弧度	rad
光速	c	米每秒	$m \cdot s^{-1}$, m/s
振动位移	x, y	米	m
振动速度	v	米每秒	$m \cdot s^{-1}$, m/s
波强	I	瓦[特]每平方米	$W \cdot m^{-2}$, W/m^2

附录 E　基本物理常数表(2006 年国际推荐值)

物　理　量	符号	数　　值	单　位	计算时的取值
真空光速	c	299 792 458(精确)	m/s	3.00×10^{8}
真空磁导率	μ_0	$4\pi\times10^{-7}$(精确)	H/m	
真空介电常数	ε_0	$8.854\ 187\ 817\cdots\times10^{-12}$(精确)	F/m	8.85×10^{-12}
牛顿引力常数	G	$6.674\ 28(67)\times10^{-11}$	$\mathrm{m^3/(kg\cdot s^2)}$	6.67×10^{-11}
普朗克常数	h	$6.626\ 608\ 96(33)\times10^{-34}$	J·s	6.63×10^{-34}
基本电荷	e	$1.602\ 176\ 487(40)\times10^{-19}$	C	1.60×10^{-19}
里德伯常数	R_∞	10 973 731.568 527(73)	$\mathrm{m^{-1}}$	10 973 731
电子质量	m_e	$0.910\ 938\ 215(45)\times10^{-30}$	kg	9.11×10^{-31}
康普顿波长	λ_C	$2.426\ 310\ 58(22)\times10^{-12}$	m	2.43×10^{-12}
质子质量	m_p	$1.672\ 621\ 637(83)\times10^{-27}$	kg	1.67×10^{-27}
阿伏伽德罗常数	N_A,L	$6.022\ 141\ 79(30)\times10^{23}$	$\mathrm{mol^{-1}}$	6.02×10^{23}
摩尔气体常数	R	8.314 472(15)	J/(mol·K)	8.31
玻尔兹曼常数	k	$1.380\ 650\ 4(24)\times10^{-23}$	J/K	1.38×10^{-23}
摩尔体积(理想气体),$T=273.15\mathrm{K}$,$p=101\ 325\mathrm{Pa}$	V_m	22.414 10(19)	L/mol	22.4
斯特藩-玻尔兹曼常数	σ	$5.670\ 400(40)\times10^{-8}$	$\mathrm{W/(m^2\cdot K^4)}$	5.67×10^{-8}

附录 F　常用数学公式

1. 矢量运算

1) 单位矢量的运算

$\boldsymbol{i}$、$\boldsymbol{j}$ 和 $\boldsymbol{k}$ 为坐标轴 x、y 和 z 方向的单位矢量,有

$$\boldsymbol{i}\cdot\boldsymbol{i}=\boldsymbol{j}\cdot\boldsymbol{j}=\boldsymbol{k}\cdot\boldsymbol{k}=1,\quad \boldsymbol{i}\cdot\boldsymbol{j}=\boldsymbol{j}\cdot\boldsymbol{k}=\boldsymbol{k}\cdot\boldsymbol{i}=0$$

$$\boldsymbol{i}\times\boldsymbol{i}=\boldsymbol{j}\times\boldsymbol{j}=\boldsymbol{k}\times\boldsymbol{k}=\boldsymbol{0}$$

$$\boldsymbol{i}\times\boldsymbol{j}=\boldsymbol{k},\quad \boldsymbol{j}\times\boldsymbol{k}=\boldsymbol{i},\quad \boldsymbol{k}\times\boldsymbol{i}=\boldsymbol{j}$$

2) 矢量的标积和矢积

设两矢量 $\boldsymbol{a}$ 与 $\boldsymbol{b}$ 之间小于 π 的夹角为 θ,有

$$\boldsymbol{a}\cdot\boldsymbol{b}=\boldsymbol{b}\cdot\boldsymbol{a}=a_xb_x+a_yb_y+a_zb_z=ab\cos\theta$$

$$\boldsymbol{a}\times\boldsymbol{b}=-\boldsymbol{b}\times\boldsymbol{a}=\begin{vmatrix}\boldsymbol{i} & \boldsymbol{j} & \boldsymbol{k}\\ a_x & a_y & a_z\\ b_x & b_y & b_z\end{vmatrix}$$

$$|\boldsymbol{a}\times\boldsymbol{b}|=ab\sin\theta$$

3) 矢量的混合运算

$$\boldsymbol{a}\times(\boldsymbol{b}+\boldsymbol{c})=(\boldsymbol{a}\times\boldsymbol{b})+(\boldsymbol{a}\times\boldsymbol{c})$$

$$(s\boldsymbol{a})\times\boldsymbol{b}=\boldsymbol{a}\times(s\boldsymbol{b})=s(\boldsymbol{a}\times\boldsymbol{b})\quad(s\text{ 为标量})$$

$$\boldsymbol{a}\cdot(\boldsymbol{b}+\boldsymbol{c})=\boldsymbol{b}\cdot(\boldsymbol{c}\times\boldsymbol{a})=\boldsymbol{c}\cdot(\boldsymbol{a}\times\boldsymbol{b})$$

$$\boldsymbol{a} \times (\boldsymbol{b} \times \boldsymbol{c}) = (\boldsymbol{a} \cdot \boldsymbol{c})\boldsymbol{b} - (\boldsymbol{a} \cdot \boldsymbol{b})\boldsymbol{c}$$

2. 三角函数公式

$$\sin(90° - \theta) = \cos\theta$$

$$\cos(90° - \theta) = \sin\theta$$

$$\sin\theta / \cos\theta = \tan\theta$$

$$\sin^2\theta + \cos^2\theta = 1$$

$$\sec^2\theta - \tan^2\theta = 1$$

$$\csc^2\theta - \cot^2\theta = 1$$

$$\sin 2\theta = 2\sin\theta\cos\theta$$

$$\cos 2\theta = \cos^2\theta - \sin^2\theta = 2\cos^2\theta - 1 = 1 - 2\sin^2\theta$$

$$\sin(\alpha \pm \beta) = \sin\alpha\cos\beta \pm \cos\alpha\sin\beta$$

$$\cos(\alpha \pm \beta) = \cos\alpha\cos\beta \pm \sin\alpha\sin\beta$$

$$\tan(\alpha \pm \beta) = \frac{\tan\alpha \pm \tan\beta}{1 \pm \tan\alpha\tan\beta}$$

$$\sin\alpha \pm \sin\beta = 2\sin\frac{1}{2}(\alpha \pm \beta)\cos\frac{1}{2}(\alpha \pm \beta)$$

$$\cos\alpha + \cos\beta = 2\cos\frac{1}{2}(\alpha + \beta)\cos\frac{1}{2}(\alpha - \beta)$$

$$\cos\alpha - \cos\beta = -2\sin\frac{1}{2}(\alpha + \beta)\sin\frac{1}{2}(\alpha - \beta)$$

3. 常用导数公式

(1) $\frac{\mathrm{d}x}{\mathrm{d}x} = 1$

(2) $\frac{\mathrm{d}(au)}{\mathrm{d}x} = a\frac{\mathrm{d}u}{\mathrm{d}x}$

(3) $\frac{\mathrm{d}}{\mathrm{d}x}(u + v) = \frac{\mathrm{d}u}{\mathrm{d}x} + \frac{\mathrm{d}v}{\mathrm{d}x}$

(4) $\frac{\mathrm{d}}{\mathrm{d}x}x^m = mx^{m-1}$

(5) $\frac{\mathrm{d}}{\mathrm{d}x}\ln x = \frac{1}{x}$

(6) $\frac{\mathrm{d}}{\mathrm{d}x}(uv) = u\frac{\mathrm{d}v}{\mathrm{d}x} + v\frac{\mathrm{d}u}{\mathrm{d}x}$

(7) $\frac{\mathrm{d}}{\mathrm{d}x}\mathrm{e}^x = \mathrm{e}^x$

(8) $\frac{\mathrm{d}}{\mathrm{d}x}\sin x = \cos x$

(9) $\frac{\mathrm{d}}{\mathrm{d}x}\cos x = -\sin x$

(10) $\frac{\mathrm{d}}{\mathrm{d}x}\tan x = \sec^2 x$

(11) $\frac{\mathrm{d}}{\mathrm{d}x}\cot x=-\csc^2 x$

(12) $\frac{\mathrm{d}}{\mathrm{d}x}\sec x=\tan x\sec x$

(13) $\frac{\mathrm{d}}{\mathrm{d}x}\csc x=-\cot x\csc x$

(14) $\frac{\mathrm{d}}{\mathrm{d}x}\mathrm{e}^u=\mathrm{e}^u\frac{\mathrm{d}u}{\mathrm{d}x}$

(15) $\frac{\mathrm{d}}{\mathrm{d}x}\sin u=\cos u\frac{\mathrm{d}u}{\mathrm{d}x}$

(16) $\frac{\mathrm{d}}{\mathrm{d}x}\cos u=-\sin u\frac{\mathrm{d}u}{\mathrm{d}x}$

4. 常用积分公式

(1) $\int \mathrm{d}x=x+c$

(2) $\int au\,\mathrm{d}x=a\int u\,\mathrm{d}x+c$

(3) $\int (u+v)\mathrm{d}x=\int u\,\mathrm{d}x+\int v\,\mathrm{d}x+c$

(4) $\int x^m\,\mathrm{d}x=\frac{1}{m+1}x^{m+1}+c, m\neq -1$

(5) $\int \frac{\mathrm{d}x}{x}=\ln|x|+c$

(6) $\int \mathrm{e}^x\,\mathrm{d}x=\mathrm{e}^x+c$

(7) $\int \sin x\,\mathrm{d}x=-\cos x+c$

(8) $\int \cos x\,\mathrm{d}x=\sin x+c$

(9) $\int \tan x\,\mathrm{d}x=\ln|\sec x|+c$

(10) $\int \mathrm{e}^{-ax}\,\mathrm{d}x=-\frac{1}{a}\mathrm{e}^{ax}+c$

(11) $\int x\mathrm{e}^{-ax}\,\mathrm{d}x=-\frac{1}{a^2}(ax+1)\mathrm{e}^{-ax}+c$

(12) $\int x^2\mathrm{e}^{-ax}\,\mathrm{d}x=-\frac{1}{a^3}(a^2x^2+2ax+2)\mathrm{e}^{-ax}+c$

(13) $\int \frac{\mathrm{d}x}{\sqrt{x^2+a^2}}=\ln\left(x+\sqrt{x^2+a^2}\right)+c$

(14) $\int \frac{x\,\mathrm{d}x}{(x^2+a^2)^{3/2}}=-\frac{1}{(x^2+a^2)^{1/2}}+c$

(15) $\int \frac{\mathrm{d}x}{(x^2+a^2)^{3/2}}=\frac{1}{a^2(x^2+a^2)^{1/2}}+c$

习题答案

习 题 9

9-1 A　9-2 C　9-3 D　9-4 C　9-5 B　9-6 D

9-7 B　9-8 B C　9-9 A　9-10 C　9-11 B　9-12 C

9-13 A　9-14 C　9-15 A　9-16 D　9-17 C　9-18 B

9-19 C　9-20 上；$(n-1)e$　9-21 5　9-22 暗；$\frac{3\lambda}{4n_2}$

9-23 明；$\frac{\lambda}{2n_2}$　9-24 4；一；暗　9-25 3

9-26 13　9-27 1.5；0.5；45°　9-28 $\frac{I_0}{4}$

9-29 (1) 0.11m；(2) 零级明条纹移到原第 7 级明条纹处；光路图略

9-30 条纹向上移动；4.8×10^{-6} m

9-31 480nm　9-32 90.6nm

9-33 (1) 4.8×10^{-5} rad；(2) A 处是明条纹；(3) 三条明条纹，三条暗条纹。

9-34 4λ　9-35 第一级明条纹　9-36 1m

9-37 $3I_0/32$　9-38 1/2　9-39 $\sqrt{3}$

习 题 10

10-1 C　10-2 A　10-3 A　10-4 B　10-5 D　10-6 D

10-7 C　10-8 C　10-9 D　10-10 A　10-11 D　10-12 A

10-13 D　10-14 B　10-15 A　10-16 A　10-17 C　10-18 D

10-19 D　10-20 C　10-21 D　10-22 D　10-23 D

10-24 $\frac{\lambda d}{4\pi\varepsilon_0 R^2}$；指向缺口　10-25 $\frac{\lambda_1}{\lambda_1+\lambda_2}d$

10-26 $\frac{\sigma}{2\varepsilon_0}$；$\frac{3\sigma}{2\varepsilon_0}$；$-\frac{\sigma}{2\varepsilon_0}$　10-27 $\frac{-2\varepsilon_0 E_0}{3}$；$\frac{4\varepsilon_0 E_0}{3}$

10-28 $\frac{q_2+q_4}{\varepsilon_0}$；$q_1$、$q_2$、$q_3$、$q_4$　10-29 $\frac{q}{6\varepsilon_0}$

10-30 $E\pi R^2$　10-31 $-W_0$

10-32 $\frac{Q}{4\pi\varepsilon_0 R}$；$-\frac{Qq}{4\pi\varepsilon_0 R}$　10-33 (1) 0；(2) $W_1=W_2=W_3$

10-34 0；$\frac{Qq}{4\pi\varepsilon_0 R}$　10-35 Ed

10-36 $\frac{Q}{4\pi\varepsilon_0}\left(\frac{1}{r}-\frac{1}{R}\right)$　10-37 $x=d/4$

10-38 $U_{ab}=\int_a^b \boldsymbol{E}\cdot \mathrm{d}\boldsymbol{l}=\int_a^b (400\boldsymbol{i}+600\boldsymbol{j})\cdot(\mathrm{d}x\boldsymbol{i}+\mathrm{d}y\boldsymbol{j})=\int_3^1 400\mathrm{d}x+\int_2^0 400\mathrm{d}y$

$=-2\times 10^3\,\mathrm{V}$

10-39 $\dfrac{q}{4\pi\varepsilon_0 r^2}$; 0; $\dfrac{q}{4\pi\varepsilon_0 r}$; $\dfrac{q}{4\pi\varepsilon_0 r_2}$

10-40 0; 0

10-41 (1) $\boldsymbol{E}=-\dfrac{\lambda L}{4\pi\varepsilon_0 d(L+d)}\boldsymbol{i}$

(2) $\boldsymbol{F}=-\dfrac{\lambda Lq}{4\pi\varepsilon_0 d(L+d)}\boldsymbol{i}$

(3) $V_P=\dfrac{\lambda}{4\pi\varepsilon_0}\ln\dfrac{L+d}{d}$；当 $d\ll L$ 时,$V_P=\dfrac{\lambda L}{4\pi\varepsilon_0 d}$为点电荷的电势

10-42 $\boldsymbol{E}=\dfrac{\lambda}{2\pi\varepsilon_0 R}\boldsymbol{i}$

10-43 $\boldsymbol{E}=-\dfrac{Q}{\pi^2\varepsilon_0 R^2}\boldsymbol{j}$

10-44 $\boldsymbol{E}=\dfrac{-q}{2\pi\varepsilon_0 a^2\theta_0}\sin\dfrac{\theta_0}{2}\boldsymbol{j}$

10-45 $V_0=\dfrac{\sigma R}{2\varepsilon_0}$

10-46 $E_P=\dfrac{Q}{4\pi\varepsilon_0 L}\left(\dfrac{1}{R}-\dfrac{1}{(R^2+L^2)^{\frac{1}{2}}}\right)$

10-47 (1) $E_1=0$; $E_2=\dfrac{Q}{4\pi\varepsilon_0 r^2}\cdot\dfrac{r^3-R^3}{R_1^3-R^3}$; $E_3=\dfrac{Q}{4\pi\varepsilon_0 r^2}$

(2) $V_a=\dfrac{Q}{4\pi\varepsilon_0 r_a}$

习 题 11

11-1 D　11-2 C　11-3 B　11-4 B　11-5 B　11-6 A

11-7 B　11-8 B　11-9 C　11-10 C　11-11 A　11-12 B

11-13 B　11-14 $-q$; $-q$　11-15 V_0　11-16 0

11-17 $\dfrac{q}{4\pi\varepsilon_0 r^2}$; $\dfrac{q}{4\pi\varepsilon_0 r_c}$

11-18 $4.55\times 10^5\,\mathrm{C}$

11-19 $\boldsymbol{D}=\varepsilon_0\varepsilon_r\boldsymbol{E}$

11-20 $\dfrac{q}{4\pi\varepsilon_0 R}$

11-21 =

11-22 电位移线；电场线

11-23 $\dfrac{V_0}{2}+\dfrac{Qd}{4\varepsilon_0 S}$

11-24 $\sqrt{2Fd/C}$

11-25 $\dfrac{1}{\varepsilon_r}$; $\dfrac{1}{\varepsilon_r}$; $\dfrac{1}{\varepsilon_r}$

11-26 ε_r; 1; ε_r

11-27 $\dfrac{Q^2}{8\pi\varepsilon_0 R}$

11-28 大于

11-29 1/16; 1/4

11-30 (1) $r<R, E_1=0$

$R<r<R_1, E_2=\dfrac{q}{4\pi\varepsilon_0\varepsilon_r r^2}$

$R_1<r<R_2, E_3=0$

$r>R_2, E_4=\dfrac{q+Q}{4\pi\varepsilon_0 r^2}$

(2) $V_A=\frac{q}{4\pi\varepsilon_0\varepsilon_r}\left(\frac{1}{R}-\frac{1}{R_1}\right)+\frac{q+Q}{4\pi\varepsilon_0 R_2}$

(3) $V_B=\frac{q+Q}{4\pi\varepsilon_0 R_2}$

(4) $U_{AB}=\int_R^{R_1}\boldsymbol{E}\cdot \mathrm{d}\boldsymbol{r}=\int_R^{R_1}\frac{q}{4\pi\varepsilon_0\varepsilon_r r^2}\mathrm{d}r=\frac{q}{4\pi\varepsilon_0\varepsilon_r}\left(\frac{1}{R}-\frac{1}{R_1}\right)$

11-31 $\sigma_1=-\frac{1}{2}\sigma,\sigma_2=\frac{1}{2}\sigma$

11-32 $(Q_B-Q_A)/2$

11-33 $\frac{Q_1}{\varepsilon_0 S}$

11-34 7.4m^2

11-35 $5.3\times10^{-10}\text{F/m}^2$

11-36 (1) 2.0×10^{-11}F；(2) 4.0×10^{-6}F

11-37 8.0×10^{-13}F

11-38 $C=\frac{(n-1)\varepsilon_0 S}{d}$

11-39 2.1

11-40 0.152mm

11-41 (1) 190V；(2) 9.03×10^{-3}J

11-42 击穿

11-43 0.42m^2

11-44 $d=\frac{\varepsilon_r}{\varepsilon_r-1}a-\frac{\varepsilon_0\varepsilon_r S}{(\varepsilon_r-1)C}$

11-45 (1) $\frac{Q^2 d}{2\varepsilon_0 S}$；(2) $\frac{Q^2 d}{2\varepsilon_0 S}$

11-46 (1) 3.0×10^{10}J；(2) 8.98×10^4kg；(3) 416 天

11-47 略

11-48 (1) $r<a$：$E_1=\frac{Qr}{4\pi\varepsilon_0 a^3}$

$a<r<b$：$E_2=\frac{Q}{4\pi\varepsilon_0\varepsilon_r r^2}$

$b<r<c$：$E_3=0$

$r>c$：$E_4=\frac{Q}{4\pi\varepsilon_0 r^2}$

(2) $V_A=\frac{Q}{4\pi\varepsilon_0\varepsilon_r}\left(\frac{1}{a}-\frac{1}{b}\right)+\frac{Q}{4\pi\varepsilon_0 c}$

(3) $V_B=\frac{Q}{4\pi\varepsilon_0 c}$

(4) $U_{AB}=\frac{Q}{4\pi\varepsilon_0\varepsilon_r}\left(\frac{1}{a}-\frac{1}{b}\right)$

习　题　12

12-1 D　12-2 A　12-3 D　12-4 B　12-5 B　12-6 C

12-7 D　12-8 C　12-9 C　12-10 C　12-11 B

12-12 5×10^{-5}T

12-13 垂直纸面向里；$\frac{\mu_0 I}{4}\left(\frac{1}{a}+\frac{1}{b}\right)$

12-14　0

12-15　$\dfrac{\mu_0 Ia}{2\pi(R^2-r^2)}$

12-16　0

12-17　$\sqrt{2}IBR$；竖直向上

12-18　IBa

12-19　$0, 1.5\times10^{-6}\,\mathrm{N/cm}, 1.5\times10^{-6}\,\mathrm{N/cm}$

12-20　水平向左；$\dfrac{\mu_0 I^2 \mathrm{d}l}{4a}$

12-21　$\mu_r\mu_0 nI$；nI

12-22　$\dfrac{I}{2\pi r}, \dfrac{\mu I}{2\pi r}$

12-23　$\dfrac{\mu_0 I}{2\pi R}$，方向：垂直纸面向外

12-24　$\dfrac{\mu_0\delta}{2\pi}\ln\dfrac{a+b}{b}$，方向：垂直纸面向里

12-25　$\dfrac{\mu_0 I}{\pi^2 R}=6.37\times10^{-5}\,\mathrm{T}$

12-26　$F=\dfrac{\mu_0 I_1 I_2}{2}$，方向：垂直 I_1 向右

12-27　$0<r<R_1$：$B=\dfrac{\mu_0 Ir}{2\pi R_1^2}$

$R_1<r<R_2$：$B=\dfrac{\mu I}{2\pi r}$

$R_2<r<R_3$：$B=\dfrac{\mu_0 I}{2\pi r}\left(\dfrac{R_3^2-r^2}{R_3^2-R_2^2}\right)$

$r>R_3$：$B=0$

习　题　13

13-1　D　13-2　A　13-3　D　13-4　B　13-5　C　13-6　A

13-7　B　13-8　C　13-9　B　13-10　C　13-11　C　13-12　D

13-13　C　13-14　B　13-15　C　13-16　B　13-17　C　13-18　C

13-19　(1) 无感应电流；(2) 无感应电流

13-20　(1) 顺时针；(2) 顺时针

13-21　$\dfrac{1}{2}B\omega l^2$；从 A 到 O

13-22　$\dfrac{\mu_0 I\pi r^2}{2a}\cos\omega t$；$\dfrac{\mu_0 I\omega\pi r^2}{2Ra}\sin\omega t$

13-23　$\mu\dfrac{N}{l}I$；$\dfrac{\mu N^2 I^2 S}{2l}$

13-24　(1) 式(2)；(2) 式(3)；(3) 式(1)

13-25　0；$-\int_S(\partial\boldsymbol{B}/\partial t)\cdot\mathrm{d}\boldsymbol{S}$；0；$\int_S(\partial\boldsymbol{D}/\partial t)\cdot\mathrm{d}\boldsymbol{S}$

13-26　$\varepsilon_{MeN}=-\dfrac{\mu_0 Iv}{2\pi}\ln\dfrac{a+b}{a-b}$，方向 $N\to M$；

$V_M-V_N=-\varepsilon_{MN}=\dfrac{\mu_0 Iv}{2\pi}\ln\dfrac{a+b}{a-b}$

13-27　$\dfrac{\mu_0 Iv}{2\pi}\ln\dfrac{2(a+b)}{2a+b}$；电动势方向从 C 到 D，D 点电势高

13-28　感应电流方向为逆时针；$-\frac{\mu_0 lk}{2\pi}\ln\frac{4}{3}$

13-29　感应电动势的大小为 2.4×10^{-5}V
感应电动势的方向为逆时针

13-30　(1) $-\frac{\mu_0\pi a^2 k}{2R}$；(2) $\frac{\mu_0\pi a^2}{2R}$

13-31　22.6J/m^3

习　题　14

14-1　D　14-2　D　14-3　D　14-4　D　14-5　A　14-6　A
14-7　A　14-8　C　14-9　B　14-10　C　14-11　D　14-12　C
14-13　C　14-14　D　14-15　D

14-16　$\frac{hc}{\lambda}$；$\frac{h}{\lambda}$；$\frac{h}{\lambda c}$

14-17　2.5；3.967×10^{14}

14-18　$hc\left(\frac{1}{\lambda_0}-\frac{1}{\lambda}\right)$

14-19　15；4

14-20　0.85

14-21　3.98×10^{-15}J；1.32×10^{-23}kg·m/s

14-22　0.0243

14-23　0.0275

14-24　0.1212

14-25　π；0

14-26　−0.85；−3.4

14-27　13.6；5

习　题　15

15-1　t 时刻粒子在 $r(x,y,z)$处出现的概率密度；单值、有限、连续；$\iiint|\psi|^2\mathrm{d}x\mathrm{d}y\mathrm{d}z=1$

15-2　7.3×10^5m/s；3.98×10

15-3　$E_n=\frac{n^2\pi^2\hbar^2}{2mL^2}, n=1,2,3,\cdots$；$\psi_n(x)=\sqrt{\frac{2}{L}}\sin\frac{n\pi x}{L}, n=1,2,3,\cdots$；

$\frac{1}{12}L, \frac{1}{4}L, \frac{5}{12}L, \frac{7}{12}L, \frac{3}{4}L, \frac{11}{12}L$；$0, \frac{1}{6}L, \frac{1}{3}L, \frac{1}{2}L, \frac{2}{3}L, \frac{5}{6}L, L$

15-4　3；$0, \pm\hbar, \pm2\hbar$

15-5　$\frac{2}{a}$

15-6　量子化能级公式：$E_k=\frac{n^2h^2}{8ma^2}, n=1,2,3,\cdots$

最小动能公式：$E_{k1}=\frac{h^2}{8ma^2}$

15-7　(1) 粒子处于基态时，在 $x=0$ 到 $x=\frac{a}{3}$之间被找到的概率为 0.19；

(2) 粒子处于 $n=2$ 的激发态时，在 $x=0$ 到 $x=\frac{a}{3}$之间被找到的概率为 0.40

15-8　略

15-9　d 支壳层最多能容纳的电子数为 10 个；m_l 可取 $0,\pm1,\pm2$；m_s 可取 $\pm\frac{1}{2}$

15-10　m_l 可取 $0,\pm1,\pm2,\pm3$；m_s 可取 $\pm\frac{1}{2}$

15-11　$l=4, n\geqslant5, m_s=\pm\frac{1}{2}$

15-12　50 种

索　引

（以汉语拼音字母顺序排列）

H

J

K

L

M

N

P

Q

R

S

W

X

Y

Z

参考文献

[1] 陆果. 基础物理学[M]. 北京：高等教育出版社，1997.

[2] 吴锡珑. 大学物理教程[M]. 2版. 北京：高等教育出版社，1999.

[3] 王文福，税正伟. 大学物理学[M]. 2版. 北京：科学出版社，2011.

[4] 张三慧. 大学物理学[M]. 3版. 北京：清华大学出版社，2008.

[5] 吴百诗. 大学物理学[M]. 北京：高等教育出版社，2004.

[6] 马文蔚. 物理学[M]. 5版. 北京：高等教育出版社，2006.

[7] 祝之光. 物理学[M]. 3版. 北京：高等教育出版社，2009.

[8] 周光召. 中国大百科全书(物理学)[M]. 北京：中国大百科全书出版社，2009.

[9] 朱峰. 大学物理[M]. 北京：清华大学出版社，2004.

[10] 周平，冯庆. 大学物理下册[M]. 3版. 北京：科学出版社，2016.

[11] 唐海燕，王丽梅，宋士贤. 工科物理教程[M]. 北京：国防工业出版社，2007.

[12] 戴剑锋，李维学，王青. 工科物理：下册[M]. 北京：机械工业出版社，2009.

[13] 张丹海，洪小达. 简明大学物理教程[M]. 北京：科技出版社，2008.

[14] 孙厚谦. 大学物理学[M]. 北京：清华大学出版社，2009.

[15] 徐建中. 物理学[M]. 北京：化学工业出版社，2009.

[16] 马廷钧. 现代物理技术及其应用[M]. 北京：国防工业出版社，2002.

[17] 戴剑锋，李维学，王青. 物理发展与科技进步[M]. 北京：化学工业出版社，2005.

[18] 徐龙道. 物理学词典[M]. 北京：科学出版社，2004.

[19] 蔡枢，吴铭磊. 大学物理[M]. 北京：高等教育出版社，1996.

[20] 丁俊华. 物理[M]. 沈阳：辽宁大学出版社，1999.

[21] 高崇寿，谢柏青. 今日物理[M]. 北京：高等教育出版社，2004.

[22] 陈世杰. 物理学的100个基本问题[M]. 太原：山西科学技术出版社，2004.

[23] 周光召. 现代科学技术基础[M]. 北京：群众出版社，2001.

[24] 陈泽民. 近代物理与高新技术物理基础 [M]. 北京：清华大学出版社，2001.

[25] 安连生. 应用光学[M]. 3版. 北京：北京理工大学出版社，1997.

[26] 吴青. 自然科学与高新技术[M]. 北京：国防工业出版社，2009.

[27] 张礼. 近代物理学进展[M]. 2版. 北京：清华大学出版社，2009.

[28] R. 戈特罗，W. 萨万. 全美经典学习指导系列——近代物理学[M]. 孙宗扬，译. 北京：科学出版社，2002.

[29] 魏京花，黄伟. 大学物理学金牌辅导[M]. 北京：中国建材工业出版社，2007.

[30] 魏京花，余丽芳，黄伟. 工科物理教程[M]. 北京：机械工业出版社，2011.

[31] 魏京花，宫瑞婷. 普通物理学习辅导[M]. 北京：中国建材工业出版社，2010.

[32] 王正行. 在解题中学习近代物理[M]. 北京：北京大学出版社，2004.

[33] 汤川秀树. 创造力和直觉 [M]. 周林东，译. 上海：复旦大学出版社，1987.

[34] 杨福家. 原子物理学[M]. 3版. 北京：高等教育出版社，2004.

[35] 曾谨言. 量子力学卷Ⅰ[M]. 5版. 北京：科学出版社，2016.

[36] https://baike.baidu.com/item/%E5%B7%A8%E7%A3%81%E9%98%BB%E6%95%88%E5%BA%94/10858889?fr=Aladdin.

[37] https://wuli.7139.com/4908/01/3745.html.